冻 土 力 学

马 巍 王大雁等 著

国家重点基础研究发展计划项目(973 项目)(No.2012CB026106)
国家自然科学基金创新群体项目(No.41121061)
国家自然科学基金面上项目(No.41071048)　　　　资助
冻土工程国家重点实验室

U0263587

科 学 出 版 社

北 京

内 容 简 介

本书是在国内开展冻土力学研究几十年科研资料积累的基础上编写而成的,是目前国内唯一的内容比较全面的冻土力学参考书。本书在系统介绍冻土力学基本特征和相关理论的基础上,力图以更开阔的视角向读者展示冻土力学所涉及的研究领域、研究热点,同时还较全面地介绍国内学者在这方面的最新研究成果,希望读者不仅仅能系统地学习和领会书中的内容与成果,而且能够了解和体会冻土力学与土力学学科之间研究方法的异同,并逐步形成自己的研究理念和模式。

全书内容共分 9 章,内容包括冻土的基本物理性质和分类,土的冻结与融化,冻土的强度,冻土的流变性,冻土的动力学特征,特殊冻土力学性质研究,冻土力学在寒区工程中的应用,人工地层冻结工程,冻土力学试验方法。

本书可作为自然地理、工程地质、土建、水利、铁道、交通、地质、矿山等专业的本科生、研究生等相关人员的教材和参考书,同时还可作为对寒区工程和人工冻结工程有兴趣的研究生、科研人员和工程技术人员的进修读物和参考书。

图书在版编目(CIP)数据

冻土力学/马巍等著 . —北京:科学出版社,2014.7
ISBN 978-7-03-041318-5

Ⅰ.①冻… Ⅱ.①马… Ⅲ.①冻土力学-高等学校-教材 Ⅳ.①P642.14

中国版本图书馆 CIP 数据核字(2014)第 143806 号

责任编辑:朱海燕 李秋艳 唐保军/责任校对:彭 涛
责任印制:吴兆东/封面设计:王 浩

科 学 出 版 社 出版
北京东黄城根北街 16 号
邮政编码:100717
http://www.sciencep.com

北京建宏印刷有限公司 印刷
科学出版社发行 各地新华书店经销

*

2014 年 7 月第 一 版 开本:787×1092 1/16
2024 年 2 月第七次印刷 印张:23 3/4
字数:560 000

定价:98.00 元
(如有印装质量问题,我社负责调换)

前　言

　　冻土，是一种由固体土颗粒、冰、液态水和气体四种基本成分所组成的非均质、各相异性的多相复合体。一般情况下，把温度在 0℃ 或 0℃ 以下，并含有冰的各种岩石和土壤都称作冻土。由于冻土中的水受环境温度的波动在未冻水和冰之间相互转化，从而导致冻土的力学性质表现出强烈的温度敏感性和流变性。所以，要认识冻土体在受力后所表现的物理力学性状及由此所引起的工程问题仅靠现有的土力学理论是无法描述的。"冻土力学"是以室内外试验研究为基础，利用材料力学、黏弹性力学、塑性力学、土力学等基本知识并结合热力学、损伤力学所建立的一门学科，是岩土力学的重要组成部分，用以研究正冻土、已冻土和正融土的物理-力学性质，解决工程中与冻土有关的地基基础问题的科学。

　　"冻土力学"是冻土工程学的理论基础，它以研究负温、冰-水相变、土质等因素对土体物理力学性质的影响为出发点，以解决冻土工程问题为归宿。自 20 世纪 30 年代世界上第一部冻土力学专著《冻土力学基础》在苏联问世以来，冻土力学成为一门独立的学科也只有 80 多年的历史，但经过学者们的不懈努力，冻土力学还是得到长足发展，取得了很大的成就。它的发展经历了以试验为基础，研究冻土在特定条件下的主要特点，并确定各物理量间函数关系及模型中参数值的试验冻土力学研究阶段；经历了以连续介质力学基本理论为基础，结合弹性、塑性、黏性理论来建立冻土本构模型的唯象本构模型研究阶段；进入到现在以充分考虑冻土材料的细观组构及其水热过程的细微观本构模型研究阶段。在每一阶段的发展过程中，冻土力学研究始终坚持以服务于工程实践为原则，并在工程实践中充实、深化、发展和完善自己。

　　回顾我国冻土力学的研究与发展，就是一个在广泛深入实践的基础上逐步提高的过程。我国对冻土力学的研究始于 20 世纪 60 年代，以青海热水煤矿、格尔木至拉萨输油管道、南疆铁路及青藏铁路（格尔木—拉萨段）等工程项目的需求为出发点，就冻土工程地质评价、冻土物理力学性质及冻土地基基础稳定性等问题，进行了大量现场调查和室内外试验、观测、研究，并积累了许多科学资料。发展于 20 世纪 80 年代以后，以西部高山、青藏高原及东北多年冻土区经济建设的需要和人工冻结凿井技术在矿井建设及地下工程建设中的应用为目的,以中国科学院兰州冰川冻土所(现更名为中国科学院寒区旱区环境与工程研究所)为基地,展开了普通冻土学、冻土物理学、冻土力学和冻土工程学等系统研究。特别是冻土工程国家重点实验室于 1991 年在中国科学院兰州冰川冻土研究所建成并向国内外开放,为冻土学科的深入发展和人才培养提供了良好的实验条件,许多前瞻性、基础性课题的研究,在该实验室得到长足发展,取得了一系列丰厚的科学成果,并初步形成了自己的理论框架,概括为:以试验研究为手段,以冻土力学研究为基础,以冻土工程问题分析为核心,以工程应用为目的。基本理论框架的建立,也使我们深刻认识到对冻土宏观力学性质的机理研究必须引申到冻土中水热迁移和成冰规律的细微研究上;引申到冻土相变过程发生的热传导特征、土壤热物理性质和水分输运参数与温度和相成分的关系上。从而引进相邻学科的新方法、新思路,借助先进的电镜扫描技术、CT 扫描技术和压汞仪等仪器,研究人员开展了土、水、热、力和溶质五大要素对土中水成冰过程、冷生组构形成规律和力学性质等的影响研究,取得了大量的研究成果。但遗憾的是,迄今为止,我国尚未有人对这些研究成果做出过系统总结。虽然,部分研究成果在近年来出版的著作《冻土物理学》和《土的冻结作用与地基》中得到了体现,但由于著书者的目的是对土体冻融过程的论述,书中对冻土力学性质的总结相对简单。所以,对广大学生、科研人员和工程技术人员来说,目前要了解冻土的力学性质,要么靠查阅苏联冻土学家崔托维奇 1973 年出版的《冻土力学》一书(此书由张长庆、朱元林于 1985译为中文),要么靠搜集分散在大量技术刊物和工程报告中的研究资料。鉴于此,作者很早就想把多年来国内外在冻土力学方面取得的重要理论成果整理出来,编著成一本冻土力学的基础教材,使初次接触冻土力学的读者对该学科有个基本了解,作为认真研究这一课题的起点,这就是作者编写本书的目的。本书主要基于作者自己和冻土工程国家重点实验室的研究成果,并吸纳了其他单位研究人员的一些研究成果编写而成,力图以更开阔的视角向读者展示冻土力学所涉及的研究领域、研究方法和研究热点,希望能为广大科技人员和学生提供一个学习和研究冻土力学的基本思路、方法、框架和基础资料,同时也能够了解和体会冻土力学与土力学学科之间研究方法的异同。由于精力、能力及篇幅的限制,疏漏之处敬请读者谅解。

本书的主要内容如下:

第 1 章简要介绍了冻土的形成、特点、物质组成及工程分类,这是冻土力学的基础。目的是通过这一章的学习,对冻土本身有一个感性认识,并掌握冻土物理状态指标的定义、计算方法及换算关系；第 2 章是对土在冻结与融化过程中所发生的一系列物理化学过程的分析和总结；第 3 章主要对冻土的单轴压缩、三轴压缩和拉伸试验的试验结果进行了分析，并从微细观的角度对冻土的破坏特征进行了阐释，最后对土的冻结强度和冻土地基承载力进行了说明；第 4 章主要从蠕变和松弛两个方面论述了冻土特有的性质——流变性，并对冻土长期强度的概念、特点、影响因素和确定方法进行了详细描述；第 5 章对冻土在动荷载作用下的研究方法和力学性质进行了概述；第 6 章主要基于人工冻结工程中深土冻土力学性质的特殊性和青藏铁路沿线高温高含冰量冻土力学性质的特殊性，把它们作为特殊冻土单独提出来进行阐述。由于冻土力学是一门实践科学，它来自工程实践，最终还得服务于工程实践，所以我们在第 7 章和第 8 章中结合寒区工程和人工冻结工程实践，就冻土力学的具体应用做了简要介绍；最后，考虑到冻土力学是一门实验科学，在第 9 章中主要就冻土力学所涉及的基本实验仪器和试验方法进行了简要介绍。

　　本书是在作者系统梳理冻土力学多年研究成果，构思冻土力学发展整体框架的基础上，由以下人员负责收集、整理、编写相关章节内容：

　　2.1 节、2.3 节、2.4 节由齐吉琳研究员、杨成松和郄慧副研究员执笔，4.3 节、4.4.2 小节、4.5 节、4.6 节、4.7.4 小节、4.7.5 小节、6.2 节由张淑娟副研究员执笔；第 5 章、第 9 章由赵淑萍高级工程师执笔；7.3 节、7.4 节由张建明研究员和孙志忠副研究员执笔；其余章节由马巍、王大雁执笔，最后由马巍、王大雁审定、修改、编排和定稿。

　　本书在成书过程中得到了温智研究员和罗栋梁助理研究员的帮助与支持，作者在此向他们表示深深的感谢。

马巍

2014 年元月于兰州

目　　录

第 1 章　冻土的基本物理性质和分类

1.1　冻土的形成与特点

"冻土"是一种特殊的岩土,其特殊性主要表现在以下两个方面:第一,它的温度不高于 0℃;第二,必须有冰存在且土颗粒为冰所胶结。要成为冻土,这两个条件缺一不可。如果岩土材料的温度低于 0℃,但不含冰则属于寒土;如果温度低于 0℃,但由于含水量很低而未被冰胶结,这种大块碎石土体和细分散性土则被称为松散冻土。寒土和松散冻土的物理-力学性质与一般正温土基本相同,所以,它们不属于冻土的范畴(邱国庆等,1994)。我们这里研究的冻土是岩土颗粒为冰所胶结的土。冻土中的冰可以是冰晶或者冰层,其尺寸大小不一。

在自然界中,冻土现象随处可见。但受到气候、地质构造和地形等地理地质因素的影响,岩石和土壤的冻结状态存在的时间并不一致,有些存在数日或数小时,有些存在数月,而有些可以不间断地持续多年、若干世纪甚至上千年。在冻土学研究中,根据土壤和岩石保持冻结的时间,将冻土分为三种类型:短时冻土、季节冻土和多年冻土(周幼吾等,2000),具体规定如下:

(1) 短时冻土。是存在时间只有数小时、数日以至半月的冻土。它有时出现在高纬度、中纬度或低纬度地区的寒夜,有时也出现在热带和赤道地区的高山上。

(2) 季节冻土。一般指地壳表层冬季冻结、夏季全部融化的岩土层。主要存在于南北半球中高纬度地区,其厚度在北半球从北向南(南半球从南向北)逐渐减薄。

(3) 多年冻土。是冻结状态持续两年或者两年以上的土或岩石。在多年冻土区的有些地方,只有表层几米深的土层处于夏融冬冻的状态,该层则被称作季节融化层或季节活动层。在多年冻土区内,不同成因和面积大小不等的融区,制约着多年冻土分布的连续性。因而多年冻土(区)又有连续分布和不连续分布之分。后者又可进一步分为断续、大片、岛状及零星分布的冻土(区)。

1.1.1　冻土的形成与分布

1. 冻土的形成

从冻土热物理学观点来看,冻土是岩石圈-土壤-大气圈系统热质交换的结果。所以,气候、地质构造和地形等地理地质因素是影响自然界中冻土形成的主要因素。在这里,气候条件主要指地表辐射、气温、降水、积雪以及云量和日照等,气温和降水直接作用于地表,改变地表的热交换量;雪盖的隔热性能很强,妨碍冬季地面散热,从而使地温升高,并减小地面温度较差,研究表明冬春降雪对土的冻结有抑制作用,夏秋降雪则有助于冻土的保存;云量和日照决定地面所接受的太阳辐射热量,从而影响到地面和土层温度的变化。

正是这些气候因素的共同作用,改变了土壤的热交换量,从而改变了岩石圈表层可积累的热力循环值即热通量,进而对多年冻土层的热状况、温度动态、分布、埋藏、成分等特征以及冻土地质(冷生)过程和现象的不断变化起着决定性的作用。另外,地质构造也通过它所控制的自然条件,诸如地形变化、植被、雪盖、太阳辐射变化、岩相以及大地热流等对冻土的分布、温度、厚度、冷生组构及形态组合等冻土的其他特征产生作用,决定着冻土的形成过程、存在特征和分布特点(周幼吾等,2000)。

在土的冻结过程中,由于土中水或水汽冻结时的成冰作用取决于内应力和外应力共同作用的强度和速度,这种强度和速度的不同,使得土中水或水汽在相变成固态冰的过程中,冰晶或冰层与矿物颗粒在空间上的排列和组合形态各不相同,结果导致冻土的冷生构造也不同。在工程实际中,通常分出三种基本的冷生构造:整体状、层状和网状构造(图1-1)。

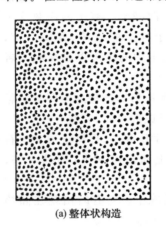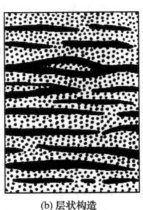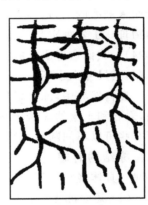

| (a) 整体状构造 | (b) 层状构造 | (c) 网状构造 |

图 1-1　冻土的冷生构造图

（1）整体状构造。冻土土颗粒间一般为孔隙冰所充填,无肉眼能看到的冰体。整体状构造冻土是在无水分迁移的情况下,由含水量小的土冻结而成,融化后其强度降低也较小。

（2）层状构造。冻土中的冰呈透镜状或层状分布,是由冻结时在发生水分迁移的情况下形成的,融化后土的强度明显降低。

（3）网状构造。冻土中不同大小、形状和方向的冰体组成大致连续的网络,融化后土的强度急剧下降。

冻土的冷生构造不同,其力学性质也不同。这一点将在第3章详细讨论。

2. 冻土的分布

在中国,冻土分布很广。青藏高原、西北高山和东北北部的大、小兴安岭及松嫩平原等地区分布着大片的多年冻土,面积约 215 万 km²,占国土面积的 22.4%。而在贺兰山至哀牢山一线以西的广大地区,以及此线以东,秦岭淮河一线以北的广大地区,是季节冻土所在地(图1-2)。所有这些地区,地表层都存在一层冬冻夏融的冻结-融化层,作为地基的冻结-融化层,在其冻融过程中土体性质受气温的变化直接影响着上部建筑物的稳定与

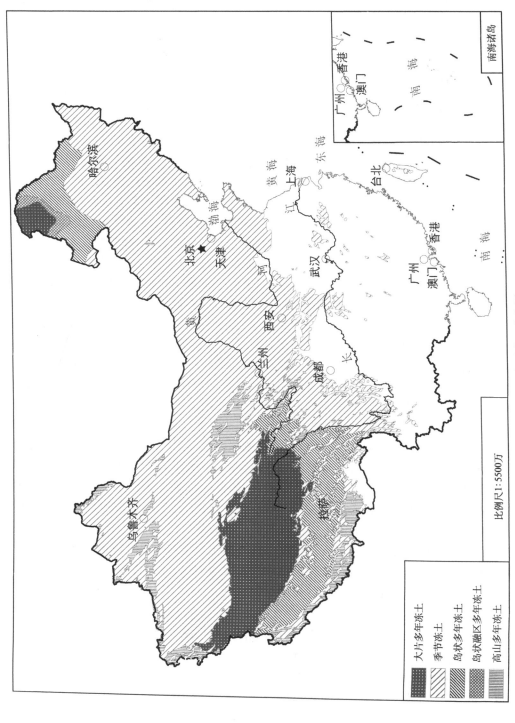

图 1-2　中国冻土分布图

安全,因此,在冻土地区进行水利工程、工业与民用建筑及交通运输工程的建设,就必须对冻土及其与工程建筑物相互作用的一系列工程冻土学理论和实践问题做出解答,以确保冻土地基上工程建筑物的稳定性、耐久性及经济合理性。所以对冻土的力学性质进行研究是由多年冻土区工程建设的需要决定的。

1.1.2　冻土工程性质的特殊性

从组成成分的角度看,冻土与未冻土的区别主要在于冻土中含有冰胶结物,而冰胶结物内聚力在土冻结的情况下产生并依赖于温度,温度越低,冰胶结物内聚力越大;温度越高,冰胶结物内聚力越小,并在冻土融化时,这种内聚力将消失。所以说,冻土性质的特殊性与孔隙冰有着千丝万缕的联系。正是由于冰的存在,从本质上改变了冻土的岩土力学性质,使其在荷载作用下表现的性质与未冻土明显不同。这主要表现在以下两个方面:

第一,冻土的强度受温度制约。由于温度在冻土的形成过程中起着决定性作用,所以冻土温度的高低决定着冻土强度的大小。通常,随着温度降低,冰胶结物之间的联结加强,未冻水的数量减少,水薄膜的厚度变薄,其强度增加。除此以外,冰胶结物本身的强度增大,从而使得冻土强度提高。相反,当温度提高并趋近于0℃时,土中冰胶结物的联结变弱,未冻水数量增大,使得冻土塑性变大,并具有黏性变形。当冻土融化时,由于冰胶结物之间的联结消失,导致强度急剧降低,变形增大,这时冻土成为高压缩性土或沉陷性土。

第二,冻土变形的特殊性。通常,冻土在荷载作用下会表现出弹性、塑性和黏性变形。冻土的弹性变形表现为体应变和剪应变的可还原性。由于冻土受冰晶格的可逆变化、矿物颗粒间联结的水膜厚度和颗粒间偏移的制约,在荷载较小时存在弹性变形,但由于产生这种变形的荷载比引起矿物颗粒弹性变形的荷载要小得多,所以常不予考虑;冻土塑性变形的具体表现是不可还原的体积变形和剪切应变,它是由不可逆的剪切、矿物颗粒和冰的重新组合、薄膜水的移动引起的,其中空气的压出和冰的非还原性相变也是制约塑性体积变形的因素;冻土的黏性则表现为土体剪切变形或体积变形随时间的变化过程,这种变形受非冻结水薄膜上矿物颗粒的移动所制约,同时还取决于冰和未冻水的黏性蠕动,冻土的□性变形是不可恢复的变形。对于高含冰量冻土,还会存在常速率的黏性流动(根据应力□可以是线性的或非线性的)。在大多数情况下冻土的黏性变形随着弹性和塑性变形□展而发展,总的来说表现为应力-应变状态随时间的变化。

□述这种明显的流变性和对温度的依赖性正是冻土力学与一般非冻土力学性质的区□所以,对于冻土力学性质的研究,应该以温度为前提,并结合冻土流变性的特点,□土在荷载作用下随时间变化的力学行为。

1.2　冻土的物质组成

□颗粒、水和气体三部分所组成的三相体系。固体颗粒一般由矿物质所组□,称为土骨架。土骨架之间布满相互贯通的孔隙,孔隙中充填着水和气□0℃或0℃以下时,孔隙中的部分水或水汽变成冰,此时,土将变为冻□由固体颗粒、冰、液态水和气体四种基本成分所组成的非均质、各向异性的四相复合体,每一种成分的性质以及它们之间的比例关系和相互作用决定着冻土的物理力学性质。因此,要研究冻土的力学性质,首先必须研究冻土的四相组成。

1.2.1　冻土中的固体颗粒

冻土的固体颗粒是决定冻土工程性质的主体。对固体颗粒不仅要分析粒径的大小及其在土中所占的百分数,而且还要研究固体颗粒的矿物成分、颗粒的形状,这三者之间密切相关。另外生物包裹体的含量也是不容忽视的,这是因为冻土中固体颗粒的尺寸、形态和成分决定着土颗粒比表面积的大小和固体颗粒与水相互作用的活性,这些性质又决定了相同温度状态下,孔隙水冻结成冰的数量和冻结后的坚硬程度,最终决定了冻土的工程性质。

1. 成土矿物与粒径大小

土是岩石风化的产物。成土母岩的矿物组成及其经历的风化作用决定着土粒的大小,因此,土粒大小在某种程度上也反映了土粒性质的差异。冻土如同未冻土一样,按其固体矿物颗粒的尺寸及其相对含量可划分为砾石和砂粒、黏粒土和粉粒土,各级粒级颗粒的特征如下:

(1) 砾石和砂粒。是岩石经过风化而形成的,其成分主要为原生矿物,以石英、长石和云母为主。无黏结性,不可塑,无膨胀收缩性及胶体特性,通气透水性强,温度变幅大。当温度降到 0℃ 以下时,土中的孔隙水基本全部冻结。

(2) 黏性土。主要是次生矿物,其中包括黏土矿物(高岭石、蒙脱石和伊利石)及一些无定形的氧化物胶体和可溶性盐类。黏性土以粉粒、黏粒和胶粒为主,这些颗粒不仅小而且高度分散,有巨大的表面积和很强的表面能,具有胶结性及很强的黏性、可塑性、吸水性、持水性、毛管性能、膨胀收缩性及离子代换吸收性能,但通气透水性差,温度变幅小。当温度降到 0℃ 附近时,土中的孔隙水有很大一部分没有冻结。

(3) 粉粒土。兼有原生矿物和次生矿物的特性,其颗粒大小介于砂砾和黏土之间,故许多性状也介于砂砾和黏土之间。

实际上,天然土通常是由无数大小不同的土粒所组成的混合物,混合物的性质取决于不同粒径的土颗粒的相对含量。

2. 颗粒的形状与比表面积

固体矿物颗粒的形状在很大程度上制约着固体颗粒对外荷载接触应力的传递程度。对于扁平颗粒与扁平颗粒的接触来说,其接触点处的压力基本与外力相等,不会对土颗粒造成太大的破坏。但对于扁平颗粒与锐角形颗粒的接触或者锐角形颗粒与锐角形颗粒的接触来说,接触点处的应力将比外压力大很多倍,从而造成颗粒间的相互剪切、错动,最终发生破坏。在崔托维奇所著的《冻土力学》一书中指出,在扁平云母砂中颗粒接触点处的外压力几乎不会使砂粒变形,而对于呈锐角形的砂粒,接触点处的压力非常高,完全有可能使土颗粒破坏。这种破坏不仅会引起土颗粒的粉碎,使颗粒之间接触面积增大,应力降低,而且会导致接触点处的冰发生压融,从而影响到冻土的力学性质。

土体中固体颗粒的分散性影响着土颗粒间发生的物理的、化学的表面过程。而表面过程的强度又取决于土中固体颗粒比表面积的大小和土的矿物成分。所谓比表面积，就是土颗粒的表面积与其质量之比。土的颗粒越细，形状越扁平，则比表面积越大。譬如，当土颗粒为直径是 0.1mm 的圆球时，比表面积约为 0.03$m^2 \cdot g^{-1}$。对于细颗粒的黏性土来说，高岭石的比表面积为 10～20$m^2 \cdot g^{-1}$，伊利石的为 80～100$m^2 \cdot g^{-1}$，而蒙脱石的高达 800$m^2 \cdot g^{-1}$。所以，对于砂砾等粗颗粒土，由于其比表面积不大，土体中的孔隙水常以自由水的形式存在，当土体冻结时，孔隙水几乎全部冻结成冰，对其物理-化学表面过程影响不明显。而对于黏土等细颗粒土来说，矿物成分不同，比表面积则相差很悬殊，这种差别将决定着颗粒与周围介质相互作用的数量。这是因为黏性土的带电性质都发生在颗粒表面上，比表面积直接反映着土颗粒与四周介质（特别是水）相互作用的强烈程度，所以对黏性土比表面积研究意义非常重大。

3．生物包裹体含量

生物包裹体的存在，会提高土的持水能力，使土体冻结后，未冻水含量增大，强度降低，且生物包裹体本身的强度远小于矿物颗粒。以上因素使得含有生物包裹体的冻土强度低于不含生物包裹体的冻土，且在荷载作用下呈黏滞性变形。

1.2.2　冻土中的冰

冰是冻土中不可缺少的组成部分，它决定着冻土的结构构造及相应的物理化学性质、力学性质。在崔托维奇所著的《冻土力学》一书中，将冰看成是"一种物理化学性质极为特殊的、与其他岩石很不一样的单矿物低温水化岩石"。

负温状态和压力高低决定着冰的存在形式，即冰是晶体状态还是非晶体状态。通常，可将冰分为三种变体：冰Ⅰ即我们通常所提到的普通冰，是水在正常大气压下，温度不低于−100℃时冻结而形成的冰晶体，此时，冰的体积将比同质量的水增加 9.07%，密度降低 8.31%，比热也会减少一半多；在降低冰温度的同时增大其压力至226MPa，普通的结晶冰Ⅰ变成比水重的冰Ⅱ；而当压力增至 223MPa，温度降低至−34～−64℃时，变成冰Ⅲ。在这些转变过程中，伴随着体积剧烈变化的同时，也会吸收或释放巨大的热量，导致冰的组构发生改变。天然冰的温度常常趋近于融化温度，在这一温度范围，由于栅格具有很高的活动性，从而使冰的变形性增强，也就是说，在任何大小的荷载作用下冰晶粒内部及晶粒间的联结作用随时将发生改变，使冻土能像黏性液体一样蠕动，即冻土具有较强的流变性。所以说，冰性质的不稳定性决定了冻土性质的不稳定性。

在普通冻土学的研究中，将地壳中存在的所有冰统称为地下冰。根据地下冰晶的成因类型，在世界上提出的分类大约有 20 多种，我们常遇到的大概有以下三种，即构造冰、脉冰和埋藏冰三类。

1．构造冰

构造冰是潮湿土体在冻结过程中所形成的冰，其性质不仅受到温度波动的影响，而且受到冻结速率与外界水源的联系等因素的影响，所以构造冰又可分为三种不同形式，即：

（1）孔隙冰。是冻土中最常见的冰的存在形式，一般指土中的孔隙水原位冻结而形成的冰，土体冻结后孔隙大小保持不变或扩大，扩大量不超过 9%，所以孔隙冰融化时产生的水的体积不超过土体冻结前孔隙水的体积。

（2）分凝冰。是指在松散土中，由薄膜水向冰结晶锋面迁移而形成的冰体，在一定条件下冰体体积可大大超过冻结前土体中的孔隙体积。分凝冰体通常呈透镜状、层状、网状，肉眼可见，其厚度一般由几厘米至几十米。

（3）侵入冰。是承压地下水贯入多年冻土或季节冻土后冻结而形成的冰，形成侵入冰的水一般是自由重力水。

冻土中的冰通常会含有各种杂质，这些杂质既可处于固态，也可以处于液态或气态。正是这些杂质，决定着冰的构造。无杂质的冰称作整体构造或玻璃状构造，当有空气时称作气泡构造，当存在成层的杂质时则称作层状构造。各种结构的冰在外力作用下的表现决定着所对应冻土在外力作用下的力学特点。

2. 脉冰

存在于多年冻土各种裂隙中的冰称为脉冰，这些裂隙有的是基岩裂隙，有的是热收缩裂隙，还有的是冻胀丘上的膨胀裂隙，多数呈脉状，一般厚度小于 0.2cm，但有的也可超过 20cm。根据生成过程的不同，脉冰可分为后生脉冰和共生脉冰，通常共生脉冰会成为富冰冻土的主要组成部分。

3. 埋藏冰

埋藏冰主要指生成于地表的河冰、湖冰、海冰、冰锥冰、冰川冰和积雪冰等，它们常被上覆沉积物掩埋，并保存多年而不融化。我们在冻土力学研究中的冰基本不包括这种类型的冰。

1.2.3　冻土中的未冻水

土冻结后，并非土中所有的液态水已全部转变成固态的冰。由于颗粒表面能的作用，土中始终保持一定数量的液态水，我们把这部分水称作未冻水。有研究指出，即使在 -70℃ 的温度条件下，冻土中也会存在一定数量的未冻水。通常，未冻水是土壤水中吸附于固体颗粒表面的结合水，它将随着温度的下降逐渐冻结。所以说，冻土中的未冻水与冰之间的数量随着外部因素的变化而变化，并始终保持一种动态平衡状态。研究表明，影响冻土中未冻水含量的因素主要有土质（包括土颗粒的矿物化学成分、分散度、含水量、密度、水溶液的成分和浓度）、外界条件（包括温度和压力）以及冻融历史。

1. 温度的影响

温度是影响未冻水含量最主要的因素之一。在起始冻结温度时只有能量最大的自由水转变成冰，继续降温时弱结合水才冻结。崔托维奇对正冻土划分了三个主要的水相变区，并给出了几种典型土相转换区的温度范围（表 1-1）。

表 1-1　相转换区的温度范围（单位：℃）

土的类型	剧烈相变区	过渡相变区	已冻结区
砂	0～−0.2	−0.2～−0.5	<−0.5
粉质亚黏土	0～−2.0	−2.0～−5.0	<−5.0
饱和黏土	0～−5.0	−5.0～−10.0	<−10.0

(1) 剧烈相变区。温度降低变化为 1℃ 时，未冻水、含冰量的变化量大于或等于 1%，在剧烈相变区，存在于大孔隙和毛细管中所有的自由水已经冻结，部分弱结合水也已经冻结。

(2) 过渡相变区。温度降低变化为 1℃ 时，未冻水、含冰量的变化为 1%～0.1%，这时弱结合水冻结。

(3) 已冻结区。温度降低变化为 1℃ 时，冰内水的相变不会超过 0.1%。此时土中仅有强结合水，且含量接近于土的最大吸湿度。

在剧烈相变区，冻土强度急剧增大，此后，随着土体水分冻结强烈程度的减弱，冻土强度增长的势头也随之下降。例如，在 −0.3～−1.0℃ 区间里，温度每降低 1℃，冻结黏土的标准瞬时抗压强度增量约为 0.96MPa，在 −1～−5℃ 区间里，增长 0.45MPa，在 −5～−10℃ 区间里，增量仅有 0.38MPa。

徐学祖等（1995）通过研究不同土质中未冻水含量与负温变化之间的关系，得到以下反映未冻水含量随负温变化的公式：

$$w_u = a\theta^{-b} \tag{1-1}$$

式中，w_u 为未冻水含量，%；θ 为负温绝对值，℃；a，b 分别为与土质因素有关的经验常数。

2. 土质的影响

土质类型对未冻水含量的影响，主要反映在固体矿物颗粒的形状以及它的分散性对土中水的物理-化学作用表面过程的影响上。通过对未冻水含量进行试验测定，我们认为未冻水含量高低取决于土颗粒的活化比表面积、孔隙空间结构、吸附阳离子的成分以及压力等条件，土的类型不同，未冻水含量与温度的关系曲线不同（图 1-3）。这里，活化比表面积是一个综合指标，它不仅与反映土颗粒分散性的比表面积有关，还受制于决定水吸附作用大小的比表面积的能量。通常，砂土活化比表面积最小，黏土，尤其是膨润黏土的活化比表面积最大。

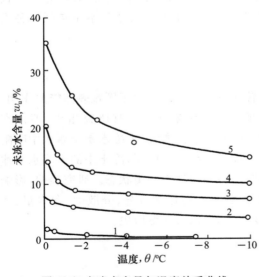

图 1-3　未冻水含量与温度关系曲线
1.石英砂；2.亚砂土；3.亚黏土；4.黏土；5.蒙脱石黏土

由表 1-2 可看出，土颗粒越细，黏粒含量越多，比表面积越大，分散性也越大，土颗粒束缚水的能力就越强，从而使得其在相同负温状态下的未冻水含量越大。

表 1-2　不同土质类型中未冻水含量随负温的变化

土名	不同温度下的未冻水含量/%					
	−0.2~ −0.5℃	−0.5℃	−1.0~ −1.5℃	−2.0~ −2.5℃	−4.0~ −4.5℃	−10.0~ −11.0℃
砂	0.2	0.2	—		0.0	0.0
亚砂土	—	5.0	4.5		4.0	3.5
亚黏土	12.0	10.0	7.8		7.0	6.5
黏土	17.5	15.0	13.0	12.5	—	9.3
黏土(含蒙脱石)	34.3	25.9	—	19.8	—	15.3

由于起始含水量的大小决定着结合水膜的厚度,从而决定着水与矿物颗粒表面的结合能。所以,土的起始含水量大小不仅影响着土的冻结温度,而且影响着土冻结后未冻水含量的多少。徐学祖等利用核磁共振法对初始含水量从 15.51% ~ 30.95% 的兰州黄土冻结后未冻水含量受初始含水量变化的研究表明,在土类和温度条件一定时,随着初始含水量的增大,未冻水含量略有增大。

就相同的土质类型来说,在初始含水量相同的条件下,随着干密度的变化,未冻水含量随温度的变化基本保持稳定。这已被徐学祖等学者通过对莫玲黏土的试验所证实。

3. 多晶冰中的未冻水含量

当土体冻结后,土中的孔隙水冻结形成冰晶。冰晶与土颗粒一样,作为一种颗粒材料,由于颗粒表面自由能的存在,在负温条件下会吸附一定量的未冻水,且未冻水含量将随温度的变化而变化。通过对不同粒径大小的冰晶中未冻水含量随温度变化的研究表明:

(1)多晶冰中未冻水含量受晶粒大小和晶粒界面状态的控制。当其他条件相同时,未冻水含量随晶粒减小而增加,随饱冰度的增加而增加。

(2)冻结速率和水中气体含量是制约冰晶大小的重要因素。当其他条件相同时,冻结速率大或含气量大的水是形成小冰晶的必要条件,也是制约多晶冰中未冻水含量的重要因素。

(3)冰-水-冰和冰-水-气界面条件下,多晶冰中未冻水含量最大值分别小于 3.5% 和 1.5%。

4. 盐类和浓度的影响

分布于土骨架孔隙中的水,可能含有多种可溶解物质,且与土粒表面进行着物理和物理化学的相互作用,这就使其冻结过程和冻结后的未冻水含量与含纯净孔隙水的土体有显著不同。另外,盐的成分同样影响水分的相成分形成,并依赖于盐分离子的活性。一般情况下,溶液中未冻水含量随盐的种类增加的顺序为:硫酸盐—碳酸盐—硝酸盐—氯化物。在此,以含氯化钠盐的土和含硫酸钠盐的土冻结后未冻水含量的变化为例,对此问题进行阐述。

1）含氯化钠的冻土

对于标准态的氯化钠溶液,随着温度的降低,有两次明显的剧烈相变过程(梁保民, 1986)。第一次发生在温度低于冰点并克服过冷之后,主要是溶液被浓缩的阶段;第二次则为低共熔混合物 $NaCl \cdot 2H_2O$ 的形成阶段,此时水分子与氯化钠分子结合,理论上完全转化为固相。

对于土中具有一定浓度的氯化钠溶液,随着土的冻结和温度的进一步降低,二次相变现象仍然很明显,这一点可以从未冻水含量随温度的特殊变化规律得到证实。但是,对于土中溶液,由于受到带负电性的土颗粒表面的吸附力,大量的水合阳离子聚集在土粒表面,阳离子外围又吸引了密度较高的水合阴离子,形成扩散双电层。这种作用一方面使土颗粒表面薄膜水的厚度增大,另一方面使孔隙溶液中离子的分布变得不均匀。在这种情况下,土中溶液的性质已不同于标准氯化钠溶液的性质,表现在未冻水与温度的关系曲线上,就是二次相变点温度有所降低。

图 1-4 为总含水量和土中氯化钠溶液初始浓度一定时,兰州砂土、兰州黄土及内蒙古黏土在冻融过程中未冻水含量与负温关系图。从图中可以发现,所有土在冻融过程中都会发生二次相变,且二次相变的温度都在 $-30 \sim -20^\circ C$,二次相变之后,未冻水含量要么急剧减小,要么急剧增大。就发生二次相变前的第一阶段而言,未冻水含量相对较高,在冻结过程中,随着温度缓慢降低,未冻水含量缓慢减小,而在融化过程中,随着温度的增高,未冻水含量逐渐增大。但对于同一种土的冻融,在同一负温下,冻结过程的未冻水含量将始终高于融化过程,且二次相变发生前的高温段随温度降低延伸较长,而融化过程则较短。就二次相变发生后的低温段来说,冻结过程和融化过程差异较大。冻结过程中二次相变点的起点温度较低,并在较小温度范围内,未冻水含量迅速减小;之后,随温度的进一步降低,未冻水含量变化非常微小。融化过程中二次相变点起点温度较高,且曲线较为平缓,在温度较低的部分,与冻结过程曲线基本重合。

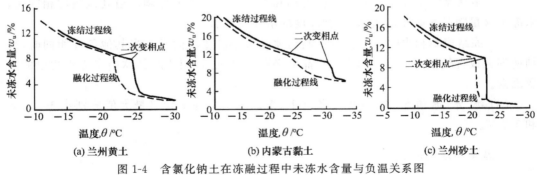

图 1-4　含氯化钠土在冻融过程中未冻水含量与负温关系图

总之,含盐冻土未冻水含量的变化,不仅受到土质、总含水量的控制,而且受制于含盐量的浓度和冻融过程,这一切又决定着未冻水含量突变点的发生与否及发生温度的高低。通过分析溶液初始浓度和含水量对含氯化钠的兰州砂土、兰州黄土、内蒙古黏土冻结过程中二次相变点的影响,我们认识到:在一定范围内,土中溶液初始浓度和总含水量越大,发生未冻水含量突变的温度就越高;另外,土质对突变点的发生温度影响也很大,颗粒越细,突变点发生的温度就越低。上述现象说明土中溶液总量增加、浓度增大以及土颗粒粒径较大时吸附力减小导致土中溶液性质更接近于标准溶液。

　　2）含硫酸钠的冻土

　　硫酸盐矿物是金属阳离子和硫酸根化合而成的盐类。由于硫是一种变价元素，在自然界中它可以呈不同的价态，形成不同的矿物，在一定条件下，它们与水分子结合形成硫酸盐水合物，从而使硫酸盐溶液的冻结特征有别于无结晶水形成的盐类。

　　图 1-5 是对含硫酸钠的兰州黄土未冻水含量变化规律的研究结果。在这一研究中，分别以两种不同初始含水量为条件，研究硫酸钠溶液浓度分别为 $0.5\text{mol} \cdot \text{L}^{-1}$、$1.0\text{mol} \cdot \text{L}^{-1}$ 和 $1.5\text{mol} \cdot \text{L}^{-1}$ 时，兰州黄土未冻水含量随温度的变化情况。从图 1-5 中不难发现，含硫酸钠兰州黄土的未冻水含量随试样初始含水量的增大略有增大，在较高负温范围内，增大幅度比较明显；随温度的降低，增大的幅度迅速减小。对应同一初始含水量和不同初始溶液浓度的未冻水含量-温度曲线基本重合，这说明初始溶液浓度对未冻水含量的影响极小。

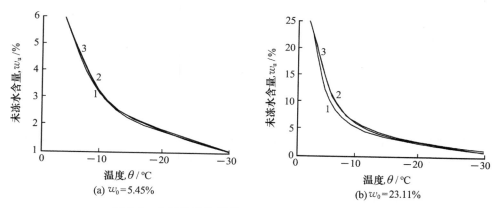

图 1-5　含硫酸钠兰州黄土未冻水含量随温度的变化
1. $C=0.5\text{mol} \cdot \text{L}^{-1}$；2. $C=1.0\text{mol} \cdot \text{L}^{-1}$；3. $C=1.5\text{mol} \cdot \text{L}^{-1}$

5. 外载的影响

　　外载对未冻水含量的影响，主要表现在外载对土体冻结过程中冻结温度的影响和对已冻土体中冰的压融作用两个方面。对于前者，张立新等（1998）曾利用核磁共振仪，对兰州黄土试样进行加压并测定其未冻水含量，获得了兰州黄土在不同压力条件下未冻水含量随温度的变化曲线。通过回归分析，给出了未冻水含量随压力变化的经验公式：

$$w_{\text{u}} = \frac{p}{ap+b} \qquad (1\text{-}2)$$

式中，w_{u} 为未冻水含量，%；p 为压力，MPa；a 和 b 为与土质有关的常数。

　　利用上述关系，计算得到在相同含水量条件下，对应不同压力的土的冻结温度。冻结温度随压力增大呈线性降低，斜率接近于 $-0.075℃ \cdot \text{MPa}^{-1}$，这一结果与克拉伯龙方程的计算结果相吻合。但由于目前试验手段及制样技术的限制，对于其他土质的冻土中未冻水含量受外载作用的研究还未展开,所获得的数据非常有限。因此,式(1-2)中 a、b 的具体取值,还需要进行大量的试验后才能确定。

1.2.4　冻土中的气体

冻土中的气态成分是气体和水汽。水汽含量虽然不多,但在冻土存在温度梯度时,水汽会从弹性较高的地方移动到弹性比较低的地方,对冻土的力学行为有重要作用。另外,在非饱和土冻结后形成的冻土中,水汽还有可能是土体土温变化和冻结过程中水分向冻结前缘迁移、聚集的主要来源,也是小含水量砂性土冻结时出现聚冰现象的原因。

当冻土中有封闭气泡存在时,由于空气体积受温度波动影响比土体的其他成分大几十倍,所以封闭的气泡将大大增大冻土的弹性,另外,当温度下降时气体体积收缩会在气体中形成真空,导致土体中的水分向冻结边界迁移。以上这些原因将造成冻土在冻结与融化过程中应力-应变过程的重大变化。

总之,冻土中各相成分之间的相互作用与过程,取决于矿物颗粒、冰表面与各种状态水之间的相互关系。其程度与土的固体成分、比表面积、物理力学性质及交换性阳离子种类有关,也与外部温度及压力等条件相关。

1.3　土中水的形态和能态

1.3.1　土中水的形态

土中的水按其物理形态可分为固态、气态和液态三种。其中液态水是土中水的主要形态。这种形态的水在土中受到各种不同吸力(土粒分子吸力、粒间毛管吸力和重力)的作用,又会呈现出不同的状态。因此,土中水的类型较为复杂,可按其存在状态分为各种类型。不同类型的水,其存在的条件及具有的性质各不相同,它们在不同负温作用下的状态也会发生变化(黎庆淮,1986)。现介绍土中水分的类型(图 1-6)及不同类型的特点。

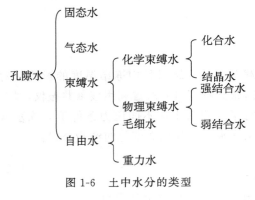

图 1-6　土中水分的类型

1. 固态水

固态水就是冰形式的水。是在标准大气压下,当温度低于 0℃ 时,土中的液态水会冻结成冰而成为固态冰。一般在冬季寒冷的中纬度地带的土壤中会形成季节性的固态水。在高纬度带及高寒山区的冰沼中会形成永冻层,其中的水分终年都是固态的冰。这种冰有时类似于土粒,具有使水以薄膜形式黏附于其表面的能力。

2. 气态水

气态水是以气体状态存在的水分,即水汽。气态水充填于某一温度下没有被冰和未冻水占据的孔隙中,是土中空气的一部分,其含量多少随土的湿度和温度的变化而变化。

在土的冻结过程中,由于其弹性随温度降低而降低,因此,土中蒸汽将从高温处向低温处迁移,即向冻结前缘迁移、聚集而凝结成滴状液体,并进而冻结,所以它是含水量小的砂性土冻结时水分聚集的水源。

3. 束缚水

束缚水是土中被固态颗粒束缚着而不能自由移动的水分。束缚水按其被束缚的方式分为化学束缚和物理束缚两类。

1) 化学束缚水

化学束缚水是土的矿物化学组成的一部分,在土的次生矿物中含量较多。这种水不能直接参加土中所进行的物理作用。按照它与矿物结合的情况,又可再分为化合水与结晶水两种。化合水在矿物的晶格中被牢固地保持着,只有在几百摄氏度的高温下才能被分离出来。而结晶水也是固定在矿物晶格中的水分,但结合不太牢固,在较低温度下即被分离出来。

2) 物理束缚水

物理束缚水是被土固体颗粒表面的分子力所保持的水分,根据其来源和受束缚力的大小,又可分为强结合水和弱结合水两种。

(1) 强结合水。又叫吸湿水或分子结合水,也就是吸附在黏土矿物颗粒表面的水汽分子。强结合水子被吸附在土粒的表面,受土粒表面分子的引力很大,水分子十分密集,分子间的距离极小。当强结合水达到最大值时,水分子的厚度为 $4\sim5\mathrm{nm}(10^{-9}\,\mathrm{m})$,有 $15\sim20$ 个分子层,紧挨土粒表面的第一层水分子约受到 $10^9\,\mathrm{Pa}$ 的吸力,而最外层的分子受到的吸力约为 $31\times10^5\,\mathrm{Pa}$。强结合水由于被牢固地吸附在土粒表面,厚度极小,因而具有固态水的性质,如密度大,热容量小,冰点低,没有溶解盐离子的能力,不能自由移动,只能在 $105\sim110℃$ 高温下汽化散失。在土的冻结过程中,强结合水一般不发生相变,故对冻土的性质不产生影响。

强结合水的量主要取决于土的空气湿度、质地、腐殖质含量以及土的含盐量和盐类成分。一般来说,土的空气湿度越大,强结合水越多;土的质地越细、腐殖质含量越高,强结合水越多;含盐量高,强结合水量大。

(2) 弱结合水。弱结合水又称松束缚水或者薄膜水。当土中的强结合水量达到最大量后,此时土粒的吸力只能吸附周围环境中位于扩散层内的液态水分子,并使强结合水外面的水膜逐渐增厚并形成连续水膜,即薄膜水。由于薄膜水距土颗粒的距离相对于强结合水来说较远,所以土颗粒对薄膜水的吸附能力要比强结合水弱很多,所以薄膜水又叫弱结合水。正是由于弱结合水的存在,才使土处于半固态状态,这时土中的弱结合水可能处于不流动状态,或从含水量大处向含水量小处缓慢移动状态。弱结合水是相成分可变的水,通常在低于 $-1.5℃$ 时才冻结。由于薄膜水迁移极缓慢,故不产生析冰现象,形成整体的冻土构造。有人分析,弱结合水冻结温度下降的原因可能是由于结合水和自由水层之间产生了比自由水结合较弱、活动性较强、有如"热水"一样的水层,它结晶时要求更大的能量和更低的温度所致。弱结合水最外层的水,受固体颗粒的应力场影响很小,所以移动性较大,就成为土冻结过程中水分迁移、聚集的主要来源。当土的含水量超过最大分子持水量时,这层水在土冻结过程中急剧地向冻结面迁移、聚集,并产生强烈的析冰和冻胀现象,从而形成厚层状或厚网状的冻土构造。当把这种土作为建筑物地基时,地基融化后可能出现很大的沉降变形,甚至沉陷破坏。弱结合水的含量主要取决于土壤质地和有机质含量,土壤质地越黏,有机质含量越高,弱结合水含量也越高。

不论强结合水还是弱结合水都受到土颗粒表面引力的作用,不能从土中流出,所以结合水也叫活性吸附水。结合水的黏滞性大,比热大,介电常数也较低。

4. 自由水

自由水是土中不被土粒牢固吸持而能自由移动的液态水。一般分为毛细水和重力水两种。

1)毛细水

当土中水的含量超过弱结合水的最大含量以后,便形成不受土粒吸力影响而移动性较大的自由水,这种水分因受土的毛管力作用而在毛管孔隙(直径 $0.06\sim0.002\mathrm{mm}$)中保持和移动,故称毛细水。毛细水的性质和运动主要取决于毛管力的作用。所谓毛管力的作用就是指毛管壁与水分子之间的吸持力和水的表面张力的共同作用。由于土颗粒间毛管力的大小与毛管孔径关系密切,从而决定了毛管水上升高度与其孔隙半径有关。通常,土的孔隙半径越小,毛细水上升高度越高。但由于土中毛管水的运动要受到多种因素限制,这一结论有时也不是绝对的。研究资料证明,从砂土、细砂土到粉质黏土,其毛细水上升高度,有随土粒由粗变细而逐渐增高的趋势,但对于质地很细的黏土来说,因孔隙过小,水分受土粒吸附力的影响,黏滞性高,阻碍了毛细水运动,所以,黏土的毛细水上升高度反而较低。毛细水上升的高度 h_{cap} 可近似用下式计算:

$$h_{\mathrm{cap}}=0.3/d \tag{1-3}$$

式中,d 为土颗粒直径。主要土类的毛细上升高度分别为:中砂 $0.15\sim0.35\mathrm{m}$;细砂$1.0\sim1.5\mathrm{m}$;亚细砂土 $1.0\sim1.5\mathrm{m}$;亚黏土 $3.0\sim4.0\mathrm{m}$;黏土$>8\mathrm{m}$。

毛细水具有一般自由水的物理化学特性。在土冻结过程中,向冷锋面迁移的弱结合水膜依赖毛细水而得到不断补充,并在积聚处生成厚的分凝冰,同时,毛细水也使土的冻结在开放系统下进行。所以说毛细水在土冻结过程中的作用相当大。

2)重力水

重力水仅存在于具有足够大的孔隙或裂隙中,在重力作用下移动,同时在压力差作用下,从土中流出。土冻结时,重力水不能向冷锋面迁移,但它能形成参加迁移过程的其他类型的水,成为源源不断补给的水源。在饱和砂或粗粒土冻结时,重力水产生压力梯度,可以从冻层中被挤压溢出。

1.3.2　土中水的能态

自然界中的物体都具有能量,而且一般都是由能量高的状态向能量低的状态运动或转化,最终达到能量平衡状态。经典物理学认为,任一物体所具有的能量由动能和势能组成。由于土中水在土孔隙中运移很慢,其动能一般忽略不计,所以土水势就成为决定土中水分能态和运动的主要因素。通常,土水势可分为重力势、压力势、基质势和溶质势,有时还有温度势(陈肖柏等,2006)。

势能的单位是焦耳(J),即 N·m;如果是单位体积水的能量,可表示为 Pa;如果用单位重量水的能量则可表示为 m。

1. 重力势(ψ_g)

重力势(ψ_g)是由于土中水在重力场中受重力作用所引起的势值,其大小是由土中水在重力场中的位置相对于参照面的高差所决定的。所以,重力势是空间位置的函数。

单位质量土中水的重力势为

$$\psi_g = \pm gz \tag{1-4}$$

单位体积土中水的重力势为

$$\psi_g = \pm \rho_w gz \tag{1-5}$$

单位重量土中水的重力势为

$$\psi_g = \pm z \tag{1-6}$$

2. 压力势(ψ_p)

压力势(ψ_p)是由土-水系统中的压力超过参照状态下的压力而引起的土水势。

对于饱和土,由于存在滞水层或悬着水柱,就使其下的土-水系统的任一点上受到超过参照压力的静水压力,而使其下的土壤水势增加。若以静水压强来表示压力势,则

$$\psi_p = \rho_w gh \tag{1-7}$$

式中,ρ_w 为水的密度;g 为重力加速度;h 为水层深度。

在非饱和土中,孔隙处处与大气相通,各处的孔隙水均受到与参照压力相同的大气压力,因此,其压力势为零,即

$$\psi_p = 0$$

但是,如果土中局部有封闭气体时,它与孔隙水平衡的气压可能与大气压不同,此时,对于孔隙水的势能将产生影响。由于这种平衡气压的改变而产生的压力势,称为气压势($\psi_{气压}$),气压势通常是一个量值不大的正值。当土体承受压力时,由外加荷载引起的超静水压力势也叫荷载势($\psi_{荷载}$)。

综上所述,压力势可写为

$$\psi_p = \psi_{水压} + \psi_{气压} + \psi_{荷载} \tag{1-8}$$

3. 基质势(ψ_m)

基质势(ψ_m)是土-水系统中由土颗粒特性所引起的一种势值,土是高度分散的多孔介质,其固相部分是吸水的基质。土颗粒之所以能吸持水分,主要有以下三方面的原因:一是由于土颗粒具有巨大的表面能;二是由于土颗粒表面所吸附离子的水化作用;三是由于土粒间的孔隙具有毛管性质,其水、气界面为弯液面,能产生毛管力。一般情况下,上述三种作用很难分开,所以我们把土颗粒的吸附力和毛管弯液面力所产生的势值统称为基

质势(图 1-7)。

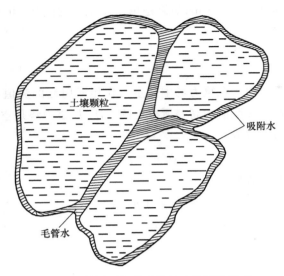

土壤颗粒

吸附水

毛管水

图 1-7 共同引起基质势的水的两种形式

孔隙水被土颗粒吸持后,其自由能将显著降低,土水势值将相应减小。吸持作用越强,其自由能降低越多,土水势越小。因此,如果参照状态下自由水的土水势值为零,土-水系统只是由于存在基质而吸持水分,则水分被吸持后的能量水平降低,其势值必为小于零的负值,所以基质势为负值。基质势只存在于非饱和土体中,完全饱和土则无基质势,所以基质势也可看作是广义压力势的一种。土的基质势可以通过张力计测定出来。

若基质势以水柱高度来表示,对于图 1-8(a)中的情况,基质势(ψ_m)为

$$\psi_m = -h \tag{1-9}$$

对于图 1-8(b)中的情况则为

$$\psi_m = -Z_{Hg} \frac{\rho_{Hg}}{\rho_w} + Z \tag{1-10}$$

式中,ρ_{Hg} 为汞的密度;ρ_w 为水的密度;Z_{Hg} 为汞柱高度;Z 为距离。

基质势在土水势中是一个很重要的分势,它对非饱和土中水的运动和保持有极其重要的作用。

4. 溶质势(ψ_s)

由于土中含有一定的可溶性盐类,这些盐类溶于水中成为离子,离子在水化时,把其周围的水分子吸引到离子周围成定向排列,这就会使土中的一部分水分失去自由活动的能力,这种由溶质所产生的势能成为溶质势。溶质势是由土中水溶液中所有溶质共同作用而引起的,因此其意义与渗透压、渗透吸力、溶质吸力相似,但符号相反,即溶质势为负值。

因为各种盐类的离子化程度随浓度而改变,并且有其他盐分存在时,其离子化程度也会变化,所以,很难精确测定某一种溶质的浓度。由于溶质势与渗透压数值相同,符号相

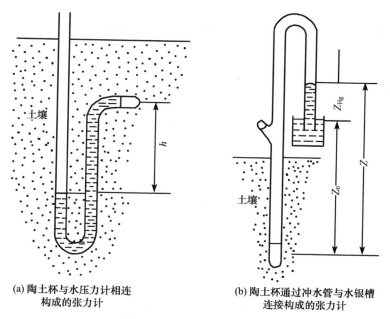

(a) 陶土杯与水压力计相连
构成的张力计　　　(b) 陶土杯通过冲水管与水银槽
连接构成的张力计

图 1-8　基质势测定示意图

反,因此,可通过测定渗透压来确定溶质势。

$$\psi_s = -\frac{c_s}{\mu}RT \tag{1-11}$$

式中,c_s 为溶液浓度,$mol \cdot L^{-1}$;R 为气体常数;T 为绝对温度,K;μ 为溶质的分子量。

综上所述,孔隙水的基质势(ψ_m)和溶质势(ψ_s)均为负值,压力势(ψ_p)为正值,而重力势(ψ_g)则取决于水分与参照面的相对位置,通常为正值。

土中水的总势值(ψ_{total})是由以上各个分势综合而成的,所以,

总土水势 = 重力势 + 压力势 + 基质势 + 溶质势

即

$$\psi_{total} = \psi_g + \psi_p + \psi_m + \psi_s \tag{1-12}$$

以上各项并不一定同时存在,对于饱和土主要是重力势和压力势,对于非饱和土则主要是重力势和基质势,对于高饱和度的非饱和土将存在压力势(超静水压)。

5. 温度势(ψ_T)

温度势(ψ_T)是由土中温度场的温差引起的。土中任一点孔隙水的温度势由该点的温度与标准参考状态的温度之差决定。温度势可表示为

$$\psi_T = -S_e \Delta T \tag{1-13}$$

式中,S_e 为单位数量孔隙水的熵值。

土中温度的分布和变化对孔隙水运动的影响是多方面的,有些大大超过了温度势本

身的作用。譬如,温度通过对水物理化学性质(如黏滞性、表面张力及渗透压等)的影响,导致基质势、溶质势的大小及孔隙水运动参数的变化,同时,温度状况也决定着孔隙水的相变。反过来,土中的孔隙水在很大程度上也决定着土的热特性参数,水的相变一旦发生,则成为热量平衡计算中的一个重要因素。因此,在实际问题中,认识土中孔隙水水热迁移的相互交叉和耦合过程是非常重要的。

1.4 冻土的基本物理指标

土是由土粒、水和空气三者所组成的三相体系,三相中每一相的数量和性质,都将直接影响土的工程性质。冻土是当土体温度降到0℃或0℃以下,部分孔隙水冻结成冰后形成的。因此,冻土是由土粒、冰、未冻水和空气所组成的四相体系。对于四相体系的冻土来说,它的工程性质不仅受到冻结前土体性质的影响,而且还受到冻结过程中及冻结后含冰量及未冻水相对比例的影响。譬如,同样一种冻土,温度相对低时,强度高,温度高时,强度一般降低,但当温度降到一定程度时,强度并不一定会继续增高。另外,在有外部压力作用的情况下,即使冻土温度不发生变化,冻土中未冻水的含量也会发生变化而影响冻土的强度大小。这说明冻土的性质不仅取决于冻土四相组成成分的性质,而且还受到温度和压力的作用。所以,要研究冻土的性质,既要研究反映冻土四相之间量的比例关系的冻土的物理性质指标,还要研究反映冻土热量交换和物质交换的指标参数。

1.4.1 冻土的四相草图

冻土是土粒、冰、未冻水和空气所组成的四相体系,当冻土的温度升高,孔隙冰融化后就会变为三相体系。其中土颗粒一般是由矿物颗粒和细小的有机质所组成的,在温度发生改变时,其存在状态一般比较稳定;而冰、未冻水和气体之间将受温度影响而发生相的转变。为了便于说明冻土物理性质指标的定义和它们之间的换算关系,我们在此也可以利用土力学中三相图的概念,把冻土中各相成分假想为单独分开的四部分,土矿物颗粒、冰、未冻水和气体,绘出冻土的四相图(图1-9)。图1-9反映了冻土融化成为融土后,冻土中各相比例的变化情况。

1.4.2 确定四相量比例关系的物理性质指标

冻土的物理性质指标与未冻土的一样,可将其分为两类:一类是必须通过试验测定的,如冻土的密度、冻土土粒比重、冻土总含水量和未冻水含量;另一类是可以根据试验测定指标换算的,如孔隙比、孔隙率、相对重量含冰量等。

1. 冻土的含水量和含冰量

1) 冻土的总含水量

冻土的总含水量(w)定义为冻土中冰和未冻水的总质量与冻土中土颗粒质量之比。即

$$w = \frac{m_i + m_{uw}}{m_s} \times 100\% = \frac{m - m_s}{m_s} \times 100\% = \frac{m_w}{m_s} \times 100\% \qquad (1\text{-}14)$$

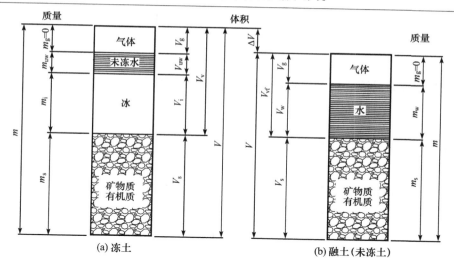

图 1-9　冻土的四相图及其融化后的三相图

图中符号的含义：V.土或冻土的总体积；V_s.土或冻土的固体颗粒的体积；V_w.土中孔隙水的体积；
V_g.土或冻土中气体体积；V_v.冻土中不包括土颗粒部分体积；V_{uw}.冻土中未冻水所占的
体积；V_i.冻土中冰的体积；V_{vf}.土的孔隙部分体积；ΔV.土冻结为冻土后的体积增量；
m.土或冻土的总质量；m_s.土或冻土中土颗粒的质量；m_w.土中孔隙水的质量；
m_i.冻土中冰的质量；m_g.土或冻土中气体的质量，一般为 0；
m_{uw}.冻土中未冻水的质量

其中，冻土中冰的质量 m_i 包括冻土中冰透镜体、冰夹层的质量、胶结矿物颗粒间孔隙冰的质量。根据冻土的四相图，冻土的总含水量也可以表示为

$$w = w_i + w_u \tag{1-15}$$

2）冻土的未冻水含量

冻土的未冻水含量（w_u）是指在一定的负温条件下，冻土中未冻水的质量与干土质量之比，以百分数表示：

$$w_u = \frac{m - m_i - m_s}{m_s} \times 100\% = \frac{m_{uw}}{m_s} \times 100\% \tag{1-16}$$

通常情况下，冻土的未冻水含量需要通过试验测得。测试方法一般有膨胀计测定法、绝热或等温量热器测定法、X 射线衍射测定法、热容测定以及核磁共振法等，虽然方法不同，但结果相差不大。Anderson 等（1972,1973）通过测定各种具有不同物理性质的冻土，给出了预测未冻水含量的经验公式：

$$w_u = \alpha \theta^\beta \tag{1-17}$$

式中，α 和 β 为与土质有关的参数；θ 为冻土温度的绝对值。并给出了几种有代表性土的 α 和 β 取值。后来徐学祖等（2010）对此问题也进行了详细的研究，得到了与式（1-17）相似的未冻水含量计算公式。

3）冻土的含冰量

冻土含冰量（w_i）既可以用体积含冰量（w_i^v）表示也可以用质量含冰量（w_i^m）和相对含

冰量(i_r)表示。所谓体积含冰量就是冻土中冰的体积与冻土土颗粒的总体积之比,即

$$w_i^v = \frac{V_i}{V_s} \times 100\% \tag{1-18}$$

而质量含冰量是冻土中冰的质量与冻土土颗粒质量之比,即

$$w_i^m = \frac{m_i}{m_s} \times 100\% \tag{1-19}$$

通常我们用质量含冰量来表示冻土的含冰量,即

$$w_i^m = w_i \tag{1-20}$$

实用中也常用相对含冰量(i_r)这个指标,相对含冰量是冰的质量与冻土中全部水的质量之比,即

$$i_r = \frac{m_i}{m_w} \tag{1-21}$$

冻土的相对含冰量i_r与未冻水含量w_u具有如下关系:

$$w_u = w(1 - i_r) \tag{1-22}$$

式中,w为冻土的质量含水量(即全部水的质量与土颗粒质量之比)。

2. 冻土的密度和容重

冻土密度(ρ)的定义与未冻土一样,为冻土单位体积的质量,以$\text{kg} \cdot \text{m}^{-3}$或$\text{g} \cdot \text{cm}^{-3}$计:

$$\rho = \frac{m}{V} = \frac{m_s + m_i + m_{uw} + m_g}{V_s + V_i + V_{uw} + V_g} \tag{1-23}$$

工程中还会用容重来表示类似的概念,所谓冻土的容重(γ)就是冻土单位体积的重量,以$\text{kN} \cdot \text{m}^{-3}$计,它与冻土密度的关系如下:

$$\gamma = \rho \times g = 9.8\rho \tag{1-24}$$

工程上常用的密度还有:

(1) 干密度(ρ_d)。干密度(ρ_d)就是单位体积土中土粒的质量,即

$$\rho_d = \frac{m_s}{V} \tag{1-25}$$

(2) 饱和密度(ρ_{sat})。土的饱和密度(ρ_{sat})是土中孔隙完全为水充满时的密度,即

$$\rho_{sat} = \frac{m_s + V_v \rho_w}{V} \tag{1-26}$$

(3) 土粒密度(ρ_s)。土粒密度(ρ_s)定义为土粒单位体积的质量,即

$$\rho_s = \frac{m_s}{V_s} \tag{1-27}$$

3. 冻土土粒的比重

在未冻土中,土粒比重(G_s)定义为土粒的质量与同体积$4℃$时蒸馏水质量之比,即

$$G_s = \frac{m_s}{V_s (\rho_w)_{4\text{℃}}} = \frac{\rho_s}{(\rho_w)_{4\text{℃}}} = \frac{\rho_s}{\rho_w} \tag{1-28}$$

式中, ρ_s 为土粒的密度, 即土粒单位体积的质量; $(\rho_w)_{4\text{℃}}$ 为 4℃ 时蒸馏水的密度。因为 $(\rho_w)_{4\text{℃}} = 1.0\text{g}\cdot\text{cm}^{-3}$, 故实用上, 土粒比重在数值上等于土粒的密度, 是无量纲的数。对于冻土来说, 我们在此沿用未冻土中对土粒比重的定义, 它们在数值上与未冻土基本相等。

通过对冻土的密度、土粒的比重和土的总含水量和未冻水含量的测定, 就可以根据冻土四相图, 计算出某一温度的冻土中, 每一相在体积上和重量上的含量。但工程中为了便于表示各相含量的某些特征, 还定义了以下两种关于冻土中孔隙含量的指标和冻土中含水程度、含冰程度的指标。

4. 表示冻土中孔隙含量的指标

1) 孔隙比

冻土的孔隙比 (e) 定义为冻土中孔隙体积与土粒体积之比, 以小数表示, 即

$$e = \frac{V_v}{V_s} = \frac{\rho_s}{\rho_d} - 1 \tag{1-29}$$

2) 孔隙率

冻土的孔隙率 (n) 定义为冻土中孔隙体积与冻土体积之比, 或冻土单位体积中孔隙的体积, 以百分数表示, 即

$$n = \frac{V_v}{V} \times 100\% \tag{1-30}$$

也可通过土的孔隙比、土粒密度和干密度之间的关系获得, 公式如下:

$$n = \frac{e}{1+e} = 1 - \frac{\rho_d}{\rho_s} \tag{1-31}$$

孔隙比和孔隙度都是用来表示孔隙体积含量的概念, 两者之间既有区别又有联系。它们都随冻土形成过程中所受的压力、粒径级配和颗粒排列状况而变化, 主要反映某一种土的松、密程度。

5. 表示冻土中含水程度和含冰程度的指标

在土力学中, 除了用含水量来表示土中含水程度外, 还需要知道孔隙中充满水的程度, 这就是土的饱和度 (S_r)。饱和度定义为土中孔隙水的体积与孔隙体积之比, 以百分数表示, 即

$$S_r = \frac{V_w}{V_v} \tag{1-32}$$

干土的饱和度 $S_r = 0$, 而饱和土的饱和度 $S_r = 1$。

冻土的孔隙一般由冰和未冻水所充填, 所以要认识冻土饱和度的概念, 就需认识冻土中冰和未冻水充填孔隙的比例, 这就是饱冰度 S_{ri} 和未冻水饱和度 S_{ru} 的概念。所谓饱冰

度就是某一温度的冻土中孔隙冰的体积与孔隙体积之比,以百分数表示,即

$$S_{ri} = \frac{V_i}{V_v} = \frac{w_i G_s \rho_w}{e \rho_i} \times 100\% \tag{1-33}$$

式中,ρ_i 为冰的密度,通常 $\rho_i = 916.8 \text{kg} \cdot \text{m}^{-3}$。所谓未冻水饱和度($S_{ru}$)就是冻土中未冻水所占孔隙的比例,以下式表示:

$$S_{ru} = \frac{V_{uw}}{V_v} = \frac{w_u G_s}{e} \tag{1-34}$$

所以,冻土的饱和度就是未冻水和冰所占孔隙的比例,即

$$S_{rf} = (S_{ri} + S_{ru}) = \left(\frac{w_i \rho_w}{\rho_i} + w_u\right)\frac{G_s}{e} \tag{1-35}$$

根据以上公式,可推导出冻土的干密度(ρ_{df})、含冰量(w_i)、未冻水含量(w_u)和饱和度(S_{rf})之间的关系式

$$\rho_{df} = \frac{\rho_w}{1/G_s + (1.09 w_i + w_u)/S_{rf}} \tag{1-36}$$

在这里 $\rho_w/\rho_i \approx 1.09$。

1.4.3　冻土热物理性质指标

土的冻结与融化过程与土热量的变化或温度的波动密切相关,温度升高超过 0℃ 时,冻土融化,温度降低到低于 0℃ 时,土体冻结,在这一过程中,又伴随着土体吸热和散热过程。所以要认识土的冻结与融化过程以及与此相关的冻土工程性质问题,必须了解冻土的冻结特征及热量交换特点,而土的冻结温度、相变热、导热系数、热容量和导温系数等参数是反映这一过程的主要指标。

1. 冻结温度与融化温度

冻结温度,就是指孔隙水稳定冻结时的温度,一般指土中孔隙水发生冻结的最高温度。通常,在标准大气压下,当温度低于 0℃ 时,水冻结成冰而发生相变,0℃ 就是水的冻结温度。但对于某些细颗粒土体(特别是细分散性黏土)来说,由于土矿物颗粒表面力场的作用和孔隙水所含的盐分等因素,在 0℃ 时,土体中的孔隙水并不一定冻结,所以,土的冻结温度一般要低于 0℃,并受土质类型的影响。大量试验表明,即使土体温度达到冻结温度时,还有相当一部分孔隙水没有冻结,这部分孔隙水在温度进一步下降过程中,继续发生水的相变。根据崔托维奇的《冻土力学》,通常将土中孔隙水的冻结过程分为四个阶段(图 1-10)。

(1)冷却阶段。土的温度下降,但无析冰现象。此时冷却曲线相对于温度轴有翘曲,我们把曲线的最低点称为过冷温度。当土体达到过冷温度时,则表明在孔隙水中正在形成第一批结晶中心。过冷温度的高低是冻结土样总热量平衡程度的反映。

(2)析出结冰潜热阶段。在这一阶段,孔隙水开始冻结,析出相当数量的结冰潜热,土温急剧增高。

(3)稳定冻结阶段。当土温增高到最高值时,析出的结冰潜热与外界温度的下降达

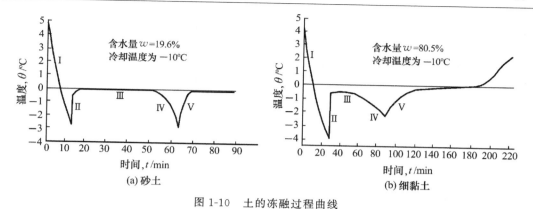

图 1-10　土的冻融过程曲线

I. 冷却阶段；II. 析出结冰潜热阶段；III. 稳定冻结阶段；IV. 土温降低阶段；V. 升温融化阶段

到相对稳定状态并保持不变，这就是我们常说的冻结温度。当土温达到冻结温度时，孔隙水中的自由水已基本冻结。已有试验表明，冻结温度与周围介质的温度关系不大，对于某一种土而言可以认为是个常数。冻结温度是土物理性质的重要的指标之一，它均衡地反映了土体水分与所有其他成分之间的内部联结作用，是冻结状态原始的"起始"温度。

（4）土温降低阶段。如果温度继续降低，则由于孔隙水中相成分可变的弱结合水冻结会继续析出一些结冰潜热，土温呈曲线型缓慢下降。对于砂土来说，当温度低于 −1℃ 时，则呈直线冷却，此时，我们可以认为砂土中的水分已全部冻结，砂土处于冻透状态。但对于黏性土等细颗粒土而言，细颗粒对水的吸附作用使得相当一部分孔隙水还未冻结，这部分孔隙水主要指吸湿水、薄膜水等结合水。已有研究证明，分散性黏性土在极低的温度下（零下几十摄氏度时）还会有相当数量的未被冻结的孔隙水。

冻土的融化过程与冻结过程相反，但冻土的融化温度并不等于冻结温度，通常情况下，融化温度高于冻结温度。土体在冻结状态下，如果外界温度开始升高，则土的温度在开始时呈直线变化，当温度升至 −0.5～−1.0℃ 时，又呈曲线上升趋势，而后逐渐平缓。我们可以将曲线上升过程看作是冻结的弱结合水冰晶融化吸热的过程，将曲线水平段看成是冻结时自由水所形成的冰开始稳定融化的过程。当孔隙中自由水形成的冰融化完成后，土温进入正值，至此，融化过程结束。而融化温度就是指孔隙中自由水形成的冰融化完成之后的温度，也就是图示曲线的水平段所对应的温度。表 1-3 是常见土的冻结温度和融化温度值。

表 1-3　常见土的冻结温度和融化温度

土名	含水量/%	含盐量/%	冻结温度/℃	融化温度/℃
兰州砂土	8.65	天然	−0.61	−0.32
	18.64		−0.26	−0.06
兰州黄土	7.15	天然	−4.21	−1.96
	11.09		−4.21	−0.96
	19.95		−0.55	−0.13
	30.95		−0.34	−0.05

土名	含水量/%	含盐量/%	冻结温度/℃	融化温度/℃
内蒙古黏土	6.39	天然	−7.69	−3.39
	11.53		−3.34	−2.00
	16.95		−2.13	−1.19
	22.03		−1.47	−0.82
	31.44		−0.99	−0.57
内蒙古壤土	19.90	天然	−1.49	−0.53
兰州红土	19.74	天然	−0.45	−0.08
兰州黄土	5.99	0.3	−9.81	2.95
	10.32	0.3	−3.75	0.94
	19.73	0.3	−2.75	0.64
	5.27	0.6	−10.98	4.04
	9.76	0.6	−4.82	1.59
	20.65	0.6	−3.49	0.63
	5.55	1.0	−12.27	4.07
	9.98	1.0	−6.12	1.46

2. 热容量与比热

热量是在过程中传递的一种能量,是与过程有关的,某种物质温度升高1℃所吸收的热量(或降低1℃所释放的热量)叫做这种物质在该过程中的热容量,常用 C 表示,主要单位为 $J \cdot ℃^{-1}$。热容量的大小不仅取决于物质的固有属性,而且与系统的质量成正比。单位质量物质的热容量就是比热,以 c 表示,单位为 $J \cdot kg^{-1} \cdot ℃^{-1}$。即

$$c = C/m \tag{1-37}$$

冻土是由矿物颗粒、冰、未冻水和气体所组成的多相体系,因此冻土在某一过程中温度改变1℃吸收的热量(或降低1℃所释放的热量)是冻土中各物质热量变化的叠加,所以冻土的比热就是组成冻土各物质成分热量变化的平均值,即

$$c = \frac{c_s m_s + c_w m_w + c_i m_i + c_{air} m_{air}}{m} \tag{1-38}$$

式中,c_s、c_w、c_i 和 c_{air} 分别代表土颗粒、水、冰和空气的比热。

以上比热与物质的质量有关,所以也叫质量比热,即 $c_m = c$。而与物质的体积有关的比热,叫做体积比热容,定义为单位体积的物质温度改变1℃所需要吸收或者放出的热量,以 c_v 表示,单位为 $J \cdot m^{-3} \cdot ℃^{-1}$。体积比热容与质量比热之间有如下关系:

$$c_v = \rho c_m \tag{1-39}$$

忽略空气的质量,则未冻土的体积比热容为

$$c_v = \rho_d (c_s + c_w w) \tag{1-40}$$

冻土的体积比热容为

$$c_v = \rho_{df}(c_s + c_w w_u + c_i w_i) \tag{1-41}$$

土体的比热一般通过量热法测定。通常情况下,水的比热随温度的升高而减小,而冰的比热随温度的升高而增大,但变化率都较小,为 $0.1\% \sim 0.5\%$,所以,我们常将水和冰的比热看作常数,水的比热为 $4.2 \times 10^3 \mathrm{J} \cdot \mathrm{kg}^{-1} \cdot {}^{\circ}\!\mathrm{C}^{-1}$,冰的比热为 $2.1 \times 10^3 \mathrm{J} \cdot \mathrm{kg}^{-1} \cdot {}^{\circ}\!\mathrm{C}^{-1}$。

土骨架的比热主要取决于矿物成分和有机质含量,并与温度有关。有机质的比热常常大于矿物质的比热,所以有机质含量增高时,土骨架比热显著增大。受温度的影响,相同矿物质含量的融土比热稍高于冻土,但这种差异一般可以忽略。因此,在一般热工计算中,土骨架的比热常按照表 1-4 取值。

表 1-4　典型土骨架比热取值(单位: $\mathrm{J} \cdot \mathrm{kg}^{-1} \cdot {}^{\circ}\!\mathrm{C}^{-1}$)

状态	土　名				
	草炭亚黏土	亚黏土	碎石亚黏土	亚砂土	砂砾碎石土
融化	1000	840	840	840	790
冻结	840	770	750	730	710

3. 相变潜热

相变潜热(L)是指在等温、等压条件下,单位质量的物质或单位体积的物质从某一个相转变为另一个相的相变过程中所吸入或放出的热量,是物体在固、液、气三相之间以及不同的固相之间相互转变时具有的特点之一。相变潜热是一状态量,它与温度和压力密切相关。标准大气压下,当温度不发生变化时,相同质量的水转变为冰将放出 333.7kJ · kg^{-1} 的热量,但是对土体来说,土在转变为冻土的过程中所释放的相变潜热将受到土体冻结后孔隙水转变为冰的数量的影响。所以,土的相变潜热为

$$L = \rho_d L'(w - w_u) \tag{1-42}$$

式中,L 为土的相变潜热,$\mathrm{kJ} \cdot \mathrm{m}^{-3}$;$L'$ 为水的相变潜热,一般取为 333.7 $\mathrm{kJ} \cdot \mathrm{kg}^{-1}$;$\rho_d$ 为土的干密度,$\mathrm{kg} \cdot \mathrm{m}^{-3}$;$w$ 为总含水量,%;而 w_u 为未冻水含量,%。对于砂砾等大孔隙土体而言,在相变过程中,孔隙水基本完全转变为冰,所以,未冻水含量常以 0 计。

4. 导热系数

导热系数就是热流密度与温度梯度之比,即在单位温度梯度作用下物体内所产生的热流密度,单位为 $\mathrm{W} \cdot \mathrm{m}^{-1} \cdot \mathrm{K}^{-1}$。它是表征材料导热性能优劣的参数。

$$\lambda = \frac{Q}{\frac{\Delta T}{\Delta h} \Delta A t} \tag{1-43}$$

式中,λ 为导热系数,$\mathrm{W} \cdot \mathrm{m}^{-1} \cdot \mathrm{K}^{-1}$;$Q$ 为热量,kJ;$\frac{\Delta T}{\Delta h}$ 为温度梯度,$\mathrm{K} \cdot \mathrm{m}^{-1}$;$\Delta A$ 为面积,m^2;t 为时间,h。导热系数的实质是当温度梯度为 $1\mathrm{K} \cdot \mathrm{m}^{-1}$,每小时通过 $1\mathrm{m}^2$ 面积土

体上的热量。导热系数与土的干密度、含水(冰)量和温度有关,通常由试验测定。目前常用的几种导热系数之间的换算关系如表 1-5 所示。

表 1-5　导热系数单位换算表

千卡·米$^{-1}$·小时$^{-1}$·℃$^{-1}$ kcal·m^{-1}·h^{-1}·℃$^{-1}$	卡·厘米$^{-1}$·秒$^{-1}$·℃$^{-1}$ cal·cm^{-1}·s^{-1}·℃$^{-1}$	瓦·米$^{-1}$·开$^{-1}$ W·m^{-1}·K^{-1}	焦·厘米$^{-1}$·秒$^{-1}$·℃$^{-1}$ J·cm^{-1}·s^{-1}·℃$^{-1}$
1	2.78×10^{-3}	1.16	1.16×10^{-2}
360	1	418.7	4.187
0.8598	2.39×10^{-3}	1	10^{-2}
85.98	0.239	100	1
1.49	4.13×10^{-3}	1.73	1.73×10^{-2}

冻融土的导热系数与土的物质组成有密切的关系,根据土中各组成物质的导热系数及其相应的体积比,常可表示为

$$\lambda = \frac{\varphi_w x_w \lambda_w + \varphi_a x_a \lambda_a + \sum_{i=1}^{n} \varphi_i x_i \lambda_i}{\varphi_w x_w + \varphi_a x_a + \sum_{i=1}^{n} \varphi_i x_i} \tag{1-44}$$

式中,n 为组成土固相的 n 种物质;x_i、x_w 和 x_a 分别表示单位体积土中第 i 种固相物质、水和空气所占的体积;λ_i、λ_w 和 λ_a 分别表示第 i 种固相物质、水和空气所占的导热系数;$\varphi_i(i=1,2,\cdots,n)$、$\varphi_w$ 和 φ_a 分别为各项的加权系数,取决于土颗粒的形状和排列以及各组成物质导热系数间的比值。

5. 导温系数

导温系数(D_h)是土中某一点在其相邻点温度变化时改变自身温度能力的指标,又名热扩散率,定义为

$$D_h = \frac{\lambda}{c_v} \tag{1-45}$$

导温系数为热导系数与体积比热容之比(m^2·h^{-1})。是影响介质温度场的变化速率、研究不稳定热传导过程常用的基本指标。土的导温系数取决于土的物理化学成分、干密度、含水(冰)量和温度状态等因素。

1.4.4　冻土物质交换指标

1. 土壤水分特征曲线

土壤水的基质势或土壤水吸力是随土壤含水量而变的,其关系曲线称为土壤水分特征曲线或土壤持水曲线。土壤水分特征曲线表示土壤水的能量和数量之间的关系,是研究土壤水分的保持和运动所用到的反映土壤水分基本特性的曲线。各种土壤水分特征曲线均需在现场或室内测定,其中含水量用称重法测量,吸力用负压计或压力薄膜装置测定。

2. 比水容量

土壤水分特征曲线斜率的倒数称为比水容量或土壤容水度,记为 C_w,反映单位基质势的变化引起含水量的变化。C_w 值随土壤含水量 w 或土壤水基质势(ψ_w)(土壤水吸力 s)而变化,故亦记为 $C_w(w)$ 或 $C_w(\psi_w)$。比水容量是分析土中水分保持和运动时用到的重要参数之一,按定义它可表示为

$$C_w = \frac{\mathrm{d}w}{\mathrm{d}\psi_m} \text{ 或 } C_w = -\frac{\mathrm{d}w}{\mathrm{d}s} \tag{1-46}$$

比水容量与土类、含水量、密度和温度等因素有关。

3. 导水率或渗透系数

导水率是土水势梯度为 1 的情况下,单位时间通过土单位面积的水流量,单位为 $\mathrm{cm \cdot s^{-1}}$,表示孔隙介质透水性能的综合比例系数,又名渗透系数。其定义如下:

$$k = \frac{q}{At\dfrac{\Delta h}{L}} \tag{1-47}$$

式中,k 为导水率,$\mathrm{cm \cdot s^{-1}}$;q 为试样出流量,$\mathrm{cm^3}$;A 为试样过水面积,$\mathrm{cm^2}$;t 为时间,s;Δh 为水头损失(或水头差),cm;L 为试样长度(渗透长度),cm。

导水率与土水势、体积含水量及饱和度等参数有关。

冻土的导水率是温度的函数,随负温降低呈指数规律减小。这是由于土颗粒外围的未冻水膜厚度减薄,冻土中未冻水含量随负温按指数规律减小之故。

4. 土壤水分扩散率

土的水分扩散系数(D_w)是土导水率 k 与比水容量 C_w 的比值,即

$$D_w = \frac{k}{C_w} \tag{1-48}$$

式中,D_w 土的水分扩散率,$\mathrm{cm^2 \cdot s^{-1}}$。水分扩散率同样是土类、土壤湿度和土水势等因素的函数,其变化规律与导水率的变化规律相似。

土的热质交换系数主要包括热交换系数和质交换系数,它们分别反映土的蓄热导热和蓄水导水性能。热、质交换系数间具有如表 1-6 所示的对应性。

表 1-6 热质交换系数对比

热交换系数	质交换系数	热交换系数	质交换系数
容积热容量(c_v)	比水容量(C_w)	导温系数(D_h)	土的水分扩散率(D_w)
导热系数(λ)	导水率(k)	$D_h = \dfrac{\lambda}{c_v}$	$D_w = \dfrac{k}{C_w}$

从数值上来看,热交换系数的数值与土的状态关系密切。从融化状态到冻结状态,由于土中冰相的出现且冰的热学性质与液态水的热学性质差别较大,其数值发生突变。而

质交换系数的数值并不随土状态的改变而发生突变,但与湿润历史(吸湿或脱湿过程)有关,即质交换系数并非土的含水量的单值函数。

1.5　冻土的工程分类

自然界中冻土的种类很多,工程性质各异。为了在研究时有一种通用的鉴别标准,以便对研究结果进行有价值的比较、评价以及累积和交流经验,需要按照其主要特征进行分类。可惜,现有的分类法不仅国际上不能统一,就是一国之内各个部门之间也不统一。存在这种情况的原因有主观的也有客观的。客观原因也许是冻土的存在受地域影响非常明显,从而使得其性质复杂多变且差别很大,如果仅用几个比较简单的特征指标进行分类,那么特征指标的选择、临界值的界定等,都很难有一个比较一致的答案。而主观因素也许是各个国家、各个行业的工程建设中冻土充当的角色不同,所以对冻土分析的角度不同,考虑的侧重点不同。譬如,在工业与民用建筑中,冻土作为建筑物的地基时,主要考虑冻土的冻胀力大小和融沉量大小;在寒区铁路公路等道路工程中,冻土既是地基也是建筑材料,此时主要考虑冻土的冻胀量和融沉量大小;而在人工冻结工程中,冻土可以看成是一种建筑材料,主要考虑其强度大小与变形。所以,由于不同的工程对冻土的要求不同,导致了冻土分类标准的千差万别。

目前,在国际上较有影响力的冻土分类标准有《美国工程土的定名分类系统》和《苏联冻土定名分类系统》。前者侧重于按照土的颗粒级配、液塑限指标,按照国际《土的分类标准》确定冻土的名称;而后者比较重视区域性冻土条件,如多年冻土的分布、成分、冷生构造、年平均地温、物理力学和热物理性质、融区的形态和成因、季节冻结层与季节融化层的成分、性质和深度、冷生过程和成因等因素。而在中国,自中华人民共和国成立以来,基于对多年冻土区丰富矿藏和森林资源开采利用的需要,在大规模的经济开发建设中,特别是结合大兴安岭林区和南疆铁路和青藏公路、铁路、输油管道以及西北、华北、东北等水利工程的修建,也编制了一些相应的冻土工程地质勘察标准。例如,1973年由交通科学研究院西北研究所、交通部第一铁路设计院和中国科学院兰州冰川冻土研究所联合编写了《青藏高原多年冻土地区铁路勘测设计细则》,1982年吴紫汪提出了"多年冻土的工程分类"并被铁路建筑规范采用,1983年内蒙古牙克石林业勘察设计院制订了"大兴安岭多年冻土区冻土勘察的基本要求(规定)",1989年《建筑地基基础设计规范》GBJ17—89在1974年《地基基础设计规范》TJ 7—74的基础上提出了四个地基土冻胀性等级,1991年水利水电行业标准《渠系工程抗冻设计规范》提出了五个地基土冻胀性等级,1998年在建设部出版的《冻土地区建筑地基基础设计规范》中根据对多年冻土区和季节冻土区工程建设时所面临的冻胀融沉等病害,对冻土的冻胀性和融沉性进行分类,等等。从这些标准、规范我们可以看出,虽然目前对冻土的分类还没有统一的标准,但现有的分类标准正逐渐从单项技术要求上升到综合性技术标准,从部门标准向国家标准和国际标准的方向过渡。

在目前还没有统一冻土命名和冻土分类方法的情况下,作为一本教科书,我们将更多地从学科本身发展的角度并结合中国冻土工程发展的实际,阐述冻土的工程分类原则,同时也考虑到国际冻土命名和分类的原则,分别从实验室研究和工程勘察两种角度介绍。

1.5.1 冻土的工程分类依据

冻土是由固体土颗粒、冰、未冻水和气体所组成的多相复杂体系,冻土中每一相的成分和比例都会影响冻土的工程性质。所以,对冻土进行分类命名时,必须分析其各相的特点。通常,就冻土中固体颗粒的级配和液塑限指标,将冻土分为冻结砂土、冻结粉土和冻结黏土(这一分类方法主要根据国标《土的分类标准》确定冻土的名称)。在上述分类法中基本没有考虑冻土存在的地质历史和野外的初始状态,比较适用于实验室冻土试验时重塑土样的制备,所以说,利用这种分类法是获得较为理想状态下冻土工程性质的前提。但是在实际工程应用中,仅有这种较为理想状态的研究是远远不够的。所以,通常还要根据冻土中固体土颗粒的矿物成分、生物包裹体的含量及其对冻土区地基强度的影响程度,将冻土分为盐渍化冻土、泥炭化冻土和普通冻土;按照冻土中冰的特征,可定名为少冰冻土、多冰冻土、富冰冻土、饱冰冻土和含土冰层;也可按照冻土的体积压缩系数或总含水量将冻土划分为坚硬冻土、塑性冻土和松散冻土,等等。除了这些分类方法之外,考虑到在广大的季节冻土区和多年冻土区,土体的冻胀、融沉现象使得冻土区工程与常规未冻土区工程的破坏特点有极其明显的区别,并具有更大的复杂性与不稳定性,因此,在评价冻土的建筑条件时,把寒区土的冻胀性和融沉性大小作为反映冻土各组分以及地质体之间作用结果的综合性指标,对冻土进行工程分类,是目前国内外各种规范多采用的一种分类方法。

下面就以上提到的几种分类方法逐一进行阐述。

1.5.2 冻土的分类方法

1. 土颗粒大小

这种分类方法的要点是以常规未冻土的分类原则为依据,主要考虑土的粒径级配、液塑限指标、固体颗粒的成分。比较适用于实验室冻土试验时重塑土样的制备。

1991 年中国颁布了土的分类标准 GBJ 145—90,在这一标准中,根据不同粒组的相对含量可划分为巨粒土、含巨粒的土、粗粒土和细粒土。巨粒土、含巨粒的土和粗粒土按粒组、级配、所含细粒的塑性高低划分为 16 种土;细粒土按塑性图、所含粒组类别以及有机质的多少划分为 16 种土。土类基本代号为:B 为漂石(块石),C_b 为卵石(碎石),G 为砾石,S 为砂,M 为粉土,C 为黏土,F 为细粒土(C 和 M 合称),SI 为混合土(粗、细粒土合称),O 为有机质土,Y 为黄土,E 为膨胀土,R 为红黏土,W 为级配良好,P 为级配不良,H 为高液限,L 为低液限。所以,对冻土的命名也基本以这个标准中粗粒土和细粒土的命名为依据,砂土冻结时称为冻结砂土、粉土冻结时称为冻结粉土、黏土冻结时称为冻结黏土,等等。

2. 含冰量

以工程应用为目的,冻土分类除考虑工程性质上的差别外,更重要的是要求分类能反映客观存在的差异,使冻土组构与物理力学指标统一起来。冻土的工程性质是随土中矿物颗粒骨架和土中冰水含量的变化而变化的。当土中水分基本处于未冻水状态时,其性质与融土相似;在矿物颗粒与土中冰-水体积之比占优势的条件下,为典型冻土;当冰水与矿物颗粒体积相当时,则为一种过渡状态的土-冰;当冰水占优势,则反映了冰的特性,基本上失去了土的自身特性。在多年冻土工程分类中,常以冻土的含冰特征对冻土进行描述和命名,如表1-7(GB50324-2002)、表1-8所示。而决定冻土中冰含量的,主要是土的含水量。冻土总含冰量随土温降低而增大,但其中肉眼可见不同厚度的层状冰、冰透镜体,统称包裹冰,其含量基本不变。在多年冻土分类表1-8中(吴紫汪,1982),少冰冻土基本反映了融土的特性,多冰冻土和富冰冻土是典型冻土,饱冰冻土是冻土-冰的过渡类型,而含土冰层类冻土则基本反映了冰的特性。以上即是按照冻土含冰量大小对冻土进行分类的基本理论依据。

表 1-7 以冻土的含冰特征对冻土的描述和命名

土类	含冰特征	冻土定名	
未冻土 I	处于未冻结状态的岩、土	按"GBJ 145—90"命名	—
冻土 II	肉眼看不见分凝冰的冻土(N)	胶结性差,易碎的冻土(N_f)	少冰冻土(S)
		无过剩冰的冻土(N_{bn})	
		胶结性良好的冻土(N_b)	
		有过剩冰的冻土(N_{be})	
	肉眼可见分凝冰,但冰层厚度小于2.5cm的冻土(V)	单个冰晶体或冰包裹体的冻土(V_x)	
		在土颗粒周围有冰膜的冻土(V_c)	多冰冻土(D)
		不规则走向的冰条带冻土(V_r)	富冰冻土(F)
		层状或明显定向的冰条带冻土(V_s)	饱冰冻土(B)
厚冰层 III	冰层厚度大于2.5cm的含土冰层或纯冰层(ICE)	含土冰层(ICE+土类符号)	含土冰层(H)
		纯冰层(ICE)	ICE+土类符号

表 1-8 不同含冰量冻土的具体特征

冻土名称	土的类别	总含水量 $(w)/\%$	融化后的湿度或稠度状态	融沉性评价	在地质剖面图上的符号
少冰冻土	粉黏粒含量≤15%(或粒径<0.1mm的颗粒含量≤25%,下同)的粗颗粒土(其中包括碎石类土、砾砂、粗砂和中砂,下同)	$w≤12$	潮湿	不融沉	SH
	粉黏粒含量>15%的粗颗粒土、细砂、粉砂		稍湿		
	黏性土		半干硬		
多冰冻土	粉黏粒含量≤15%的粗粒土	$12<w≤18$	饱和	弱融沉	D
	粉黏粒含量>15%的粗颗粒土、细砂、粉砂		潮湿		
	黏性土		硬塑		

冻土名称	土的类别	总含水量 (w)/%	融化后的湿度 或稠度状态	融沉性 评价	在地质剖面 图上的符号
富冰冻土	粉黏粒含量≤15%的粗粒土	$18<w\leqslant 25$	饱和出水(出水量 10%~20%)	融沉	F
	粉黏粒含量>15%的粗颗粒土、 细砂、粉砂		饱和		
	黏性土	$w_p+7<w\leqslant w_p+15$	软塑		
饱冰冻土	粉黏粒含量≤15%的粗粒土	$25<w\leqslant 44$	饱和出水(出水量 <10%)	强融沉	B
	粉黏粒含量>15%的粗颗粒土、 细砂、粉砂		饱和出水(出水 量<10%)		
	黏性土	$w_p+15<w\leqslant w_p+36\sim w_p+48$	流塑		
含土冰层	粉黏粒含量≤15%的粗粒土	$w>44$	饱和出水(出水 量>20%)	强融沉	H
	粉黏粒含量>15%的粗颗粒土、 细砂、粉砂		饱和出水(出 水量>10%)		
	黏性土	$w>w_p+36\sim w_p+48$	流塑		

注:① w_p 为塑限含水量。② 碎石类土及砂类土的总含水量界限为该两类土的中间值。含粉黏粒少的粗颗粒土比表列数字小,细砂、粉砂比表列数字大。③黏性土总含水量界限中的+7、+15两值为不同类别黏性土的中间值。黏砂土比该值小,黏土比该值大。

3. 含盐量

由于地基土中的易溶盐类被水溶解成不同浓度时,则可降低土的起始冻结温度,使其未冻水量比一般冻土大得多,这样,盐渍化冻土的强度将降低很多。譬如,当盐渍度为0.5%时,单独基础与桩尖的承载力降低 1/5~1/3,基础侧向表面的冻结强度降低 1/4~1/3,这样大的强度变化在工程设计时是绝对不可忽视的。通常,把盐渍化冻土的界限定为0.1%~0.25%。如果多年冻土以融化状态作为地基,则按未冻土中对盐渍化土的规定执行(0.5%)。表 1-9 为根据冻土中的易溶盐含量判定是否为盐渍化冻土的具体指标。

表 1-9　冻土的盐渍度界限值

土类	粗粒土	粉土	粉质黏土	黏土
盐渍度/%	0.10	0.15	0.20	0.25

盐渍度(ζ)可按照下式计算:

$$\zeta=\frac{m_{salt}}{m_s}\times 100\%\qquad(1-49)$$

式中,m_{salt} 为冻土中含易溶盐的质量,g;m_s 为土骨架的质量,g。

由于孔隙水溶液浓度越大,未冻水含量越多,在其他条件相同时,其强度越小。不同盐渍度冻土强度指标的降低情况见表 1-10。因此,冻土划分盐渍度的指标界限应与未冻土有所区别。

表 1-10　不同盐渍度冻土强度指标的降低

强度类别	基侧土冻结强度/kPa							
盐渍度/%	一般冻土		0.2		0.5		1.0	
土温/℃	−1	−2	−1	−2	−1	−2	−1	−2
砂类土	1.3	2.0	0.5	—	0.8	0.5	0.2	0.4
粉质黏土	1.0	1.5	—	0.6	—	1.0	0.3	0.5
盐渍化冻土/一般冻土			0.38	0.40	0.60	0.67　0.25	0.30　0.27	0.33　0.20

强度类别	桩尖承载力[①]/kPa							
盐渍度/%	一般冻土		0.2		0.5		1.0	
土温/℃	−1	−2	−1	−2	−1	−2	−1	−2
砂类土	14	17	1.5	—	2.5	—	—	1.5
粉质黏土	8.5	11	—	4.5	—	7.0	1.5	3.5
盐渍化冻土/一般冻土			0.11	0.53	0.15	0.64	0.18	0.32　0.14

① 3～5m 深处桩尖。

4. 泥炭化程度

冻土的泥炭化程度对冻土的力学性质影响也很大,表 1-11 是关于冻土泥炭化的判定界限值。

表 1-11　泥炭化冻土的泥炭化程度界限值

土类	粗颗粒土	黏性土
泥炭化程度/%	3	5

泥炭化程度(ξ)可按照下式计算:

$$\xi = \frac{m_{\text{peat}}}{m_{\text{s}}} \times 100\% \tag{1-50}$$

式中,m_{peat} 为冻土中含植物残渣和泥炭的质量,g;m_{s} 为土骨架的质量,g。

冻土的泥炭化也会使强度降低,见表 1-12。

表 1-12　不同泥炭化程度冻土强度指标的降低

强度类别	基侧土冻结强度/kPa							
泥炭化程度/%	一般冻土		0.03<ξ≤0.10		0.10<ξ≤0.25		0.25<ξ≤0.60	
土温/℃	−1	−2	−1	−2	−1	−2	−1	−2
砂类土	1.3	2.0	0.90	1.30	0.50	0.90	0.35	0.70
粉质黏土	1.0	1.5	0.60	1.00	0.35	0.60	0.25	0.50
冻结泥炭化土/一般冻土			31　35	40　33	62　55	65　60	73　62	75　67

续表

强度类别	桩尖承载力①/kPa													
泥炭化程度/%	一般冻土		$0.03<\xi\leqslant0.10$				$0.10<\xi\leqslant0.25$				$0.25<\xi\leqslant0.60$			
土温/℃	−1	−2	−1		−2		−1		−2		−1		−2	
砂类土	14	17	2.50	—	5.50	—	1.90	—	4.30	—	1.30	—	3.10	—
粉质黏土	8.5	11	—	2.00	—	4.80	—	1.50	—	3.50	—	1.00	—	2.80
冻结泥炭化土/一般冻土			0.18	0.24	0.32	0.44	0.14	0.18	0.25	0.32	0.09	0.12	0.18	0.25

① 3~5m 深处桩。

5. 坚硬度

通常,人们认为冻土地基的工程性质很好,抗压强度很高,变形性很小,有时甚至可以把冻土地基看成是不可压缩的。但是这种看法只有对低温冻土才符合,而对土温接近于零度或土中的水分绝大部分尚未相变的高温冻土而言是不符合实际的。与低温冻土相比,高温冻土在外载作用下具有相当高的压缩性,并表现出明显的塑性,在某种意义上又称为塑性冻土。塑性冻土的压密作用是一种非常复杂的物理力学过程,并受其固体矿物颗粒、气体、未冻水及其冰的变形及未冻水的迁移所控制。低温冻土由于其中的含水量大部分冻结成冰,矿物颗粒牢固地被冰所胶结,所以比较坚硬,又称坚硬冻土。不同种类的冻土划分坚硬冻土与塑性冻土的温度界限也各不相同。粗颗粒土的比表面积小,重力水占绝大部分,它在零度附近基本都相变成冰;细颗粒土则相反,颗粒越细,其界限温度越低。对于盐渍化冻土来说,其中的水已成不同浓度的溶液,其界限温度不但与浓度有关,还与易溶盐的种类有关,很难提出温度指标。因此,我们有时直接把表征变形特性的压缩系数作为区分高低温冻土的划分界限。

对于粗颗粒土,由于持水性差,含水量都比较少,当含水量低到一定程度时,土体冻结后所含的冰将不足以胶结矿物颗粒,这时土体虽然温度较低,但都呈松散状态,这时我们把它称作松散冻土。松散冻土的各种物理、力学性质仍与未冻土相同。

以下是按照冻土体积压缩系数或总含水量将其划分为坚硬冻土、塑性冻土和松散冻土的具体划分标准:

坚硬冻土:$m_v\leqslant0.01\text{MPa}^{-1}$;

塑性冻土:$m_v>0.01\text{MPa}^{-1}$;

松散冻土:$w\leqslant3\%$。

通常,坚硬冻土在荷载作用下,表现出脆性破坏或不可压缩性,这时坚硬冻土的温度界限对分散度不高的黏性土为$-1.5℃$,对分散度很高的黏性土为$-5\sim-7℃$。但是对于塑性冻土来说,其负温高于坚硬冻土,在外荷载作用下具有很高的压缩性。因此,无论是压缩系数 $m_v>0.01\text{MPa}^{-1}$ 并为冰和水完全饱和的高压缩性冻土,或还是饱和度 $S_r<0.8$ 的高温低压缩性冻土($m_v\approx0.01\sim0.001\text{MPa}^{-1}$),都可以使地基基础产生明显沉降。因此,在冻土工程地质勘察时,对冻土进行冻土融化压缩试验是很必要的。

6. 季节冻土、多年冻土和季节融化层的土冻胀率

在广大的季节冻土区和多年冻土区,地表层都被一层冬冻夏融的冻结-融化层覆盖着,当大气温度下降时,在地-气热交换过程中,土体温度将达到土中水的结晶点,这时上覆的冻结-融化层开始冻结。随着土中孔隙水和外界水源补给水的结晶而形成多晶体、透镜体、冰夹层等冰侵入体,引起土体体积增大,导致地表不均匀上升,从而产生冻胀现象。对于季节冻土和多年冻土区季节融化层的土来说,冻胀破坏是导致建筑物破坏的主要原因,所以在这些地区,常根据土冻胀率(η)的大小对冻土进行分类。夏季,冻结后的土体产生融化,伴随着冰侵入体的消融,出现沉陷,同时使土体处于饱和及过饱和状态而引起地基承载力降低,产生融沉现象。对于多年冻土区,融沉是引起该区建筑物破坏的主要形式,所以对多年冻土区冻土的分类常以该区冻土的融化下沉系数(δ_0)的大小进行分类。

根据《冻土地区建筑地基基础设计规范》JGJ 118—98,以土的冻胀率大小,将季节冻土和多年冻土区季节融化层的土的冻胀性分为不冻胀、弱冻胀、冻胀、强冻胀和特强冻胀五大类(表 1-13)。在这里,冻胀率是指单位冻结深度土的冻胀量,用百分数表示。一般情况下,冻土层的平均冻胀率 η 应按照下式计算:

$$\eta = \frac{\Delta z}{z_d} \times 100\% \tag{1-51}$$

$$z_d = h' - \Delta z \tag{1-52}$$

式中,Δz 为地表的冻胀量,mm;z_d 为设计冻深,mm;h' 为冻层厚度,mm。

表 1-13   季节冻土与季节融化层土的冻胀性分类

土的名称	冻前天然含水量/%	冻结期间地下水位距冻结面的最小距离 h_w/m	平均冻胀率 η/%	冻胀等级	冻胀类型
碎(卵)石,砾、粗、中砂(粒径小于 0.074mm 的颗粒含量不大于 15%),细砂(粒径小于 0.074mm 的颗粒含量不大于 10%)	不考虑	不考虑	$\eta \leqslant 1$	I	不冻胀
碎(卵)石,砾、粗、中砂(粒径小于 0.074mm 的颗粒含量大于 15%),细砂(粒径小于 0.074mm 的颗粒含量大于 10%)	$w \leqslant 12$	>1.0	$\eta \leqslant 1$	I	不冻胀
		≤1.0	$1 < \eta \leqslant 3.5$	II	弱冻胀
	$12 < w \leqslant 18$	>1.0			
		≤1.0	$3.5 < \eta \leqslant 6$	III	冻胀
	$w > 18$	>0.5			
		≤0.5	$6 < \eta \leqslant 12$	IV	强冻胀

续表

土的名称	冻前天然含水量/%	冻结期间地下水位距冻结面的最小距离 h_w/m	平均冻胀率 η/%	冻胀等级	冻胀类型
粉砂	$w \leqslant 14$	>1.0	$\eta \leqslant 1$	I	不冻胀
		≤1.0	$1 < \eta \leqslant 3.5$	II	弱冻胀
	$14 < w \leqslant 19$	>1.0			
		≤1.0	$3.5 < \eta \leqslant 6$	III	冻胀
	$19 < w \leqslant 23$	>1.0			
		≤1.0	$6 < \eta \leqslant 12$	IV	强冻胀
粉土	$w > 23$	不考虑	$\eta > 12$	V	特强冻胀
	$w \leqslant 19$	>1.5	$\eta \leqslant 1$	I	不冻胀
		≤1.5	$1 < \eta \leqslant 3.5$	II	弱冻胀
	$19 < w \leqslant 22$	>1.5			
		≤1.5	$3.5 < \eta \leqslant 6$	III	冻胀
	$22 < w \leqslant 26$	>1.5			
		≤1.5	$6 < \eta \leqslant 12$	IV	强冻胀
	$26 < w \leqslant 30$	>1.5			
		≤1.5	$\eta > 12$	V	特强冻胀
黏性土	$w > 30$	不考虑			
	$w \leqslant w_p + 2$	>2.0	$\eta \leqslant 1$	I	不冻胀
		≤2.0	$1 < \eta \leqslant 3.5$	II	弱冻胀
	$w_p + 2 < w \leqslant w_p + 5$	>2.0			
		≤2.0	$3.5 < \eta \leqslant 6$	III	冻胀
	$w_p + 5 < w \leqslant w_p + 9$	>2.0			
		≤2.0	$6 < \eta \leqslant 12$	IV	强冻胀
	$w_p + 9 < w \leqslant w_p + 15$	>2.0			
		≤2.0	$\eta > 12$	V	特强冻胀
	$w > w_p + 15$	不考虑			

注：① w_p 为塑限含水量(%)；w 为冻前天然含水量在冰层内的平均值；②盐渍化冻土不在表列；③塑性指数大于 22 时，冻胀性降低一级；④粒径小于 0.005mm 的颗粒含量大于 60%时为不冻胀土；⑤对于碎石类土当填充物大于全部质量的 40%时其冻胀性按填充土的类别判定。

　　土的冻胀率不仅受土的颗粒大小、成分以及含水量等因素的影响，而且受到地下水补给高度的影响。所以在有地下水补给区，土的冻胀性要提高一级。如果地下水位离冻结锋面较近，处在毛细水强烈的补给范围之内时，冻胀性将提高两级。

　　7. 多年冻土的融沉性分类

　　热融下沉是多年冻土区工业与民用建筑破坏的主要原因。所以，在《冻土地区建筑地基基础设计规范》JGJ 118—98 中，根据土融化下沉系数 δ_0 的大小，将多年冻土分为不融沉、弱融沉、融沉、强融沉和融陷土等五类（表 1-14）。在这里，冻土层的平均融化下沉系数 δ_0 是指冻土融化过程中，在自重作用下产生的相对融化下沉量。可按下式计算：

$$\delta_0 = \frac{h_1 - h_2}{h_1} \times 100\% = \frac{e_1 - e_2}{1 + e_1} \times 100\% \tag{1-53}$$

式中，h_1、e_1 为冻土试样融化前高度(mm)和孔隙比；h_2，e_2 冻土试样融化后的高度(mm)和孔隙比。

表 1-14　多年冻土的融沉性分类

土的名称	总含水量/%	平均融沉系数	融沉等级	融沉类别	冻土类型
碎(卵)石,砾、粗、中砂(粒径小于0.074mm 的颗粒含量不大于 15%)	$w<10$	$\delta_0 \leqslant 1$	I	不融沉	少冰冻土
	$w \geqslant 10$	$1 \leqslant \delta_0 < 3$	II	弱融沉	多冰冻土
碎(卵)石,砾、粗、中砂(粒径小于0.074mm 的颗粒含量大于 15%)	$w<12$	$\delta_0 \leqslant 1$	I	不融沉	少冰冻土
	$12 \leqslant w < 15$	$1 \leqslant \delta_0 < 3$	II	弱融沉	多冰冻土
	$15 \leqslant w < 25$	$3 \leqslant \delta_0 < 10$	III	融沉	富冰冻土
	$w \geqslant 25$	$10 \leqslant \delta_0 < 25$	IV	强融沉	饱冰冻土
粉、细砂	$w<14$	$\delta_0 \leqslant 1$	I	不融沉	少冰冻土
	$14 \leqslant w < 18$	$1 \leqslant \delta_0 < 3$	II	弱融沉	多冰冻土
	$18 \leqslant w < 28$	$3 \leqslant \delta_0 < 10$	III	融沉	富冰冻土
	$w \geqslant 28$	$10 \leqslant \delta_0 < 25$	IV	强融沉	饱冰冻土
粉土	$w<17$	$\delta_0 \leqslant 1$	I	不融沉	少冰冻土
	$17 \leqslant w < 21$	$1 \leqslant \delta_0 < 3$	II	弱融沉	多冰冻土
	$21 \leqslant w < 32$	$3 \leqslant \delta_0 < 10$	III	融沉	富冰冻土
	$w \geqslant 32$	$10 \leqslant \delta_0 < 25$	IV	强融沉	饱冰冻土
黏性土	$w \leqslant w_p$	$\delta_0 \leqslant 1$	I	不融沉	少冰冻土
	$w_p < w \leqslant w_p + 4$	$1 \leqslant \delta_0 < 3$	II	弱融沉	多冰冻土
	$w_p + 4 < w \leqslant w_p + 15$	$3 \leqslant \delta_0 < 10$	III	融沉	富冰冻土
	$w_p + 15 < w \leqslant w_p + 35$	$35 \leqslant \delta_0 < 25$	IV	强融沉	饱冰冻土
含土冰层	$w \geqslant w_p + 35$	$\delta_0 > 25$	V	融陷	含土冰层

注：①总含水量 w，包括冰和未冻水；②盐渍化冻土、冻结泥炭化土、腐殖土、高塑性黏土不在表列。

　　通常冻土的融化下沉系数与冻土的颗粒组成、含水量、密度、组构等有关。各种黏性土都存在一个起始融化含水量和一个相对应的起始融化下沉干密度。当冻土的干密度大于起始融化下沉干密度或冻土的含水量小于起始融化下沉含水量时，融化下沉系数为零。通常起始融化下沉含水量与塑限呈直线关系，而融化下沉系数与冻土含水量开始呈线性关系，后来呈抛物线关系。融化下沉系数随小于 0.05mm 颗粒含量的增加而明显增大。

　　在没有试验数据的情况下，规范 JGJ/118—98《冻土地区建筑地基基础设计规范》建议可根据冻土地基土质、干密度和含水量计算土的融沉系数。对于含水量小于 300%的土体，融沉系数采用式(1-54)和式(1-55)计算，相应经验系数见表 1-15 和表 1-16。当土体的含水量大于 300%时，可按土的含水量或者干密度进行计算：

含水量法：

$$\delta_0 = \sqrt[3]{w - w_c} + \delta_0' \tag{1-54}$$

干密度法：

$$\delta_0 = 60(\rho_{dc} - \rho_d) + \delta_0' \tag{1-55}$$

式(1-54)中，$w_c = w_p + 35$，对粗颗粒土，可用 w_0 代替 w_c，δ_0' 为 $w = w_c$ 的值，可参考表 1-15取值。式(1-55)中，ρ_{dc} 对应于 $w = w_c$ 的冻土干密度，δ_0' 同上。具体可参考表 1-16 取值。用含水量和干密度计算得到的融沉系数取较大值作为设计值。

表 1-15　w_c 和 δ_0 值

土质	砾石、碎石土 *	砂类土	黏性土	重黏土
$w_c/\%$	46	49	52	58
$\delta_0/\%$	18	20	25	200

* 对粉黏粒含量<12％者，w_c 取 44％，δ_0 取 14％。

表 1-16　ρ_{dc} 值

土质	砾石、碎石土 *	砂类土	黏性土	重黏土
$\rho_{dc}/(g \cdot cm^{-3})$	1.16	1.10	1.05	1.00

* 对粉黏粒含量<12％者，ρ_{dc} 取 1.20g·cm^{-3}。

根据"冻土的融沉性分类"法，考虑建筑地基变形的要求，只有不融沉和弱融沉的土才能作为建筑地基。对于融沉、强融沉和融陷类土，因为其在逐渐融化过程中，变形远远超过建筑结构的允许值，所以不能用作地基。这时，就要按照冻土地基的设计原则，要么保持冻结状态，要么预先融化，并在预融后加以处理，才能作为建筑物的地基。

8. 冻土的融沉性与冻土强度及构造的关系

作为评价冻土工程特性的各项力学指标虽有各自的特点，但相互之间又有密切联系，这一联系就是土的界限含水量。因此，通过对以上分类的分析，有人提出了考虑冻土融沉性、冻胀性、强度及构造的综合冻土工程分类法（表 1-17）。

表 1-17　冻土的融沉性与冻土强度及构造的对应关系

分类等级		I	II	III	IV	V
融沉分类	名称	不融沉	弱融沉	融沉	强融沉	融陷
	融沉系数(δ_0)	<1	$1 \leqslant \delta_0 < 3$	$3 \leqslant \delta_0 < 10$	$10 \leqslant \delta_0 < 25$	$\delta_0 \geqslant 25$
强度分类	名称	少冰冻土	多-富冰冻土		饱冰冻土	含土冰层
	相对强度值	<1.0	1.0		0.8～0.4	<0.4
	冷生构造	整体构造	微层微网状构造	层状构造	斑状构造	基底状构造
界限含水量（黏性土，w)/%		$w < w_p$	$w_p \leqslant w$ $< w_p + 4$	$w_p + 4 \leqslant w$ $< w_p + 15$	$w_p + 15 \leqslant$ $w < w_p + 35$	$w \geqslant w_p + 35$

注：对粉黏粒含量<12％者，ρ_{dc} 取 1.20g·cm^{-3}。

参 考 文 献

陈肖柏，刘建坤，刘鸿绪，等. 2006. 土的冻结作用与地基. 北京：科学出版社.

崔托维奇. 1985. 冻土力学. 张长庆，朱元林译. 兰州：兰州大学出版社.

黎庆淮. 1986. 土壤学与农作学. 北京：水利电力出版社.

梁保民. 1986. 水盐体系相图原理及其应用. 北京：轻工业出版社.

邱国庆，刘经仁，刘鸿绪. 1994. 冻土学辞典. 兰州：甘肃科学技术出版社.

吴紫汪. 1982. 冻土的工程分类. 冰川冻土，4(1)：43～48.

徐学祖，王家澄，张立新. 2010. 冻土物理学. 北京：科学出版社.

徐学祖，王家澄，张立新，等. 1995. 土体冻胀和盐胀机理. 北京：科学出版社.

张立新，徐学祖，张招祥，等. 1998. 冻土未冻水含量与压力关系的实验研究. 冰川冻土，20(2)：124～127.

周幼吾，郭东信，邱国庆，等. 2000. 中国冻土. 北京：科学出版社.

Anderson D M，Tice A R. 1972. Predicting unfrozen water contents in frozen soils from surface area measurements. In Frost Action in Soils. Washington D.C.：National Academy of Sciences：12～18.

Anderson D，Tice A R，Mckim H L. 1973. The unfrozen water and the apparent specific heat capacity of frozen soils. In North Am. Contrib.，2nd Int. Conf. on Permafrost，Yakutsk，U.S.S.R. Washington D. C.：National Academy of Sciences：289～295.

JGJ 118—98. 1998. 冻土地区地基基础设计规范. 北京：中国建筑工业出版社.

第 2 章　土的冻结与融化

2.1　土冻结与融化问题研究的工程意义

寒区工程中,季节性的温度变化会引起地基土周期性的冻结和融化过程。寒冷季节,随着大气温度下降,在地-气热交换过程中,当土体温度达到土的冻结温度时,土体产生冻结,伴随孔隙水和外界水源补给水的结晶形成多晶体、透镜体、分凝冰、冰夹层等形式的冰侵入体,引起土体体积增大,从而导致地表不均匀上升,产生冻胀;在暖季,冻结后的土体融化,一方面伴随着土体中冰侵入体的消融成水,其体积减小;另一方面在自重和外荷载作用下,融化的孔隙水排出,导致土体压缩,即融沉压缩现象。因此,寒区地表都存在着一层冬冻夏融的冻结-融化层,土体在冻结融化过程中物理性质的变化直接影响着上部建筑物的稳定性。

冻胀和融沉是寒区工程所面临的两大主要工程病害,常导致房屋开裂、倾斜及变形,导致涵洞端翼墙裂缝、外倾;导致公路翻浆冒泥,铁路路基变形、开裂等(图 2-1~图 2-5)。与土的冻融相关的另一个问题是土经过冻融循环,其结构会发生改变,一方面会引起土层的附加变形,另一方面土的物理力学性质发生变化,也会导致相关的工程问题,最为典型的是多年冻土地区的边坡失稳(图 2-6)。

图 2-1　冻土区民房冻融裂缝

图 2-2　冻土区涵洞破坏现象

由此可见,土体的冻结融化作用给国民经济和生产生活造成了巨大损失,不仅使建筑物使用年限缩短,运行条件变坏,而且须增加许多非生产性劳动、材料及投资去运行和维护。近些年来,寒区工程建设成为我国西部开发的一大热点,穿越多年冻土地区的线性工程有青藏公路、青康公路、青藏铁路、南水北调西线工程等,多年冻土地区还有大量的工业与民用建筑。这些工程无不经受着土层冻结和融化的影响,因此土体冻结与融化的研究对于中国的工程建设和维护具有深远的意义。

图 2-3 某公路纵向裂缝图

图 2-4 铁路路基变形

图 2-5 多年冻土区管线"冻拔"现象

图 2-6 冻融循环导致滑坡

在中国,对土冻结和融化问题的系统研究开始于 20 世纪 50 年代末期,华北和东北地区出现的严重道路翻浆和工业民用建筑的冻害引起了交通、铁路和建筑部门的关注,并开始较系统的现场冻害调查及室内试验研究工作。进入 60 年代后,为了配合国家多年冻土地区资源开发和经济建设,中国科学院兰州冰川冻土研究所(简称冰川冻土所)首先在青海省木里、青藏高原风火山、大兴安岭满归和黑龙江省大庆等地开展了冻土融化下沉试验,并在祁连山多年冻土区建立了大型的综合野外冻土观测站,探讨了季节活动层的冻胀规律。70 年代,中国科学院兰州冰川冻土研究所与铁道部西北研究所、水电部西北水科所、铁道部第三勘测设计院、辽宁省水科所、内蒙古自治区水科所、河北省水科所、山西省水利厅和黑龙江省交通科研厅等单位合作,在多年冻土区建设了许多野外冻胀观测场站,对冻土地基融化和冻胀的预报以及防治措施进行研究。1979 年,在水利电力部主持下,兰州冰川冻土所负责制定了冻土融化下沉试验规程(中华人民共和国水利部电力工业部,1981)。80 年代,我国科技工作者开展了大量冻胀和融化压缩试验,着重探讨了反映土冻胀性和融沉性强弱的指标,如冻胀率和融沉系数等。中国科学院兰州冰川冻土研究所的早期工作中指出 12% 粉黏粒含量是粗粒土在饱水条件下冻胀率发生飞跃的临界条件,并建议以此为冻胀敏感性土的分类界限,并与合作单位系统研究了冻胀与土质、水分状况、超载和冰冻条件的联系,提出冻胀预报的统计经验模型。在融沉预报方面,以中国科学院兰州冰川冻土研究所为主的以上单位,通过试验得到了融沉系数与干密度、含水量和土性参数等多个因素的关系,并提出了融沉临界含水量的概念及其与塑性含水量的关系。除上述外,一系列冻害防治措施在工程实践中得以普遍应用,如地基土换填和强夯加固地基等。长期的工程实践和科学研究,使人们认识到土的冻胀和融沉问题与水热耦合迁移过程密切相联,兰州冰川冻土研究所结合甘肃省水利厅张掖渠道冻胀试验站的亚黏土地基实测资料,对饱水渠道地基土冻结时的水热迁移进行了数值模拟(安维东等,1987)。90年代以后,水热耦合过程的数值分析工作逐渐开展起来,有限差分和有限元等方法引入理论模型中,合理地解决了冻土地基和渠道等冻胀问题(李述训等,1995)。

对于反复冻融作用的研究开展较晚,20 世纪 90 年代,中国对冻融过程的研究主要针对水分、盐分迁移、成冰作用和土体冻胀、盐胀等方面(程国栋,1998),研究主要集中在土中水分迁移以及盐胀冻胀的影响因素等方面。进入 21 世纪,青藏铁路格尔木至拉萨段开工建设,对冻土地基的稳定性提出了更高的要求,冻融作用对季节活动层的影响也逐渐引起专家学者的重视,许多以分析冻融后土的物理力学特性变化规律的试验工作发展起来。研究发现冻融通过改变土结构特征,影响土中的水盐分布、密实度、渗透性等物理指标以及弹性模量、黏聚力等力学指标,这些效应叠加可能在地基活动层内引起明显的压缩变形,削弱冻土地基的长期稳定性(齐吉琳等,2010)。在室内实验的基础上,反复冻融作用引起土的物理力学性质的变化等方面取得了许多成果,但以定性的规律性研究为主,随着先进科学仪器设备的发展,土体反复冻融方面的研究更加深入,在以往定性研究的基础上将其定量化,提出相关理论模型并逐渐发展应用于实践。

2.2　土的冻结与冻胀

土体处于负温环境时,孔隙中部分水分冻结成冰将导致土体原有的热学平衡被打破,在温度梯度影响下未冻结区内水分向冻结锋面迁移并遇冷成冰。与此同时,冻结锋面附近各相成分的受力状况发生变化,土骨架受拉分离,水分聚集形成所谓的冰透镜体。随着冻结锋面推进以及水分进一步迁移和集聚,土体体积逐渐增大,发生冻胀现象。

从工程意义上说,冻结作用对地基土的承载力具有双重影响:一方面,土中液态水变成冰,通过冰对土颗粒的胶结加强了土骨架抵抗外荷载的能力;另一方面,水分迁移引起的冻胀变形破坏了土体原有的稳定结构,水分迁移后形成的冰层再融化会加剧土力学性能的弱化。这对于建筑于其上的房屋、道路和管线等构筑物是非常不利的。所以,深入认识和解决土的冻结和冻胀问题具有重要的现实意义。

2.2.1　土冻结过程中的水分迁移

在土-水-气系统中,土体冻结后的水分在空间上的分布特征不同于冻结前,即使是土体冻结过程中某时间间隔之后的分布特征也不同于之前,我们把土冻结前后的这一特征称为水分重分布。水分重分布是土体冻结过程中水分迁移的结果,主要表现为土体含水量空间位置上数量的变化。这种变化及其程度,不但发生在冻结区,而且亦表现在非冻土区,这要视水分迁移的外在条件和内在驱动力来定。目前对土冻结过程中水分迁移的研究主要从影响因素和驱动力两方面来研究,下面将从这两个方面对此问题进行阐述。

1. 影响水分迁移的主要因素

已有研究表明,温度场、初始含水量和土密度、水分补给条件以及土颗粒成分和矿物成分都是影响土冻结过程中水分迁移的主要因素。

1) 温度场对水分迁移的影响

由于温度梯度与冻结速率成正比,所以为了更直观地表达温度对土冻结过程的影响,常以冻结速率的变化来反映温度场的变化。

水分迁移量的大小与冻结锋面推进的快慢有直接关系,而冻结锋面推进的快慢又依赖于冻结速率。冻结速率大时,冻结锋面处的原位水分冻结快,冻结锋面相对稳定时间变短,迁移来的水分的数量难以维持相变所需的含水量,为了维持相变界面的能量和物质平衡,冻结锋面推进加快,以达到新的平衡。水分迁移相对时间短,迁移量也相对小。冻结速率小时,冻结锋面推进缓慢,相对维持稳定时间长,水分有较足够的时间向冻结锋面处迁移,所以水分迁移量和相变量增大。所以说,在土质和初始含水量一定时,水分迁移的强度主要取决于冻结速率的大小。

2) 初始含水量和土密度对水分迁移的影响

研究表明,初始含水量本身对水分迁移并无影响,真正产生影响的是水分的相变作用所延缓冻结锋面推进的能力,这种能力使冻结过程延长。如果冻结速率足够大,水分尚未迁移就已完成冻结,这时不论土的初始含水量的大小如何,对水分迁移均无影响。又若导水系数等于零时,就是总含水量再大,也同样不会对水分迁移产生影响。总之,只有在系统冻结速率一定的条件下,初始含水量大者冻深发展慢,为水分迁移提供的有效时间增多,迁移水分的积累量增加,客观上表现为初始含水量对水分迁移的作用。

一般而言,在温度、土密度等相同的条件下,初始含水量越大,水分迁移量越大,反之则越小。饱和土体的水分迁移量一般大于非饱和土体的迁移量,这并非含水量的效果,而是两种不同的水分渗析迁移机制所致。

3) 水分补给条件对水分迁移的影响

水分补给条件的好坏对水分迁移极为重要。一般说来,在三维空间上,补给的水分有三种主要来源:地下水、地表水和侧向水。目前,我们研究最多的是地下水补给的影响。在冻结过程中,地下水不断往冻结锋面迁移,称为开放系统。反之,若地下水位埋藏较深,冻结深度远在毛细作用范围之外,无法补充至冻结锋面,称为封闭系统。在开放系统中,足够的迁移水量使冻结锋面推进变缓,水分分布沿垂直方向呈总体增加趋势。在封闭系统中,仅以土体本身原有的水分冻结并向冻结锋面迁移,水分分布沿垂直方向呈总体减小趋势。

(1) 封闭系统正冻土中的水分迁移。徐学祖等(1991)曾就内蒙古黏质粉土进行试验,结果表明初始含水量分布均一的试样,经历冻结作用后,土柱中含水量剖面随着土柱冷端温度的降低或冻土段温度梯度的增大,曲线从凸形向平滑过渡(图 2-7)。但对兰州砂土的研究表明,在温度梯度和干密度相同的条件下,随着初始含水量增大,冻土段的含水量曲线从平滑向倾斜过渡,表明砂土冻结时水分迁移量随初始含水量的增大而减小(图 2-8)。

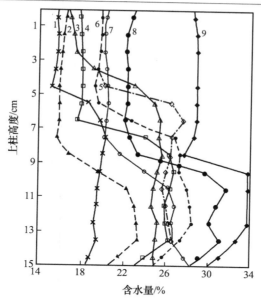

图 2-7　内蒙古黏质粉土试验后的含水量剖面

1.初始含水量为 18.25%；干密度为 1.57g·cm⁻³；冷端温度为 −3.9℃；暖端温度为 0.9℃；温度梯度为
0.29℃·cm⁻¹。2.初始含水量为 18.57%；干密度为 1.55g·cm⁻³；冷端温度为 −2.1℃；暖端温度为 0.9℃；
温度梯度为 0.15℃·cm⁻¹。3.初始含水量为 23.07%；干密度为 1.58g·cm⁻³；冷端温度为 −3.7℃；
暖端温度为 0.4℃；温度梯度为 0.24℃·cm⁻¹。4.初始含水量为 22.14%；干密度为 1.65g·cm⁻³；
冷端温度为 −2.4℃；暖端温度为 0.7℃；温度梯度为 0.19℃·cm⁻¹。5.初始含水量为 22.59%；
干密度为 1.58g·cm⁻³；冷端温度为 −1.9℃；暖端温度为 0.9℃；温度梯度为 0.16℃·cm⁻¹。
6.初始含水量为 24.06%；干密度为 1.55g·cm⁻³；冷端温度为 −2.2℃；暖端温度为 0.5℃；
温度梯度为 0.16℃·cm⁻¹。7.初始含水量为 24.47%；干密度为 1.53g·cm⁻³；冷端温度
为 −3.5℃；暖端温度为 1.1℃；温度梯度为 0.28℃·cm⁻¹。8.初始含水量为 25.71%；
干密度为 1.63g·cm⁻³；冷端温度为 −1.7℃；暖端温度为 1.0℃；温度梯度为 0.16℃·cm⁻¹。
9.初始含水量为 29.60%；干密度为 1.40g·cm⁻³；冷端温度为 −1.5℃；
暖端温度为 1.1℃；温度梯度为 0.16℃·cm⁻¹

(2)开放系统饱水正冻土中的水分迁移。对于一个处于开放系统条件下的土柱来说，其冻结锋面随时间的变化过程一般分为四个区段：快速冻结区、过渡区、似稳定区和稳定区。不同区段内，冻胀发育速率也是不同的。快速冻结区，冻胀量很小，曲线平缓；过渡区内冻胀量开始增大；进入似稳定区后，冻胀基本上以一个稳定的速率增长；冻结锋面趋于稳定，即进入稳定区后，冻胀率又逐渐减慢。冻胀率的变化将取决于外界水分的补给，在快速冻结区内，由于土的冻结，土体内的孔隙水压力开始负增长。在过渡区内，孔隙水压力的负值开始增大。进入似稳定区后，外界水的总入流量与时间的平方根呈正比关系(图 2-9)。

4) 土的颗粒成分和矿物成分对水分迁移的影响

在一定的温度场、饱和度和水分补给条件下，土颗粒大小和矿物成分对水分迁移也有很大影响。当颗粒粒径大于 2mm 以上，其成分主要为原生矿物砂砾等，孔隙度大，孔隙

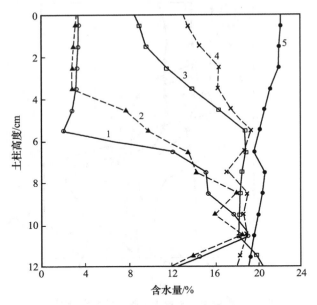

图 2-8 兰州中细砂试验后的含水量剖面

1.初始含水量为 9.40%;干密度为 1.52g•cm^{-3};冷端温度为-1.2℃;暖端温度为 0.4℃;温度梯度为
0.13℃•cm^{-1}。2.初始含水量为 10.38%;干密度为 1.52g•cm^{-3};冷端温度为-1.0℃;暖端温度为 0.6℃;
温度梯度为 0.13℃•cm^{-1}。3.初始含水量为 15.99%;干密度为 1.52g•cm^{-3};冷端温度为-1.1℃;
暖端温度为 0.4℃;温度梯度为 0.13℃•cm^{-1}。4.初始含水量为 17.43%;干密度为 1.53g•cm^{-3};
冷端温度为-1.1℃;暖端温度为 0.5℃;温度梯度为 0.13℃•cm^{-1}。5.初始含水量为 20.65%;
干密度为 1.60g•cm^{-3};冷端温度为-1.1℃;暖端温度为 0.5℃;温度梯度为 0.13℃•cm^{-1}

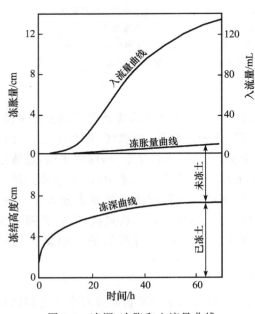

图 2-9 冻深、冻胀和入流量曲线

通道连通好,在无水分梯度存在的情况下,不具毛细作用,土体冻结过程中,基本无水分迁移作用。如果此类土中含有足够的细颗粒土,将产生水分迁移。对于颗粒粒径小于 0.005mm 的黏粒土,其矿物成分主要为不可溶次生矿物和高价阳离子吸附基,比表面积大,表面吸附能力强,持水性好,但孔隙通道连通性差,阻滞水分迁移,致密的土质尤其会给水分迁移和补给造成困难,水分迁移作用较小。但如果将颗粒粒径为 2~0.05mm 的砂粒土与粒径为 0.05~0.005mm 的粉黏粒相比,由于粉粒土具有砂粒和黏粒两者的特点,使得其通道连通性较好,毛细作用强,持水性好,所以粉粒黏土是水分迁移最大的土,属于水分聚集、聚冰的最敏感性土类。

2. 水分迁移驱动力

水分重分布是水分迁移的结果,而水分迁移又是冻结过程中各种动力势能作用下的物质迁移。所以研究水分迁移的驱动力问题成为探讨水分迁移成冰机理以及后面研究冻胀以及冻胀力的关键所在。自人们认识到冻胀是水分迁移的结果以来,对水分迁移驱动力方面的研究已有许多,曾先后提出毛细力、液体内部的静压力、结晶力、渗透压力等 14 种假说,但概括起来,水分迁移的原动力又可归纳为以下四种基本观点:

(1) 流体动力学热力学观点。该观点认为,土体冻结过程中,液相水在热力梯度作用下,在固体矿物颗粒和冰之间的通道中从高热能处向低热能处迁移,一般为薄膜水迁移。

(2) 物理化学观点。此观点认为,矿物颗粒的吸附作用,即同相内离子交换,异相界面上离子交换吸附,土颗粒表明的水化学作用,表面势能差作用等的不平衡,使吸附的薄膜水运移,以达到新的平衡,这一过程导致水分迁移。

(3) 结晶力观点。此观点认为冰结晶时,在冰-水系统中造成压力梯度,使液相水向冰晶生长方向运移。

(4) 构造形成观点。此观点认为,构造形成因素促使表面自由能改变颗粒的凝聚和分散作用,压缩沉陷、团粒结构疏散化等形成薄膜水的结构变化,从而导致水分迁移。

由于冻土系统本身介质和结构的复杂性,使得人们对水分迁移机理的认识过程非常艰难,到目前为止,我们仍然还缺乏一种全面合理地解释土冻结过程中水分迁移的理论,在这种情况下,研究者们常依据不同的边界条件,在一定假设的基础上进行试验,研究土冻结过程中水分迁移驱动力的问题。目前大概有以下两种理论为大家广为接受。

1) 毛细水迁移机制

毛细水迁移机制假说最早由俄国学者 Штукенберг 在 1885 提出,该理论认为水在毛细管力作用下,沿着土体裂隙和"冻土孔隙"所形成毛细管向冻结锋面迁移,毛管力的大小取决于土颗粒、冰晶所形成的几何空间形状以及冰、水界面能差值。Everett(1961)以热力学为理论依据,提出在弯曲冰和水表面处毛细力是冰分凝过程中水分迁移的驱动力,并用 Laplace 表面张力方程中的冰、水相应力差表示该驱动力:

$$u_i - u_w = 2\sigma_{iw}/r_{iw} \tag{2-1}$$

式中,u_i 和 u_w 分别为冰和未冻水的应力;σ_{iw} 为冰水界面的表面张力;r_{iw} 为冰水界面的曲率半径。

毛细理论认为毛细作用是驱动冻土中水分迁移的源动力,以此为基础的第一冻胀理论曾一度被广泛接受并快速发展。然而,毛细理论无法用来解释新冰透镜体的形成,同时也低估了细粒土中的水分迁移。

2) 薄膜水迁移机制

为了解释冻土中的水分迁移机制,薄膜水迁移理论逐渐发展起来,并逐渐成为解释冻土中水分迁移的主流看法。该理论认为土颗粒表面被水膜包围,冻结打破了土颗粒-未冻水-冰系统的平衡,导致了土中薄膜水分布不均匀,使水分从水膜厚的区域向水膜薄的区域迁移。在某一限定条件下冻土中未冻水含量是温度的单值连续函数,所以,按照这一理论,土颗粒周围未冻水膜的厚度可看作是温度的函数。因此当存在温度梯度时,未冻水将从含量高的区域向含量低的区域迁移,迁移速率由正在冻结和融化土层内的导水系数和未冻水含量梯度或土壤基质势梯度决定。导水系数和未冻水含量的不均匀性将引起正冻土中水分迁移速率的不均匀,从而引起未冻水在某一区域积累并冻结形成冰透镜体。基于薄膜水理论 Miller(1972)提出了土冻结过程中的第二冻胀理论,认为冰透镜体暖端与冻结锋面之间存在一个低含水量、低导水率的区域,并称其为冻结缘。Loch(1978)通过试验发现正冻土中存在冻结缘,冻结缘内只存在孔隙水的原位冻结。目前发表的很多文献中,有关薄膜水迁移和冰透镜体形成的说法与 Loch 等(1981)基本相同,均认为土冻结过程中冻结缘的存在才构成土体的冻胀。

2.2.2　土中水冻结时的成冰作用与冷生构造

1. 土冻结的物理过程

土的冻结实际上是指土中液态或气态水相变成冰的过程,在这一过程中,又受到外应力和内应力的共同作用,使得冰晶或者冰层与矿物颗粒在空间上的排列和组合形态各不相同,这样就构成了冻土不同的冷生构造。冻土的冷生构造不同,反映了其在冻结过程中所经历的由温度所引起的力的作用过程的不同。一般说来,土在冻结时,同时进行着三个物理过程,即收缩和膨胀、吸水和脱水以及压密过程,这三个过程的共同作用导致土中复杂的应力状况和剪切破坏。

(1)收缩和膨胀。土冻结时尽管土柱在宏观上表现为膨胀变形,但在土柱内仍进行着复杂的收缩和膨胀过程,随着冻结锋面的移动,一方面由于水不断相变成冰而发生膨胀,另一方面融土段以及冻土中的土颗粒、冰晶和空气随温度下降而不断收缩。

(2)吸水和脱水。土冻结过程中,以土中部分水变成冰,其余水仍然保持未冻状态。冻土中的未冻水与负温保持动态平衡关系。由于冻土中未冻水的势能要比未冻土中水的势能小得多,所以就产生了未冻土中水向冻结锋面迁移和冻土中未冻水向温度低的区域迁移的现象。由此产生了吸水和脱水的过程。

(3)压密。研究表明,与试前土柱的干密度相比,试后未冻土段的干密度均增大,冻土段的干密度均减小。未冻土段的干密度增大是由于未冻土段的土颗粒受到冻土段冻胀挤压的结果,而冻土段的干密度减小是由于冻土段吸水形成冰透镜体的结果,但冰晶体的形成必然要排开土颗粒,增大土颗粒的间隙。所以,徐学祖等(2010)认为,未冻土段和冻土段中的土颗粒都受到冻胀力的挤压而产生压密过程。

2. 土冻结后的冷生构造

通过对单向冻结条件下形成的冻土构造纵剖面进行分析,大家认为,冻土构造的纵剖面一般可分为四个带:整体状构造带、纤维状构造带、微薄层状构造带、整体状构造带(图2-10),它们分别与水分的原位冻结带、分凝冻结带和冻结缘带相对应。

(1)整体状构造带。在该层内,肉眼基本上看不到冰晶。

(2)纤维状构造带。该层冰厚一般为 0.2~0.5mm,冰片密集分布。

(3)微薄层状构造带。在该带内自下而上,冰层逐渐增厚,从 1mm 至 3~5mm,冰层

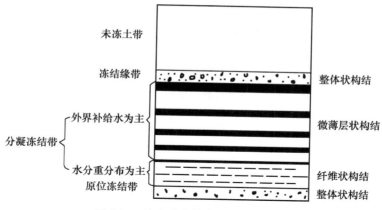

图 2-10　冻土冷生构造纵剖面示意图

间距逐渐增大，从 3mm 增至 5mm，水平方向的连续性也逐渐增大。

（4）整体状构造带。位于冻结锋面与分凝冰层之间，即冻结缘带范围。在该层可见极少量乳白色粒雪状冰晶。所谓冻结缘是指冰透镜体和冻结锋面之间的区域，具有部分冻结、低含水量、低导湿率和无冻胀性特点。

对冻土横向构造剖面的分析表明，由于水平冰透镜体和垂向冰脉的综合作用，冻土的横向构造剖面，均呈多边形形态，其中以六边形和不规则四边形为主，且由下往上单个多边形的直径、面积增大、冰脉增厚。从总体来看，原为均匀整体状的土体，经过冻结后，由于水平冰层和垂直冰脉的切割作用而形成团块状，团块以与冻结相同的方向自小变大（徐学祖等，2010）。

3. 土中水冻结成冰机制

我们在第 1 章中已经说明，水汽、液态的孔隙水和固体冰是土体中孔隙水存在的一般形式，那么水的这种气、液、固的形式也决定了土在冻结过程中土中水成冰的方式，即汽-固、液-固和固-汽-固、固-液-固型四种方式。而土中水成冰的程度和性状还要取决于土中水的含量及其来源，通常在封闭条件下，土中水分将以汽-固和液-固两种方式原位冻结成冰；在开放条件下，有地下水补给时，土中本身的孔隙水冻结成冰的同时，还受到温度梯度的作用，外界迁移来的水分也会冻结成冰，所以水分迁移后的冻结成冰方式既有汽-固、液-固，还有固-汽-固、固-液-固型两种方式，但以液-固成冰方式为主（徐学祖等，2010）。研究表明外界迁移来的水分是引起土体冻胀的主要原因，为此，各国学者在这方面做了大量的研究，并提出了分凝成冰、分凝胶结成冰、重复分凝成冰和侵入成冰等成冰机制来说明冻土中形成不同冷生构造的原因（图 2-11）

1）分凝成冰

分凝冰是在松散土层中，受温度梯度、溶液浓度梯度或其他外力梯度的作用，土中毛管水和薄膜水向结晶锋面迁移而形成的冰体。分凝冰体通常呈透镜状、层状、条带状，肉眼可见，厚度可由几厘米至几十米。

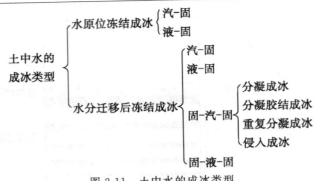

图 2-11　土中水的成冰类型

2）分凝胶结成冰

由水分原位冻结和迁移冻结共同作用形成的冰体,在土体中一般形成斑状冷生构造。

3）重复分凝成冰

在多年冻土上限附近是由重复分凝作用形成的厚层地下冰就是重复分凝冰。其特点是冰-土混杂,体积含冰量一般高于 50％,土颗粒和土集合体好像"悬浮"于冰中,且埋藏浅、厚度大。厚层地下冰是各类工程建筑物发生破坏的主要原因。对于这类冰的成因,可以用重复分凝成冰机制来阐明,其基本要点包含下面 5 个方面:①多年冻土自下而上冻结时,水分向冻结锋面处迁移并成冰;②未冻水的不等量迁移规律(冷季活动层中未冻水的向上迁移;自下而上冻结时,冻结锋面后方冻土中的水分迁移并成冰;暖季融化界面下仍然冻结的土柱水分迁移和成冰作用的联合效应);③冰的自净;④地表加积造成的地下冰的共生生长;⑤上述作用年复一年地重复(程国栋,1982)。

4）侵入成冰

地下承压水在压差作用下侵入正冻或已冻土体中,并在其中冻结成冰,形成的厚层冰体。侵入冰若出现在接近地表处,可能引起地表强烈冻胀,有时会出现冻胀丘。

5）固-液-固型

就是通常所说的复冰作用。指冻土中的冰体在压力作用下,由于冰点降低而产生局部融化,融水在压力减小的情况下又重新冻结成冰。

6）固-汽-固型

由于不同温度条件下水汽的饱和蒸汽压不同,当有温度梯度存在时,土中冰表面部分固态冰直接升华成水汽,然后又凝华成雪花状晶体。

4. 冻土冷生构造的影响因素

土、水、温度、盐分和力是影响冻土冷生构造的主要因素。其中土主要指土颗粒的矿物成分、粒径、水理、热学、力学和物理化学性质,水主要指土中水的含量及补给状况,温度主要指温度高低和时空变化,盐分指易溶盐的成分和含量,力主要指荷载大小、快慢和方式等。这些因素的组合影响了冻土的成冰方式和冷生构造。对此,在《冻土物理学》(徐学祖等,2010)一书中,徐学祖等对此作了详细论述,现就土质类型、温度梯度、外界压力和盐分浓度对冷生构造的影响进行讨论。

1）土质类型

由于土质类型不同,其颗粒粗细将决定土冻结过程中水分迁移速率和冰分凝的过程,从而造成土冻结过程中所形成的冷生构造也不同。图 2-12 是标准砂、兰州黄土、青藏黏土自上而下冻结后的冷生构造纵剖面图,从图中可以看到,砂土在冻结过程中不存在水分迁移,砂土的冻结是原位水的冻结,所以通常形成整体状冷生构造。兰州黄土上部为整体状构造,中部均为微层状冷生构造,在最大厚冰透镜体下部,为融土区域。而青藏黏土的冻结区则以层状冷生构造为主。

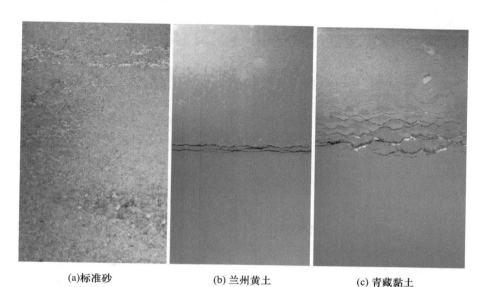

(a)标准砂   (b) 兰州黄土   (c) 青藏黏土

图 2-12 各种类型土纵向分凝冰层和冷生剖面

从图 2-13 中可看出,原位整体状的土体,经冻结作用后,由于水平和垂直冰条带的切割作用而使横剖面构造均呈六边形和不规则的四边形,并呈团块状分布。比较内蒙古黏土在不同深度处的取样结果,我们发现,团块沿冻结方向随深度的增大而增大。

(a) 兰州黄土   (b) 内蒙古黏土(1~2 cm)   (c) 内蒙古黏土(3~4 cm)

图 2-13 冻结土柱的横剖面图

2）温度梯度

在暖端面温度恒定条件下,冷端面的温度决定了正冻土中的冻结速率、冻结段的温度梯度及水分迁移量,从而影响了土中的冰晶或冰条带的分布和数量。温度梯度越大,冻结速率将越高。图 2-14 是在不同冷端面温度条件下形成的冷生构造剖面。从图可看出,随着冷却速率增大,冻结锋面迁移速率加快,土中分凝冰层加厚加密,当冷却速率超过一定值后,分凝冰层逐渐变薄。

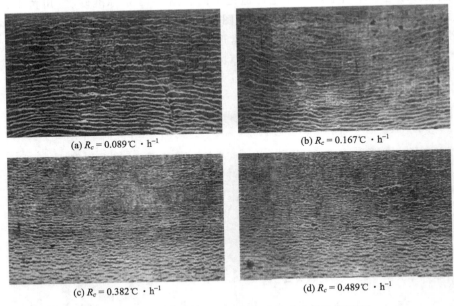

(a) $R_c = 0.089℃ \cdot h^{-1}$　　　　　　　　　(b) $R_c = 0.167℃ \cdot h^{-1}$

(c) $R_c = 0.382℃ \cdot h^{-1}$　　　　　　　　　(d) $R_c = 0.489℃ \cdot h^{-1}$

图 2-14　不同冷却速率条件下形成的冷生构造剖面图

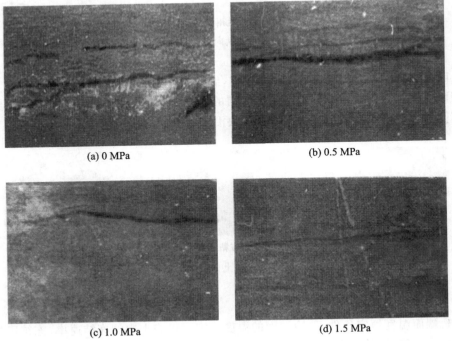

(a) 0 MPa　　　　　　　　　　(b) 0.5 MPa

(c) 1.0 MPa　　　　　　　　　(d) 1.5 MPa

图 2-15　端面温度恒定时,不同上部荷载条件下的冷生构造

3) 外界压力

图 2-15 为端面温度恒定时,不同上部荷载条件下的冷生构造图。随着上部荷载的增大,冷生构造逐渐由层状构造向整体状构造发展,且冰层整体厚度迅速减小,而当上部荷载增加至 1.5MPa 时,只有单一整体状冷生构造出现。所以说,压力对冻土冷生构造的影响更多地反映在冰条带的数量变化上。

4) 盐分浓度

易溶盐的成分、浓度决定了土中水的冻结温度、迁移速率、迁移量,从而也使含盐土冻结后所形成的冷生构造也不同。研究表明,含氯化钠的冻土基本上呈微层状冰条带,并且随着浓度增大,溶液的冻结温度随之下降,冰分凝程度逐渐减弱(图 2-16)。而对于含碳酸钠盐土或者含硫酸钠盐土而言,随着含盐浓度增大,土中的冷生构造由微层状构造向网状构造过渡,且在硫酸钠盐土中表现更为明显。

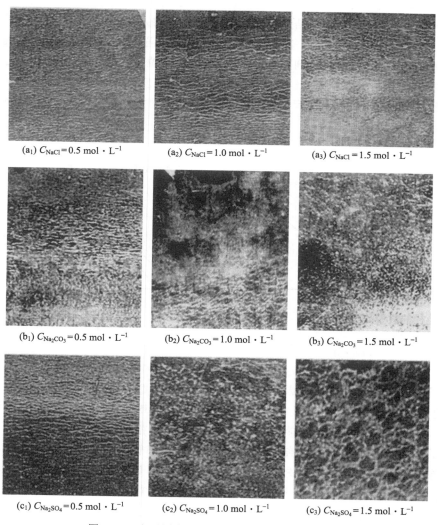

(a$_1$) $C_{NaCl}=0.5$ mol · L^{-1}　　(a$_2$) $C_{NaCl}=1.0$ mol · L^{-1}　　(a$_3$) $C_{NaCl}=1.5$ mol · L^{-1}

(b$_1$) $C_{Na_2CO_3}=0.5$ mol · L^{-1}　　(b$_2$) $C_{Na_2CO_3}=1.0$ mol · L^{-1}　　(b$_3$) $C_{Na_2CO_3}=1.5$ mol · L^{-1}

(c$_1$) $C_{Na_2SO_4}=0.5$ mol · L^{-1}　　(c$_2$) $C_{Na_2SO_4}=1.0$ mol · L^{-1}　　(c$_3$) $C_{Na_2SO_4}=1.5$ mol · L^{-1}

图 2-16　含不同类型的盐的土冻结后的冷生构造

2.2.3 土的冻胀及冻胀力

1. 土体冻胀的影响因素

冻结过程中水分迁移和析冰作用是产生土体冻胀的主要原因。影响土体冻胀的因素很多,但是归纳起来不外乎土的粒度组成、矿物成分、土中水分、密度、温度、荷载以及盐分。

1) 土的粒度组成对冻胀的影响

土的粒度组成是指土固体颗粒的形状、大小以及它们之间的相互组合关系,这种组合关系主要以土的粒径大小和级配来表示。许多研究已表明土的粒径及其级配对土的冻胀性有重要影响。不同土颗粒大小反映出土粒表面力场的差异性,表征这种表面效应指标是颗粒的比表面积。颗粒由大变小,其比表面积由小变大,与水相互作用的能量也越高。这种差异性直接影响着土体冻结过程中水分迁移能力的差异,并导致冻胀变形特征各不相同(图 2-17)。随着粒径变细,土粒与水的相互作用增强,土的渗透性减小,至粉粒含量占主要组成时,冻胀性最强,而到黏粒占主要组成时,土粒与水的作用很强,但由于土的渗透性骤减,影响冻结时水分向冻结缘迁移聚集,故冻胀性反而降低,图 2-18 给出了水分迁移聚集及冻胀强度随矿物颗粒尺寸的变化趋势,可见尺寸在 $0.05\sim0.005$mm 的粉粒土类冻胀性最强。

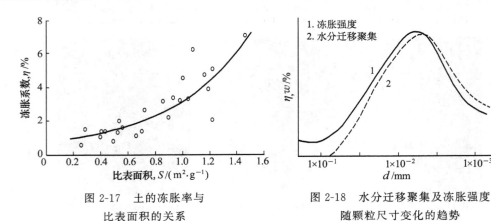

图 2-17　土的冻胀率与
比表面积的关系

图 2-18　水分迁移聚集及冻胀强度
随颗粒尺寸变化的趋势

2) 土的矿物成分对冻胀的影响

对于粗颗粒土来说不存在土的矿物成分对冻胀的影响,在细颗粒土中,尤其是对亚黏土、黏土,矿物成分对冻胀的影响十分显著。没有坚固晶格结构的矿物,如蒙脱石,具有较高的离子交换能力,能够牢固地结合着大量水分,使毛细管的导水性能变得极弱,导致这类土的冻胀性减弱。相反,具有较坚固晶格结构的矿物,如高岭土,它与离子交换能力很弱,不超过蒙脱土交换能力的 10%,具有高带电荷性,土粒表面化学活动性较小,具有较大的可移动薄膜水,因而这类土的冻胀性较大。矿物表面活动性指标能反映出各种矿物凝结水的能力。表 2-1 列出了各种矿物成分的活动性(杰尼索夫,1960)。从中不难看出,这三种黏土矿物中,表面活动性最强的是蒙脱石类矿物,最弱的是高岭石类矿物,伊利石介于两者之间。石英的活动性为零。所以根据黏性土矿物类型,单质黏土的冻胀强度按下列顺序降低:高岭土>伊利石>蒙脱石。

表 2-1　几种矿物的活动性

矿物名称	石英	方解石	白云母	高岭石	伊利石	钙蒙脱石	钠蒙脱石
胶体活动指标	0	0.18	0.23	0.3～0.46	0.9	1.5	7.2

3) 土中水分对冻胀的影响

不同的土类其冻胀敏感性不同,但是如果没有适当的水分条件,土冻结时的冻胀现象也是不可能发生的。在一定的土质条件下,土中水分多寡是引起土体冻胀性强弱的基本因素之一。试验与工程实践证明,并非所有含水的土体冻结时都会产生冻胀,只有当土中的水分超过一定界限值之后才会产生冻胀。通常将这个界限含水量称为起胀含水量,即在稳定的负温条件下(土体温度低于$-9\sim-10$℃),冻胀率(η)为零时的土体含水量。试验资料表明,当土体密度一定时,黏性土的起胀含水量与其塑限含水量有较密切的关系,由图 2-19 可看到,当土的干密度为 $1.5\sim1.6\mathrm{g\cdot cm^{-3}}$ 时,它们之间的关系可用线性方程表示:

$$w_0 = \alpha w_\mathrm{p} \tag{2-2}$$

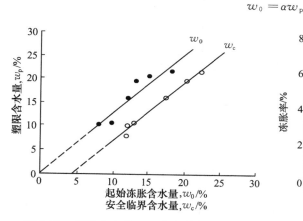

图 2-19　塑限含水量(w_p)与起始冻胀含水量(w_0)、安全临界冻胀含水量(w_c)的关系

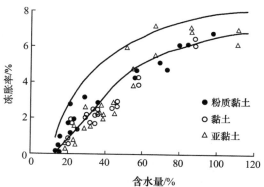

图 2-20　粉质黏土、黏土、亚黏土冻胀率与含水量的关系

试验观测资料统计表明,上述条件下 α 为 $0.71\sim0.86$,取之平均为 0.8。应该指出,当干密度不同时,起胀含水量也随之变化。大多数情况下,土体温度达$-9\sim-10$℃时,引起土体冰析作用的综合力可以与弱结合水的吸附力相平衡,使土体中大部分水分都参与冻胀作用。按实际工程的观测,土体冻胀率 $\eta\leqslant1\%$ 时,对建筑物稳定性不会产生明显影响。因此,仍可把这种土看成是非冻胀性土。以此作为界限的土体含水量,称为安全临界冻胀含水量(w_c)(吴紫汪等,1981):

$$w_\mathrm{c} = \alpha w_\mathrm{p} + 4 \tag{2-3}$$

从此关系式可知,细颗粒土的起胀含水量小于土体塑限含水量。随着土体塑限含水

量增大,它们之间的差值越大。

土中含水量大于起始冻胀含水量后,土体的冻胀作用就明显表现出来。在封闭系统条件下,冻胀率是随着土中含水量增加而增加,最后趋于一个定值,即相当于水结冰的冻胀率 $\eta = 9\%$(图 2-20)。

4)土体密度对冻胀的影响

在一定含水量条件下,减少土体密度将增大土体的孔隙,从而降低了饱和度。在小密度土体冻结时,有充分的孔隙空间任冰自由膨胀,而不致引起土颗粒间的分离,此时土体的冻胀强度甚微。在土体密度增大过程中,自由水充填土孔隙的程度也在增大,饱和度增高,土体的冻胀性也将增大。当土体达到某一个标准密度时,反映出土中孔隙最小,达到最佳的颗粒团聚条件,这时的土体密度便能保证水分迁移的通道或薄膜处于最有利的条件,冻胀强度也达到最大值(图 2-21)。所以,对于同水分条件的土体而言,土体密度越大,其冻胀性越强,当土体达到某个密度时,其冻胀性才能减小。图 2-21 中曲线上升阶段是表示土体孔隙未完全被水充满,饱和度较小的情况。到曲线上的 A 点时,土的饱和度达 90% 以上。这一段土体的冻胀率是随着其密度增大而增加的。

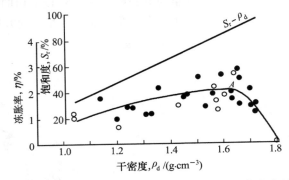

图 2-21　同含水量(20%～23%)条件下,冻胀率与土体密度的关系

5)温度对冻胀的影响

土体冻结过程,实际上是土中温度的变化过程。土体的冻胀起始于某个温度,而又终于某个特定的温度,即冻胀过程的开始温度及冻胀停止温度。研究表明,从土体起始冻结温度至土体冻胀开始温度阶段,是土体处于冻而未胀的冻缩阶段,这是由于土温降低,土颗粒的冷缩,土中冰结晶尚未充满孔隙引起土颗粒位移。所以说,土体的起始冻胀温度比土体起始冻结温度要低。土的冻胀起始温度与冻胀停止温度主要取决于土的颗粒分散性、矿物成分、含水量及水溶液浓度等。

通常,土体的冻胀率与土中温度的关系,可用下列经验公式表示:

$$\eta = a \mid \theta \mid^b \tag{2-4}$$

式中,θ 为土中温度,℃;a,b 为与土质、含水量有关的试验常数。

6)荷载对冻胀的影响

土体外部附加荷载对土体冻胀有一定的抑制作用。其影响实质主要反映在以下两个方面:

（1）土的冻结点随着外部压力的增加而降低。外部附加压力的增加，增大了土颗粒间的接触应力，降低了土体的冻结温度，从而影响土体中水分相态转换。研究表明，巨大的接触应力促进土体的冰点下降，使得冻土中冰与未冻水含量之间的平衡破坏，未冻水含量显著增加（图 2-22）（张立新等，1998）。在同一种土体中，对冻土施加的压力越大，未冻水含量增加的效果也就越明显，且使冻土中的未冻水由高压应力区向低压应力区转移而重新结冰。前人的工作均认为这种外力作用实质是对土体系内做功，是能量转换的一种形式，可以用克劳修斯-克拉伯龙（Clausius-Clapeyron）固-液相平衡方程来确定外部压力与冻土冰点的降低量。但是这种描述是有限制条件的，这是目前我们正在致力研究的一项重要工作。

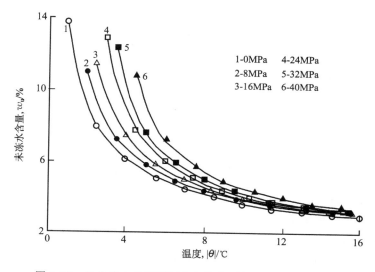

图 2-22　兰州黄土在不同压力和温度下的未冻水含量曲线

（2）外部压力引起土体内水分重分布。外荷载作用会减少未冻土中水分向冻结锋面的迁移量，也就是说会影响水分迁移的抽吸力。关于荷载对这种抽吸力的影响有两种意见：一是认为抽吸力是土颗粒中冰与水之间的界面力，当荷载增加到等于土粒中冰水界面所产生的界面能量时，冻结面就不吸水，土体的冻胀停止，这时的荷载被称为"中断压力"，且认为这个中断压力与温度条件无关；二是认为这种抽吸力是由于冻土内未冻水比自由水具有较低的孔隙水压所产生的（Anderson，1973），且认为未冻水的孔隙水压是土温的函数。这样，作为土固有的"中断压力"是不存在的。关于外部压力对土冻胀性影响的研究目前还处于理论研究阶段，未能有试验验证。

7）土中盐分对冻胀的影响

自然界中的土体或多或少存在不同的盐分，包括难溶盐、中溶盐和易溶盐。土中的盐分在四季气温周期性变化过程中迁移聚集，反复结晶，影响土的物理力学性质。研究表明土中的盐分对于发生在冻结土中的许多基本过程以及作为寒区特征的许多工程问题都要产生重要影响。土体的盐分影响着土体的渗透压、冻结温度以及冻土中未冻水的含量，从而影响冻结土体中的热量迁移和质量迁移作用，并且改变冻土中冰-水相的结合，改变着土–冰–水之间的界面状态。

在开放系统中不同的补水条件下,补硫酸钠溶液土体的冻胀小于补蒸馏水土体的冻胀量(图 2-23)(邴慧等,2006)。硫酸钠盐的存在增加了土体中的电解质,从而使得土颗粒表面水膜的厚度加大。这是因为土体孔隙中易溶盐离子浓度增高,与土颗粒原来吸附的离子相置换,降低了土颗粒的表面能和毛细作用,因此使土中水分迁移强度降低。

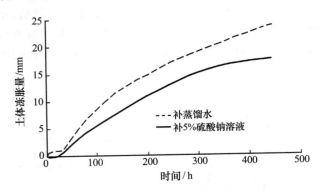

图 2-23　不同补水条件下的土体冻胀量随时间变化关系

土体孔隙水溶液含有电解质时,可以减少以致消除土体的冻胀性,是因为土体易溶盐的加入会导致受矿物表面作用的水体由于结合水膜的破坏而减少,另外盐分的存在增加了土体中的未冻水量,改变了孔隙水溶液的冻结特性。因此,在实际工程中,利用易溶盐的这个特点来防止建筑物遭受冻害或作为抗冻的化学试剂来达到防冻胀的效果。

土体冻结过程中水分迁移作用的强弱是与土体溶液中离子的水化能相关,离子价越高,其水化能越大,冻结过程中水分迁移作用就越强。同价阳离子中的水化作用强度随离子半径的增大而减小。水化作用减小和离子价增高都可使离子对土颗粒表面的静电引力增加,增大它进入反离子层的趋势。可见,高价离子或半径较大的离子置换低价的或半径较小的离子,结果使土颗粒的扩散层变薄,造成水溶液薄膜具有很大的移动性。因而在冻结过程中水分迁移能力增强,冻胀性增大。

另外,盐分的存在改变了土体中的未冻水含量。当孔隙水中含有易溶盐时,土体温度降低到盐溶液的冻结温度时溶液开始结晶,溶液的浓度越大,冻结温度越低。在保持一定浓度的溶液中,只能通过降低孔隙中溶液温度来增加冰体的析出量。因此,冻结土体中的未冻水含量与孔隙中易溶盐溶液的浓度成正比关系。随着浓度增大,土体的冻胀随之减小。

土体冻结过程中易溶盐的存在使得土体孔隙水溶液的浓度发生变化。在成冰过程中由于冰的自净作用,使得冻结锋面上的盐分结晶析出,土体孔隙水溶液浓度增高,冻结温度降低。土中常见阴阳离子对冻结温度的影响分别为:$Cl^- > CO_3^{2-} > SO_4^{2-}$,$K^+ > Na^+ > Ca^{2+}$(邴慧等,2011)。根据常见离子对冻结温度的影响,可以通过在土体中加入可溶盐来改变土体内部的离子组成来减缓冻胀程度。

2. 冻胀力

当土层表面受到建筑结构荷载的限制,甚至不允许土冻结时出现冻胀,则建筑物基础的底面与侧面将受到冻胀力的作用,原土表层的自由冻胀量被约束得越多,则土冻结时对建筑物作用的冻胀力就越大(陈肖柏等,2006)。为了工程设计的需要,将冻结时产生的对建筑物或基础的冻胀力,按照其作用于基础表面的方向分为:法向冻胀力、水平冻胀力和切向冻胀力。

1) 法向冻胀力

法向冻胀力(σ_{n0})是指作用在基础底面且垂直于底面的冻胀力。法向冻胀力是随着土体的冻胀发展而出现,但又稍迟于土体的冻胀。在这里,冻胀力实际上包含两个内容:其一是在基础底面与冻土接触面间由于下卧土层的冻胀而产生的冻胀力;其二是在土壤内部的冻结面上或在土壤水剧烈相变温度范围之内的土层中的冻胀力。前者属于基础接触冻胀力,需通过地基基础计算解决,计算时,一般还需考虑基础的几何形状、底面尺寸、基础埋深以及冻结深度等因素。而后者是土在冻结过程中所表现出的力学性质,与土的冻胀性、土的温度及其温度梯度、土的约束性以及冻土层厚度等因素有关。

就土的冻胀性而言,通常冻胀量大的土,产生的法向冻胀力也大。在相同条件下,几种典型土的法向冻胀力值大小顺序大致如下:粉质土>亚砂土>亚黏土>黏土>细砂>粗砂。而水分对土体法向冻胀力作用的研究一般要根据土体所处的自然环境而定,当土体在封闭体系中时,在土体含水量超过起始冻胀含水量时,法向冻胀力将随土体起始含水量的增加而增大。而在开放体系条件下,法向冻胀力的大小不仅受冻结前土体的饱水程度的影响,而且受冻结过程中外界水分补给量多寡的影响。通常冻结过程中土体的吸水量越大,法向冻胀力也越大。

就冻结速率的影响而言,正冻土与已冻土是有区别的。对于正冻土,相同条件下,土体的冻结速率越大,其冻胀率越小,法向冻胀力也越小。反之,冻结速率越小,其冻胀性就越大,法向冻胀力也越大(图 2-24)。对于已冻土,法向冻胀力随温度的变化的特点,主要与未冻水随温度的变化规律有关(图 2-25)。进一步的研究表明,在土温为 -14℃ 范围内,法向冻胀力与冻土中的未冻水量成反比。并给出以下公式:

$$\sigma_{n0} = a_0 \left(\frac{A_0}{w_u} \right)^{\frac{b0}{B0}} \tag{2-5}$$

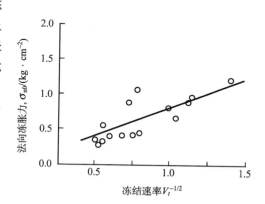

图 2-24 冻胀速率对法向冻胀力的影响

式中,w_u 为冻土中的未冻水含量,%;A_0 和 B_0 为在未冻水含量与负温关系中与土质因素有关的经验常数。

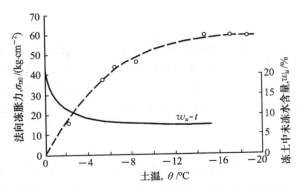

图 2-25　法向冻胀力、未冻水含量和冻土土温的关系

　　由于冻胀力是土体的冻胀变形受建筑物的约束而产生的,所以,建筑物对冻胀变形的约束度越小,允许冻胀变形就越大,冻胀力就越小(图 2-26)。对黏性土体的研究表明,液限含水量范围内,约束度与法向冻胀力之间的关系可用下列经验公式描述:

$$\sigma_{n0}^{i} = \frac{x - \lg\eta_i}{y} \tag{2-6}$$

式中,η_i 为约束土层的冻胀率;x 和 y 为与土质、含水量有关的系数。

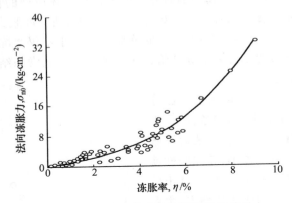

图 2-26　法向冻胀力与土冻胀性的关系

　　另外,冻土层厚度对法向冻胀力也有一定的影响。一般随冻结土层厚度的增大,法向冻胀力也相应地增大。

　　2)水平冻胀力

　　沿着土的冻胀方向、与地表平行并垂直于基础表面的冻胀力,称为水平冻胀力 σ_{h0}(图 2-27)。对于冻土区的各种支挡建筑物,如挡土墙以及采暖建筑周边的基础,墙背通常受土压力与水平冻胀力共同作用。在冻结前,墙背所受到的作用力主要是土体压力。随着土体冻结过程的进行,水平冻胀力逐渐增加,以至占主导地位。春融期,水平冻胀力减小,而变为土压力值。

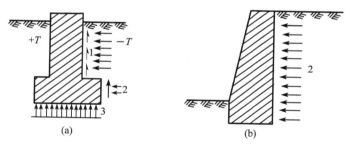

图 2-27　水平冻胀力对结构物的作用

1.切向冻胀力；2.水平冻胀力；3.法向冻胀力

　　土的类别不同,冻胀敏感性则不同,对建筑物产生的水平冻胀力也有差异。通常,在其含水状态相似情况下,细粒土的水平冻胀力比粗粒土大,含粉黏粒量高的砂砾土比纯净砂砾石的水平冻胀力大。而支挡建筑物填土的水分含量及其状态也是影响水平冻胀力的主要因素,这里的水分状态主要有两方面的含义:一是填土含水量沿深度的变化;另一是地下水对填土的补给条件及填土的排水条件。另外墙体结构特征对水平冻胀力的大小也有影响,如果墙体是单薄的悬臂式挡土墙,由于墙体热变形结果,将使水平冻胀力在冻结期白天呈倒三角形分布荷载或集中力作用于挡土墙上,导致墙体产生挠曲。

　　据统计,水平冻胀力沿支挡建筑物的分布是不均匀的,多数情况是中间大,最大处位于墙高 1/3～2/3 处。如果墙底部接近地下水位,土体含水量沿深度增大,且建筑物刚度较大时,水平冻胀力往往呈上小下大近似三角形的性状分布(图 2-28)。

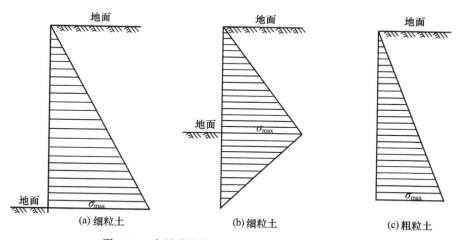

图 2-28　水平冻胀力沿墙背侧腹部的计算图模式

3）切向冻胀力

　　当基础埋于冻结层中时,沿着土冻胀方向作用于基础侧面的冻胀力,称为切向冻胀力($\sigma_{\tau 0}$)。切向冻胀力也就是在冻结层向上膨胀时,通过冻土与基础侧面的冻结强度,把埋入冻土中的任何物体(柱桩或墙体)顺着冻胀方向拔起来的力。切向冻胀力只能小于或等于长期冻结强度。

研究表明,切向冻胀力随着土体的冻胀发生而出现,但又稍迟于土体的冻胀日期。在土体的整个冻结过程中,初始冻结和积极冻结阶段是切向冻胀力增长的主要阶段,而在冷却阶段和过冷阶段,切向冻胀力的增长已极为有限。所以说,随着冻结期延长,在外应力作用下,相互作用带内的冰晶就会产生局部融化,使冻土与基础的联结强度减弱,切向冻胀力反而下降。

与法向冻胀力、水平冻胀力一样,切向冻胀力也受控于土质、水分及温度等条件,也与基础形状以及受束缚程度有关。但切向冻胀力最大的特点是其大小将与基础材料及其粗糙度有关。试验资料表明,各种基础材料性质对切向冻胀力的影响取决于它与冻土间的冻结强度。在单向冻结条件下,混凝土、钢管、塑料管的切向冻胀力的比值为1:0.75:0.43。粗糙度方面的研究显示,基础材料表面越光滑,切向冻胀力值越小。另外,由于不同材料性质具有不同的导温系数和线膨胀系数,使得冻结过程中基础侧壁的聚冰条件存有差异,冰膜厚度过大将引起切向冻胀力值下降。

3. 冻胀模型

关于土体冻胀现象的试验及理论研究已有半个多世纪的历史。先是以试验模型为主的20 世纪60 年代,和以建立水热耦合模型和数值模拟为主的70 年代,在这一阶段,不管是经验公式还是水热耦合模型,由于对冻胀机理的认识相对有限,所建立的理论模型还无法与工程实践结合起来。但自80 年代以后,随着人们对冻胀现象物理本质理解的不断加深和计算机计算容量的加大,理论模型在工程实践中的适用性逐渐成为人们建立模型考虑的重点因素,为此,基于不同边界条件的假设,提出了具有一定实际应用价值的刚性冰模型、分凝势模型及水热力模型等理论。表 2-2 列举了冻土中水热耦合模型及其基本性质。

表 2-2 冻土中水热模型及其基本性质(徐学祖等,2010)

模型	预报内容及所用方法	需输入的土质参数	室内和现场验证
水力模型			
Harlan(1973)	水流和温度有限差分法	含水量、导湿系数与土水势的关系、孔隙度、初始含水量、导热系数、热容量	未验证
Taylor 和 Luthin(1978)	水流和温度有限差分法	未冻水含量与温度的关系、土壤水扩散系数与含冰量的关系、孔隙度、初始含水量、导热系数、热容量	室内验证
Sheppard(1978)	水流和温度有限差分法	导湿系数、未冻水含量与温度的关系、孔隙度、导热系数、热容量	室内、外验证
Jansson 和 Haldin(1979)	水流和温度有限差分法	水分特征曲线、导湿系数、按粒径取值的导热系数	室内、外验证
Fukuda(1982, 1985)	水流和温度有限差分法	导湿系数、水分扩散系数、未冻水含量、导热系数、热容量	室内、外验证
Guymon 等(1980, 1993)	冻胀、温度、水流有限元法	渗透系数、含水量(导湿系数)与水压的关系、孔隙度、导热系数、热容量、一个校正因子	室内、外验证

模型	预报内容及所用方法	需输入的土质参数	室内和现场验证
刚性冰模型			
Neill 等 (1982,1985)	冻胀、冰分凝、水流和温度有限元法	未冻水含量与温度关系、土壤水扩散系数与含水量的关系、孔隙率、初始含水量、导热系数、热容量	未验证
Gilpin(1980)	冻胀、冰分凝和温度分析值	冻结缘的渗透系数、干密度、初始含水量、有效土颗粒半径、导热系数	室内验证
Hopke(1980)	冻胀、冰分凝、水流和温度有限元法	导湿系数(含水量)与土水势的关系、孔隙率、密度、导热系数、热容量	室内验证
Shen 和 Ladanyi(1987)	应变、应力、水流和温度有限元法	杨氏模量、泊松比、蠕变定律 6 个参数、导热系数、热容量	室内验证
Padilla 等(1992)	冻胀、温度、水流和盐浓度有限元法	含水量、导湿系数与土水势的关系、比水容量、分散系数、导热系数、热容量	室内、外验证
Sheng(1993)	冻胀、冰分凝、水流和温度有限元法	含水量、导湿系数、导热系数、未冻水含量	室内、外验证
热力学模型			
Duquennoi 等(1985) Fremond 等(1991)	应变、应力、水流、温度有限元法	杨氏模量、泊松比、蠕变定律 6 个参数、导热系数、热容量	室内验证
分凝势			
Konrad 和 Morgenstern (1980,1981)	水流和冻胀	分凝势、温度梯度、含水量、干密度、导热系数、热容量	室内、外验证

1)水动力学模型

第一个水力模型是在 20 世纪 70 年代初,由 Harlan(1973)提出的关于正冻土的水热输运模型。该模型基于非饱和土中水分输运与部分冻结土中未冻水迁移的相似性,引入"视热容量"的概念用来考虑相变潜热,并考虑了水分、对流、传热的影响,虽然较好地预报了土冻胀过程中的水分迁移速率,却不能预报冻胀。随后一些学者在进行冻胀预报计算前,对冻胀发生的判据进行了探讨:有的发现当冰和水的总体积含量超过土孔隙率时发生冻胀,有的认为当体积含冰量大于孔隙度的 85% 时发生冻胀。后来,Guymon 等(1980)对 Harlan 模型做了改进,通过计算热量的变化,认为在一个很小的时间步长上,热量变化等于冰水相变潜热、冰的温度变化产生的热量变化和通过土体热传导而导致的热量变化三者之和,只有当热量的变化为正,即有热量多余时,才发生水向冰的转变,这样就可以预测冰分凝的位置并预报冻胀量。这个模型是对 Harlan 模型最有力的发展,用它模拟出来的零度等温线位置以及总体冻胀量与实验室实测结果非常接近。

2)刚性冰模型

1972 年 Miller 提出第二冻胀理论,认为在冻结锋面和最暖冰透镜体底面之间存在一个低含水量、低导湿率和无冻胀的区域,即冻结缘。Neill 等(1985)据此提出刚性冰模型,该模型认为土体内应力 σ 主要由土颗粒骨架承担的应力 σ_s 和总孔隙应力 σ_n 组成 $\sigma = \sigma_s + \sigma_n$,而总孔隙应力 σ_n 由孔隙水压力 u_w 和孔隙冰压力 u_i 组成,它们之间的关系也类似

"有效应力原理",$\sigma_n = \chi u_w + (1-\chi) u_i$($\chi$ 为权重因子)。该模型建立在以下假设基础之上：①孔隙冰是否承担全部应力是判断冻结缘处冰透镜体初始形成(即冰分凝)的判据；②假设冻结缘中的孔隙冰与正生长的冰透镜体的接触是刚性接触,当冻胀发生时,孔隙冰能通过微观的复冰过程移动,所以冻胀速率与刚性冰的移动速率相等。然而,该理论涉及物理参数较多,以后的工作多是对其进行简化,以及在实际工程中的应用探讨。

3) 分凝势模型

20 世纪 80 年代与刚性冰模型并驾齐驱的还有分凝势模型。Konrad 和 Morgenstern (1981)发现正冻土中最终形成冰透镜体的水分迁移速率和冻结缘内温度梯度存在很好的线性关系,并将其比值定义为分凝势。在给定的土质和冻结条件下,冻结锋面处的冻结吸力是一个恒定常数,从而分凝势也是常数。根据相平衡热力学原理,当冻结缘内能量足以发生相变时,冰透镜体生长,而当应变达到已冻土拉伸破坏应变时,新的冰透镜体形成。他们随后开展了大量工作,研究了冻结方式、冻结速率、冻融循环和外荷载等对冻胀特性的影响。然而,该理论适用于温度梯度已知的稳定热状态条件,对于非稳态情况并不适用。

4) 热力学模型

20 世纪 80 年代末以后,有学者在质量、动量、能量和熵增平衡定律基础上,假定冻胀过程处于局部平衡状态,进而选择自由能和耗散势的适合表达式,导出适用于多孔介质的热力学模型。该模型能描述由孔隙水冻结、孔隙水和能量迁移及冻胀引起的吸力。该类模型的共同点是只用热力学理论描述冻胀机理,尚未用于解决实际工程问题。

5) 水热力模型

在描述土冻胀过程的力学行为方面,许多学者尝试在原水热模型基础上进行研究,考虑外荷载的作用提出了水热力模型。这些模型将外荷载仅作为影响冻胀一个因子,未考虑加载、冻胀和蠕变引起的应力场变化。譬如,Shen 等(1987)在 Harlan 模型基础上,视冻胀变形为体积应变,与蠕变变形一起作为总应变的组成部分,将水热模型与力学模型联系起来。除此之外,一些学者还从连续介质力学、热力学等理论出发推导出土冻胀过程中的水、热、力耦合模型。

2.3　冻土的融化固结

融沉是多年冻土地区建筑物破坏的主要原因之一,对季节冻土区工业与民用建筑物浅基础设施,冻土融化下沉是设计基础埋置深度需要考虑的重要因素。因此,研究冻土的融化固结具有重要的工程意义。

2.3.1　冻土的融化固结特征

冻土的融化固结是一个复杂的物理、力学过程。实际工程中,冻土地基内部存在多种形式的冰,比如胶结冰和分凝冰等。在土温升高情况下,地基下部冻土逐渐融化,土体内部形成了较大孔隙,在外荷载和自重作用下土体内同时发生土体骨架快速压缩和排水固结过程。在高含冰量冻土地基内,冻土的融化将会产生严重的融陷现象,影响多年冻土地区构建筑物的稳定性。

　　为了分析和研究问题的方便,人们最初建议分阶段的冻土融沉试验方法,即先进行融沉试验再进行压缩试验,试验仪器如图 2-29 所示。试验开始之初,冻土试样通过图中仪器顶端的加热板升温,每隔一定时间记录试样的变形。融化压缩试验第一级荷载不大于 1kPa,待试样在第一级荷载下变形稳定后,再进行逐级加载。图 2-30 给出了冻土典型的融化固结试验结果。

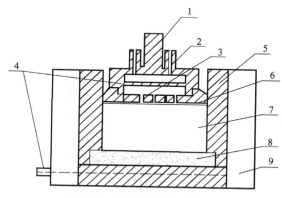

图 2-29　融化压缩仪示意图

1.加热传压板;2.循环液进出口;3.透水板;4.上下排水孔;5.试样环;
6.滤纸;7.土样;8.透水石;9.保温外套

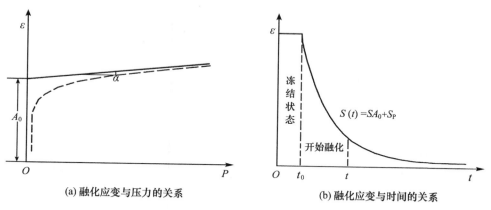

(a) 融化应变与压力的关系	(b) 融化应变与时间的关系

图 2-30　冻土融化应变同压力、时间的关系

　　Tsytovich 根据上述试验方法最早提出了冻土融化后的总变形量计算方法,人为将其简单地划分为与压力无关(或在极低应力条件下)的融沉变形、与压力成正比的压缩变形两部分,即

$$S = Ah_0 + \alpha P h \tag{2-7}$$

其中,第一项为与压力无关的融沉变形,一般取试验中 1kPa 压力下土的压缩量计算;第二项为压力作用下融土的压缩变形。式中,S 为总下沉量,m;A_0 为融沉系数,%;P 为上

覆荷载,MPa;h 为融化土层的厚度,m;α 为融土的压缩系数,MPa^{-1},可由压缩曲线直线段的斜率确定。

在工程上,一般以融沉系数 A_o 反映冻土融沉性的强弱,即冻土融化时在自重作用下产生的下沉量 Δh 与融化深度 h 之比,$A_o = \Delta h/h$。在实际估算土的融沉系数时将受到诸多因素的影响,如干密度、含水量、粒度成分、液塑限和取样代表性等。

2.3.2 影响冻土融化固结的主要因素

1. 含水量和干密度

冻土融化沉降的实质是起胶结作用的冰变成水,土层中的孔隙水在自重和外荷载作用下排出,土的体积减小。所以初始含水量和密实度是影响冻土融沉的最直接因素。试验资料表明,不论黏性土、粗颗粒土或泥炭土,其融沉系数均随含水量增大而迅速增大。因为冻土随含水(冰)量增加,所产生的大孔隙冰含量随之增加。融化后,这些原来由冰充填的孔隙会在自重作用下闭合。然而,当其含水量小于或等于某一界限含水量时,土体融化后,并不会出现下沉现象,而是微小的热胀作用。在此含水量范围内,冻土融化后其结构变化不大,该界限含水量被称为"起始融化下沉含水量 w_c"。因而,土体的有效融化下沉含水量可以定义为初始含水量 w_o 与起始融化下沉含水量 w_c 的差值($w_o - w_c$)。在某一干密度条件下,对各类土,只要不存在所谓的大孔隙冰,融化后其结构不会发生明显的变化。此时所对应的干密度称为起始融化下沉干密度。可见含水量和干密度均与土体的融沉系数存在密切联系。

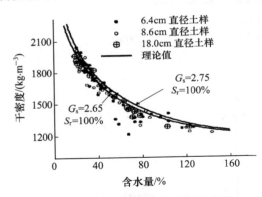

图 2-31 冻结密度和含水量间的关系

在饱水状态下,这两个参数不是独立的,在常规土力学中通常不单独讨论。然而,对于冻土来说,一方面由于土体孔隙中大量气泡和裂缝的存在,土体处于非饱和状态,如图 2-31 所示,土体实际密度较饱和密度要低得多;另一方面,分凝冰广泛存在于冻土层中,相同干密度下,含水量也往往不同。因此,在分析融沉问题时,应当同时考虑干密度和含水量的影响。

2. 粒度成分

在多年冻土地区,各种细颗粒土(包括粉、细砂土)中均可见到大量的冰夹层及冰透镜体。对粗颗粒土,如砾石土、卵石土层,含冰状况有较大差别,在具有充分水分补给的条件下,一般可以见到冰透镜体,反之,仅仅在孔隙中充填有冰晶。这种含冰状况的差异往往与土中的粉黏粒含量有关。

室内试验表明,在有效融沉含水量($w_o - w_c$)相同的情况下,粉质黏土融沉性最强,其次是重黏土和粉细砂,砾石土最弱,如图 2-32 所示。这与各种土类的结构特点有关,粉质黏土的颗粒细小均匀,有利于自重作用下压缩密实;重黏土则因其极低的透水性使得融化过程中产生的自由水难以排出,故其融沉性较一般黏性土弱;对于砂砾石土,由于粗大颗粒骨架的支撑作用大大降低了其融沉性,这表明在黏性土中粉黏粒的含量也直接影响到冻土的融沉性。进一步研究发现,充分饱水条件下,冻结粗颗粒土的融沉系数随其粉黏粒含量的增加而增大。在粉黏粒含量小于 12％时,融沉系数 A_0 呈缓慢线性递增趋势;而粉黏粒含量大于 12％时,A_0 急

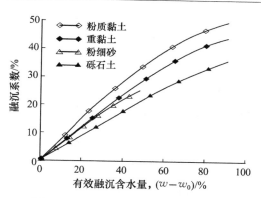

图 2-32 不同粒度冻土的融沉性比较

剧增大,如图 2-33 所示。因此,在评价土的融沉性时必须充分考虑粒度成分的影响。

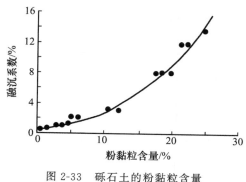

图 2-33 砾石土的粉黏粒含量
与融沉系数的关系

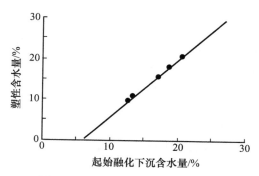

图 2-34 黏性土塑限含水量与起始
融化下沉含水量的关系

3. 液塑限

土的液塑限是土的重要物理指标,影响着土的力学行为。在分析融沉系数时,前述提及的起始融化下沉含水量与塑限含水量较为接近,在实际应用中出于安全的考虑,常取为塑限含水量。研究发现,塑限含水量与起始融化下沉含水量之间存在良好的线性统计关系,塑限含水量越大,起始融化下沉含水量越高(图 2-34)。

为进一步说明液塑限对冻土融沉性的影响,选取两种颗粒组成较为接近的土进行分析,其颗粒组成如图 2-35 所示。两种土的液限为 60％和 30％,塑限为 35％和 20％。通过比较这两种土的融沉系数可以发现,在相同含水量条件下其融沉系数存在着明显的差异,如图 2-36 所示。这与两种土液塑限间的差异存在密切的联系。尽管颗粒组成相同,由于沉积条件、矿物组成差异致使其液塑限存在较大差异,这进一步影响了土的融沉性。因而,笼统地按照土粒度分类对融沉系数进行预测,必然会导致预测精度降低。在评价土的融沉性时,应同时考虑液塑限的影响。

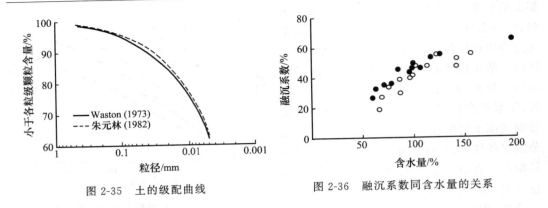

图 2-35　土的级配曲线　　　　　　　图 2-36　融沉系数同含水量的关系

4. 取样代表性

重塑土样具有较好的整体性,其融沉试验结果规律性较好;而原状土样,由于其沉积条件造成结构差异,导致其热物理力学性质不均一,试验结果的离散性较大。即使其含水量、干密度、颗粒组成和液塑限保持一致,其工程性质也可能存在很大差异。这使得原状土样的试验结果具有很大的离散性。通过试验数据拟合得到的预测融沉系数的经验公式,其预测精度也会随之降低。

上述分析表明干密度、含水量、粉黏粒含量以及液塑限是影响融沉系数的主要因素。通过传统方法很难得到这些影响因素同融沉系数间的量化关系。原状土样取样代表性差也明显增加了试验数据的离散性,这会进一步降低融沉系数的预测精度。

2.3.3　冻土融沉预报的经验方法

经验方法是地学研究中常用的方法,尤其是在某一问题最初提出的时候,对冻土融化沉降的研究亦是如此。最早的研究采用单向融化压缩试验,提出总的融化压缩变形包括与压力无关的融沉和与压力成正比的压缩变形两部分,并采用统计方法得到了融沉性同物理指标(含水量或干密度)的经验预测公式。我国有关部门根据相应研究成果,制定了指导寒区工程建设的规范 JGJ/118—98《冻土地区建筑地基基础设计规范》。然而,这些工作还不足以用于具体工程点上的融化沉降计算分析。

半个世纪以来,为数众多的国内外学者通过大量的室内外试验研究表明融沉系数同土的干密度和含水量间存在良好的统计关系。归纳前人的工作,对于融沉系数的经验预测方法大体可以分为三类:

(1) 含水量法,通过融沉系数与含水量的经验关系预测融沉系数。

(2) 干密度法,通过融沉系数与干密度的经验关系预测融沉系数。

(3) 孔隙率-含水量法,考虑了饱和度的影响,能够更合理地预测融沉系数。

这三种具有代表性的经验预测公式如下:

含水量法(W 法):

$$A_0 = K_1(w - w_c)\%$$

(2-8)

干密度法（D 法）：

$$A_0 = K_2 (\rho_{d0} - \rho_d) / \rho_d \tag{2-9}$$

孔隙率-含水量法（P-W 法）：

$$A_0 = A_1 n^2 + A_2 n + \frac{A_3 n^2 w}{S_r} + \frac{A_4 n}{S_r} + A_5 \tag{2-10}$$

式中，w_c 为不同土类的起始融沉含水量；K_1 为与土的物性参数相关的经验系数，由表 2-3 确定。

表 2-3　K_1、w_c 值

土质	砾石、碎石土[*]	砂类土	黏性土	重黏土
K_1	0.5	0.6	0.7	0.8
$w_c / \%$	11	14	18	23

[*] 对粉黏粒含量<12%者，K_1 取 0.40。

对于黏性土，可依据塑限含水量（w_p）用下式计算：

$$w_c = 5 + 0.8 w_p \tag{2-11}$$

上述公式中的参数取值方法见表 2-4。

表 2-4　K_2、ρ_{d0} 值

土质	砾石、碎石土[*]	砂类土	黏性土	重黏土
K_2	25	30	40	30
$\rho_{d0} / (\text{g} \cdot \text{cm}^{-3})$	2	1.8	1.7	1.7

[*] 对粉黏粒含量<12%者，K_2 取 20，ρ_{d0} 取 2.00g·cm^{-3}。

尽管目前存在诸多融沉系数的预测公式，在分析实际工程问题时究竟选用哪种方法仍然没有共识，需要重新评价其差异及适用范围。选择干密度范围 0.4～1.9g·cm^{-3}，饱和度分别为 100% 和 70% 的青藏黏土为研究对象，根据相关资料，给出式（2-8）～式（2-10）中所用参数：$K_1 = 0.7$，$K_2 = 40$，$w_0 = 19.6\%$，$\rho_{d0} = 1.7$g·cm^{-3}，$A_1 = 287.5$，$A_2 = -178.9$，$A_3 = -14.9$，$A_4 = 538.9$，$A_5 = 21.6$。计算结果如图 2-37 所示，当饱和度为 100% 时，干密度法和含水量法的预测结果相差很小；饱和度为 70% 时 D 法和 W 法偏差较大，这主要是由于这两种方法仅针对处于饱和情况，未考虑饱和度的影响。P-W 法充分考虑了这一因素，发现不同饱和度下预测结果差异明显。这也说明 P-W 法和 D 法、W 法之间的预测结果存在很大差异。

人工神经网络方法的发展为分析融沉系数与多因素间的关系提供了新思路。姚晓亮等（2008）汇总了不同液塑限、粉黏粒含量、干密度和含水量的多种土的融沉数据，以其中大部分训练 BP 神经网络，预留 7 组数据作为检验样本，将预留检验样本输入已有经验数据库进行验证。图 2-38 的预测结果表明 BP 算法较 W 法和 D 法效果较好，这与综合考虑多因素影响有关。随着训练样本的增加，所得经验数据库的预测精度也会随之提高。

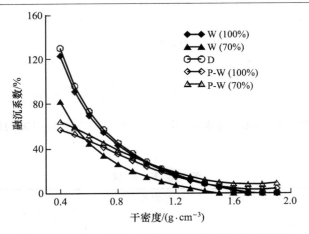

图 2-37　W 法、D 法和 P-W 法对融沉系数的预测结果

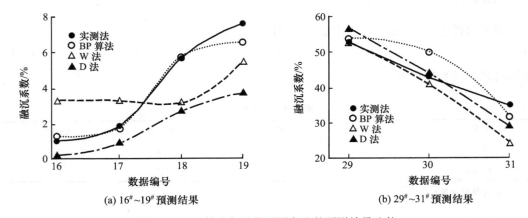

(a) $16^{\#} \sim 19^{\#}$ 预测结果　　　　　　　　　　　(b) $29^{\#} \sim 31^{\#}$ 预测结果

图 2-38　BP 算法与以往预测方法的预测效果比较

2.3.4　冻土的融化固结理论

冻土的融沉和压缩两部分变形在其融化的过程中同时发生,其发展过程不仅与土的工程性质(渗透性、融沉性和压缩性)有关,同时还取决于融化过程中土体的温度状况和热物理性质。对这一复杂的物理力学过程的描述,可用融化固结理论进行描述。

1. 一维变边界融化固结理论

Morgenstern 等(1971)提出,一维条件下,当冻土边界施加一个正温 θ_0 开始融化时,融化边界就是 0℃ 等温线,其移动规律如式(2-12)所示;在融化区域内,使用 Terzaghi 一维固结理论描述土的变形和孔隙水的消散[式(2-13)]。假设冻土层不会发生渗流和变形。

$$X(t) = \alpha t^{1/2} \tag{2-12}$$

$$c_v \frac{\partial^2 u}{\partial x^2} = \frac{\partial u}{\partial t} \tag{2-13}$$

式(2-12)中，α 为土体热物理性质决定的参数。

式(2-13)中，u 为孔隙水压力；c_v 为固结系数；其中，$0 \leqslant x \leqslant X(t)$。力学边界条件为

$$u = 0, \quad P = P_0 \quad (x = 0, t > 0)$$

$$\tag{2-14}$$

$$P_0 + \gamma'X - u(X, t) = \frac{1}{dx/dt}\left[c_v \frac{\partial u}{\partial x}(X, t)\right]$$

$$x = X(t), \quad t > 0 \tag{2-15}$$

式(2-14)和(2-15)中，P_0 为施加荷载，如图 2-39 所示。

由式(2-12)～式(2-15)可得孔隙水压力的解析解：

$$u(x, t) = \frac{P_0}{\mathrm{erf}(R) + e^{-R^2}/\pi^{1/2}R}\mathrm{erf}\frac{x}{2(c_v t)^{1/2}}$$

$$+ \frac{\gamma'x}{1 + 1/2R^2} \tag{2-16}$$

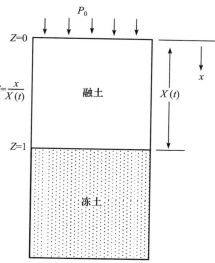

图 2-39　一维融化固结模型

$R = \dfrac{\alpha}{2(c_v)^{1/2}}$ 为融化固结率，$\mathrm{erf}(x)$ 为误差函数；γ' 为重度。根据常规土力学中固结度的定义：

$$\frac{S_t}{S_{\max}} = \frac{\int_0^X [P_0 + \gamma'x - u(x, t)]dx}{\int_0^X (P_0 + \gamma'x)dx} \tag{2-17}$$

在仅有外荷载（$\gamma' = 0$）的情况下，由式(2-16)和式(2-17)可得固结度为

$$\frac{S_t}{S_{\max}} = 1 - \frac{\mathrm{erf}(R) + (e^{-R^2} - 1)/\sqrt{\pi}R}{\mathrm{erf}(R) + e^{-R}/\sqrt{\pi}R} \tag{2-18}$$

在自重条件下（$P_0 = 0$），固结度可表达为

$$\frac{S_t}{S_{\max}} = \frac{1}{1 + 2R^2} \tag{2-19}$$

其中，

$$S_{\max} = m_v\left(P_0 X + \frac{\gamma'X^2}{2}\right) \tag{2-20}$$

式中，m_v 为体积压缩系数。式(2-18)和式(2-19)表明，在土体融化的过程中，其固结度是一个常数，且同融化固结率成反比，如图 2-40 所示。

试验验证结果表明，对于含水量较低的土样，预测结果同试验数据具有较好的一致性，且土样的融化固结变形同时间的平方根成正比，如图 2-41 所示；对于含水量超过 40% 的土样，预测结果同试验结果存在很大偏差，如图 2-42 所示。其原因主要是由于 Morgenstern 等

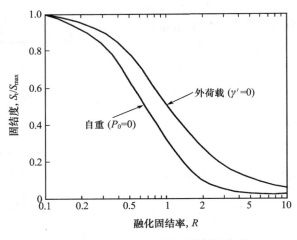

图 2-40　固结度和融化固结率的关系

理论是在太沙基固结理论小变形假设的前提下建立的,在大变形情形下会过低地估计孔隙水压力,这一点已为众多的研究者所证实。

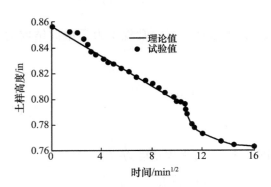

图 2-41　融化固结位移与时间的关系

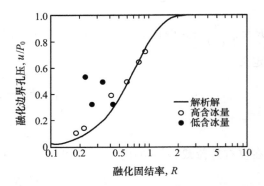

图 2-42　原状土孔隙水压力的试验和预测值

2. 小变形融化固结形理论的完善及其适用范围

由于使用了 Terzaghi 一维固结理论的小变形假设,Morgenstern 的一维变边界融化固结理论继承了相同的理论缺陷,仅适用于一维条件下的小变形情况。这是由于小变形理论假设土体的变形是微小的,即不会引起土体形状的改变。在复杂应力条件下,小变形假设将会进一步忽略土体的刚体旋转对应力的影响。随着土体含水量增大,小变形假设势必会产生较大误差,对常温土的研究也证实了这一点。然而,前人在冻土融化固结研究中并未对小变形融化固结理论的确切适用范围作进一步的研究。这里将结合 Biot 三维固结理论和热传导方程得到复杂应力条件下的小变形融化固结理论,并通过试验和理论的方法进一步探讨小变形固结理论确切适用范围。具体如下。

1) 三维小变形融化固结理论控制方程

将固结理论和热传导方程相结合就得到了融化固结理论（Yao et al.,2012）。假定土体固结作用仅发生在融化区域内,冻结区域土体不变形和无渗透性。通过热学计算得到温度大于 0℃的融化区域,在融化区域内采用 Biot 固结理论描述土体的固结特性。固结理论一般包括几何方程、本构方程、达西定律、运动方程和连续方程五部分。具体如下:

几何方程:

$$\dot{\varepsilon}_{ij} = \left(\frac{\partial v_i}{\partial x_j} + \frac{\partial v_j}{\partial x_i}\right)\bigg/2 \tag{2-21}$$

其中,$v_i(i=1,2,3)$为物质点瞬时速度。

本构方程:

$$\frac{\mathrm{d}\sigma_{ij}}{\mathrm{d}t} = D_{ijkl}\dot{\varepsilon}_{kl} - \delta_{ij}\dot{p} \tag{2-22}$$

式中,p 为孔隙水压力,在这里规定拉应力为正,压力为负,孔压为正。

达西定律:

$$q_i = -k(p - \rho_w x_j g_j)'_i \tag{2-23}$$

式中,q_i 为孔隙水相对土体骨架的流速;k 为渗透系数;ρ_w 为水的密度,重力加速度 g_j 以向下为正。

运动方程:

$$\sigma_{ij'j} + \rho g_i = \rho \frac{\mathrm{d}v_i}{\mathrm{d}t} \tag{2-24}$$

其中,ρ 为介质密度。

连续方程:

$$-q_{i'i} + q_v = \frac{1}{M}\frac{\partial p}{\partial t} + \alpha \frac{\partial \varepsilon_v}{\partial t}, \quad \varepsilon_v = \varepsilon_{ii} \quad (i=1,2,3) \tag{2-25}$$

式中,q_v 为体积流源;α 为比奥系数,对不可压缩土颗粒 $\alpha=1.0$;M 为比奥模量,在土颗粒不可压缩情况下 $M = k_w/n$,k_w 为水的体积模量,n 为孔隙率。

式(2-21)～式(2-25)为完整的 Biot 固结理论的描述,结合考虑相变的热传导方程式(2-26)～式(2-28)就得到了完整的三维融化固结理论。式(2-27)和式(2-28)客观反映了冻土融化(冻结)过程中,冰-水相变吸收(释放)热量的真实情况,冻土的等效比热和热传导系数在相变区间内随温度会产生剧烈变化。

热传导方程:

$$-h_{i'i} + h_v = \rho c \frac{\partial \theta}{\partial t} \quad (h_i = -\lambda \theta'_i) \tag{2-26}$$

其中,

$$c = \begin{cases} c_u & (\theta > \theta_P) \\ c_f + \dfrac{c_u - c_f}{\theta_P - \theta_b}(\theta - \theta_b) + \dfrac{L}{1+w}\dfrac{\partial w_i}{\partial \theta} & (\theta_b \leqslant \theta \leqslant \theta_P) \\ c_f & (\theta \leqslant \theta_b) \end{cases} \tag{2-27}$$

$$\lambda = \begin{cases} \lambda_u & (\theta > \theta_P) \\ \lambda_f + \dfrac{\lambda_u - \lambda_f}{\theta_P - \theta_b}(\theta - \theta_b) & (\theta_b \leqslant \theta \leqslant \theta_P) \\ \lambda_f & (\theta \leqslant \theta_b) \end{cases} \qquad (2\text{-}28)$$

式(2-26)中，h_v 为流体热源；c 为考虑相变的等效比热，$J \cdot kg^{-1} \cdot {}^{\circ}C^{-1}$；$c_u$ 和 c_f 为融土和冻土的比热；λ 为土体的视导热系数，$W \cdot m^{-1} \cdot {}^{\circ}C^{-1}$；$\lambda_u$ 和 λ_f 分别为融土和冻土的导热系数；L 为水的相变潜热，$J \cdot kg^{-1}$；w 和 w_i 分别为冻土的总含水量和含冰量；θ_P 和 θ_b 分别为冻土相变区的上、下界温度值，$^{\circ}C$。

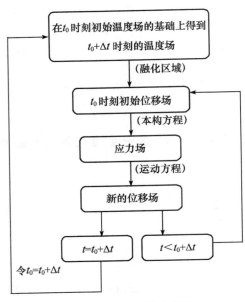

图 2-43 数值计算流程图

2）数值实现

式(2-21)～式(2-28)完整地描述了冻土融化固结过程中的热学和力学行为，由于三维偏微分方程组的复杂性，通过解析的方法求解是极为困难的。本书采用目前工程计算中广泛使用的数值方法对这一物理过程进行求解。

计算流程如图 2-43 所示，具体如下：

（1）首先在 t_0 时刻初始温度场的基础上得到 $t_0 + \Delta t$ 时刻的温度场，同时确定 $t_0 + \Delta t$ 时刻新的融化区域。

（2）在已融化区域内进行固结计算：①结合 t_0 时刻初始位移场和本构方程得到计算区域内新的有效应力以及孔隙水压力。②通过新的应力场以及运动方程得到新的位移场。当流固耦合时间 $t < t_0 + \Delta t$ 时，循环 a 和 b 的计算直至 $t = t_0 + \Delta t$。此时令 $t = t_0 + \Delta t$，计算下一个时刻 $t_0 + \Delta t$ 的温度场。

（1）～（2）的计算循环进行直至 t_0 等于目标模拟时间。

3）三维小变形融化固结理论的验证

为了验证所建立的三维小变形融化固结理论的正确性，这里将应用该理论分别对 8 组不同初始含水量和压力条件下的融化固结过程进行预测，并将结果与 Morgenstern 一维理论的解析解相比较。

如式(2-29)和式(2-30)所示，假定在一维条件下，不计土样自重时，土样在融化过程中的固结度和融化边界的孔隙水压力为常数，且为融化固结率 $R = \dfrac{\alpha}{2(c_v)^{1/2}}$ 的函数，即

$$\frac{S_t}{S_{max}} = 1 - \frac{erf(R) + (e^{-R^2} - 1)/\sqrt{\pi}R}{erf(R) + e^{-R}/\sqrt{\pi}R} \qquad (2\text{-}29)$$

$$\frac{u(t)}{P_0} = \frac{erf(R)}{erf(R) + e^{-R^2}/\sqrt{\pi}R} \qquad (2\text{-}30)$$

式中，$\mathrm{erf}(x)$ 为误差函数；$c_v = \dfrac{kE_s}{\gamma_w}$ 为固结系数；k 为渗透系数，$\mathrm{m \cdot s^{-1}}$；E_s 为压缩模量；γ_w 为水的容重；α 为与土样热物理性质和温度边界相关的融化速率参数，$\mathrm{m \cdot s^{-1/2}}$；$S_t$ 和 $S_{\max}$ 分别为 t 时刻的变形量和时间 t 内的总变形量；P_0 为外荷载，$u(t)$ 为融化边界孔隙水压力。

为了便于进行数值计算结果与解析解比较，表 2-5 中列出了数值计算得到的相关参数。图 2-44 为两种计算结果中融化固结度随融化固结率的变化情况，图 2-45 为孔隙水压力随融化固结率的变化情况。从图上可以发现数值计算结果同解析解具有较好的一致性，这表明该理论的计算结果是可靠的。

表 2-5　解析解和数值计算所需的参数

含水量/%	荷载/kPa	$c_v/(\mathrm{m^2 \cdot s^{-1}})$	$\alpha/(\mathrm{m \cdot s^{-1/2}})$	融化固结率 R
19	50	3.98×10^{-7}	0.00103	0.816
	100	6.06×10^{-7}	0.00102	0.655
25	50	5.054×10^{-7}	0.00090	0.633
	100	5.979×10^{-7}	0.00090	0.582
41	50	3.56×10^{-7}	0.00042	0.352
	100	3.55×10^{-7}	0.00057	0.478
50	50	3.59×10^{-7}	0.00047	0.392
	100	4.48×10^{-7}	0.00046	0.344

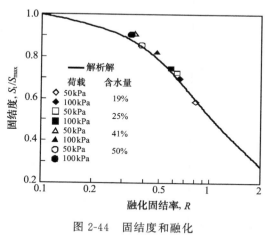

图 2-44　固结度和融化
固结率的关系曲线

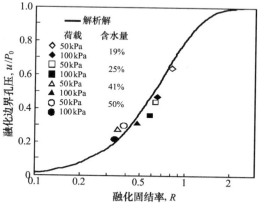

图 2-45　孔隙水压力和融化
固结率的关系曲线

4）小变形融化固结理论适用性的讨论

图 2-46 中为不同含水量和压力条件下土样融化应变的数值结果同试验结果的比较。从图中可以看出计算结果和试验结果随时间的发展均具有相同的规律。对含水量较低的土样（19%），如图 2-46(a) 和 (b) 所示，计算结果同试验结果具有较好的一致性。随着含

水量的升高,计算结果同试验结果间的差异将持续增大[图 2-46(c)~(h)]。

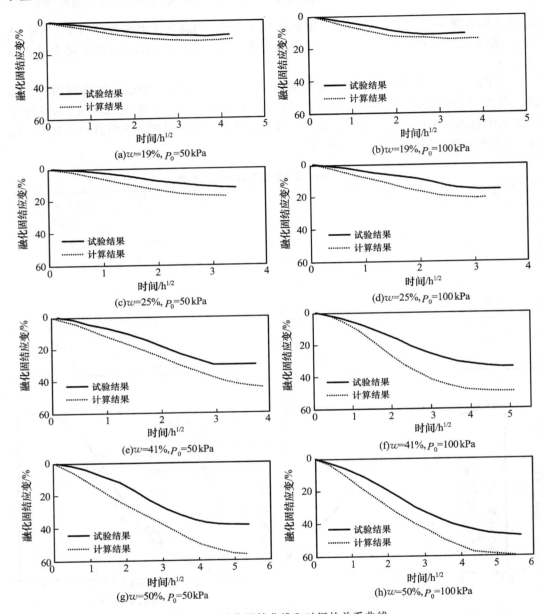

图 2-46 融化固结曲线和时间的关系曲线

最终预测误差(FPE)和土体的最终体变(FVT)之间的关系曲线可以反映试验结果同计算结果间的差异(图 2-47)。这里

$$FPE = |\varepsilon_{ft} - \varepsilon_{fp}|$$

ε_{ft} 和 ε_{fp} 分别为试验和预测得到的最终应变。

常规土力学的研究结果表明当土样的体积应变小于 10% 时,小变形融化固结理论就

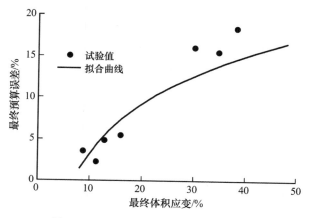

图 2-47 预测误差于体积应变关系曲线

有较高的预测精度。当体积应变大于 10％时,小变形融化固结理论的预测精度将急剧降低。这是由小变形融化固结理论内在缺陷造成的,即忽略了土样的体积和形状变化。在图 2-47 中,当 FVT 小于 10％时,FPE 低于 5％,可以认为计算结果能够较好地符合试验结果[图 2-46(a)和(b)];当 FVT 大于 10％时,预测精度则急剧减小[图 2-46(c)～(h)]。

对于在青藏铁路和公路沿线获取的大多数土样,其干密度为 $1.7\sim1.8g\cdot cm^{-3}$。可以使用小变形融化固结理论来计算处于饱和状态土体的融沉变形(含水量小于 20％)。当含水量大于这个界限时,应采用大变形理论来预测土体的融沉变形。

3. 大变形融化固结理论

小变形融化固结理论忽略了物体位移对介质构形和位置的影响,所以当物体发生较大变形时,小变形融化固结理论会出现不可避免的误差。当土体发生过大变形时,由于物体位移对介质构形和位置的影响,材料属性和描述介质运动的坐标也会产生不可忽略的变化(材料非线性和几何非线性),这会直接影响到描述物体力学特性的本构方程的形式。另外,物体运动过程中产生的刚性旋转会使基于小变形假设的应力和应变丧失客观性,这就需要在本构方程中选择合理的客观度量,抵消刚性转动不变性的影响。

假定在初始 t_0 时刻发生融化固结的土体占据空间区域 V_0,如图 2-48 所示,外力施加在边界 S_{0F} 处,透水边界为 S_{0P},在

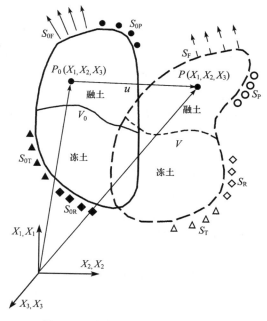

图 2-48 大变形融化固结边界条件

融化区域内土体发生固结变形和孔隙水的渗流,冻结区域土体不具有压缩性和渗透性,同时冻结区域的位移为 0。S_{0T} 处为温度边界,S_{0R} 处为热流边界。在 t 时刻土体移动至空间区域 V 处,外力、渗流、温度和热流边界分别 S_F、S_P、S_T 和 S_R。

在图 2-48 使用的笛卡儿坐标系中,t_0 时刻某一物质点 $X_i(i=1,2,3)$,在 t 时刻将移动至 x_i 处,则

$$x_i = X_i + u_i \quad (i=1,2,3) \tag{2-31}$$

其中,u_i 为物质点相对于 t_0 时刻的位移。基于欧拉描述的应变速率张量和旋转率张量为

$$\dot{\varepsilon}_{ij} = \left(\frac{\partial v_i}{\partial x_j} + \frac{\partial v_j}{\partial x_i}\right)/2, \quad \dot{\omega}_{ij} = \left(\frac{\partial v_j}{\partial x_i} - \frac{\partial v_i}{\partial x_j}\right)/2 \tag{2-32}$$

其中,$v_i(i=1,2,3)$ 为物质点瞬时速度。在大变形情况下由于物体旋转的影响,式(2-22)中的总应力率 $\dfrac{\mathrm{d}\sigma_{ij}}{\mathrm{d}t}$ 修正为

$$\dot{\sigma}_{ij} = \frac{\mathrm{d}\sigma_{ij}}{\mathrm{d}t} - \sigma_{ik}\dot{\omega}_{ki} - \sigma_{jk}\dot{\omega}_{ki} \tag{2-33}$$

该理论中所采用的本构方程、流体连续方程、达西定律、运动方程以及热传导方程其形式均与前述三维小变形融化固结理论相同,这里不做赘述。

通过试验和数值计算,比较了大、小变形融化固结理论对于不同含水量冻土试样融化固结变形。图 2-49(a)和(b)中,大、小变形融化固结理论对低含水量($w=19\%$)土样的融化固结应变的预测结果几乎是相同的。其中,理论预测值与试验结果间存在一定的偏差,这与模型参数和实际情况间存在差异有关。图 2-49(c)和(d)中,对高含水量土样($w=50\%$)融化固结应变的预测结果显示,小变形融化固结理论的预测精度明显低于大变形融化固结理论的预测精度。

上述对大、小变形预测精度的比较表明:在土样含水率较低时,小变形融化固结理论能够较好地预测土体的固结变形,当土样含水量较高时,小变形融化固结理论的预测精度将明显降低,这是由小变形融化固结理论的内在缺陷所致。大变形融化固结理论突破了小变形假设,消除了刚性转动的影响,保证了应力在土体构形发生刚性转动时的客观性,同时基于现时坐标系的描述方法,保证了数值程序能够实时更新坐标节点坐标,能够合理地反映实际情况。

对土样融化深度的预测结果显示,对于低含水量土样,大、小变形融化固结理论融化速率的预测结果几乎相同[图 2-49(a)、(b)]。对于高含水量土样[图 2-49(c)和(f)],大变形融化固结理论得到的融化速率明显高于小变形融化固结理论的结果。这是由于在大变形融化固结理论中温度边界会随着土体构形的变化而进行实时的更新,当土样被压缩时,其传热路径随之缩短,土样融化边界移动速率也会随之加快。土体较大构形的变化也会引起温度场的差异。当土样构形发生较大变化时,大变形融化固结理论所得到的融化稳定后温度场竖向分布的预测结果明显高于小变形融化固结理论[图 2-50(b)]。当土样构形变化较小时传热路径变化并不明显,因而大、小变形融化稳定温度场预测结果较为接近[图 2-50(a)]。

综上所述,土体构形(几何非线性)变化会影响到土体固结应变的预测精度。大变形

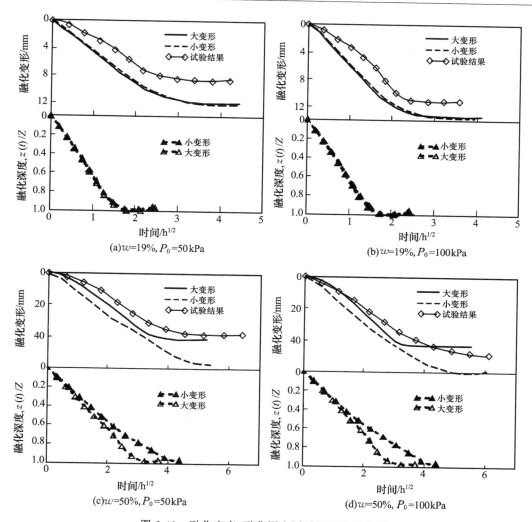

图 2-49　融化应变、融化深度同时间的关系曲线

融化固结理论能够客观反映土体的构形(几何非线性)变化,相对小变形融化固结理论,其应变精度有明显提高,同时土体构形的剧烈变化改变了传热路径,从而影响力学边界条件的变化。因此大变形融化固结理论不仅仅是热学场和力学场的简单叠加,而是综合反映了力学场和热学场在融化过程中的相互作用。该理论对解决寒区道路工程实际的融化固结沉降提供了重要的理论参考。

4. 复杂应力状态下的融化固结理论

马巍(1988)在前人的研究基础上,建立了复杂应力状态下非线性应力-应变关系的饱水冻土融化固结理论,考虑到土体在融化过程中冰的存在,该理论中引入了"损伤"的概念,具体推导如下:

多孔材料在变形过程中,液体和固体都在运动,因此必须考虑在固定的控制体内物质

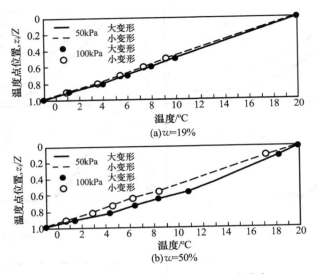

图 2-50　融化稳定后模型的竖向温度分布

质量的变化。对于冻土,可分别考虑土骨架、水和冰的质量守恒方程。根据 Corapcioglu 的理论,水的质量守恒方程为

$$\nabla \rho_w q + \frac{\partial(\rho_w w_u)}{\partial t} - \frac{\partial(\rho_i w_i)}{\partial t} = 0 \qquad (2-34)$$

其中,ρ_w 和 ρ_i 分别为水和冰的密度;w_u 和 w_i 分别为水和冰的体积含量;q 为相对固定坐标系的比流量向量。

由于达西定律描述的是水相对于固体骨架的流动,所以引入水的相对比流量

$$q_r = q - w_u v_s \qquad (2-35)$$

其中,v_s 为土颗粒系统的平均速度向量。且 q_r 服从下列关系:

$$q_r = -K \nabla \left(\frac{\rho_w}{\rho_i} + g \nabla z \right) \qquad (2-36)$$

式中,K 为导水系数,且 $K = \dfrac{k \rho_w}{\mu_w}$,$k$ 为渗透系数,μ_w 为水的动力黏滞系数。

土骨架的质量守恒方程为

$$\nabla [(1-n)\rho_s v_s] + \frac{\partial[\rho_s(1-n)]}{\partial t} = 0 \qquad (2-37)$$

其中,n 为孔隙率;ρ_s 为土颗粒密度。

假定冰与土颗粒的运动速度一致,则冰的质量守恒方程为

$$\nabla \rho_i w_i v_s + \frac{\partial(\rho_i w_i)}{\partial t} - \frac{\partial(\rho_w w_u)}{\partial t} = 0 \qquad (2-38)$$

整理上述各方程可得

$$-\frac{K}{\rho_{\rm w}}\cdot\nabla^2 P_{\rm w}-\frac{1}{\rho_{\rm w}}\cdot\nabla K\cdot\nabla P_{\rm w}+(1-w_{\rm i})\frac{\partial\varepsilon}{\partial t}=\left(1+\frac{\rho_{\rm i}}{\rho_{\rm w}}\right)\frac{\partial w_{\rm i}}{\partial t}\qquad(2\text{-}39)$$

式(2-39)就是冻土融化固结过程中的运动方程。

基于微观分析(即分别考虑水、冰和土骨架的能量方程),并假定在水、冰和土颗粒之间的热阻力很小,局部水、冰和土颗粒的温度很快能达到平衡。然后根据多孔介质的平均化准则将其转化为宏观的能量方程

$$C\frac{\partial\theta}{\partial t}-L\rho_{\rm i}\frac{\partial w_{\rm i}}{\partial t}-\nabla(\lambda\nabla\theta)=0\qquad(2\text{-}40)$$

此式忽略了热对流项和黏性耗散项的影响,其中

$$C=C_{\rm w}w_{\rm u}+C_{\rm i}w_{\rm i}+(1-w_{\rm i}-w_{\rm u})C_{\rm s}\qquad(2\text{-}41)$$

$$\lambda=\lambda_{\rm w}w_{\rm u}+\lambda_{\rm i}w_{\rm i}+(1-w_{\rm i}-w_{\rm u})\lambda_{\rm s}\qquad(2\text{-}42)$$

式中,$C_{\rm w}$、$C_{\rm i}$ 和 $C_{\rm s}$ 分别为水、冰和土骨架的热容量;$\lambda_{\rm w}$、$\lambda_{\rm i}$ 和 $\lambda_{\rm s}$ 分别表示水、冰和土骨架的导热系数。

总应力张量在土体内任一点满足:

$$\frac{\partial\sigma_{kj}}{\partial x_j}+f_k=0,\quad j,k=1,2,3\qquad(2\text{-}43)$$

式中,x_j 表示空间坐标;f_k 表示体力,这里仅有重力;σ_{kj} 为总应力分量。

设在某一负温状态下,冻土孔隙中冰的体积分布函数为 N,孔隙的平均有效半径为 R,这时定义"损伤"变量为

$$S=\int_{R_l}^{\infty}\frac{N}{R^2}{\rm d}R\Big/\int_0^{\infty}\frac{N}{R^2}{\rm d}R,\quad\int_0^{\infty}\frac{N}{{\rm d}R}=1\qquad(2\text{-}44)$$

式中,R_l 表示冰已融化到第 l 个孔隙的半径。

式(2-44)的物理意义是:冰融化引起的土体净承载面积的减小率。因而有效应力原理可改写为

$$\sigma_{kj}=(1-S)\sigma'_{kj}-SP_{\rm w}\zeta_{kj}\qquad(2\text{-}45)$$

式中,σ'_{kj} 为有效应力;ζ_{kj} 为 ζ 函数,形式为

$$\zeta_{kj}=\begin{cases}1,&k=j\\0,&k\neq j\end{cases}\qquad(2\text{-}46)$$

仍利用弹性本构理论

$$\sigma'_{kj}=2G\varepsilon_{kj}+\lambda\varepsilon\zeta_{kj}\qquad(2\text{-}47)$$

将式(2-45)和式(2-47)代入式(2-43)可得

$$\frac{\partial}{\partial x_j}[(1-S)(2G\varepsilon_{kj}+\lambda\varepsilon\zeta_{kj})]-\frac{\partial SP_{\rm w}}{\partial x_j}\zeta_{kj}+f_k=0\qquad(2\text{-}48)$$

一般情况下 $w_{\rm i}=w_{\rm i}(\sigma_{kj},\theta)$,如果能在试验观测资料中找到这一关系式,对上述各方程给定初始条件和边界条件,即可构成一组封闭的方程系统。将上述各方程重新归

纳如下：

$$-\frac{K}{\rho_w} \cdot \nabla^2 P_w - \frac{1}{\rho_w} \cdot \nabla K \cdot \nabla P_w + (1-w_i)\frac{\partial \varepsilon}{\partial t} = \left(1 + \frac{\rho_i}{\rho_w}\right)\frac{\partial w_i}{\partial t} \qquad (2\text{-}49)$$

$$C\frac{\partial \theta}{\partial t} - L\rho_i\frac{\partial w_i}{\partial t} - \nabla(\lambda\nabla\theta) = 0 \qquad (2\text{-}50)$$

$$\frac{\partial}{\partial x_j}[(1-S)(2G\epsilon_{kj} + \lambda\varepsilon\zeta_{kj})] - \frac{\partial(SP_w)}{\partial x_j}\zeta_{kj} + f_k = 0 \qquad (2\text{-}51)$$

$$S = \frac{\displaystyle\int_{Rl}^{\infty}\frac{N}{R^2}\mathrm{d}R}{\displaystyle\int_{0}^{\infty}\frac{N}{R^2}\mathrm{d}R} \qquad (2\text{-}52)$$

$$w_i = w_i(\sigma_{kj}, \theta) \qquad (2\text{-}53)$$

暂不计"损伤"的影响，在一维条件下整理上述方程可得

$$\frac{1}{\rho_w}\frac{\partial}{\partial z}\left(K\frac{\partial P_w}{\partial z}\right) + (1-w_i)\frac{\partial \varepsilon}{\partial t} - \left(1 + \frac{\rho_i}{\rho_w}\right)\frac{\partial w_i}{\partial t} = 0 \qquad (2\text{-}54)$$

$$C\frac{\partial \theta}{\partial t} - L\rho_i\frac{\partial w_i}{\partial t} - \frac{\partial}{\partial z}\left(\lambda\frac{\partial \theta}{\partial z}\right) = 0 \qquad (2\text{-}55)$$

$$\frac{1}{m_v}\frac{\partial \zeta_z}{\partial z} + \rho_s gz - P_w = 0 \qquad (2\text{-}56)$$

$$w_i = w_i(P, \theta) \qquad (2\text{-}57)$$

在土体热物理性质均一条件下，融化边界温度为常数情况下，融化边界仍采用斯蒂芬解，即

$$z(t) = \alpha t^{1/2} \qquad (2\text{-}58)$$

其中，α 为与冻土热物理性质相关的热参数。

将相变带做移动边界处理，冻结区不可压缩，不可渗透，当 $z = z(t)$ 时，有

$$P + \rho_s gz(t) - P_w = \frac{C_v\dfrac{\partial P_w}{\partial z}}{\dfrac{\mathrm{d}z(t)}{\mathrm{d}t}} \qquad (2\text{-}59)$$

式中，C_v 为固结系数，$C_v = \dfrac{k}{m_v\rho_w}$；$P$ 为外荷载；ρ 为土粒的密度。

由于冻土从表面开始融化，因而将融化边界定义为自由排水边界。在融化带建立方程的边界条件：

$$\begin{cases} \dfrac{\partial}{\partial z}\left(K\dfrac{\partial P_w}{\partial z}\right) = \dfrac{\partial}{\partial t}(\rho_w m_v P_w) \\[2mm] t = 0, P_w = P \\[2mm] P_w = 0, z = 0 \\[2mm] z = z(t), P + \rho_s gz(t) - P_w = C_v\dfrac{\partial P_w}{\partial z}\bigg/\dfrac{\mathrm{d}z(t)}{\mathrm{d}t} \end{cases} \qquad (2\text{-}60)$$

$$\begin{cases} \dfrac{\partial \zeta_z}{\partial z} = m_v P_w - \rho_s g z m_v \\ t = 0, z = 0, u = 0 \\ z = z(t), u = 0 \end{cases} \qquad (2\text{-}61)$$

前面已给出了基本方程及其边界和初始条件,但具体问题仍涉及具体土壤的热物理、土质和水理特性。为便于对比,以黑龙江省大庆方晓地区粉质黏土为模拟对象,数值研究冻土融化固结问题,并与甘肃张掖地区同类土的试验资料作比较。此粉质黏土的塑限为 18%,液限为 33%,土颗粒密度为 $2.72\times10^3\,\mathrm{kg\cdot m^{-3}}$。据试验资料,饱和土壤经冻融循环后,其导水系数大于冻前。但到目前为止,这方面资料还很少,因此这里将借用未冻土的试验资料。如果忽略土层结构的影响,饱和土壤导水系数随干密度 ρ_d 变化,即

$$K = f(\rho_d) \qquad (2\text{-}62)$$

由于资料所限,根据干密度越大,孔隙率越小,导水系数越小的变化规律,假定当 $\rho_d = \rho_s$ 时,$K = 0$。又根据试验资料,我们得到

$$K = 0.77\times10^{-4}\left(\dfrac{\rho_d}{1.467}\right)^{14.7904} \qquad (2\text{-}63)$$

式中,导水系数的单位是 $\mathrm{m\cdot s^{-1}}$。

在荷载(包括自重)作用下,随着每次的排水固结,已融土的干密度渐渐增大,含水量逐渐减小,如果忽略其他次要因素的影响,可认为它们主要是外荷载的函数。根据试验资料,当初始含水量为 27.78%、初始干密度为 $1.45\times10^3\,\mathrm{kg\cdot m^{-3}}$ 时,我们得到

$$\rho_d = (0.115P + 1.45)\times10^3$$
$$w = -1.94\%P + 27.78\% \qquad (2\text{-}64)$$

式中,w 为重量含水量;$P \leqslant 2.0\times10^5\,\mathrm{N\cdot m^{-2}}$。

对于这种土质,其融土的热传导系数为 $1.25\,\mathrm{J\cdot m^{-1}\cdot s^{-1}\cdot ℃^{-1}}$,湿密度为 $1.85\times10^3\,\mathrm{kg\cdot m^{-3}}$。

体积压缩系数 m_v,根据下面近似关系式求得

$$m_v = \dfrac{\Delta e}{(1 + e_0)\Delta P} \qquad (2\text{-}65)$$

式中,e_0 为初始孔隙比;Δe 为孔隙比的变化量;ΔP 为外荷载增量。而 e 可通过如下关系式算出

$$e = \dfrac{\rho_s}{\rho_d} - 1 \qquad (2\text{-}66)$$

在表面温度 θ_c 恒定的条件下,先验证此模型的正确性。当 $\theta_c = 10℃$,外荷载由零逐渐增加到 $2\times10^5\,\mathrm{N\cdot m^{-2}}$ 时,计算结果显示超孔隙水压力沿深度呈递增型,在融冻界面处达到最大值,并随时间增长呈衰减趋势;位移量沿深度逐渐减小,在融冻界面位移量为零,位移量随时间增长几乎呈线性增加,这反映了冻土融化固结过程的变化规律。与 Morgenstern 等的试验结果相比较,其变化趋势相符。说明该模型基本上是合理的,但结果明显偏小。为此,可考虑通过"损伤"变量 S 的变化和导水系数 K 的变化来校正偏差。

　　由于资料所限,目前尚不能得到完整的"损伤"变量 S 的变化关系,这里仅用冰变为水的体积变化来替代 S 的影响:

$$S_t = S_0(t) + 0.09nz(t) \tag{2-67}$$

式中,S_t 为融化过程中任一时刻的沉降量;$S_0(t)$ 为表面位移量。

　　饱和土壤冻结融化后,其导水系数一般高于冻融前,为此用下式来校正式(2-63):

$$K_s = aK \tag{2-68}$$

式中,K_s 为冻融土的导水系数;a 为试验常数。对饱水固结粉质黏土,我们不妨取 $a = 10^2 \sim 10^3$,可见理论曲线与试验曲线吻合很好,如图 2-51 所示。

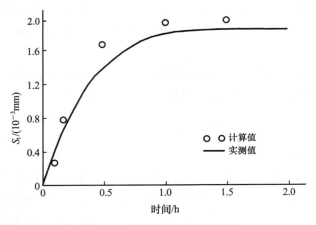

图 2-51　融沉量随时间的变化

　　事实上,在某一级荷载作用下,随着超孔隙水压力的消散,融沉量急剧增大,当消失到一定程度,即孔隙水压力为恒值时,融沉量也渐渐趋于一定值。随着融化继续,当再增加荷载时,又会重复出现以上过程,直至融化完毕。此过程后又会出现像未冻土一样的压缩过程,这便是冻土融化固结的全过程。

　　上述理论首次提出了孔隙冰、水压力在融化固结过程中相互转化的概念。由于含冰量随温度升高而减小,融化固结主要发生于融区和剧烈相变区,这与外荷载和自重作用有关。另外,温度场的热流导致向冻结区有热渗吸的作用,即水分迁移。如果融化固结是自上而下进行,那么对于季节融化过程来说,就会因水的重力作用和荷载作用在相变界面处始终保持饱水状态,并在热渗吸作用下向冻结区作水分迁移。因而,对大时间和空间尺度问题必须予以足够的重视。

　　这一理论模型从基本热、水和力学方程出发,考虑冻土的非饱和情况,并引入"损伤"的概念,既反映出冻土融化固结过程中存在水分迁移、土骨架变形和热力学传导问题,也从微观角度对冻土融化固结机理给出了较为合理的解释,有助于推动寒区工程沉降问题的完善解决。

5. 融化固结理论在实际工程中的应用

　　中国在 20 世纪 50 年代修建了青藏公路,70 年代将砂砾路面改建为沥青路面。由于沥青路面的高吸热性,导致了公路路基的大范围热融沉陷。在发生热融沉陷的路段中,高含水量冻土路段的热融沉陷尤为显著,由此引发了一系列的路基病害。例如,路面洼陷、开裂和道路翻浆。针对热融沉陷病害,研究人员进行了大量监测研究。监测数据表明,受沥青路面高吸热性的影响,冻土路基每年的冻胀变形期很短,约为 3 个月(12 月初至翌年3 月底),而在剩下的 9 个月时间里(4 月初至 11 月底),冻土路基则一直处于融化下沉状态。投入使用已有半个世纪的青藏公路,其沉降变形仍在持续发展并未有任何衰减的迹象。究竟有哪些因素导致了冻土路基持续融化下沉、冻土路基何时沉降稳定以及冻土路基融化过程中孔隙水呈现怎样的消散规律? 这些问题均是寒区道路建设中急需解决的问题。

针对上述工程中的实际问题,这里将采用前面所建立的大变形融化固结理论,对所选取的两个典型冻土路基断面进行融化固结模拟,揭示冻土路基融化过程中的变形及孔隙水消散规律。

从技术角度来看,将适用于恒温边界条件的融化固结理论应用于实际工程问题并不存在太大困难。在冻土融化区域单调增大的前提下,土体的融化时间与温度场发展时间是一致的,因此可以在融化区域内进行与温度场的发展时间相等的固结计算。但在多年冻土地区,由于路基表面温度随季节的交替变化,路基下土体的固结变形仅发生在每年的暖季,而在冬季停止。因此采用融化时间同温度场计算时间一致的模拟方法是不适用的。可以使用等效的方法得到冻土路基的有效固结时间来研究冻土路基融化固结规律(Qi et al.,2012)。

1) 多年冻土层融化时的有效固结时间

对青藏公路路段的监测发现,使用现有的认识来解释一些路基的沉降和地温的发展规律还存在一定的困难。以沱沱河盆地的某监测断面为例,该断面位于不连续多年冻土区域,海拔4500m,年平均气温为 $-2.5℃$,年平均地温约为 $0℃$。其土层构成为粉质黏土和强风化泥岩。监测资料表明该断面下伏冻土已全部融化(图 2-52),但其路基沉降仍以一定的速率持续发展,并未有任何衰减的趋势(图 2-53)。

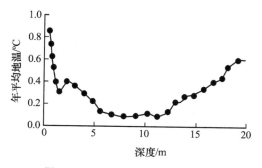

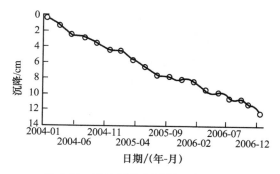

图 2-52　沱沱河某监测断面年平均
地温随深度的变化曲线

图 2-53　沱沱河某监测断面路基沉降
随时间的发展关系曲线

为了从机理上解释上述现象,图 2-54 和图 2-55 分别给出了某多年冻土路基的变形和地温变化趋势。该路段位于海拔高度为 4700m 的开心岭区域。年平均气温和地温分别为－5℃和－1.5℃。土层岩性从上而下分别为粉砂、高含冰量粉质黏土和强风化泥岩。从图 2-54(a)可以看出路基的沉降主要发生在每年的 4～11 月。从 2004 年的沉降情况[图 2-54(b)]我们可以发现更多的细节,即路基沉降主要发生在两个时段内,A 段和 B 段。A 段发生在 3 月末至 5 月中旬,在这个时段内路基上部土体开始持续融化[图 2-54(a)]。这个时段内路基沉降发生较快的主要原因是路基上部土体在上一个冬季冻结时聚集了大量由下部土体迁移而来的水分。第二阶段的沉降主要发生在 8～11 月。这一时期内的沉降达到了年沉降量的 50%。在 B 时段之后,路基沉降又趋于缓慢。在此之后,路基表层土体开始重新冻结(图 2-55)。

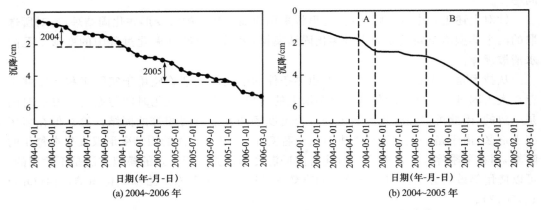

图 2-54　青藏公路某路基断面路基沉降随时间的发展变化曲线

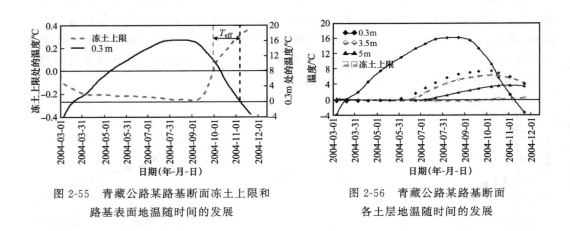

图 2-55　青藏公路某路基断面冻土上限和
路基表面地温随时间的发展

图 2-56　青藏公路某路基断面
各土层地温随时间的发展

现在的问题是为什么图 2-54(b)中 B 阶段的沉降在年沉降量中会占如此之高的比例。其中一个主要原因是路基下伏多年冻土层的融化。但通过分析图 2-55 中冻土上限的温度资料表明多年冻土的融化是从 10 月开始的。从图 2-56 中也可以看出,路基下 5m 处的地温在 7 月左右已经高于到 0℃。这个深度的土体温度甚至在冷季也依然处于 0℃ 左右,这说明该层土体在较早的年份里已经完全融化。所有这些都表明,当表层土体完全融化后,在前些年已经融化的土体内,水分随之排出,进而产生相应固结变形。因此,在这部分土层里所产生的固结变形与随后两个月里由多年冻土融化所产生的融化固结变形无关。换句话说,大部分的路基沉降并不是由新融化的多年冻土所造成的。

为了进一步揭示每一年内新融化冻土层所引起的融化固结变形规律,这里将冻土上限开始融化至路基表面重新冻结这一时段定义为有效固结时间,即

$$t_{\text{eff}} = t_{\text{th}} - t_{\text{rf}} \tag{2-69}$$

式中,t_{th} 为冻土上限开始融化的时间;t_{rf} 为路基表面重新冻结时间,如图 2-55 所示,t_{eff} 就是每年新融化冻土层的固结时间。

以往研究通常使用的是恒定的温度边界条件,在此情况下土体的融化区域随时间的发展而单调增大。随着土体不断地融化土体固结持续发展。因此,固结时间同融化时间是一致的。在多年冻土地区,土体的固结和融化时间并不是一致的,因此可以采用有效固结时间来研究多年冻土路基的融化固结规律。

2）工程算例

以位于青藏高原开心岭区域的某高含冰量路基断面为研究对象。其地层岩性见表 2-6。

表 2-6　土层分布范围

土层岩性	分布范围/m	土层岩性	分布范围/m	土层岩性	分布范围/m
砾砂	0~1.5	粉质黏土	1.5~8.5	强风化泥岩	8.5~30.0

数值计算所需的模型尺寸及工程地质条件如图 2-57 所示,其中路基顶面为坐标原点,以向下为正向。计算所需参数列于表 2-7 中。

表 2-7　计算所需的热学和力学参数

土层岩性		路基填土	砾砂	粉质黏土	强风化泥岩
密度/(kg·m⁻³)		2050	1850	1640	2070
含水量/%		10	15	40	15
孔隙率		0.31	0.4	0.57	0.33
液塑限/%	液限	—	—	25.3	35
	塑限	—	—	12.9	24
比热容/(J·kg⁻¹·℃⁻¹)	融土	2183	2484	1794	2191
	冻土	1693	1844	1283	1907
热传导系数/(W·m⁻¹·℃⁻¹)	融土	1.71	1.28	0.86	0.96
	冻土	1.31	1.45	1.45	0.91
杨氏模量/MPa		1.65	1.25	0.15	5
泊松比		0.25	0.25	0.3	0.25
渗透系数/(m·s⁻¹)		$1.00×10^{-7}$	$1.00×10^{-7}$	$2.31×10^{-8}$	$5.00×10^{-9}$

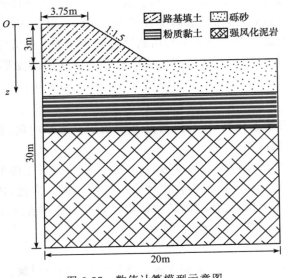

图 2-57　数值计算模型示意图

根据先前的研究,路基顶面、边坡及天然地表的温度随时间的变化遵循正弦规律,即

$$\theta = \theta_0 + \alpha t + l \sin\left(2\pi\,\frac{t}{365} + n\pi\right) \tag{2-70}$$

其中,θ_0 为年平均温度;l 为的温度振幅;α 为年增温率(取为 $0.02\,℃ \cdot a^{-1}$);n 为初始相位。根据地温监测资料,该式中的参数如表 2-7 所示。初始相位取为 $2t/365$,相应的初始温度场如图 2-58 所示。路基填土的初始温度取为 $10℃$。根据图 2-58,模型底边界热流取为 $0.018\,W \cdot m^2$。

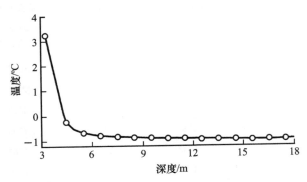

图 2-58　各土层初始温度随深度的变化关系曲线

使用数值分析软件将该模型数值化,在进行土体融化固结的计算中,每个循环分为两个步骤,具体如下:

步骤 I　热学计算。在初始温度场的基础上,先进行一年的温度场计算。在此基础上根据计算结果得到该计算时间段内的有效固结时间 t_{eff}。

步骤 II　固结计算。在相应融化区域内进行时长为 t_{eff} 的固结计算。

步骤 I～II 中的计算将会循环进行,直到模拟时间与目标时间相等。

3)结果分析

图 2-59 为冻土上限随时间的发展规律,图 2-60 为 30 年内路基表面、边坡表面及天然地表的融化下沉随时间的变化规律。显然,路基表面的下沉量远大于边坡和天然地表。最大的沉降变形发生在路基中心位置,这是由路基表面沥青的高吸热性引起的下伏冻土加速融化造成的。值得注意的是路基坡脚处的位移与地表总体下沉趋势相反,呈现出随时间发展持续隆起的趋势。

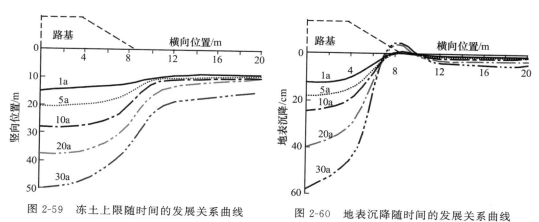

图 2-59　冻土上限随时间的发展关系曲线　　　图 2-60　地表沉降随时间的发展关系曲线

人们通常采用以下两个参数来评价路基的固结状态。其中一个为固结度,在多年冻土地区,土体在第 N 年的融化固结度可定义为

$$U_{\text{t}} = \frac{\sum\limits_{i=1}^{N} S_i}{S_{\max}} \tag{2-71}$$

其中,S_i 为第 i 年的沉降;$S_{\max}$ 为 N 年内融化土体的最大沉降量。另外一个参数就是孔隙水压力,该参数能够反映土体在一定外荷载情况下孔隙水的消散情况。可以将其定义为 u/σ_z,其中 u 为每一年路基中心处融化边界处的孔隙水压力,σ_z 为融化土层自重。

图 2-61 和图 2-62 为路基中心处融化固结度和孔隙水压力随时间的发展变化关系。从这两个图中可以看出,在最初的 5 年内融化固结度在持续增大。在第五年时增大为1.0,之后持续降低;孔隙水压力则呈现出了完全相反的变化趋势。这两者的变化趋势可以通过有效固结时间、特征排水长度和剩余固结时间来解释。

水分在饱和土体中的运动就其实质来讲属于扩散问题。式(2-72)可以用来估算路基完成固结的时间,即

$$t_{\text{f}} = \frac{l_{\text{c}}^2}{D} \tag{2-72}$$

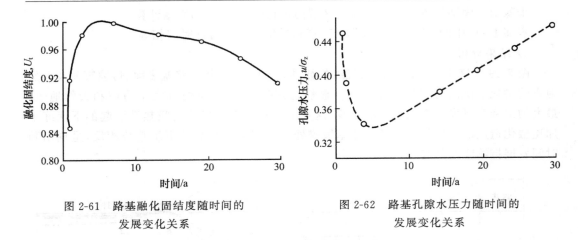

图 2-61　路基融化固结度随时间的
发展变化关系

图 2-62　路基孔隙水压力随时间的
发展变化关系

其中，$l_c = A_v/A_a$，是特征排水长度，A_v 为固结区域土体的体积，A_a 为排水边界的面积，其中扩散系数可表示为

$$D = \frac{k_i}{\dfrac{1}{M} + \dfrac{1}{\left(K + \dfrac{4}{3G}\right)}} \qquad (2\text{-}73)$$

系数分别为比奥模量 M，土体模量 K、G，以及等向渗透系数 k_i。

在多年冻土地区，如果融化固结在有效固结时间内无法完成，土体完成固结所需的额外时间就可以定义为剩余固结时间，表示为 t_{res}。因此，t_f 可表示为

$$t_f = t_{eff} + t_{res} \qquad (2\text{-}74)$$

将式(2-74)代入式(2-72)，剩余固结时间可表示为

$$t_{res} = \frac{l_c^2}{D} - t_{eff} \qquad (2\text{-}75)$$

式(2-75)表明剩余固结时间取决于特征排水长度 l_c 和有效固结时间 t_{eff}。l_c、t_{eff} 和 t_{res} 的变化趋势如图 2-63 和图 2-64 所示。

对于这里所涉及的工程算例，排水边界的面积(A_a)和扩散系数(D)均可认为是不变的。唯一改变的是式(2-72)中的固结区域的体积(A_v)。它将随着冻土上限的持续降低或多年冻土的持续融化而持续增大。这将直接导致特征排水长度的持续增大(图 2-63)。同时，有效固结时间持续减少(图 2-64)。

在路基修建后的第一年内，冻土上限位置较浅，相对较多的多年冻土会在这段时间内融化。在较小的自重荷载下，路基的固结在第一年内并不会完成，孔隙水需要一定额外的时间来完成消散(图 2-62)。随着时间的发展，冻土上限持续下降，上覆土层的自重持续增大，新融化土层的厚度有所降低。尽管有效固结时间和特征排水长度略有减少(增大)，融化固结度和超孔隙水压力仍然呈持续增大和降低趋势。在第五年时这两者分别发展为 1 和 0。随后，随着冻土上限的进一步退化，l_c 持续增加而 t_{eff} 持续降低。新融化土层中的

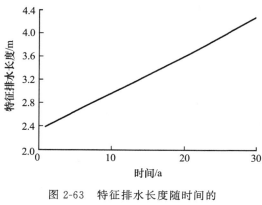

图 2-63　特征排水长度随时间的
发展变化关系

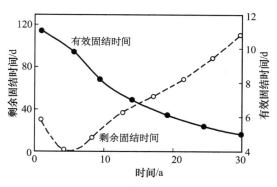

图 2-64　有效固结时间和剩余固结时间
随时间的发展变化关系

孔隙水需要在更短的时间内经历更长的距离才能排出土体。因此,新融化的土体无法在相应时间内完成固结,孔隙水也会在已融土体中持续聚集,土体则需要额外的剩余固结时间来完成固结(图 2-64)。在以后的时间里,已融土体中会持续累积更多的孔隙水,这一方面会造成融化固结度的降低和孔隙水压力的升高(图 2-61 和图 2-62),另一方面剩余固结时间也会持续增加(图 2-64)。因此,在一些多年冻土完全退化的路段,路基下伏土层仍然需要一定的时间来完成固结。在此后的剩余固结时间里,路基的沉降变形将会持续发展。

2.4　冻融作用对土工程性质的影响

受气温周期波动的影响,寒区陆面会产生反复的冻结和融化,改变了土体的内部结构,并由此导致土物理力学性质的改变,在寒区进行工程建设时需要考虑冻融的影响。对冻融过程的研究,长期以来主要针对两个古老的课题,即冻胀和融沉,而冻融循环也会明显影响土的工程性质。本节将重点介绍冻融作用这一强风化过程对土工程性质的影响。

2.4.1　冻融作用引起的土物理性质的变化

对于土冻融后物理参数的变化,已经有大量的前期研究,且结论较为统一,主要表现在土的渗透性、密度、孔隙度和界限含水量等方面。弄清这些物理参数的变化才能更好地理解和说明力学性质的变化,并能从微观上阐明冻融作用对土工程性质的影响的机理问题。

1. 孔隙比及密度

气温周期性波动引起寒区陆面多种冷生现象,并造成季节活动层内冻土结构调整,即结构形态和土颗粒联结的变化,宏观反映为孔隙比的变化。冻融后土的孔隙比变化与土的初始压实程度有关,松散土冻融后出现类似压实的作用,孔隙比减小;而密实土则出现扰动作用,孔隙比增大,据此,Viklander(1998)提出了残余孔隙比的概念,如图 2-65 所示。齐吉琳等(2010)建议了基于冻融循环的临界孔隙比,尝试联系常规土力学与冻土力学,得到相应的冻融后土密度变化也呈双向趋势,这一点已被大量试验所证实,如图 2-66 所示。

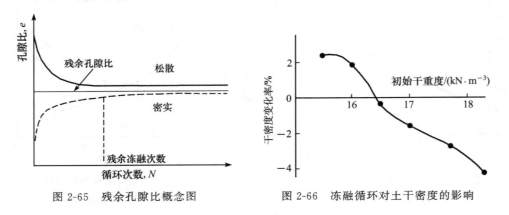

图 2-65 残余孔隙比概念图   图 2-66 冻融循环对土干密度的影响

2. 渗透性

渗透性表征流体在土体孔隙中的流动特性,是土力学的重要研究内容。它不仅受到岩土工程界的关注,而且水文地质、农业、水利、环境保护等诸多领域的许多课题也与土的渗透性密切相关。渗透性还与强度和变形有着密切关系,这使渗透性的研究已不仅限于渗流问题本身。再次,土的渗透性同土的其他物理性质常数相比,其变化范围要大得多,且具有高度的不均匀性和各向异性。

一般认为冻融后土的渗透性都有所增大;然而,也有少数研究发现有的土体(如冰碛土)在冻融后渗透性略有减小。实际上,土的渗透性与初始密实程度有关,密实状态下其渗透系数在 10~18 个循环后增大约 2 倍,而松散状态却减小 1.4~30 倍,这与密度的变化一致。Eigenbrod 发现大多数黏土,冻融后其渗透系数增大约 2 个量级,而初始渗透性高的土其冻融后变化较小,这一方面是由于砂性土(或粗粒土)中未冻水迁移作用微小,另一方面与土融化后原有冻结损伤所致裂隙恢复程度有关。比如,砂性土结构恢复较快,其渗透系数变化不大。这也从机理上说明,粗粒土的渗透性在冻融后变化并不明显。超固结比、上覆压力也会影响冻融后的渗透性,如图 2-67 所示。研究表明,超固结比越大,土渗透性增加程度越大;上覆压力会减弱冻融后土渗透性的增大值;固结应力会使土间隙闭合导致渗透性下降。温度梯度会影响冻结过程中冰晶形成的数量,温度梯度越小,越多的冰晶在土体内形成,融化后其渗透系数增加越明显。至于在冻融过程中孔隙比减小的情况下渗透系数仍然增大的原因,则主要与冻融过程中形成的微裂隙或者冰晶融化后形成大孔隙有关。

3. 界限含水量

液塑限是反映土的物理性质的重要指标。冻融后土的液塑限研究相对较少,对于液限变化的探讨主要针对原状土,研究结论也较为统一,均观察到最初数次冻融循环内,液限明显降低,进一步冻融后其变化不大。Aoyama 等(1985)将其归因于冻结阶段土颗粒周围的吸附水膜厚度变薄,融化后并不能完全恢复到初始状态。然而,对重塑土的研究发

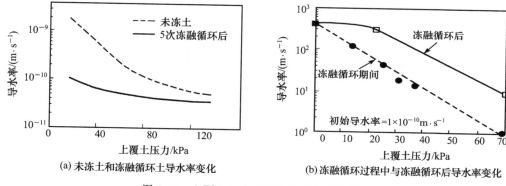

图 2-67　上覆土压力对冻融土导水率的影响

现液限在冻融后变化很小或者不变。就塑限而言,在经历较多次数冻融后基本不变。齐吉琳等(2006)认为液性指数的变化跟含水量和孔隙比有关,不必单独考察。尽管试验也表明,冻融循环确实可以使土的颗粒级配发生变化,因此塑性指数发生变化似乎也应当是合理的,但从塑性指数求取的方法上看,在没有证据表明颗粒级配发生较大变化的情况下,塑性指数的改变不会很明显。

2.4.2　冻融作用引起土的力学性质的变化

受冻融条件、冻融后力学试验差异等因素的影响,土冻融后的力学行为变化较为复杂,相关研究尚不充分,尤其对于冻融作用引起的土强度的变化及其机理,目前尚未形成统一结论。

1. 强度及强度参数

由于冻融作用会改变土的结构,其力学性质随之发生变化。强度是岩土工程中的重要特性,冻融作用对土强度的影响受到广泛关注。重塑土冻融后,采用固结不排水三轴试验发现土的强度降低,在应力-应变曲线上无明显的峰值;对重塑粉土在冻融后采用室内十字板剪切试验,并对垂向和平行于土样轴向两方向上的剪切强度进行对比,发现冻融造成土强度的各向异性。Leroueil 和 Tardif 等研究表明冻融后引起原状黏土强度降低,不固结不排水三轴试验的应力-应变曲线显示,未经冻融的原状土体强度大,并且显示出典型的应变软化和较强的剪胀特性等超固结行为;而冻融后的土体表现出类似正常固结土的性质,如图 2-68 所示。

根据摩尔-库仑理论,土体抗剪强度可用黏聚力和内摩擦角两个指标来表示。几乎所有的研究都发现冻融后土的黏聚力减小,内摩擦角却有不同的变化。姚晓亮等(2008)对兰州黄土、青藏重塑黏土的冻融试验还发现:存在一个临界干密度,且黏聚力随干密度先增大后减小。

齐吉琳等(2006)以天津粉质黏土和兰州黄土的重塑超固结土样为研究对象,对冻融前后的土样分别进行电镜扫描图像定量分析和土力学试验。结果表明,两种土经过冻融

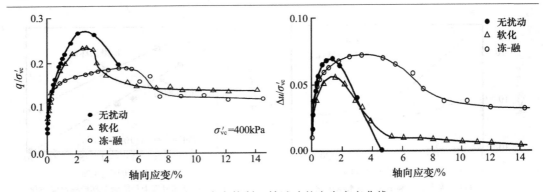

图 2-68 应变控制三轴试验的应力应变曲线

作用后,其强度参数发生了变化。在结合前人对正常固结土冻融过程中应力状态变化的分析,如图 2-69～图 2-72 所示,综合电镜扫描图像的定量分析和冻融过程中的变形时程,对正常固结和超固结土强度的变化机理进行了全面解释。表 2-8 为不同条件下土黏聚力变化的机理分析。

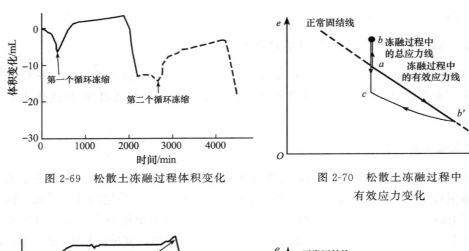

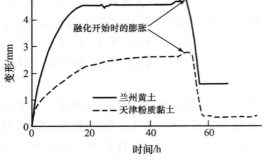

图 2-69 松散土冻融过程体积变化

图 2-70 松散土冻融过程中有效应力变化

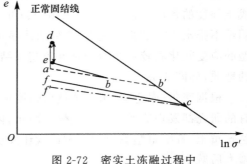

图 2-71 密实土冻融过程中变形量变化

图 2-72 密实土冻融过程中有效应力变化

表 2-8　正常固结土和超固结土在冻融循环中的结构变化及其对黏聚力的影响

冻融循环的效应	正常固结土	超固结土,前期固结压力为 σ_p	
		$\sigma' \leqslant \sigma_p$	$\sigma' > \sigma_p$
冰晶生长发生冻胀	颗粒间无联结 膨胀,塑性变形	土颗粒联结受损 膨胀,塑性变形(占优势)	土颗粒联结受损 膨胀,塑性变形
负孔隙水压力增大导致 有效应力 σ' 增大	土骨架被压缩 弹性＋塑性变形(占优势)	土骨架被压缩 弹性变形	土骨架被压缩 弹性＋塑性变形
总效应	土结构强化,黏聚力增大	土结构弱化,黏聚力减小	取决于上面两种塑性 变形的对比关系

2. 模量

大多数的研究者都发现,弹性模量在冻融后降低,其降低幅度与所处试验条件、细粒含量和初始状态等有密切联系。但是应当看到,多数工作中采用的土样是原状样或者是密度较大的重塑试样,经过冻融后结构劣化,模量的降低也是必然的。对青藏高原典型粉质黏土,冻融后土的模量与初始密实度的关系,姚晓亮等(2008)研究表明存在一个临界干密度,在此密度下经过冻融后模量不发生变化,如图 2-73 所示。这也与冻融作用引起土密度的变化规律一致。

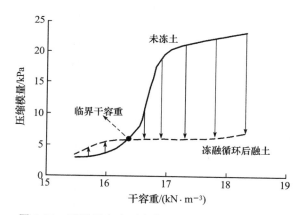

图 2-73　不同干密度下青藏黏土冻融后的压缩模量

参 考 文 献

安维东,陈肖柏,吴紫汪. 1987. 渠道冻结时热质迁移的数值模拟. 冰川冻土,9(1):35~46.

郉慧,何平,杨成松,等. 2006. 开放系统下硫酸钠盐对土体冻胀的影响. 冰川冻土,28(1):126~130.

郉慧,马巍. 2011. 盐渍土冻结温度的试验研究. 冰川冻土,33(5):1106~1113.

陈肖柏,刘建坤,刘鸿绪,等. 2006. 土的冻结作用与地基. 北京:科学出版社.

程国栋. 1982. 厚层地下冰的形成过程. 中国科学(B辑),(3):281~288.

程国栋. 1998. 中国冰川学和冻土学研究 40 年进展和展望. 冰川冻土,20(3):213~226.

崔广心. 1997. 厚表土层湿土结冰温度与冻结壁厚度确定的研究. 中国矿业大学学报，26(3)：1～4.

丁靖康. 1983a. 水平冻胀力研究. 第二届全国冻土学术会议论文选集. 兰州：甘肃人民出版社.

丁靖康. 1983b. 切向冻胀力的野外试验研究. 第二届全国冻土学术会议论文选集. 兰州：甘肃人民出版社.

杰尼索夫. 1960. 黏性土的工程性质. 盛崇文译. 北京：水利电力出版社.

李述训，程国栋. 1995. 冻融土中的水热输运问题. 兰州：兰州大学出版社.

马巍. 1988. 冻土融化固结问题的理论模型. 兰州：中国科学院兰州冰川冻土研究所硕士论文.

齐吉琳，马巍. 2006. 冻融作用对超固结土强度的影响. 岩土工程学报，28(12)：2082～2086.

齐吉琳，马巍. 2010. 冻土的力学性质及研究现状. 岩土力学，31(1)：133～143.

童长江，管枫年. 1985. 土的冻胀与建筑物冻害防治. 北京：水利电力出版社.

吴紫汪，刘永智. 2005. 冻土地基与工程建筑. 北京：海洋出版社.

吴紫汪，等. 1981. 土的冻胀性试验研究. 中国科学院兰州冰川冻土研究所集刊，第二号. 北京：科学出版社.

徐学祖，邓友生. 1991. 冻土中水分迁移的实验研究. 北京：科学出版社.

徐学祖，王家澄，张立新. 2010. 冻土物理学. 北京：科学出版社.

姚晓亮，齐吉琳，宋春霞. 2008. 冻融作用对青藏黏土工程性质的影响. 冰川冻土，30(1)：165～169.

张立新，徐学祖，等. 1998. 冻土未冻水含量与压力关系的试验研究. 冰川冻土，20(2)：61～64.

中华人民共和国水利部电力工业部. 1981. 土工试验规程. 北京：中国水利水电出版社. 242～244，469～472.

Anderson D M，et al. 1973. The unfrozen water and the apparent specific heat capacity of frozen soils. Proceedings of 2th International Conference on Permafrost.

Aoyama K，Ogawa S，Fukuda M. 1985. Temperature dependencies of mechanical properties of soils subjected to freezing and thawing. Proceedings of the 4th International Symposiumon Ground Freezing，Sapporo，Japan. A. A. Balkema publishers，Rotterdam，the Netherlands：217～222.

Chamberlain E J，Gow A J. 1979. Effect of freezing and thawing on the permeability and structure of soils. Engineering Geology，13 (1—4)：73～92.

Everett D H. 1961. The thermodynamics of frost damage to porous solids. Transactions of the Faraday Society，57：1541～1551.

Guymon G L，Hromadka T V，Berg R L. 1980. A one-dimensional frost heave model based upon simulation of simultaneous heat and water. Cold Regions Science and Technology，3：253～262.

Harlan R L. 1973. Anlysis of coupled heat-fluid transport in partially frozen soil. Water Resources Research，9(5)：1314～1323.

Konrad J M，Morgenstern N R. 1980. Mechanistic theory of ice lens formation in fine-grained soils. Canadian geotechnical Journal，17(4)：473～486.

Konrad J M，Morgenstern N R. 1981. The segregation potential of a freezing soil. Canadian Geotechnical Journal，18：482～491.

Leroueil S，Tardif J，Roy M，et al. 1991. Effects of frost on the mechanical behavior of Champlain Sea clays. Canadian Geotechnical Journal，28：690～697.

Loch J P. 1978. Thermodynamic equilibrium between ice and water in porous media. Soil Science，126：77～80.

Loch J P. 1981. State of the art report frost action in soils.Engineering Geology，18(1～4)：213～224.

Miller R D. 1972. Freezing and heaving of saturated and unsaturated soils. Highway Research Record，393：1～11.

Morgenstern N R, Nixon J F. 1971. One dimensional consolidation of thawing soils. Canadian Geotechnical Journal, 8(4): 558~565.

Neill O, Miller R D. 1985. Exploration of a rigid ice model of frost heave. Water Resource Research, 21(3): 281~296.

Othman M A, Benson C H. 1993. Effect of freeze-thaw on the hydraulic conductivity and morphology of compacted clay. Canadian Geotechnical Journa, 30: 236~246.

Qi J L, Pieter A V, Cheng G D. 2006. A Review of the Influence of Freeze—thaw Cycles on Soil Geotechnical Properties. Permafrost and Periglac. Process, 17: 245~252.

Qi J L, Yao X L, Yu F, et al. 2012. Study on thaw consolidation of permafrost under roadway embankment. Cold Regions Science and Technology, 81: 48~54.

Shen M, Ladanyi B. 1987. Modeling of coupled heat, moisture and stress field in freezing soil. Cold Regions Science and Technology, 14: 237~246.

Viklander P. 1998. Permeability and volume changes in till due to cyclic freeze-thaw. Canadian Geotechnical Journal, 35(3): 471~477.

Yao X L, Qi J L, Wu W. 2012. Three dimensional analysis of large strain thaw consolidation in permafrost. Acta Geotechnica, 7(3): 193~202.

第3章 冻土的强度

3.1 概　　述

冻土的强度是冻土所具有的抵抗外界破坏的能力,是冻土的重要力学性质之一。在多年冻土区和季节冻土区进行水利工程、工业与民用建筑及交通运输工程的建设,首先要涉及冻土的强度问题,而在人工冻结工程中,人工形成冻土的强度又是评价冻结壁稳定性的重要理论基础。所以,人们对冻土强度问题的研究由来已久,加上长期实践经验的积累,使人们对冻土强度的实质有了较深刻的认识。

3.1.1 冻土强度的本质

土是由固体颗粒、水、气体所组成的三相体系,由于土的碎散性、多相性和多变性,土的强度并非取决于土颗粒本身的强度,而是由土颗粒之间的相互作用力决定的。而冻土是土中部分孔隙水冻结成冰而形成的一种非连续的四相体系(土骨架、水、冰和空气)。在冻土形成过程中,由于受到一定温度和压力的作用,孔隙水转化为孔隙冰,使土体中的内部结构联结发生变化,改变了土体各相成分间的相互作用、相互联系,进而改变了土体的强度,使得冻土强度与相同条件下融土的强度有很大的差别。所以,冻土中孔隙冰的性质及其与土颗粒的联结作用是影响冻土强度大小的最重要的因素。

通常认为冻土的强度是由下面三种键结力构成的(吴紫汪等,1993):

(1)粒间分子键结力(第二价键力或范德华力)。也叫原始黏聚力,影响距离在5Å以上。其值取决于矿物颗粒之间的直接接触面积、粒间距离、颗粒的可压密性和物理化学性质。通常,粒间分子键结力随外压的增大而增大,但由于外压作用,矿物颗粒间的稳定性在某些接触点上会遭到破坏。

(2)结构键结力。也称固化黏聚力,它的大小取决于冻土的形成条件和随后的存在条件。同时,冻土成分组构的不均匀性(因存在团聚体、开放性孔隙等)对结构键结力的大小也起着非常重要的作用,冻土的不均匀性越强,结构缺陷就越多,结构单元和整个冻土的强度就越低。

(3)冰胶结键结力。也叫冰胶结力,是冻土体中最重要的一种联结作用,几乎完全制约了冻土强度和变形的所有性质,但它又受许多因素制约,譬如,负温值、冻土的总含冰量、冰包裹体的组构、粒度及其相对于作用力的方向、冰中未冻水的含量、空气和孔隙等。

另外,由于冻土组构非常复杂,在矿物颗粒间直接接触的同时,还存在矿物颗粒和冰之间的集聚作用以及冰和薄膜水的黏滞作用,这些因素的综合作用将使冰胶结和冰夹层之间的相互作用力与未冻土明显不同(虽然矿物颗粒的接触面积相同),最终影响了冻土的变形性能。

目前,关于冻土强度的研究有许多是围绕着冻土中孔隙冰的联结作用展开的。

3.1.2　冻土强度与冰胶结作用的研究

一般认为,冻土中的冰属于多晶冰,多晶冰的强度受许多因素影响,其中最主要的因素是温度、压力、应变速率以及冰晶大小、结构和方向。就含冰量对冻土强度的作用,Goughnour 等(1968)通过研究不同含砂量冰的力学性质后得出,在纯冰中加入极少量砂粒可降低冰的强度,但随着砂聚集度的增加,冰的强度将逐渐增加;并就温度在−4～−12℃,含砂量对砂-冰混合物的强度问题做了进一步的研究后,将体积含砂量 42% 作为临界点,当含砂量超过 42% 时,砂粒间的膨胀和摩擦比较明显,但当含砂量低于 42% 时,强度仅仅略高于纯冰的强度。受到温度对土颗粒之间冰的强度和未冻水含量的直接影响,冻土力学行为的每一方面几乎都与温度的变化有关。通常,温度降低将会导致冻土强度增加,同时也会提高冻土的脆性,主要表现为:①冻土强度达到峰值后,强度急剧下降;②压缩强度与拉伸强度之比增加。就温度变化对冻土脆性的研究表明,当温度低于−10℃时,由于冻结黏土中含有相当数量的未冻水,使其保持塑性变形,所以温度对冻结粉土和冻结砂土的脆化效果要比冻结黏土明显。尽管在多年冻土区,地温很少低于−40℃,但用液氮作为制冷剂进行地层冻结时,这样低的温度还是较常见的。通常,冻土的峰值强度与应变速率的关系可用幂次方程 $\dot{\varepsilon} = B\sigma^n$ 来表达,系数 n 与应变速率的高低有关,当应变速率较高时,n 值较大,当应变速率较低时,n 值较小。在围压对冻土强度的作用上,Parameswaran 等(1980,1981)就围压为 0.1～85MPa 范围内的冰-砂混合物进行三轴试验,发现围压对抗压强度的影响有一临界值,当围压小于该临界值时,抗压强度随着围压的增大而增大;当围压大于该临界值后,抗压强度随着围压的增大而减小。也有研究表明冰的黏聚力在主光轴方向上(垂直于冻结面)要比在平行于冻结面的方向上小得多。

从以上研究我们可以看出,诸如温度、压力、应变速率等外界因素将通过影响冻土中冰的强度来影响冻土强度的大小。所以,对冻土强度的研究,既要考虑影响土工程性质的常规因素,还要考虑温度、压力、应变速率等对冻土颗粒间冰联结作用大小的影响。而后者常常是研究冻土强度问题的关键。

3.1.3　冻土强度的研究方法

通常,对冻土强度的认识是在分析冻土各组成要素,特别是冰与土颗粒之间关系的基础上,在实验室通过各种试验测定冻土的力学参数及应力-应变曲线,通过对试验曲线结果的分析来确定冻土强度的高低。单轴压缩试验和三轴压缩试验是研究冻土强度问题最常用的室内试验方法,但是考虑到冻土复杂的组成及其成分之一的冰对外界环境的极为敏感性,要在一个试验中综合考虑各种因素的影响去布置试验是不可能的,只能在其他因素相同的条件下,考虑单因素作用,分析由某一因素变化对冻土强度产生的影响,然后推广到两个因素、三个因素等的作用,最后通过对试验数据的分析得出与工程实际较为接近的冻土强度方程,并从理论上建立能正确指导工程建设的冻土强度准则。另外,随着近年来电镜扫描技术及 CT 扫描技术在岩土力学性质研究中的应用,借助这些先进设备开展对冻土破坏过程的细微观研究,并与冻土强度宏观研究结果相结合来阐释冻土的破坏过程是目前冻土力学研究的前沿领域。

　　研究冻土强度问题的最终归宿就是服务于寒区工程建设,因此,为了运用研究所得的强度指标、强度理论去分析、计算冻土区地基承载力的大小,研究冻土-结构的相互作用问题,在一定试验基础上,引入数值计算与数值模拟是解决实际问题必不可少的研究手段。

3.2　冻土的单轴压缩强度

　　冻土的单轴压缩强度即冻土在侧面不受任何限制的条件下承受的最大轴向压力。单轴压缩强度一般由单轴压缩试验获得。单轴压缩试验是开展室内冻土力学性质研究最基本的研究方法。这一方法主要以常规材料试验机加载为手段,以对所获应力-应变曲线的分析为基础。可是,由于冻土是土颗粒、未冻水、孔隙冰和空气组成的四相体系,所以它受力后表现的力学行为受到诸多因素的影响而变得较为复杂。

3.2.1　冻土的单轴压缩应力-应变关系

1. 应力-应变曲线

　　图 3-1 为试验所得出的在各种应变速率下的一组应力-应变(σ-ε)曲线,显然各曲线在点 M 处均具有应力极大值。按照习惯,我们将相应于应力-应变曲线上 M 点的应力和应变分别定义为极限强度和破坏应变,这里的极限强度就是我们所说的冻土抗压强度($\sigma_{\max}$),所对应的应变则为破坏应变(ε_f)。把曲线斜率发生明显转折的 Y 点定义为起始屈服点,与之对应的应力和应变则定义为起始屈服强度(σ_y)和起始屈服应变(ε_y)。两者之比则定义为起始屈服模量(E_0),即

$$E_0 = \frac{\sigma_y}{\varepsilon_y}$$

2. 应力-应变曲线类型

　　以大量试验资料为基础,朱元林等(1992)将冻土的单轴压缩应力-应变关系划分为两种基本类型,即黏弹塑性(VEP)类型及弹塑性(EP)类型。

1) 黏弹塑性类型

　　黏弹塑性类型应力-应变曲线形式的特点是无明显的弹性屈服,即应力-应变曲线呈连续的应变硬化-软化。根据应力-应变曲线的特点,这种曲线类型又可分为两个亚类:

　　VEP-Ⅰ型形式　　低含水量饱和冻结中砂

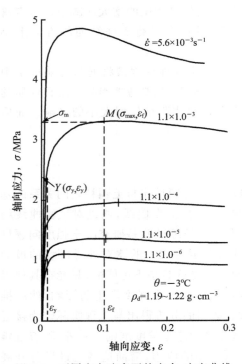

图 3-1　不同应变速率下的应力-应变曲线

的应力-应变曲线(图 3-2)即属此类。其特点是:起始切线模量或准弹性模量与应变速率
($\dot{\varepsilon}$)有关;破坏应变(ε_f)基本上为常数($w=14.0\%$,$\rho_d=1.80\text{g} \cdot \text{cm}^{-3}$)。

VEP-II 型形式　图 3-3 所示的低含水量饱和冻结粉土的应力-应变曲线即属此类。
其特点是:起始切线模量与应变速率无关;破坏应变与应变速率有关($w=15.5\%$,$\rho_d=$
$1.76\text{g} \cdot \text{cm}^{-3}$)。

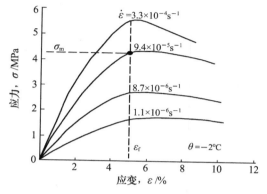

图 3-2　兰州少冰饱和中砂在不同
应变速率下的应力-应变曲线
$w=14.0\%$,$\rho_d=1.80\text{g} \cdot \text{cm}^{-3}$

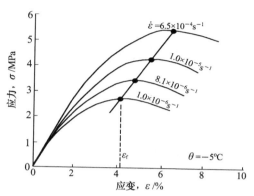

图 3-3　兰州少冰饱和粉土在不同
应变速率下的应力-应变曲线
$w=15.5\%$,$\rho_d=1.76\text{g} \cdot \text{cm}^{-3}$

2) 弹塑性类型

弹塑性类型应力-应变曲线的特点是有明显的弹性屈服点。根据弹性屈服后应力-应
变曲线的变化特点,可分为三个亚类(图 3-4):

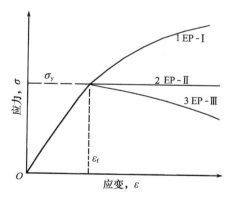

图 3-4　典型弹塑性应力-应变曲线
1. 弹性-应变硬化;2. 弹性-理想塑性;
3. 弹性-应变软化

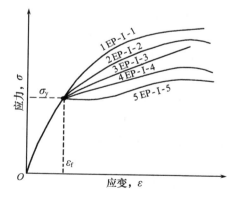

图 3-5　弹性-应变硬化型
应力-应变曲线的 5 种形式

弹性-应变硬化(EP-I)形式　在较高负温和较低应变速率下的富冰冻结中砂、富冰冻结
粉土、少冰和富冰冻结粉质黏土及高温饱冰冻结粉质黏土的 σ-ε 曲线均属此类。根据本曲
线的特点,可分为五种形式(图 3-5),这五种形式的曲线出现的条件各不相同(表 3-1)。

表 3-1　EP-I 型应力-应变曲线的 5 种形式

序号	形式	特点	出现条件
1	弹性-连续非线性应变硬化(EP-Ⅰ-1)	非线性硬化、无峰值强度	高应变速率、高温、富冰黏土
2	弹性-连续非线性应变硬化-软化(EP-Ⅰ-2)	非线性硬化、有峰值强度	多数富冰中砂、高应变速率富冰粉土、少冰黏土和富冰黏土
3	弹性-线性硬化(EP-Ⅰ-3)	线性硬化、无峰值强度	高温、低应变速率、低温、富冰或饱和黏土
4	弹性-线性硬化-软化(EP-Ⅰ-4)	线性硬化、有峰值强度	中等应变速率、少冰黏土及多数富冰粉土
5	弹性-屈服型硬化-软化(EP-Ⅰ-5)	有明显弹性屈服,有峰值强度	低应变速率少冰黏土

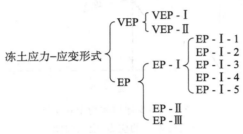

图 3-6　冻土的应力-应变形式

弹性-理想塑性(EP-Ⅱ)形式　在中等应变速率和较低负温下,富冰中砂和富冰粉质黏土及在较低应变速率和较低负温下的饱冰粉质黏土的应力-应变曲线均属此类。

弹性-应变软化(EP-Ⅲ)形式　富冰冻结中砂和饱冰粉质黏土在较高应变速率和较低负温下的应力-应变曲线即属此类。

归纳起来,冻土的应力-应变形式可分为 9 种类型(图 3-6)。

3. 应力-应变方程

由以上关于冻土应力-应变关系曲线的分析可见,在不同情况下,应力-应变曲线有很大差别。因此,用一种形式的应力-应变方程来描述所有类型的应力-应变形式显然是不合适的,对不同类型的应力-应变曲线形式应采用不同的应力-应变方程。下面分别介绍 9 种应力-应变曲线形式相对应的应力-应变方程:

(1) 黏弹塑性Ⅰ型(VEP-Ⅰ)形式(图 3-2),可用下式描述:

$$\sigma/\sigma_{\max} = (\varepsilon/\varepsilon_f)^n \exp[n(1-\varepsilon/\varepsilon_f)] \tag{3-1}$$

式中,$\sigma_{\max}$ 为峰值强度,受应变速率和温度的影响;ε_f 为破坏应变,对饱和少冰中砂,约等于 5%;n 为参数,对饱和少冰中砂,其值为 0.77。

(2) 黏弹塑性Ⅱ型(VEP-Ⅱ)形式(图 3-3),可用下式描述:

$$\sigma/\sigma_{\max} = (\varepsilon/\varepsilon_f) \exp(1-\varepsilon/\varepsilon_f) \tag{3-2}$$

式中,$\sigma_{\max}$ 和 ε_f 均是应变速率和温度的函数。该式与混凝土的应力-应变方程是相同的,它实际上是式(3-1)中 $n=1$ 时的特例。

(3) 弹性-连续应变硬化(EP-I-1)形式(图 3-5 中曲线 1),可用下式描述:

$$\begin{cases} \sigma = \sigma_y + A(\varepsilon - \varepsilon_y)^m, & \varepsilon > \varepsilon_y \\ \sigma = \varepsilon E, & \varepsilon \leqslant \varepsilon_y \end{cases} \tag{3-3}$$

式中,σ_y 为屈服应力;E 为弹性模量,它们均是应变速率和温度的函数;ε_y 为屈服应变,约等于 1%,即接近于多晶冰的破坏应变;A 为 $\varepsilon - \varepsilon_y = 1\%$ 时的应力,是应变速率和温度的函数;m 为参数,对富冰黏土,等于 0.3～0.4。若弹性屈服点不明显,也可用 Vialov 提出的简单幂函数形式的应力-应变关系 $\sigma = A\varepsilon^m$ 描述。当应变硬化段曲线较平缓时(图 3-7),用如下双曲线模型描述更加准确:

$$\sigma = \frac{\varepsilon}{a + b\varepsilon} \tag{3-4}$$

式中,参数 a 和 b 可按图 3-8 确定,它们均是应变速率和温度的函数。

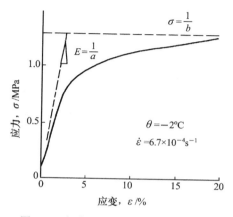

图 3-7　富冰兰州粉质黏土应力-应变
曲线($w = 26\%$, $\rho_d = 1.55\mathrm{g \cdot cm^{-3}}$)

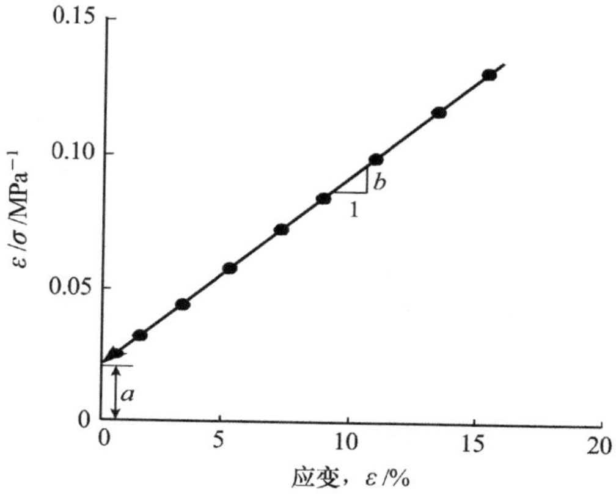

图 3-8　式(3-4)中参数 a,b 的确定方法

(4) 弹性-应变硬化-软化(EP-Ⅰ-2)形式(图 3-5 中曲线 2),可用下式描述:

$$\begin{cases} \dfrac{\sigma - \sigma_y}{\sigma_{max} - \sigma_y} = \left(\dfrac{\varepsilon - \varepsilon_y}{\varepsilon_f - \varepsilon_y}\right)\exp\left(1 - \dfrac{\varepsilon - \varepsilon_y}{\varepsilon_f - \varepsilon_y}\right), & \varepsilon > \varepsilon_y \\ \sigma = \varepsilon E, & \varepsilon \leqslant \varepsilon_y \end{cases} \tag{3-5}$$

式中,σ_y,σ_{max},ε_f 及 E 均取决于应变速率和冻土温度。

(5) 弹性-线性硬化(EP-I-3)形式(图 3-9),可用下式描述:

$$\begin{cases} \sigma = \sigma_y + (\varepsilon - \varepsilon_y)H, & \varepsilon > \varepsilon_y \\ \sigma = \varepsilon E, & \varepsilon \leqslant \varepsilon_y \end{cases} \tag{3-6}$$

式中,H 为硬化模量或称作硬化率,它是应变速率和温度的函数。

(6) 弹性-线性硬化-软化(EP-I-4)形式(图 3-5 中曲线 4),因在较大应变(一般大于 10%)时才开始出现应变软化(破坏),且软化段应力-应变曲线在工程实践中意义不大,因此,此类应力-应变曲线性状可近似地用式(3-6)描述。

(7) 对弹性-屈服型硬化-软化(EP-I-5)

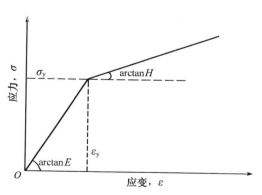

图 3-9　典型的弹性-线性硬化型应力-应变曲线

形式(图 3-5 中曲线 5),若不考虑硬化-软化段转折点以后的曲线,则可用如下方程描述:

$$\begin{cases} \sigma = \sigma_y + \dfrac{1}{2P}(\varepsilon - \varepsilon_y)^2, & \varepsilon > \varepsilon_y \\ \sigma = \varepsilon E, & \varepsilon \leqslant \varepsilon_y \end{cases} \tag{3-7}$$

式中,P 为试验参数。

(8) 弹性-理想塑性(EP-II)形式(图 3-4 中曲线 2),可用下式描述:

$$\begin{cases} \sigma = \sigma_y, & \varepsilon > \varepsilon_y \\ \sigma = \varepsilon E, & \varepsilon \leqslant \varepsilon_y \end{cases} \tag{3-8}$$

式中,E 为弹性模量,对少冰饱和粉土,它仅与温度有关;对其他冻土,它与温度和应变速率有关。

(9) 弹性-应变软化(EP-III)形式(图 3-4 中曲线 3),若不考虑破坏后的应力-应变曲线,则可用胡克定律近似地描述弹性段应力-应变曲线:

$$\sigma = \varepsilon E \tag{3-9}$$

式中,ε 为弹性应变,等于 $1\% \sim 1.5\%$。

4. 应力-应变关系类型图

由于冻土具有多种类型的应力-应变关系,因此其应力-应变方程也就具有多种形式。对一定土质和含水量的冻土而言,其应力-应变形式主要取决于应变速率和负温。因此,为便于应用起见,在分析大量试验资料的基础上,编制了几种典型冻土的单轴压缩应力-应变关系类型图(图 3-10)。

该图是以应变速率作为纵坐标,以负温作为横坐标绘制的。图中标明了各种类型应力-应变形式的应变速率和温度界线。有了这一应力-应变关系图,可以根据冻土负温及应变速率,在图中十分方便地查到该冻土在该负温及应变速率下准确的应力-应变形式类型,并根据以上分析找到相应的应力-应变方程。因此,该冻土应力-应变关系类型图对冻土工程实践及理论研究均是十分重要的。

3.2.2　冻土的单轴抗压强度及其影响因素

以上所描述的冻土单轴压缩曲线类型及单轴压缩强度大小本质上是冻土颗粒材料本身的特性和外部条件等各种因素相互作用的结果,因而影响冻土强度的因素可分为两类:一类是外界条件对强度的影响,像温度、压力、加载速率、冻融循环等;另一类是冻土本身的组成特点,如颗粒尺寸大小及成分、干密度、含冰量、含盐量等。所以,要给出综合考虑众多因素的关于冻土单轴压缩强度的统一方程是很难的,在这种情况下,最直接的办法就是保持其他因素相同,在其中一个因素变化的前提下,对此问题进行研究。

1. 温度

冻土最大的特点是其强度大小受温度影响较为明显。通常情况下,温度越低,强度越

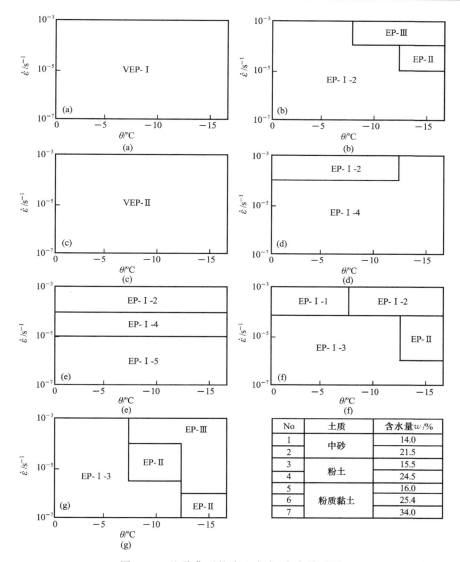

图 3-10　几种典型的冻土应力-应变关系图

高,但不同土质类型的冻土强度受温度的影响并不一样。

1）冻结粉砂

朱元林等（1986）通过对取自费尔班克斯（美国阿拉斯加州）附近的粉砂土制备的中等密度试样在各种应变速率（$\dot{\varepsilon}$）下进行单轴试验,获得了极限抗压强度（σ_{max}）与冻土温度的 θ/θ_0 的双对数图（图 3-11）,这里 θ 为试样温度,θ_0 为参照温度,取作 -1℃。

由该图可见,冻结粉砂的极限抗压强度（σ_{max}）随温度的降低和应变速率的增加而增加,并可用以下公式表示：

$$\sigma_{max} = A\left(\frac{\theta}{\theta_0}\right)^m \tag{3-10}$$

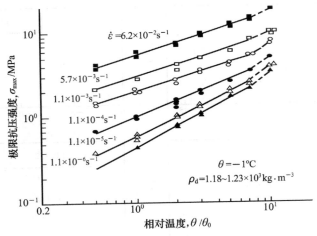

图 3-11　在各种应变速率下 $\sigma_{\max}$
与 θ/θ_0 的双对数图

式中,A 为具有应力量纲的经验系数;m 为无量纲指数。对一定土质,A 和 m 取决于应变速率和温度范围。

2）冻结粉土

图 3-12 和图 3-13 分别为两种干密度粉土在不同应变速率下抗压强度与温度的双对数坐标图。由图中可以看出抗压强度对温度十分敏感,它随着温度的降低急剧地增加。

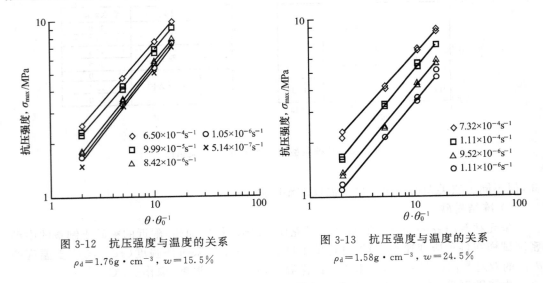

图 3-12　抗压强度与温度的关系
$\rho_d=1.76\mathrm{g}\cdot\mathrm{cm}^{-3}$,$w=15.5\%$

图 3-13　抗压强度与温度的关系
$\rho_d=1.58\mathrm{g}\cdot\mathrm{cm}^{-3}$,$w=24.5\%$

经过回归分析,在本试验温度范围内可用如下方程式描述抗压强度与温度的关系:

$$\sigma_{\max}=K(\theta/\theta_0)^h \tag{3-11}$$

式中,θ 为负温,℃;$\theta_0=-1$℃,为无量纲化参考温度;K 和 h 为参数,其值列于表 3-2 中。

由表中数值可见，h 值基本与应变速率和干密度无关，可取平均值 0.7182。K 值则与应变速率密切相关。

表 3-2 式 (3-11) 中的参数 K 和 h 值

应变速率/s^{-1}	K/MPa	h
	$\rho_d = 1.76 g \cdot cm^{-3}, w = 15.5\%$	
6.50×10^{-4}	1.53	0.6992
9.99×10^{-5}	1.37	0.6971
8.42×10^{-6}	1.05	0.7396
1.05×10^{-6}	1.01	0.7433
	$\rho_d = 1.58 g \cdot cm^{-3}, w = 24.5\%$	
7.32×10^{-4}	1.41	0.6990
1.11×10^{-4}	1.00	0.7306
9.52×10^{-6}	0.80	0.7274
1.11×10^{-6}	0.68	0.7185

3）冻结黏土

图 3-14 为不同温度下饱和冻结黏土的抗压强度与破坏时间的双对数关系图。由图中曲线可见，在本试验条件下随着破坏时间的增加，饱和冻结黏土的抗压强度逐渐减小，两者呈幂函数关系（李海鹏等，2004）：

$$\sigma_{max} = \sigma'_0 (\theta/\theta_0)^j (t_f/t_{f0})^n \tag{3-12}$$

式中，$t_{f0} = 1min$，为无量纲化参考破坏时间；σ'_0 为 $t_f = 1min$，$\theta = -1℃$ 时的抗压强度，MPa；j、n 为与土质类型和含水量有关的参数。

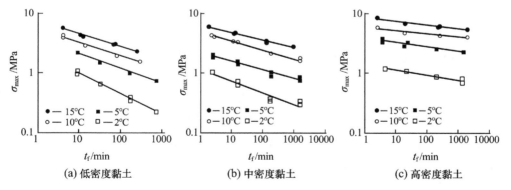

图 3-14 不同干密度冻结黏土强度与破坏时间关系图

利用式（3-12），并通过对试验数据的回归分析，获得三种不同密度的冻土的强度预报方程：

对于干密度为 $\rho_d = 1.38 g \cdot cm^{-3}$ 的饱和冻结黏土：

$$\sigma_{max} = 0.417(\theta/\theta_0)^{0.977}(t_f/t_{f0})^{-0.170}$$

对于干密度为 $\rho_d = 1.58\mathrm{g} \cdot \mathrm{cm}^{-3}$ 的饱和冻结黏土：

$$\sigma_{max} = 0.528(\theta/\theta_0)^{0.985}(t_f/t_{f0})^{-0.151}$$

对于干密度为 $\rho_d = 1.88\mathrm{g} \cdot \mathrm{cm}^{-3}$ 的饱和冻结黏土：

$$\sigma_{max} = 0.739(\theta/\theta_0)^{0.944}(t_f/t_{f0})^{-0.069}$$

2. 应变速率

1）冻结粉砂

若将式（3-10）中系数 A 的倒数及指数 m 随 $\dot{\varepsilon}$ 的变化做成半对数图（图3-15），则不难看出，曲线在 $\dot{\varepsilon} = 1.1 \times 10^{-3}\mathrm{s}^{-1}$ 处发生明显转折。同时由图3-15也可看出，当 $\dot{\varepsilon} > 1.1 \times 10^{-3}\mathrm{s}^{-1}$ 时，试样的脆性明显增强。这可能意味着在此应变速率下，试样的主导变形机制（或破坏方式）发生了变化，即当 $\dot{\varepsilon} > 1.1 \times 10^{-3}\mathrm{s}^{-1}$ 时，试样呈中等脆性或脆性破坏，而当 $\dot{\varepsilon} < 1.1 \times 10^{-3}\mathrm{s}^{-1}$ 时，试样呈塑性破坏。因此，可将 $1.1 \times 10^{-3}\mathrm{s}^{-1}$ 看作中等密度冻结粉砂脆性-塑性破坏过渡的临界应变速率，并记作 $\dot{\varepsilon}_1$。

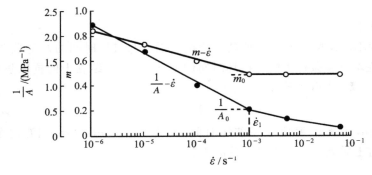

图 3-15 系数 A 的倒数及指数 m 随 $\ln\dot{\varepsilon}$ 的变化

图 3-15 中 A 随应变速率（$\dot{\varepsilon}$）的变化可用下式表达：

$$A = \frac{aA_0}{a + A_0\ln(\dot{\varepsilon}_1/\dot{\varepsilon})} \tag{3-13}$$

式中，$\dot{\varepsilon}_1 = 1.1 \times 10^{-3}\mathrm{s}^{-1}$，为脆性-塑性破坏过渡的临界应变速率，当 $\dot{\varepsilon} = \dot{\varepsilon}_1$ 时，$A = A_0 = 1.87\mathrm{MPa}$；$a$ 为曲线 $\ln\dot{\varepsilon}$-$1/A$ 斜率的倒数，其值为：当 $1.1 \times 10^{-6}\mathrm{s}^{-1} \leqslant \dot{\varepsilon} \leqslant \dot{\varepsilon}_1$ 时，$a = 3.92\mathrm{MPa}$；当 $\dot{\varepsilon} \geqslant \dot{\varepsilon}_1$ 时，$a = 8.43\mathrm{MPa}$。

联合式（3-10）和式（3-13）得

$$\sigma_{max} = \frac{aA_0(\theta/\theta_0)^m}{a + A_0\ln(\dot{\varepsilon}_1/\dot{\varepsilon})} \tag{3-14}$$

2）冻结粉土

图 3-16 和图 3-17 为两种干密度冻结粉土在不同温度下抗压强度与应变速率的双对数关系图。由图中曲线可以看出在试验所采用的应变速率范围内冻结粉土的抗压强度随

着应变速率增加呈幂函数规律增加。通过对试验数据的回归分析,在一定应变速率范围内冻结粉土的抗压强度与应变速率的关系可表示为

$$\sigma_{\max} = A(\dot{\varepsilon}/\dot{\varepsilon}_0)^m \tag{3-15}$$

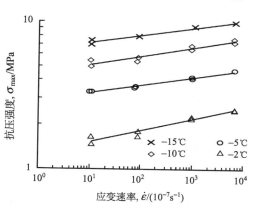

图 3-16　抗压强度与应变速率的关系
$\rho_d = 1.76\text{g} \cdot \text{cm}^{-3}, w = 15.5\%$

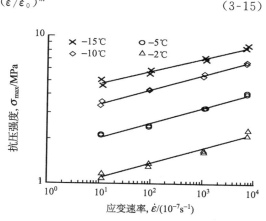

图 3-17　抗压强度与应变速率的关系
$\rho_d = 1.58\text{g} \cdot \text{cm}^{-3}, w = 24.5\%$

式中,$\dot{\varepsilon}$ 为应变速率,s^{-1},$\dot{\varepsilon}_0 = 1\text{s}^{-1}$ 为无量纲化参考应变速率;A 和 m 为参数,其值列于表 3-3 中,其中 A 由下式确定:

$$A = \sigma_0(\theta/\theta_0)^i \tag{3-16}$$

式中,σ_0 为 $\dot{\varepsilon}_0 = 1\text{s}^{-1}$ 及 $\theta = -1\text{℃}$ 时的抗压强度,其值与干密度无关,等于 2.896;i 为与干密度有关的参数,对于干密度为 $1.76\text{g} \cdot \text{cm}^{-3}$ 和 $1.58\text{g} \cdot \text{cm}^{-3}$ 的粉土,其值分别为 0.578 和 0.648。

表 3-3　式(3-15)中的参数 A 和 m

$\theta/\text{℃}$	$\rho_d = 1.76\text{g} \cdot \text{cm}^{-3}, w = 15.5\%$		$\rho_d = 1.58\text{g} \cdot \text{cm}^{-3}, w = 24.5\%$	
	A/MPa	m	A/MPa	m
-15	14.396	0.050	15.818	0.087
-10	10.876	0.053	13.782	0.100
-5	6.858	0.054	8.396	0.103
-2	4.496	0.078	4.432	0.102

3) 冻结黏土

图 3-18 为 3 种干密度的冻结黏土抗压强度随应变速率变化的双对数坐标图。由该图可见,冻结黏土的抗压强度随着应变速率增加和温度降低而增加,并且图中曲线也表明抗压强度与应变速率存在幂函数关系:

$$\sigma_{\max} = \sigma_0(\theta/\theta_0)^i (\dot{\varepsilon}/\dot{\varepsilon}_0)^m \tag{3-17}$$

式中,$\theta_0 = -1\text{℃}$,为无量纲化参考温度;$\dot{\varepsilon}_0 = 1\text{s}^{-1}$ 为无量纲化参考应变速率;σ_0 为 $\dot{\varepsilon}_0 = 1\text{s}^{-1}$ 及 $\theta = -1\text{℃}$ 时的抗压强度,单位为 MPa;i 和 m 为参数。

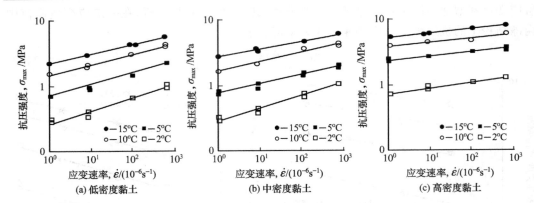

图 3-18　不同干密度冻结黏土的强度随应变速率变化曲线

低密度 $\rho_d = 1.38 \mathrm{g} \cdot \mathrm{cm}^{-3}$，中密度 $\rho_d = 1.58 \mathrm{g} \cdot \mathrm{cm}^{-3}$，高密度 $\rho_d = 1.88 \mathrm{g} \cdot \mathrm{cm}^{-3}$

利用式(3-17)，并通过对以上数据的线性回归分析，我们就可获得所研究土的强度方程：

对于干密度为 $1.38 \mathrm{g} \cdot \mathrm{cm}^{-3}$ 的饱和冻结黏土，其强度方程为

$$\sigma_{\max} = 1.525(\theta/\theta_0)^{0.986}(\dot{\varepsilon}/\dot{\varepsilon}_0)^{0.170}$$

干密度为 $1.58 \mathrm{g} \cdot \mathrm{cm}^{-3}$ 的饱和冻结黏土的强度方程为

$$\sigma_{\max} = 1.339(\theta/\theta_0)^{1.004}(\dot{\varepsilon}/\dot{\varepsilon}_0)^{0.150}$$

干密度为 $1.88 \mathrm{g} \cdot \mathrm{cm}^{-3}$ 的饱和冻结黏土的强度方程为

$$\sigma_{\max} = 1.103(\theta/\theta_0)^{0.946}(\dot{\varepsilon}/\dot{\varepsilon}_0)^{0.067}$$

3. 干密度

1）冻结粉砂

图 3-19 表示在 $-2^{\circ}\mathrm{C}$ 时，不同应变速率($\dot{\varepsilon}$)下试样极限强度随干密度(ρ_d)的变化情况。从图中可知，在较高应变强度下，极限强度($\sigma_{\max}$)在试验所采用的干密度范围内几乎与干密度无关，而在较低应变速率下极限强度随干密度的减小而减小，这种趋势对于中等到较高干密度范围内的试样较为明显。可能是由于冻土中孔隙冰具有较强流变性的缘故。

2）冻结粉土

如果将两种干密度粉土抗压强度的差值与干密度较小的粉土的抗压强度之比定义为强度增加率 R_σ（以百分数表示），并将不同温度下强度增加率与应变的变化绘于图 3-20 中，由图 3-20 可见，强度增加率与温度基本无关，但随着应变速率的增加而减小。二者的相互关系可表示为

$$R_\sigma = \lg(1/\dot{\varepsilon})^h + k \tag{3-18}$$

式中，h、k 为参数，在本试验条件下，其值分别为 5.5059 和 -21.098。

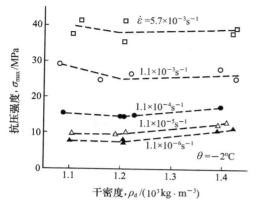

图 3-19　在各种 $\dot{\varepsilon}/\dot{\varepsilon}_0$ 下 σ_{max} 随 ρ_d 的变化

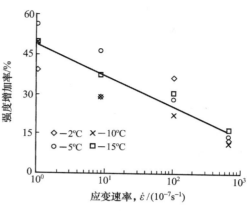

图 3-20　强度增加率与应变速率关系曲线

3) 冻结黏土

在温度和应变速率相同的条件下,饱和冻结黏土的抗压强度一般随着干密度的增大而增加。这是由于随着干密度的增加,冻土中矿物颗粒之间的黏聚力,冰胶结力及摩擦力均增加,从而使冻土的抗压强度增大。根据上述回归结果,参数 σ_0、σ_0'、m 及 n 与干密度的关系可表示为 $\sigma_0(\sigma_0',m,n)=\beta+\lambda\rho_d$,而参数 i 及 j 随干密度变化较小,可取它们的平均值。于是可将式(3-12)及式(3-17)分别表示为如下形式:

$$\sigma_{max}=(\beta_1+\lambda_1\rho_d)(\theta/\theta_0)^i(\dot{\varepsilon}/\dot{\varepsilon}_0)^{(\beta_2+\lambda_2\rho_d)} \tag{3-19}$$

$$\sigma_{max}=(\beta_3+\lambda_3\rho_d)(\theta/\theta_0)^j(\dot{\varepsilon}/\dot{\varepsilon}_0)^{(\beta_4+\lambda_4\rho_d)} \tag{3-20}$$

最后,获得以温度、应变速率、干密度为变量的强度预报方程为

$$\sigma_{max}=(2.677-0.840\rho_d)(\theta/\theta_0)^{0.979}(\dot{\varepsilon}/\dot{\varepsilon}_0)^{(0.470-0.212\rho_d)} \tag{3-21}$$

$$\sigma_{max}=(0.649\rho_d-0.485)(\theta/\theta_0)^{0.968}(\dot{\varepsilon}/\dot{\varepsilon}_0)^{-(0.465-0.208\rho_d)} \tag{3-22}$$

4. 初始含水量

土中的水分冻结后形成冻土,其强度将远远高于冻结前未冻土的强度。这是因为当土体冻结后,大部分孔隙水冻结形成孔隙冰,将周围土颗粒牢固地黏结在一起,使土颗粒的黏聚力大大提高。所以,土的初始含水量将会直接影响冻土强度的大小。

早在 1937 年,Tsytovich 等(1937)就对冻土的强度与含冰量之间的关系进行了研究,并给出了冻结粉砂和黏土在 -12℃下的单轴抗压强度,指出随着含冰量的增大,冻结粉砂和黏土的强度达到最大值,含冰量进一步增大则会降低它们的强度。另外还有一些学者也从不同的角度对冻土强度与含冰量的关系进行了研究,如 Vyalov(1963)指出冻土结构性在强度中发挥了重要作用,同时,在垂直于包裹冰方向上的抵抗外加荷载的能力比平行于包裹冰方向上的抵抗能力要大;Pekarskaya(1963)在研究冻土结构对强度的影响时发现,含冰量较低的冰相在冻结黏土(-2℃)中均匀分布时,冻结黏土的强度随含冰量迅速增大;Shusherina 等(1969)对接近于饱和的黏质粉土在温度范围为 $-10\sim-55$℃内进行

的单轴抗压试验表明,强度随着含水量的增大而降低;然而,在同样的温度范围内,冻结黏土的强度随含水量的增大而增大。

　　Baker 在研究冻土强度与含水量的关系时,对含水量变化范围为 5％～100％的冻结细砂试样进行了温度为－12℃、应变速率为 $2.2×10^{-6}s^{-1}$ 的单轴压缩试验,发现当冻结细砂的含水量低于 33％时,强度随含水量的增大而增大,随后强度随含水量的继续增大而降低。冻结细砂的强度在含水量为 33％时达最大值。

　　因此,冻土强度与含水量之间的关系大致可概括为:当含水量低于饱和含水量时,所有冻土的强度均随含水量的增加而增加,但当完全饱和或过饱和时冻土的强度随含水量的增加反而降低,并逐渐接近冰的强度(图 3-21)。

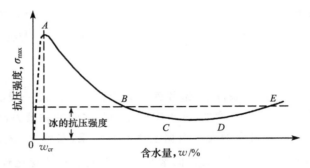

图 3-21　冻土抗压强度与含水量关系的一般特征

5. 盐分种类与含盐量

　　盐渍化冻土由于其盐分种类和含盐浓度的不同,不仅使得其冻结温度及冻结后的未冻水含量与非盐渍土差别很大,而且会影响到盐渍土在土体温度变化过程中的析盐量大小。所以,盐渍化冻土的强度不仅受到非盐渍土影响因素的作用,同时还受到孔隙溶液中盐分种类和浓度的作用。

　　对于含 NaCl 盐的盐渍化冻土,含盐量越大,起始屈服变形点越低,随着应变的发展,应力很容易达到极限抗压强度进入塑性阶段(图 3-22)。同时其抵抗变形的能力将随着含盐量的增大而逐步减弱。同一试验温度条件下含盐量越大,土的强度越小(图 3-23)(杨成松等,2008)。

　　对含硫酸钠盐的冻土,由于硫酸钠盐溶解度随温度变化的敏感性和结晶析出体积变化较大而受到学者们的广泛关注。图 3-24 是不同含水量下含硫酸钠盐冻结黄土的单轴抗压强度随含盐量的变化曲线。当含盐量控制在 1％以内时,三种含水量土体的单轴抗压强度均随着含盐量的增大呈现出先减小后增大的趋势,这是因为当含盐量较低时,硫酸钠盐溶解在孔隙水中,增大了土颗粒的水膜厚度,同时减小了土颗粒之间的黏结力,所以土体的强度较低。但当含盐量增大后,土体中的盐分将以两种形式存在,一部分可溶盐溶解在孔隙水中,起到降低土强度的作用;另一部分可溶盐析出后,在土体系中起到骨架的作用,这种作用的存在抵消了土体中可溶盐加入对土体强度的削弱,因此,土体的单轴抗压强度增大。当土体的含盐量大于 1％时,在相同的含水量条件下,土体中可溶解的盐是

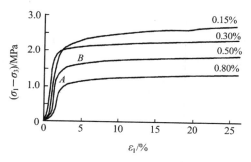

图 3-22 不同含盐量下土的应力-应变曲线
温度 $\theta = -5℃$,围压 $\sigma_3 = 1$MPa 时

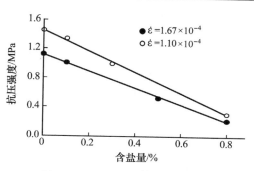

图 3-23 冻结粉质黏土抗压强度
与含盐量的关系

一定的,多余的盐分从中析出,析出的盐分远大于溶解在孔隙水中的盐分,大量析出的盐分使得土颗粒的分散作用占了主导地位,土体的黏结力降低,强度减小。

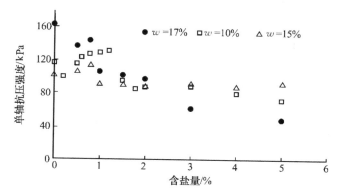

图 3-24 不同含水量下含盐黄土的单轴抗压强度

另外,含硫酸钠盐黄土经历冻融后,土体中的硫酸盐结晶发生盐胀使得土体体积增大,随着温度升高结晶盐溶解后土体中留有大孔隙,土体的密实度减小,强度也随之减小(Bing et al.,2011)。

3.2.3 原状与重塑冻土单轴抗压强度比较

通常在实验室,都是用重塑土进行力学试验,获得强度指标的。但是,由于原状土与重塑土在形成条件及结构上有着明显差异,使得冻结状态下二者的力学性质也会存在差异。所以,如果用实验室获得的重塑人工冻土的力学指标对处于原始状态的天然地基或人工冻结壁进行设计时,在某种程度上说是不合理的。但如果我们了解它们之间的差别,在实际设计时,进行必要的修正,就可以避免由于采用重塑试样的试验结果所带来的误差。

1. 应力-应变关系及破坏特征

图 3-25 和表 3-4 是原状与重塑冻结黏土的应力-应变关系和单轴抗压强度数据(李

海鹏等,2003)。由这些曲线可见,在弹性变形阶段,原状冻结黏土与重塑冻结黏土的应力-应变曲线基本重合。进入屈服阶段后随着应变增加,原状冻结黏土的应力急剧增加,而重塑冻结黏土的应力则缓慢增加。当应力-应变曲线达到峰值后,原状冻结黏土的应力随着应变的增加迅速降低,而重塑冻结黏土的应力则缓慢降低。所以,原状冻结黏土表现为快速应变软化型脆性破坏特征,而重塑冻结黏土表现为缓慢应变硬化型塑性破坏特征。

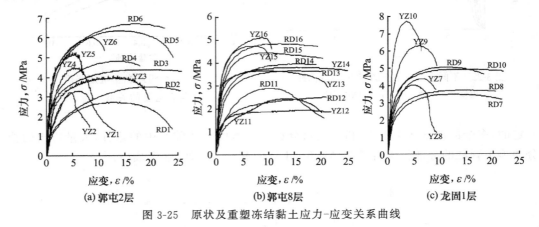

图 3-25　原状及重塑冻结黏土应力-应变关系曲线

表 3-4　原状与重塑冻结黏土单轴抗压强度试验结果汇总表

取样位置	试样编号	温度 (θ)/℃	干密度(ρ_d)/(g·cm^{-3})	含水量(w)/%	抗压强度(σ_m)/MPa	弹性模量(E)/MPa	破坏应变(ε_f)/%
郭屯副井	YZ1	−5	1.81	18.72	3.29	126	6.16
2 层深度	RD1				2.72	108	13.26
200.5~232.3 m	YZ2	−5	1.71	21.75	3.25	146	4.67
	RD2				3.50	128	19.38
	YZ3	−10	1.72	19.48	4.06	220	12.75
	RD3				4.37	240	18.60
	YZ4	−10	1.79	19.26	4.52	204	5.35
	RD4				4.80	252	13.58
	YZ5	−15	1.72	21.31	5.26	411	5.66
	RD5				6.34	303	13.81
	YZ6	−15	1.83	17.93	5.99	350	8.91
	RD6				6.68	373	16.86
郭屯副井	YZ7	−10	1.87	15.13	4.38	210	6.48
8 层深度	RD7				3.49	186	12.38
533.6~574.6 m	YZ8	−10	1.83	18.51	4.03	287	5.13
	RD8				3.71	203	14.82
	YZ9	−15	1.89	16.44	6.29	356	6.01
	RD9				5.06	242	11.15
	YZ10	−15	1.78	18.89	7.69	522	3.65
	RD10				4.94	289	15.63

续表

取样位置	试样编号	温度 $(\theta)/℃$	干密度 (ρ_d) /(g·cm^{-3})	含水量 $(w)/\%$	抗压强度 (σ_m)/MPa	弹性模量 (E)/MPa	破坏应变 $(\varepsilon_f)/\%$
龙固副井 1 层深度 202.6～222.8m	YZ11	-5	1.75	18.34	2.44	85	14.67
	RD11				2.90	87	10.95
	YZ12	-5	1.66	24.76	2.00	83	17.28
	RD12				2.49	95	20.13
	YZ13	-10	1.64	23.81	3.66	244	9.29
	RD13				3.65	143	15.18
	YZ14	-10	1.62	25.14	3.79	290	15.28
	RD14				3.94	156	16.52
	YZ15	-15	1.64	23.38	4.74	327	6.58
	RD15				4.44	199	8.90
	YZ16	-15	1.58	28.07	5.09	304	8.59
	RD16				4.84	234	12.19

注：YZ 代表原状样，RD 代表重塑样。

原状冻结黏土破坏后形态如图 3-26(a)所示，整个试样被破坏面贯穿，并且破坏面较光滑。如果将破坏面与轴向应力的夹角定义为破坏角，经统计原状冻结黏土的破坏角为 31°～44°，从破坏形态看，原状冻结黏土的破坏机制属于剪切破裂。重塑冻结黏土破坏后形态如图 3-26 所示，破坏后的试样呈"鼓"状，表面分布着许多细小的裂纹，表明重塑冻结黏土的破坏机制属于塑性破坏。二者的破坏特征及破坏机制不同是由于它们的结构不同。原状黏土在形成过程中受诸多因素影响，内部随机分布着微裂纹、裂隙及弱面等结构

(a) 原状冻结黏土破坏形态

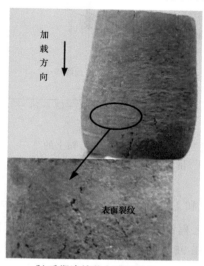

(b) 重塑冻结黏土破坏形态

图 3-26　原状及重塑冻结黏土破坏形态

缺陷,原状冻结黏土的破坏主要受控于这些结构缺陷。试样在荷载作用下会在这些缺陷处产生应力集中,当其由弹性变形发展到屈服阶段后,这些缺陷迅速扩展、连通,并在与轴向荷载夹角小于45°的方向形成贯通面,使原状试样强度迅速丧失,发生脆性破坏。而重塑冻结黏土结构比较均匀,无可见微裂纹,其破坏主要受控于土颗粒间的联结。当对试样施加荷载后土骨架被压缩,结构趋于紧密,局部出现相对低密区,变形发展到屈服阶段后,土颗粒由高密区向低密区滑移,试样局部鼓胀,表面出现微裂隙,产生缓慢应变弱化而最终导致试样破坏。

2. 抗压强度及弹性模量

如果将应力-应变曲线的峰值应力定义为抗压强度(σ_{max}),相应的应变为破坏应变(ε_f),屈服应力极限与相应的应变之比定义为弹性模量(E),那么原状和重塑冻结黏土的抗压强度及弹性模量与温度的关系如图3-27、图3-28所示。由以上两图可以看出,原状及重塑冻结黏土的抗压强度和弹性模量对温度变化反应敏感,它们随着温度降低都呈线性增加。为评价两者的抗压强度及弹性模量的差异程度,定义

$$S_t = \frac{\sigma_{max}}{\sigma'_{max}}, \quad E_t = \frac{E_u}{E'_u}$$

其中σ_{max}、σ'_{max}分别表示原状及重塑冻结黏土的抗压强度,E_u、E'_u分别表示原状及重塑冻结黏土的弹性模量。

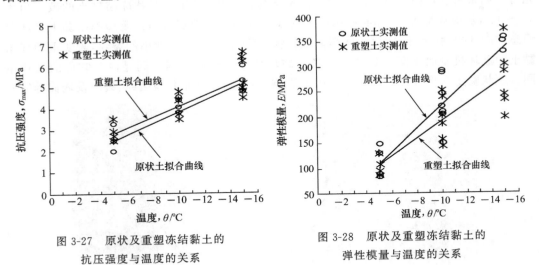

图3-27 原状及重塑冻结黏土的
抗压强度与温度的关系

图3-28 原状及重塑冻结黏土的
弹性模量与温度的关系

对S_t和E_t进行总体均数估计,结果示于表3-5。

根据工程设计偏于安全原则,取置信区间下限,即$\hat{U}(S_t) = 0.93$,$\hat{U}(E_t) = 1.10$。由此可认为在95%的置信率下,原状冻结黏土的抗压强度比重塑冻结黏土的强度低7%,而弹性模量高10%。冻结状态下二者的抗压强度及弹性模量之所以差异不大,其原因在于冰的胶结力对强度起决定性作用,从而削弱了二者结构性差异对强度及弹性模量的影响。

表 3-5　S_t 及 E_t 总体均值区间估计结果（按照 t 分布原理估计）

参量	子样均值	子样方差	标准误差	置信率	置信区间
S_t	1.04	0.037	0.049	95%	[0.93, 1.14]
E_t	1.28	0.111	0.086	95%	[1.10, 1.46]

3. 破坏应变

由试验结果发现，原状及重塑冻结黏土的破坏应变均与温度无关，原状冻结黏土的破坏应变为 3%～12%，重塑冻结黏土的破坏应变为 12%～19%，前者的破坏应变明显小于后者。有研究者认为两者破坏应变存在差异的原因主要是由于地层深部的原状黏土已完成固结，而经重塑的黏土尚未完成固结，导致后者的变形大于前者的变形。此外，李海鹏等（2003）认为两者破坏特征的差异也是造成破坏应变明显不同的主要原因。原状冻结黏土多为脆性破坏，所以其破坏应变较小，而重塑冻结黏土为塑性破坏，故其破坏应变一般较大。

3.3　冻土的三轴压缩强度

冻土的破坏与常规未冻土体破坏一样，通常都是剪切破坏。例如，冻土区斜坡的稳定、地基土受荷后的变形以及人工冻结壁的受力问题。所以，要解决工程实际问题，仅有单轴压缩强度的研究是不够的，它的应用也是有一定局限性的。为此人们开始研究其三向受载状态下的应力-应变行为以及强度准则，这就是关于冻土三轴压缩强度的研究。

3.3.1　冻土三轴压缩应力-应变关系

1. 应力-应变曲线形式

1）冻结砂土

图 3-29 为冻结兰州砂土在各种温度下的应力-应变曲线（吴紫汪等，1994）。从图 3-29 可看出，冻结砂土的应力-应变（$(\sigma_1-\sigma_3)$-ε_1）曲线均十分相似，虽然都呈典型的脆性破坏，但在一定的温度下，当 $\sigma_3 > 0$ 时，试样的塑性明显增加，并表现为明显的应变硬化现象，且应变硬化随围压的增加而增强；从该图中还可看出，当围压恒定时，随着温度的升高，试样的塑性也明显增加。这说明围压和温度对冻结砂土的破坏特征有明显影响。即

$$(\sigma_1 - \sigma_3)_f = f_1(\sigma_3, \theta) \tag{3-23}$$

$$\varepsilon_{1f} = f_2(\sigma_3, \theta) \tag{3-24}$$

2）冻结黏土

图 3-30 和图 3-31 分别为冻结砂质黏土和冻结黏土在三轴试验过程中的应力-应变曲线（马巍等，2000）。由这些曲线可看到，在相同条件下除冻结砂质黏土的轴向变形和体应变分别小于冻结黏土的以外，它们的应力-应变曲线与体变曲线在不同负温和围压下具有相似性。对应力-轴向应变曲线而言，轴向应变随偏应力的增大而增大，表现出明显的

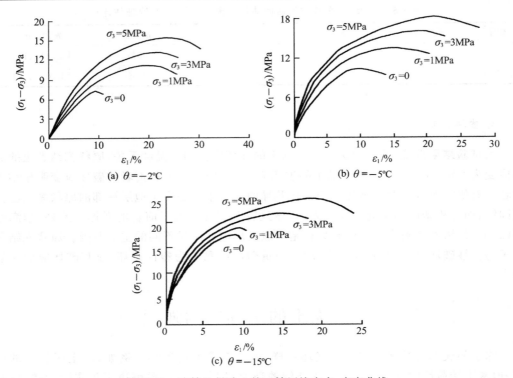

图 3-29　冻结兰州砂土的三轴压缩应力-应变曲线

黏塑性特征;对体变曲线而言(收缩为正,膨胀为负),体应变随荷载的变化而变化,加荷初期试样体积收缩,但随着荷载的进一步增大而变为膨胀,直至试验结束。从体变的量级来看,无论是收缩量还是膨胀量,均是一个不可忽略的因素。

　　在同一围压下,随负温的增大,相同条件下冻结黏性土的轴向变形减小,体缩量增大、膨胀量减小。在同一负温下,相同条件下的轴向变形和体缩量随围压的增大而减小、膨胀量随围压的增大而增大,另外可注意到,应力-应变曲线上的准弹性段、屈服处和黏塑性段正好分别对应于体变曲线上的体缩段、体缩量最大处和膨胀段,这说明冻土的体胀发生在黏塑性段,即预示着冻土体破坏的来临。因此,在实际工程监测中,应密切注意冻土的黏塑性变形段。从应力-应变曲线可以得到,黏塑性段各围压下冻结黏性土的偏应力很接近,也就是说,冻结黏性土的内摩擦角很小,可近似为零,这是区别于未冻结黏性土的特征之一。

2. 应力-应变方程

　　通过对冻土三轴应力-应变曲线的分析,可以看到,冻结黏性土在三轴受力过程中,轴向变形与体积变形是同时存在的,并受控于温度、围压和偏应力。如果将变形曲线绘制在p-q平面中(图 3-32,图 3-33),就可看到冻结黏性土的偏应变不仅与偏应力有关,而且与法向应力有关;同样,体应变也受控于偏应力和法向应力。

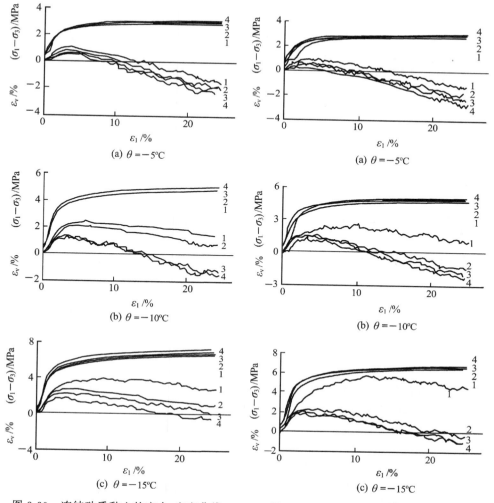

图 3-30 冻结砂质黏土的应力-应变曲线   图 3-31 冻结黏土的应力-应变曲线

为此,冻结黏性土的应力-应变关系可以用下面两个方程描述(马巍等,2000),即

$$f_1(p, q, \varepsilon_v) = 0 \tag{3-25}$$

$$f_2(p, q, \varepsilon) = 0 \tag{3-26}$$

式中,p、q、ε_v 和 ε 分别为八面体的应力及相应的应变,即

$$p = \frac{1}{3}(\sigma_1 + \sigma_2 + \sigma_3) = \frac{1}{3}(\sigma_1 + 2\sigma_3)$$

$$q = \frac{1}{\sqrt{2}}\big[(\sigma_1 - \sigma_2)^2 + (\sigma_2 - \sigma_3)^2 + (\sigma_3 - \sigma_1)^2\big]^{1/2} = (\sigma_1 - \sigma_3)$$

$$\varepsilon_v = \varepsilon_1 + \varepsilon_2 + \varepsilon_3 = \varepsilon_1 + 2\varepsilon_3$$

$$\varepsilon = \frac{\sqrt{2}}{3}\big[(\varepsilon_1 - \varepsilon_2)^2 + (\varepsilon_2 - \varepsilon_3)^2 + (\varepsilon_3 - \varepsilon_1)^2\big]^{1/2} = \frac{2}{3}(\varepsilon_1 - \varepsilon_3)$$

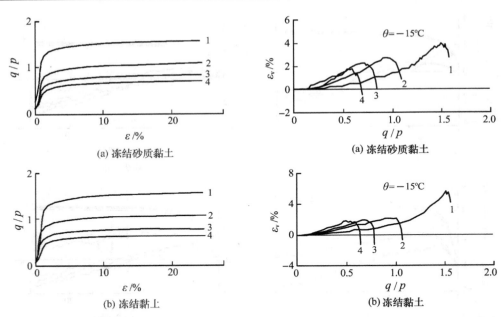

图 3-32   −15℃时冻结黏性土的 q/p-ε 曲线
1、2、3、4 分别代表围压为 2MPa、
4MPa、6MPa 和 8MPa

图 3-33   −15℃时冻结黏性土的 ε_v-q/p 曲线
1、2、3、4 分别代表围压为 2MPa、
4MPa、6MPa 和 8MPa

用这两个方程来表达冻结黏性土的应力-应变关系就可以考虑冻土的剪胀性或剪缩性，避免传统冻土力学中不考虑体变的缺陷。下面我们基于试验资料来确定函数 f_1 和 f_2。

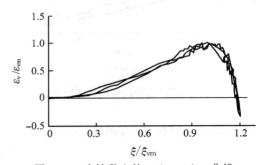

图 3-34   冻结黏土的 $\varepsilon_v/\varepsilon_{vm}$-$\xi/\xi_{vm}$ 曲线

1）函数 f_1 的确定

由于不同温度、围压及土质的体变曲线具有相似性，因此可对它们进行归一化处理，即可近似按一条曲线处理（图 3-34）。图中 $\xi = q/p$，ε_{vm} 和 ξ_{vm} 分别为不同土质、温度及围压下 ε_v-q/p 坐标中峰值点所对应的纵、横坐标。

令 $\varepsilon_v' = \varepsilon_v/\varepsilon_{vm}$，$p' = \xi/\xi_{vm}$，则 ε_v'-p' 曲线可用下面的方程近似描述：

$$\frac{Kp' + \varepsilon_v'}{K + 1} = \frac{p' - K\varepsilon_v'}{1 - K} \exp\left(1 - \frac{p' - K\varepsilon_v'}{1 - K}\right) \tag{3-27}$$

式中，K 为归一化曲线的初始切线斜率，$K = 0.087$，方程（3-27）就是方程（3-25）的具体表达式。

2）函数 f_2 的确定

图 3-35 为 q/p-ε 的归一化 ξ/ξ_m-$\varepsilon/\varepsilon_m$ 曲线，同样也可近似按一条曲线处理。由于 $\varepsilon > 10\%$ 后，q/p 增长很缓慢，因此，图中 ε_m 可近似取 20% 所对应的 ξ 值。令 $\varepsilon' = \varepsilon/\varepsilon_m$，$q' = \xi/\xi_m$，则此关系可用以下方程近似描述：

$$q' = \frac{\varepsilon'}{a + \varepsilon'} \tag{3-28}$$

式中，a 为归一化曲线的初始切线斜率的倒数，$a = 0.158$。方程(3-28)就是方程(3-26)的具体表达式。式(3-27)和式(3-28)就是冻结黏性土的归一化应力-应变关系式。如果知道不同温度和围压条件下的参数 ε_{vm}、ξ_{vm}、ξ_m 和 ε_m，就可由此归一化应力-应变关系，推求冻结黏性土的变形过程，而以上四个参数又可以根据试验结果来确定。

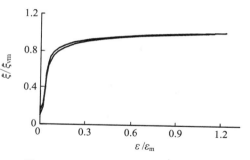

图 3-35　冻结黏土的 ξ/ξ_m-$\varepsilon/\varepsilon_m$ 曲线

3.3.2　冻土的三轴压缩强度

冻土在三轴压缩试验条件下，由于受到围压的作用，在变形过程中土颗粒将发生重新排列，并随着围压增大，剪胀得到抑制，具体表现为变形过程中冻土内裂隙和孔洞的发展受到限制，颗粒间的胶结作用得到一定程度的增强，由此带来的结果是冻土的强度得到提高(在围压不太大的情况下，各研究者界定围压可能因试验对象和条件的差异而有一些不同)；随着围压的进一步增大，冻土内的冰将发生压融，使未冻水含量增大，粗颗粒发生错断或挤碎，颗粒胶结强度减小，最终导致冻土强度降低。

1. 冻土的三轴压缩强度特征

图 3-36 和图 3-37 分别为冻结砂土和冻结粉质黏土的强度随围压的变化图。由图 3-36可以看出，冻结砂土的强度随围压大小的变化基本呈抛物线型分布，即随围压的增大冻土强度增大，但随围压的进一步增大，强度发生非线性衰减。由图 3-37 可看到，不同温度下冻结粉质黏土的强度除在零围压附近略有增加外，随围压的增大强度一直处于线性衰减状态。从形式上看，除它们的衰减过程不同外，仍然有共同之处：均存在临界围压值，当围压大于它们各自的临界围压值时，这两种土质的强度均处于衰减状态，温度越低，其强度衰减的越缓慢。颗粒越小，其临界围压值越小。

为此，马巍等(1995,1999)将冻结砂土的强度随围压的变化分为三个区：

(1) 强度随围压的增大而增大的 I 区。由于围压的作用减少了冻结砂土的膨胀性，抑制了裂隙的增长，使粒间摩擦和相互咬合作用增强，从而导致了冻土强度的增大和应变软化的减小。这一阶段相当于在围压作用下冻土的压密阶段。在此阶段，强化作用占优势，随温度的降低，冻土中未冻水含量减小，此压密段也相应延长。

(2) 开始产生压融现象的 II 区。随围压的增大，当剪应力超过最大值时，冻结砂土中某些颗粒接触点处出现应力集中，达到融化压力，开始产生压融现象。融化水由高应力区向低应力区迁移，减少了颗粒间的摩擦，使强度缓慢降低。由于融化压力随温度的降低而增大，所以强度降低的开始点(即最大剪应力)也不相同。

(3) 冻土强度急剧减小的 III 区。随围压的再次增大，剪应力急剧下降。在 II 区，随着围压的增大，因应力集中而达到融化压力的面逐渐扩大，接触冰逐渐融化，使冻土中未冻

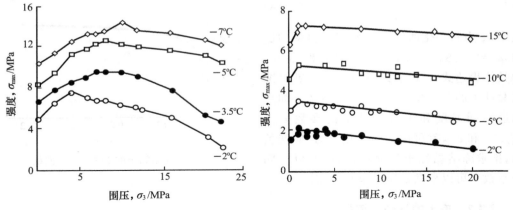

图 3-36　冻结砂土强度随围压的变化　　　　图 3-37　冻结粉质黏土强度随围压的变化

水含量增多。当进入Ⅲ区后,冻土中残存的冰已无法再承担剪应力,土体中所有的剪应力将由土骨架承担,因此导致冻土强度的急剧减小。在此阶段,弱化作用占优势。所以,围压的作用不仅可以使冻土产生强化,提高强度,而且可使冻土发生弱化,降低强度。

2.高围压下冻土强度弱化的微观分析

通过对试验结束后的冻结砂土进行电镜扫描(图 3-38),可以看到,在围压作用下,一些较大的颗粒首先被挤碎、细化。级配良好的砂颗粒系统已逐渐过渡为细小且均一的另一种细颗粒系统。同样条件下,由于细颗粒间的相互咬合程度要低于粗颗粒土,所以细颗

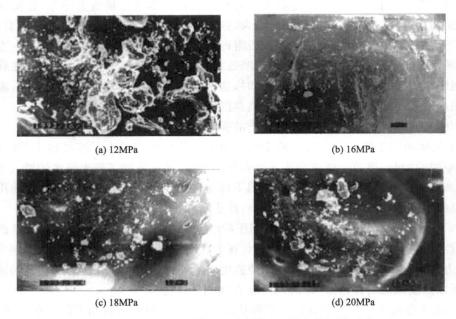

(a) 12MPa　　　　　　　　　　　　　　　(b) 16MPa

(c) 18MPa　　　　　　　　　　　　　　　(d) 20MPa

图 3-38　－5℃时不同围压下冻结砂土的电镜扫描照片

粒冻土的强度要小于粗颗粒冻土。但对冻结粉质黏土,在围压作用下,即使土体中已经出现明显的微裂隙时,也看不出颗粒细化的迹象(图 3-39)(马巍等,1999)。

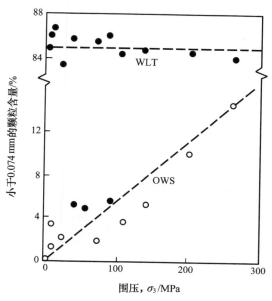

图 3-39　样品中<0.074mm 的颗粒含量
随围压的变化曲线

电镜扫描仅仅给人直观感觉,似乎证据并不充足,但 Chamberlain 等(1972)的早期试验结果可给我们的推断提供有力的证据。图 3-39 为三轴压缩试验后冻结砂土和冻结黏性土样品中小于 0.074mm 的颗粒含量随围压的变化曲线(−10℃)。由此图可看到,围压大小不会影响冻结黏性土的颗粒大小,但强烈影响着冻结砂土的颗粒含量。随围压的增大,样品中小于 0.074mm 的颗粒含量呈线性增加。因此,围压作用下矿物颗粒的细化仅发生于粗颗粒冻土中,并对其强度的弱化有直接影响,但围压高低对细颗粒冻土的强度影响不明显。

图 3-40 和图 3-41 分别为−5℃时冻结砂土和冻结粉质黏土试验结束后电镜扫描的照片。由图 3-40 可看到,在颗粒细化的同时,样品中已出现了微裂隙[图 3-40(a)、(b)所示的放大倍数分别为2000 和1000]。随围压的继续增大,已有的裂纹继续增大。同时在有些团粒、孔隙或老裂隙中又出现新的裂纹,裂纹随围压的增大而加剧,直至样品整体结构发生破坏[图 3-40(c)、(d)所示的放大倍数分别为 256 和 300]。图 3-41 也反映了同样的现象,随围压的增大,颗粒的定向排列与微裂隙的发育是细颗粒冻土的主要现象[图 3-41(a)、(b)的放大倍数分别为 500 和 300]。这说明较高的围压作用可使冻土体中产生微裂隙,微裂隙的发育可使冻土结构发生破坏,从而导致了冻土强度的弱化。

在冻土强度对围压的依赖关系中存在一个界限围压,当围压小于界限围压时,冻土强度随围压增大而增大;当围压超过界限围压值时,冻土强度会降低。但冻土温度的降低、应变速率和干密度的增大都会增大其界限围压值;另外,冻土的土质类型不同,也会使其

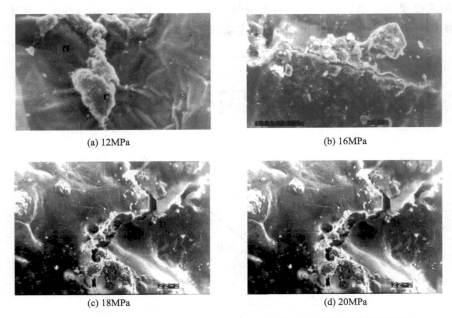

(a) 12MPa　　　　　　　　　　　　　(b) 16MPa

(c) 18MPa　　　　　　　　　　　　　(d) 20MPa

图 3-40　−5℃时不同围压下冻结砂土试验结束后试样的电镜扫描照片

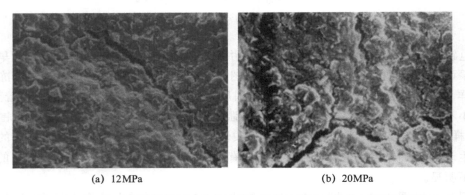

(a) 12MPa　　　　　　　　　　　　　(b) 20MPa

图 3-41　−5℃时不同围压下冻结粉质黏土试验结束后试样的电镜扫描照片

界限围压值不同,一般来说,砂土的界限围压值大于粉土和黏土的界限围压值。

3.3.3　冻土的强度准则

由于冻土中冰的存在,使其强度大小在某种程度上完全依赖于冰的含量和冰的强度高低。研究表明,当冰中砂的体积浓度高于 40%时,冻结砂土的强度是冰的胶结强度和土骨架强度之和,但在一定压力和温度条件下,由于冰比土骨架坚硬,所以将较快达到它的峰值强度,这时,我们可以说冰的胶结强度和土骨架强度并非同时作用于冻土强度。

通常,在低围压下,相对较密实的冻结砂土有两个屈服点:一个在轴向应变为 1%处,另一个在应变约为 10% 处。Chamberlain 将冻土的剪切强度受围压的作用分为 3 个不同区间:在低应力区,冻土的剪切强度随围压的增加保持不变或增大;在中间应力区,剪切强度随围压的增大而降低;但在高应力区,剪切强度将随围压的增大而增大。马巍等对冻结砂土和黏土进行三轴试验,发现围压对抗压强度的影响有一临界值,当围压小于该临界值时,抗压强度随着围压的增大而增大;当围压大于该临界值时,抗压强度随着围压的增大而减小。所以,要认识冻土的强度,不能简单套用常规土的强度准则,必须建立符合冻土破坏特点的新的强度准则。近几年,研究者虽然在这方面进行了大胆探索,但到目前为止,还没有形成一个较为统一的冻土强度破坏准则,在此,就将几个较有影响力的强度准则逐一进行介绍。

1. 冻土瞬态强度理论

冻土中冰对冻土强度的发挥程度除了与冰本身强度有关外,还与冰含量多少有关,这与土粒间隙大小密切相关。同样,土粒间摩擦力对冻土强度的发挥程度除与粒间相对滑动摩擦系数、接触应力有关外,还与颗粒间接触程度密切相关。而颗粒间接触程度也可用粒间间隙相对大小来衡量,粒间间隙越小,则粒间接触机会就越大,反之则越小。所以,冻土中冰和颗粒间摩擦力的发挥均与粒间间隙这一参数有关(余群等,1993)。为此,用粒间间隙率来表示,并定义为

$$\zeta = \frac{V - V_{\min}}{V} = 1 - \frac{v_{\min}}{v} \tag{3-29}$$

并用 $1-\zeta$ 来表示土粒间接触率。式中,V,$V_{\min}$ 分别为土体体积和可能达到的最小体积;v,$v_{\min}$ 分别为土体比容和可能达到的最小比容。

为了理论分析,提出了如图 3-42 所示的土结构模型。在此模型中,将冻土中冰分成胶结冰和孔隙冰,土粒简化为球体,而未冻水忽略不计,将通过粒间接触或胶结冰所联结的稳定土粒集合体称为冻土土骨架。

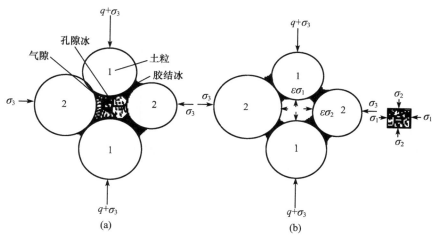

图 3-42　冻土结构模型示意图

现设想土结构单元上作用有应力 $q+\sigma_3$ 和 σ_3，其中 q 为偏应力，σ_3 为静水压力。并认为：

(1) 冻土土骨架强度是由胶结冰和土粒间摩擦力共同构成的，并用函数 $f(\zeta)$ 和 $g(\zeta)$ 分别表示胶结冰和粒间摩擦力对土骨架强度的发挥程度；

(2) 孔隙冰在静水压作用下受损伤，用孔隙冰有效面积系数 ξ 作为损伤变量；

(3) 冻土破坏时为小应变；

(4) 冻土在变形过程中，首先胶结冰开始破坏。当冻土破坏时，视条件不同孔隙冰将发生拉伸破坏、剪切破坏、压缩破坏，并满足：

拉伸破坏时，$\sigma_1 = -T_i$

剪切破坏时，$\sigma_2 - \sigma_1 = \tau_i$

压缩破坏时，$\sigma_2 = \sigma_i$

式中，σ_1、σ_2 分别为孔隙冰所受的最大和最小主应力；T_i、τ_i 和 σ_i 分别为冰拉伸强度、剪切强度和压缩强度。孔隙冰发生上述 3 种破坏形式时所对应的偏应力分别记为 q_1、q_2 和 q_3。那么，q_1、q_2 和 q_3 可表示为

$$q_i = a_i\sigma_3 + b_i, \quad i = 1,2,3 \tag{3-30}$$

式中，

$$\left.\begin{aligned}
a_1 &= \frac{2(B + \sqrt{2}\,\xi C)}{A - B} \\[2mm]
b_1 &= \frac{(A + \sqrt{2}\,\xi C)[2\xi T_i + \sqrt{2}\,\tau_i f(\zeta)]}{A - B} \\[2mm]
a_2 &= \frac{2B}{A - B + \sqrt{2}\,\xi C} \\[2mm]
b_2 &= \frac{(A + \sqrt{2}\,\xi C)[\xi + \sqrt{2}\,f(\zeta)]\tau_i}{A - B + \sqrt{2}\,\xi C} \\[2mm]
a_3 &= \frac{2(B - \sqrt{2}\,\xi C)}{A - B + 2\sqrt{2}\,\xi C} \\[2mm]
b_3 &= \frac{(A + \sqrt{2}\,\xi C)[2\xi\sigma_i + \sqrt{2}\,\tau_i f(\zeta)]}{A - B + 2\sqrt{2}\,\xi C}
\end{aligned}\right\} \tag{3-31}$$

式中，$A = f(\zeta) + g(\zeta)$，$B = g(\zeta) \cdot f$，$C = f(\zeta) + Kg(\zeta)$；f 为粒间摩擦系数；$K = E_1/E_2$；E_1、E_2 分别为冰和土粒的弹性模量。

由式 (3-31) 知，当 $f=0$（如黏土），则 $a_2=0$，即表明此时冻土强度与围压无关。$a_1 \geqslant a_2 \geqslant a_3$，即表明孔隙冰拉伸破坏时冻土内摩擦角大于剪切或压缩破坏时内摩擦角。

特别是，当 $\xi = 0$ 时，由式 (3-31) 得到 $a_1 = a_2 = a_3$，$b_1 = b_2 = b_3$ 同时，当 $\zeta = 0$ 时，可得

$$\left.\begin{aligned}
f &= \frac{K_p - 1}{K_p + 1} \\[2mm]
K_p &= \tan^2\left(\frac{\pi}{4} + \frac{\varphi_u}{2}\right)
\end{aligned}\right\} \tag{3-32}$$

式中，φ_u 为非冻砂土滑动内摩擦角。利用上式可方便地由 φ_u 估算出 f。例如，当 $\varphi_u = 18°$，$f \approx 0.3$，$\varphi_u = 24°$，$f \approx 0.4$。

1）孔隙冰破坏条件和冻结强度构成

在其他条件不变时，随 σ_3 增大，存在两临界围压 σ_{c1} 和 σ_{c2}：

$$
\left.
\begin{aligned}
\sigma_{c1} &= \frac{\sqrt{2}}{4} T_i \left\{ \frac{A-B}{C}(\gamma_2 - 2) - 2[\sqrt{2}\xi + \gamma_2 f(\zeta)] \right\} \\
\sigma_{c2} &= \frac{\sqrt{2}}{4} T_i \left\{ \left(\frac{A-B}{C} + \sqrt{2}\xi \right)(2\gamma_1 - \gamma_2) - \sqrt{2}[\xi + \sqrt{2} f(\zeta)]\gamma_2 \right\}
\end{aligned}
\right\} \tag{3-33}
$$

式中，γ_1 和 γ_2 分别为冰强度的压拉比和剪拉比。当 $\sigma_3 < \sigma_{c1}$ 时，孔隙冰拉伸破坏；当 $\sigma_{c1} \leqslant \sigma_3 \leqslant \sigma_{c2}$ 时，孔隙冰剪切破坏；当 $\sigma_3 > \sigma_{c2}$ 时，孔隙冰压缩破坏。

以粒间接触应力（有效应力）σ_e 表示的冻土强度可写成

$$
\left.
\begin{aligned}
q_1 &= \sqrt{2}[B\sigma_e + \tau_i f(\zeta)] + 2\xi T_i + 2\xi C\sigma_e \\
q_2 &= \sqrt{2}[B\sigma_e + \tau_i f(\zeta)] + 2\xi\tau_i + 0 \\
q_3 &= \sqrt{2}[B\sigma_e + \tau_i f(\zeta)] + 2\xi\sigma_i - 2\xi C\sigma_e
\end{aligned}
\right\} \tag{3-34}
$$

从上式可看出，第一项相当于冻土土骨架强度，第二项即为孔隙冰所发挥的强度，第三项即为孔隙冰与土骨架相互作用效应所发挥的强度。从上式可得出，当孔隙冰拉伸破坏时，这种效应为正，压缩时为负，剪切时为零。

2）函数 $f(\zeta)$ 和 $g(\zeta)$ 及其他参数确定

$f(\zeta)$ 和 $g(\zeta)$ 代表胶结冰和粒间摩擦力对冻土强度所能发挥得权函数，通过分析可得到

$$
\left.
\begin{aligned}
f(\zeta) &= 1 - \exp\left[\frac{-k_1 \zeta(1-\zeta)}{(\zeta_c - \zeta)^2} \right] \\
g(\zeta) &= 1 - \exp\left[\frac{-k_2(1-\zeta)}{\zeta^2} \right]
\end{aligned}
\right\} \tag{3-35}
$$

式中，k_1、k_2 为试验系数；ζ_c 为临界间隙率，它与土质有关。

ζ 与 σ_3 关系可用球腔塌缩来模拟，可得到

$$
\left.
\begin{aligned}
\eta\sigma_3 &= \frac{4}{3} G \frac{\xi(\xi - S_r)}{S_r(1-\xi)}, & 0 \leqslant \sigma_3 < \sigma_1 \\
\eta\sigma_3 &= \frac{2}{3}\tau_i \left[\ln \frac{1-\lambda\beta}{1+(1-\lambda)\beta - \dfrac{S_2}{S_1}} + \frac{S_1(\xi - \lambda S_2)}{S_1 - \lambda S_2} \right], & \sigma_1 \leqslant \sigma_3 \leqslant \sigma_2 \\
\xi &= \lambda\left[1 - \exp\left(-\frac{3\eta\sigma_3}{2\tau_i} \right) \right], & \sigma_3 > \sigma_2
\end{aligned}
\right\} \tag{3-36}
$$

式中，$\beta = \dfrac{1-S_r}{1-\xi}$，$S_1 = \dfrac{S_r(\tau_i + 2G)}{S_r\tau_i + 2G}$，$S_2 = \dfrac{S_r(\tau_i + 2G)}{2G}$，$\sigma_1 = \dfrac{2}{3}\dfrac{\tau_i S_1}{\eta}$，$\sigma_2 = -\dfrac{2}{3\eta}\tau_i \ln(1-S_2)$；$G$ 为冰弹性剪切模量；τ_i 为冰剪切强度；S_r 为冻土初始饱和度；λ 为冰残余有效面积系

数;η 为孔隙冰与骨架应力传递系数。

2. 抛物线型屈服准则

由于冻土强度具有受温度、压力的变化而变化的非线性性质,所以对冻土强度的描述都是以非线性函数为基础的。这里,着重介绍马巍提出的抛物线型强度准则(马巍等,1994)。

1) 抛物线屈服准则的基本形式

采用应力不变量函数

$$f(I_1, I_2, I_3) = 0 \tag{3-37}$$

来表示材料的屈服条件,其中 I_1、I_2 和 I_3 分别为第一、第二和第三应力不变量。当材料为均质且各向同性时,可用下式表示材料的屈服条件:

$$f(J_1, J_2) = 0 \tag{3-38}$$

式中,J_1 和 J_2 分别为偏应力的第一、第二不变量。如果用画在八面体应力 p-q 平面上的屈服轨迹来替代,这种轨迹的数学表达式就变为

$$f(p, q) = 0 \tag{3-39}$$

其中,

$$p = \frac{1}{3} J_1 = (\sigma_1 + \sigma_2 + \sigma_3)/3$$

$$q = \sqrt{3J_2} = \frac{1}{\sqrt{2}} \left[(\sigma_1 - \sigma_2)^2 + (\sigma_2 - \sigma_3)^2 + (\sigma_3 - \sigma_1)^2 \right]^{\frac{1}{2}}$$

在轴对称三轴应力状态下

$$q = \sigma_1 - \sigma_3, \quad p = \frac{1}{3}(\sigma_1 + 2\sigma_3)$$

在主应力空间中,方程(3-38)和方程(3-39)代表破坏面,其破坏面的形状可由屈服函数给出:

$$q = f_1(p) \tag{3-40}$$

这里可以试验数据为基础,选用抛物函数作为冻土的屈服准则,如图 3-43 所示。

$$q = c + bp - \frac{b}{2p_m} p^2 \tag{3-41}$$

式中,c 为八面体平面上的黏聚力;$b = \tan\varphi$,φ 为八面体上的内摩擦角;p_m 为当冻土的剪切强度达到最大值 q_m($q_m = c + \frac{b}{2} p_m$)时的平均法向应力值。由方程(3-41)可看出:当 $p_m \to \infty$ 时,$q = c + bp$,方程(3-41)符合 Drucker-Prager 屈服准则;对无摩擦材料($b=0$),$q = c$,方程(3-41)符合 von Mises 屈服准则。这样如果给定参数 c、φ 和 p_m,就可以得到冻土的屈服准则。

2) 参数确定

对于兰州砂土,通过对试验资料的分析,获得参数 c、φ 和 p_m 随温度变化的函数关系

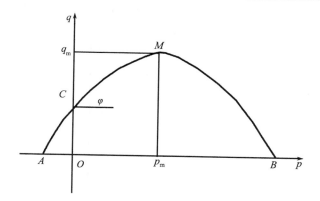

图 3-43　冻土的屈服准则

如下：

$$c = -0.417\theta + 2.255 \tag{3-42}$$

$$\varphi = -0.607\theta + 27.27 \tag{3-43}$$

$$p_m = (-65.79\theta + 45.61)^{1/2} \tag{3-44}$$

结合方程(3-41)～方程(3-44)，就可获得冻土的屈服强度。

3. 冻土断裂破坏强度准则

1) 冻土断裂破坏的一般准则

冻土脆性破坏的断裂力学准则(李洪升等，2006)研究主要以线弹性断裂力学理论和方法为基础，引进冻土断裂韧度作为广义强度指标，研究冻土的"破坏"行为。这里的"破坏"包括冻土破坏、冻土与基础界面的破坏，还包括基础及上部结构由冻胀力引起的破坏。因此这种"破坏"是广义的，其一般准则可表达为

$$\left. \begin{array}{ll} K_{fi} < K_{fic} & 不破坏 \\ K_{fi} > K_{fic} & 破坏 \\ K_{fi} = K_{fic} & 临界状态 \end{array} \right\} \tag{3-45}$$

式中，K_{fi} 为冻土(界面、基础、上部或地下结构物)的应力强度因子，MPa·m$^{1/2}$，是冻胀力 σ_τ、冻土初裂纹 a_f、冻土含水量 w、温度 θ 以及加载速率 $\dot{p}$ 及荷载作用时间 t 的函数，可用理论分析和数值计算求得。K_{fic} 为冻土(界面、基础、上部或地下结构物)的断裂韧度，MPa·m$^{1/2}$。通过特定的裂纹构形由试验测定，它是含水量 w、温度 θ、加载速率 $\dot{p}$ 以及荷载作用时间 t 和土质等环境条件的状态函数，可通过试验测定确定。$i = $ Ⅰ，Ⅱ，Ⅲ，分别表示冻土Ⅰ型破坏(张拉型)、Ⅱ型破坏(剪切型)、Ⅲ型破坏(压裂型)。注意这里的Ⅲ型破坏与其他固体材料的Ⅲ型破坏(除平面剪切型)是不同的。

冻土断裂破坏准则不同于现有的剪切强度破坏准则，其基本的内涵有如下三层意思：

(1) 引进断裂力学理论和方法，建立冻土脆性破坏的统一模式和准则，这个准则既不同于摩尔-库仑理论，也不同于传统的安全系数方法，是具有更一般意义的强度破坏准则；

（2）在这个准则中，引进了冻土脆性破坏的断裂韧度参量，它不同于传统的冻土强度指标，如抗拉强度、抗压强度、剪切强度等，它可看作是一个广义强度指标；

（3）在这个准则中，强度破坏对象是广义的，既包括冻土本身，也包括由冻土（冻胀力）引起的基础、界面、上部或地下结构物的冻害破坏，因此，是一个广义冻土破坏的概念。

所以，冻土断裂破坏准则也可以看作是"广义"强度破坏准则。

这个广义强度破坏准则虽然在形式上与一般断裂力学 K 准则是相似的，但却有着本质的差别：

（1）在冻土断裂破坏准则中，引起断裂破坏的是冻土力学特有的冻胀力，这个力是土体在冻结过程中产生的，而且它与水分、温度之间具有耦合作用，因此，在计算方法上比一般断裂应力的计算要复杂得多；

（2）由于冻土应力强度因子 K_f 和断裂韧度 K_{fc} 均是状态函数，也就是说它们都与温度、水分及加载速率等密切相关，因此，必须使二者在相同的环境条件下，破坏准则才是成立的。在这种情况下 K_f 的计算和 K_{fc} 的测试方法将与一般断裂力学方法不同。

若断裂破坏同时包括两种以上的破坏形式，则成为复合型断裂问题，如同时承受张拉冻胀力和剪切冻胀力作用时，其破坏形式是（Ⅰ＋Ⅱ）复合型断裂，对这种复合型断裂破坏准则，可以采用以下表达式：

$$K_f + K_{fⅡ} \geqslant K_{fⅠc} \tag{3-46}$$

2）冻土断裂破坏准则的适用条件和范围

（1）适用于冻土的脆性破坏及小范围屈服条件。由于受环境条件的影响，冻土的破坏性质分为脆性和塑性两种。当土温较低时呈脆性破坏，如淮南钙质土，含水量大于15％时，温度低于 $-5℃$ 时均发生脆性破坏；瞬时荷载作用，或较高的加载速率下，当 $\dot{\varepsilon} = 8.3 \times 10^{-3} \, \text{s}^{-1}$ 时发生脆性转变；当应变速率大于此速率时冻土的性质是脆弹性的，其破坏性质是脆性的；而含水量对冻土性质的影响比较复杂，当温度高于韧脆转变温度时，随含水量的增加破坏性质由脆性向塑性过渡，当温度低于韧脆转变温度时，随含水量的增加冻土脆性性质越明显。

冻土脆性破坏的特征主要表现为：应力-应变关系基本是线性的，应力增长较快，当应力达到最大值时（应力-应变曲线具有明显的峰值）冻土就产生破坏面并快速断裂；在断裂面上矿物颗粒粗糙，微裂纹丛生，裂纹扩展痕迹明显，呈严重破碎状。总之，冻土在脆性破坏情况下，广义强度准则是适用的。

冻土是非均匀材料，不是各向同性体，因此，不满足线弹性体的要求。但在大环境相同的情况下，可把冻土层看成是横观各向同性体，只要满足"小范围屈服"条件，广义强度破坏准则也是适用的。所谓"小范围屈服"指的是冻土体内只有局部产生塑性变形，而在局部区以外的整体仍是弹性状态，在这种情况下，只要塑性区的尺寸远小于冻土体的尺寸，则广义强度破坏准则仍然有效。小范围屈服条件的应用，使得广义强度破坏准则的约束条件大为放松，为工程应用奠定了基础。

（2）断裂破坏准则对工程问题的适用性。对大量的寒区隧道工程冻害破坏，可以划分为两种情况，现分别讨论之：

第一种情况：冻土作为地基材料，在上部荷载（包括基础自重）的作用下，在基础底板边缘处受最大剪切力作用,首先出现塑性变形并形成塑性区。在没有发生塑性变形之前,冻土地基仍然处于弹性状态,力和变形曲线呈线性关系,广义强度准则是适用的,可以确定此时地基承载力为临塑荷载。在局部出现塑性区的情况下,只要塑性区足够小,即塑性区的尺寸远小于基础底板尺寸,满足小范围屈服条件,广义强度破坏准则仍然适用,可以进行抗冻胀破坏评定和承载能力设计。

第二种情况:冻土作为工程基础的环境条件,在与基础相互作用时产生冻胀力和冻胀位移,对各种基础造成冻害破坏。例如,对季节冻土现场观测结果表明产生最大冻胀力和冻胀位移均是气温最低的 1、2 月份,在这种情况下各种地基基础是最易产生冻害破坏的。在这种低温下冻土的性质是脆性的,广义强度准则是适用的,可以用它进行强度和稳定性分析、抗冻胀设计以及制定防冻胀措施。因此说,对各种基础产生的冻胀破坏问题,冻土广义强度破坏准则基本都是适用的。

4. 基于亚塑性理论的冻土破坏准则

亚塑性理论是 20 世纪 80 年代针对散体材料而提出的一种新的本构理论。该理论是在亚弹性理论的基础上,以连续介质力学为依据而发展起来的。在亚塑性理论中,材料的破坏面可以通过亚塑性本构方程直接推导得出。

Wu 和 Bauer 针对砂土提出了一个简单的亚塑性本构模型。在该模型的基础上,徐国方(2012)建立了一个能够考虑温度和围压效应的冻结砂土亚塑性本构模型,可表达式为

$$\dot{\boldsymbol{T}} = \boldsymbol{L}(\boldsymbol{T} - \boldsymbol{S}) : \boldsymbol{D} + f_e \boldsymbol{N}(\boldsymbol{T} - \boldsymbol{S}) \parallel \boldsymbol{D} \parallel \tag{3-47}$$

式中,$\boldsymbol{T}$ 为 Cauchy 应力张量;$\boldsymbol{S}$ 为冻土黏聚力张量,与冻土的温度有关;$\boldsymbol{D}$ 为应变速率张量;$\dot{\boldsymbol{T}}$ 为 Jaumann 应力率,定义为 $\dot{\boldsymbol{T}} = \boldsymbol{T} + \boldsymbol{TW} - \boldsymbol{WT}$,其中 $\boldsymbol{W}$ 为旋转张量;$\boldsymbol{L}$ 为关于 $(\boldsymbol{T} - \boldsymbol{S})$ 的线性项,为一个四阶张量;$\boldsymbol{N}$ 为关于 $(\boldsymbol{T} - \boldsymbol{S})$ 的非线性项,为一个二阶张量;冒号:表示两个张量的内积;$\parallel \boldsymbol{D} \parallel$ 为应变速率张量 $\boldsymbol{D}$ 的 Euclidean 范数,定义为 $\parallel \boldsymbol{D} \parallel = \sqrt{\mathrm{tr}\boldsymbol{D}^2}$,其中 tr 表示张量的迹;$f_e$ 为一个与变形有关的因子。

在亚塑性理论中,材料的破坏有如下的定义:对于一个给定的应力状态 $\boldsymbol{T}$,存在一个非零的应变速率 $\boldsymbol{D} \neq \boldsymbol{0}$,使得应力率为零,即

$$\dot{\boldsymbol{T}} = \boldsymbol{L}(\boldsymbol{T} - \boldsymbol{S}) : \boldsymbol{D} + f_e \boldsymbol{N}(\boldsymbol{T} - \boldsymbol{S}) \parallel \boldsymbol{D} \parallel = 0 \tag{3-48}$$

在推导破坏准则前,我们有必要先推导出流动法则。因为塑性力学中流动法则描述的是材料发生破坏时塑性应变速率的方向,所以在共轴变形情况下 $(\boldsymbol{W} = 0)$ 式(3-48)中的应变速率 $\boldsymbol{D}$ 可以看成是一个单位向量,且有下式成立:

$$\boldsymbol{D}^{\mathrm{T}} \boldsymbol{D} = 1 \tag{3-49}$$

利用式(3-49),材料破坏时的应变速率可以通过式(3-48)求出:

$$\boldsymbol{D} = \boldsymbol{L}^{-1}(\boldsymbol{T} - \boldsymbol{S}) : f_e \boldsymbol{N}(\boldsymbol{T} - \boldsymbol{S}) \tag{3-50}$$

即方程(3-50)建立了应变速率的方向和破坏时的应力之间的关系,这正是流动法则的定义。再将方程(3-50)代入(3-49),可以得到破坏面:

$$f(\boldsymbol{T}) = [f_e \boldsymbol{N}^{\mathrm{T}} : (\boldsymbol{L}^{\mathrm{T}})^{-1}] : [\boldsymbol{L}^{-1} : f_e \boldsymbol{N}] - 1 = 0 \tag{3-51}$$

现将方程(3-51)描述的破坏面和方程(3-50)描述的流动法则分别画在偏平面上,如图 3-44 和图 3-45 所示。

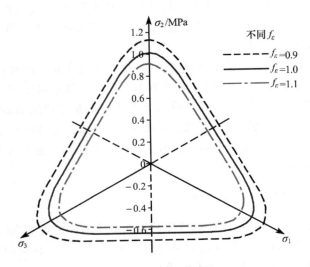

图 3-44　不同 f_ε 下偏平面上的破坏面

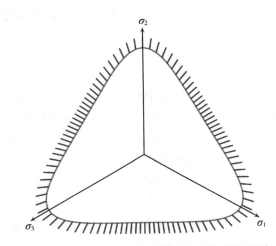

图 3-45　由本构方程推导出的破坏面及流动法则

从图 3-44 可以看出,偏平面上的破坏面没有像 Mohr-Coulomb 破坏面那样的尖角,整个破坏面是光滑的,这一点为有限元计算提供了便利。另外,破坏面关于三个主应力轴对称,与近代强度理论中的 Lade-Duncan 和 Matsuoka-Nakai 破坏面相似,这类光滑的曲边三角形(梨形)破坏面在描述岩土材料的强度中已得到广泛的采用。

图 3-45 给出了偏平面上的破坏面及流动法则,从图中可以看出,该流动法则为非相关联的流动法则,从岩土材料试验的塑性应变增量曲线来看,非相关联的流动法则比相关联的流动法则对岩土等散体材料屈服后的描述更加准确。

顺便指出,应力张量 T 与破坏时的应变速率张量 D 可以通过一个标量函数 $f(T)$ 相联系[见式(3-50)和式(3-51)],在这种情况下,T 与 D 是共轴的,所推导出的流动法则和共轴性仅仅适用于破坏时的应力状态,在破坏前,应力和应变速率是不共轴的,这一点可以通过模拟单剪试验得到确认。

3.4　冻土的抗拉强度

在土工问题中,岩体、土体在单向受拉条件下破坏时的最大拉应力就是岩体、土体的抗拉强度。但是由于岩土体的抗拉强度在数值上远远小于抗压强度值,所以大多数稳定计算都不考虑土的抗拉强度,使得目前对土的抗拉强度研究很少。在冻土的抗拉强度研究中,也存在同样的问题。但是,随着高土石坝建设以及土坡稳定性评价中,对拉力裂缝形成原因及预防的研究越来越多,人们认识到对土抗拉强度研究的必要性,并着手开展相应的研究工作。在冻土力学研究领域,基于对冻土力学理论发展的需要,也开展了少量的研究工作。这些研究仅仅是在室内对理想状态下试样所表现的力学性状的讨论,并未与工程实际结合起来。现就研究方法和对此问题的所做的研究结果两方面进行总结。

3.4.1　室内研究方法

关于冻土抗拉强度的测定,与土工试验中对土抗拉强度的测定一样,大致有单轴拉伸、径向压裂、轴向压裂、三轴拉伸和土梁弯曲等五种方法,但是,就目前对冻土抗拉强度的研究来说,仅就前三种方法进行了室内试验,后两种由于试验条件和技术的原因还未涉及到。其中单轴拉伸试验也可看作直接试验,而轴向压裂和径向压裂试验则为间接试验,即不管是通过轴向压裂试验还是径向压裂试验,试样的抗拉强度都是试件在压力作用下劈开后通过线弹性理论间接求得的。

(1)单轴拉伸。单轴拉伸试验通常使用专门制造的夹具或用一定的黏结方法使试样两端固定在加荷仪器上,然后施加轴向拉力,使试样在无侧向压力条件下拉伸直至断裂,从而获得它的拉伸强度。对冻土试样进行拉伸试验时,其试样一般为哑铃状,且颈缩部分的高颈比要满足一定的条件。此方法的优点是结果稳定,操作简便,并能直接观测到试件拉伸变形的情况,同时可测得试件的拉应力和拉应变。但在试验中容易产生偏心作用力,在靠近试件两端的地方容易发生应力集中现象。朱元林曾用单轴拉伸法对冻结粉砂的拉伸强度进行了一系列的研究,我们将在 3.4.2 节介绍。

(2)径向压裂。径向压裂法又称巴西试验,原用作测定混凝土和岩石试件的抗拉强度,现也用到土试件上(图 3-46)。沈忠言等尝试性的将此法用于冻土抗拉强度的研究,并就试样长度对抗拉强度的影响进行讨论,但由于对冻土抗拉强度的研究本身很少,所以还未见到此方法在确定冻土抗拉强度试验中更进一步的应用。压裂试验测定时,试件可为圆柱体、立方体和梁三种;压裂的形式也有沿直径、中轴和对角线破坏三类。由于土体是弹塑性体,而试验所得土体的抗拉强度是假设土体符合线弹性理论,应用推导的公式间接计算得到的,所以结果应该与土体的实际抗拉强度有一定差异。

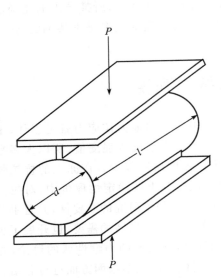

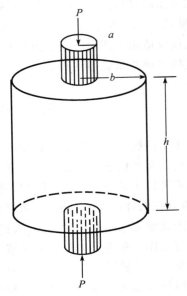

图 3-46　径向压裂试验方式　　　　　　　　　图 3-47　轴向压裂试验方式

（3）轴向压裂。通常在圆柱体试样两端中心位置垫上短柱衬垫，施加压力直至试样沿垂直轴压裂，然后通过公式计算试件的抗拉强度（图 3-47）。轴向压裂法试验操作方法简单，试验数据相对稳定、可靠，在测量土体抗拉强度时比较常用。但试验过程中衬垫尺寸的选用和试件的高径比对土的抗拉强度有一定影响。在冻土力学研究领域，仅沈忠言等对此方法的可行性进行了探讨，并认为此法对现场原状冻土抗拉强度测定具有一定的意义，但未见有其他人就此方法做进一步研究。

总之，单轴拉伸试验是最直接的方法，也是较为可靠的方法，而径向压裂和轴向压裂等间接方法在冻土抗拉强度测试中应用的可行性，还有待进一步通过大量试验对比验证。

3.4.2　应力-应变曲线及破坏形式

就应变速率（$\dot{\varepsilon}$）对冻结粉砂的应力-应变行为和破坏形式影响方面，朱元林（1986）通过对阿拉斯加费尔班克斯附近的冻结粉砂土进行单轴拉伸试验，获得温度 $\theta=-5\,℃$ 时在各种应变速率（$\dot{\varepsilon}$）下的应力-应变曲线（图 3-48）。从图上可看出，当 $\dot{\varepsilon}>10^{-2}\,\mathrm{s}^{-1}$ 时，应力-应变曲线接近直线，但当应力刚达到极限强度，试样就破裂，不能再承受任何应力，这种破坏类型就是典型的应变很小的脆性破坏，这时，材料的性能主要受弹性控制。当 $\dot{\varepsilon}<10^{-2}\,\mathrm{s}^{-1}$ 时，试样将经历一段较小准弹性变形后开始塑性流动，表现出中等脆性或塑性破坏特征。当应变速率逐渐减小并接近 $10^{-5}\,\mathrm{s}^{-1}$ 时，应力-应变曲线将在很小的应变（<0.5%）下达到峰值应力后急剧下降。以上表现与同样条件下加压时的应力-应变曲线完全不同，因为后者在出现弹性屈服后要经历很长的塑性流动后，应力才开始明显下降。

在温度和含水量的影响方面，已有研究表明，冻结粉砂的脆性随温度降低和含水量增加而增加，但温度对破坏方式的影响不如应变速率对破坏方式的影响那么剧烈。例如，当

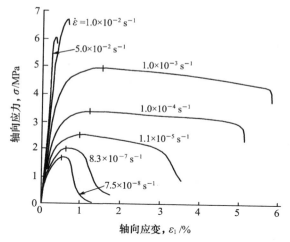

图 3-48   不同应变速率作用下的一组典型应力-应变曲线
$$\theta = -5℃, \rho_d = 1.20 \sim 1.26 g \cdot cm^{-3}$$

温度从 $-1℃$ 降到 $-7℃$ 时,脆性并无明显增加。即使当温度降至 $-10℃$ 时试样也未出现典型的脆性破坏。

3.4.3   冻土的极限抗拉强度

冻土的抗拉强度与冻土抗压强度一样,是应变速率、密度、温度等参数综合作用的结果。为了研究某一因素对抗拉强度的影响,在保持其他参数一样的条件下,只改变其中一个参数,从而获得某一变量对冻土抗拉强度的作用,这是实验土力学常用的方法。下面,就应变速率、温度及密度对冻土抗拉强度的作用逐一讨论。

1. 应变速率对抗拉强度的影响

试验证明,冻土抗拉强度受应变速率变化的趋势不仅与冻土温度有关,而且与土质类型、干密度等有一定关系。

图 3-49 表示在 $-2℃$ 和 $-5℃$ 下中等密度试样的极限抗拉强度(σ_t)与应变速率($\dot{\varepsilon}$)之间关系的双对数曲线图。这两条曲线具有类似的规律:在应变速率较小范围内,极限抗拉强度随应变速率增加而增加,而当应变速率增加到某一较大值(约 $10^{-2} s^{-1}$)时,极限抗拉强度开始随应变速率增加而降低,即开始出现脆性破坏。就本研究的温度条件 $-2℃$ 和 $-5℃$ 来说,脆性-塑性过渡几乎发生在同一应变速率(约 $10^{-2} s^{-1}$),这说明对中等密度的冻结粉砂来说,在 $-2 \sim -5℃$ 的温度范围,脆性-塑性过渡的临界应变速率对温度并不敏感。但对温度为 $-5℃$ 的冻结粉砂试验表明,脆性-塑性过渡的临界应变速率对干密度却十分敏感,当干密度由中等减小到较小时,该临界应变速率由 $10^{-2} s^{-1}$ 减小到 $5 \times 10^{-4} s^{-1}$ (图 3-50)。

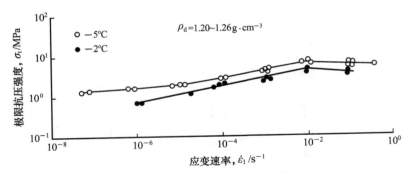

图 3-49　在 -2℃ 和 -5℃ 下中等密度试样的抗拉强度-应变速率双对数图

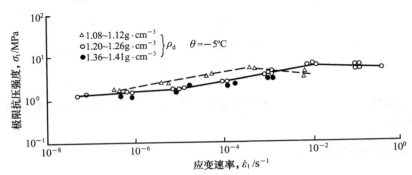

图 3-50　在 -5℃ 下不同干密度试样的抗拉强度-应变速率双对数图

通过对图 3-49 和图 3-50 的分析,获得 σ_t 与 $\dot{\varepsilon}$ 之间的关系式,即

$$\sigma_t = K\left(\frac{\dot{\varepsilon}}{\dot{\varepsilon}_1}\right)^n \tag{3-52}$$

式中,$\dot{\varepsilon} = 1 \mathrm{s}^{-1}$ 为参考应变速率;n 为量纲为 1 指数;K 为一具有应力量纲的参数。参数 n 和 K 取决于 θ、ρ_d 和 $\dot{\varepsilon}$ 的范围。对塑性破坏,其试验测定值列于表 3-6 中。

表 3-6　式(3-52)中的 n 和 K

$\theta/℃$	$\rho_d/(\mathrm{g \cdot cm^{-3}})$	$\dot{\varepsilon}/\mathrm{s}^{-1}$	$K/(\mathrm{kg \cdot cm^{-2}})$	n
-5	1.08~1.12	$5\times10^{-4} \sim 5\times10^{-7}$	148.6	0.142
	1.20~1.26	$1\times10^{-2} \sim 1\times10^{-5}$	143.4	0.151
		$1\times10^{-5} \sim 6\times10^{-8}$	48.6	0.068
	1.36~1.41	$1\times10^{-3} \sim 7\times10^{-7}$	105.4	0.134
-2	1.20~1.26	$1\times10^{-2} \sim 1\times10^{-6}$	103.2	0.185

图 3-51 是关于冻结粉砂极限抗拉强度和极限抗压强度随应变速率变化的比较。由该图可见,当 $\dot{\varepsilon} < 10^{-2}\mathrm{s}^{-1}$ 时抗拉强度与抗压强度十分接近;而当 $\dot{\varepsilon} > 10^{-2}\mathrm{s}^{-1}$ 时则前者远小于后者。Haynes 等(1975)曾对密度较大的费尔班克斯粉砂在 -9.4℃ 温度下进行过类

似的试验,结果发现抗拉强度和抗压强度随 $\dot{\varepsilon}$ 变化的曲线也在 $\dot{\varepsilon}=10^{-2}\,\mathrm{s}^{-1}$ 处发生分叉。据 Hawkes 等(1972)报道,对多晶冰来说这种分叉现象出现在 $\dot{\varepsilon}=10^{-3}\,\mathrm{s}^{-1}$ 时。出现这种分叉现象的微观力学机制尚待进一步研究。

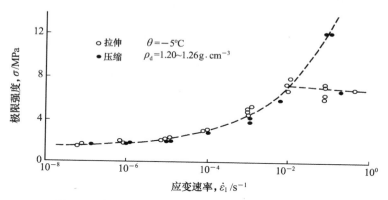

图 3-51　极限抗拉强度和抗压强度随应变速率的变化

2. 极限抗拉强度与破坏时间的关系

通过对不同干密度的冻结粉砂土在 -5 ℃ 和 -2 ℃ 温度下极限抗拉强度与破坏时间关系曲线(图 3-52 和图 3-53)的分析表明,极限抗拉强度(σ_t)具有上限(极大)值,如果将它定义为瞬时抗拉强度极限(σ_0)的话,对某一土质而言,瞬时抗拉强度极限是温度和密度的函数。但是,瞬时抗拉强度极限所对应的破坏时间(t_f)对温度并不敏感。例如,当 $\theta=-5$ ℃ 时,对中等密度的粉砂,其破坏时间约为 1s;而对密度较低的粉砂,其破坏时间约为 10s。

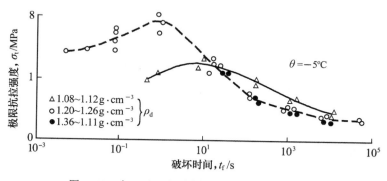

图 3-52　在 -5 ℃ 下不同密度试样的 $\lg t_\mathrm{f}$-σ_t 曲线

若以 $1/\sigma_\mathrm{t}$-$\lg t_\mathrm{f}$ 的坐标系重新绘制图 3-53,如图 3-54 所示,则不难看出,冻结粉砂的极限抗拉强度随破坏时间的变化可用 Vialov 的强度松弛方程描述:

$$\sigma_\mathrm{t}=\dfrac{\beta}{\lg \dfrac{t_\mathrm{f}}{B}} \tag{3-53}$$

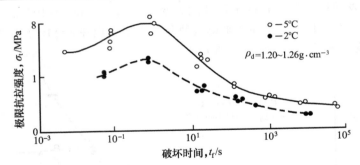

图 3-53　中等密度试样在−2℃和−5℃下的 $\lg t_f$-σ_t 曲线

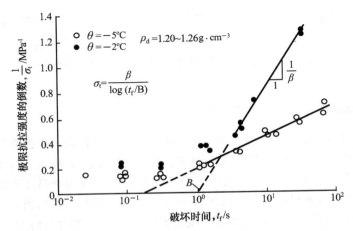

图 3-54　中等密度试样在−2℃和−5℃下的 $\lg t_f$-$1/\sigma_t$ 曲线

式中，β 和 B 为经验系数。β 具有应力量纲，B 则具有时间量纲。对一定土质来说，β 和 B 取决于 θ 和 ρ_d，其测定值见表3-7。应该指出的是短时(脆性破坏)试验资料不能用于确定式(3-53)中的 β 和 B 值。这与单轴抗压试验所得出的有关结论是一致的。

表 3-7　式(3-53)中的 β 和 B

$\theta/℃$	在下列干密度(g·cm^{-3})下的 β 值/(kg·cm^{-2})			在下列干密度(g·cm^{-3})下的 B 值/s		
	1.08～1.12	1.20～1.26	1.36～1.41	1.08～1.12	1.20～1.26	1.36～1.41
−2	—	21.4	—	—	14.6	—
−5	66.7	80.1	65.9	3.4	0.3	1.1

3. 极限抗拉强度与温度之间的关系

图 3-55 表示在一定 $\dot{\varepsilon}$ 和 ρ_d 下，σ_t 随 θ 变化的双对数图。由该图可见，σ_t 随 θ 的变化可用幂函数方程表达：

$$\sigma_t = A\left(\frac{\theta}{\theta_0}\right)^m \qquad (3-54)$$

式中,θ 为试样负温,℃;$\theta_0 = -1$℃ 为参考温度;A 和 m 为经验系数。由于图 3-55 中的曲线在 -5℃ 处出现明显转折,因此,A 和 m 不仅与应变速率和干密度有关,还与温度范围有关,其试验测定值为:当 -1℃$\geqslant\theta\geqslant-5$℃时,$A = 1.62$MPa,$m = 0.404$;当 -5℃$\geqslant\theta\geqslant-10$℃时,$A = 0.85$MPa,$m = 0.801$。

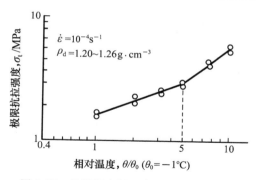

图 3-55　极限强度随温度变化的双对数图

在徐学祖对试验土样未冻水含量与温度之间关系的研究过程中,同样也发现曲线在 -5℃ 处出现明显转折,这说明抗拉强度与含冰量密切相关。当 $\theta < -5$℃ 时,冻结粉砂中含冰量明显增加,因此抗拉强度也迅速增加。

4. 干密度对极限抗拉强度的影响

通常,饱和冻土在塑性破坏情况下,极限抗拉强度 σ_t 随干密度 ρ_d 减小而增大(图 3-56)。但对于干密度较小的冻土来说,当变形速率较高时,σ_t 对 γ_d 的变化更为敏感。此外,极限抗拉强度将随着冻土体积含冰量的增加而增大(图 3-57)。

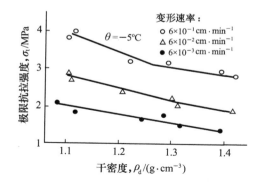

图 3-56　在不同应变速率下极限强度随干密度的变化

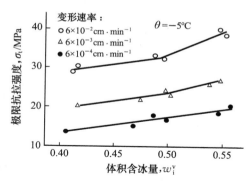

图 3-57　在不同变形速率下极限强度随体积含冰量的变化($\theta = -5$℃)

3.4.4　冻土的拉伸破坏应变

冻土的破坏应变受应变速率的变化取决于破坏区的类别。在塑性破坏区破坏应变随应变速率增加而增加,而在脆性破坏区,破坏应变则随应变速率增加而减小。另外,试样密度的大小对破坏应变也有影响,在应变速率较大情况下,破坏应变随干密度增加而明显地增加。例如,当应变速率 $\dot{\varepsilon} = 10^{-3}$ s^{-1} 时,在 -5℃ 下当干密度由 1.1g·cm^{-3} 增加到 1.4g·cm^{-3},破坏应变则由 0.4% 增加到 2.6%。然而,当应变速率较小时破坏应变随干密度无明显变化(图 3-58)。

当应变速率一定时,破坏应变受温度的影响比较明显,由图 3-59 可见,当 $\theta < -5$℃ 时

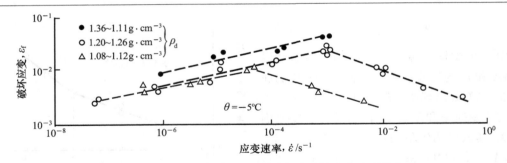

图 3-58 不同密度试样在−5℃下破坏应变随应变速度的变化

破坏应变几乎与温度无关;当 $\theta > -5℃$ 时破坏应变则随温度升高而明显增加,特别是当 $\theta > -2℃$ 时,破坏应变增加的更加剧烈(图 3-59)。朱元林等学者认为,这可能是由于当温度较高时,冻土中未冻水含量的迅速增加明显地增强了材料塑性的缘故。

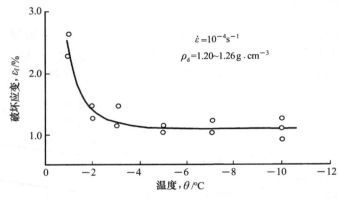

图 3-59 破坏应变随温度的变化

3.5 冻土破坏过程中的细微观机理研究

冻土作为一种多成分、分散相颗粒体系,因受到其内特有的冰胶结作用的制约,使其力学行为比普通土更为复杂。冻土的强度性能是冻土力学研究中的最重要的内容之一,长期以来,各国学者一直致力于冻土强度的变化及其破坏过程的研究,但冻土受力后出现的许多现象都无法从宏观力学特征上给予令人满意的解释,于是,人们将视野集中到了对冻土破坏过程的细微观机理研究上,试图从细微观尺度上解释冻土破坏过程中所表现出来的强度变化、裂隙发育以及最终的土体破坏特征。在此过程中,也逐渐认识到土体内部各组分之间的相互关系及其作用和冻土内各组分结构与联结作用的变化决定着冻土变形至破坏过程的宏观行为特征。

3.5.1 冻土单轴压缩过程中微裂纹的形貌和发展过程

新型显微技术的发展为了解冻土破坏过程中微裂纹的形貌和发展过程提供了技术支

持,20 世纪 70 年代发展起来的散斑干涉法是一种新型微观量测技术,它具有非接触和无损的优点。梁承姬等(1998)把它用来研究冻土的单轴破坏过程。

1. 杨氏条纹变化

图 3-60 是通过试验获得的微裂纹区连续变化的双曝光散斑图,通过对其逐点分析发现,由于微裂纹的出现,散斑图上记录的不仅是面内位移信息,而且还包括了大量的离面位移信息。所以微裂纹边缘处的杨氏条纹呈扭曲状或重叠状,且模糊不清。对于预制裂纹来说,由于裂缝的存在,使得裂缝两侧的面内位移不连续,因而表现出裂缝向左右两侧的杨氏条纹方向发生偏转,而在裂缝内不出现杨氏条纹。

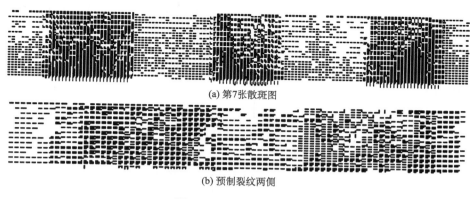

(a) 第7张散斑图

(b) 预制裂纹两侧

图 3-60 杨氏条纹变化

2. 微裂纹损伤区发展过程和形貌特征

用逐点分析法描述双曝光散斑图时,从预制裂纹尖端处开始一层一层地往上描述。当屏幕上出现杨氏条纹变化,在全息底片的无乳胶层面上标出其点的位置,描述结束后,根据散斑图上的网络坐标,在坐标纸上绘出各点的位置,从而可得到对应每一张散斑图的

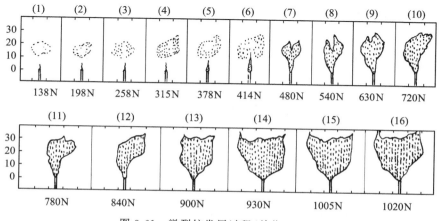

图 3-61 微裂纹发展过程(单位:mm)

微裂纹图,即为对应每一个荷载的微裂纹损伤区图。图 3-61 给出了Ⅲ号试件在不同荷载下的部分微裂纹损伤区形貌及其发展过程。

从这一过程发现,像金属材料裂纹尖端存在塑性区一样,在冻土材料的裂纹尖端也存在一个微裂纹损伤区;虽然还不清楚其内部发生的变化,但已经测到了该区的形貌和轮廓线。

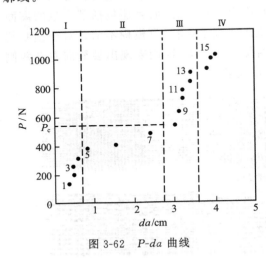

图 3-62　P-da 曲线

3. 裂纹尖端微裂纹区的发展过程分析

从微裂纹发展过程图中可测出对应每一个荷载的微裂纹区名义尺度,并描述出荷载与微裂纹区名义尺度曲线(P-da)图(图 3-62),由图可看出,曲线按其拐点可分为四段:Ⅰ段、Ⅱ段、Ⅲ段、Ⅳ段。

图中的点号与图 3-61 中的微裂纹损伤区发展过程图排号相对应。将这些点与其对应的微裂纹损伤区发展过程图联系起来,可得到如下结论:

Ⅰ段:从微裂纹损伤图中可以看出,这一段中的裂纹尖端损伤都是单线的发展,而且随荷载的增大,其线损伤尺度也逐渐增大;同时在微裂纹上方存在一块次损伤区,线损伤可认为存在于试件表面。

Ⅱ段:这一段中的微裂纹不仅单个地纵向发展,而且开始横向发展,从而形成小小的微裂纹损伤区,并与上方的次损伤区汇合,最后出现微裂纹区分叉发展。这个过程可以认为是线损伤向面损伤过渡,而面损伤表示向试件内部发展。

Ⅲ段:微裂纹区汇合后,继续纵向、横向发展,且出现转向。

Ⅳ段:微裂纹区大幅度地纵向、横向发展,以至于宏观主裂缝出现、试样失稳开裂。

从 P-da 曲线可以看到有两个转折点,可以认为第一个转折点(Ⅰ、Ⅱ之间)表征损伤由表面向内部发展;第二个转折点(Ⅱ、Ⅲ之间)表征起裂点,在本次试验中,其对应的荷载为 $P_c = 540N$。

4. 裂纹尖端张开位移临界值 δ_c 的测定

对预制裂纹根部(裂纹张开嘴)的散斑图均采用逐点分析法,观察其杨氏条纹,并测出裂纹张开嘴两侧的位移 u_L 和 u_R、杨氏条纹与水平方向的夹角 α_L 和 α_R,则它们水平分量之差即为裂纹嘴张开位移 $v = u_L \sin\alpha_L - u_R \sin\alpha_R$。这样,从每一级加载所对应的双曝光图中,可提取对应的裂纹嘴张开位移的增量。将它们逐级累加起来,就得到对应荷载的裂纹嘴张开位移。求得裂纹嘴张开位移 v 之后,通过换算公式:

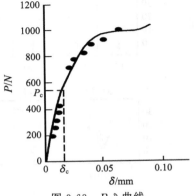

图 3-63　P-δ 曲线

$$\delta/v = r_{\mathrm{p}}(h-a)/[a + r_{\mathrm{p}}(h-a) + Z],$$

取 $r_{\mathrm{p}} = 0.45$，$Z = 0$ 即可得到对应荷载的裂纹尖端张开位移 δ，从而也就能描绘出该试件的荷载与裂纹尖端张开位移间的关系曲线 P-σ（图 3-63）。从曲线上如何确定张开位移的临界值 δ_{c}，关键在于确定开裂的临界荷载 P_{c}。这个问题用常规方法难以解决，而采用 P-da 曲线便很容易确定 P_{c}（$P_{\mathrm{c}} = 540\mathrm{N}$），再从 P-da 曲线求出 $\delta = 0.0015\mathrm{mm}$。由此值换算得的结果为 $\widetilde{K}_{\mathrm{Ic}} = 0.24\mathrm{MPa} \cdot \mathrm{m}^{1/2}$，而直接进行测试的结果为 $K_{\mathrm{Ic}} = 0.21\ \mathrm{MPa} \cdot \mathrm{m}^{1/2}$，二者很接近。

3.5.2　冻土破坏的 CT 损伤研究

所谓损伤是指冶炼、冷热工艺过程或荷载、温度、环境等的作用，使材料的微细观结构发生变化，引起微缺陷成胚、孕育、开展和汇合，导致材料宏观力学性能的劣化，最终形成宏观开裂或材料破坏。由于计算机层析扫描技术 CT 在使用过程中对材料无损且能够分层识别材料的层面信息，并以高分辨率的数字图像显现出来，近年来，在岩体材料力学性质研究中得到广泛应用，在冻土力学研究中也已开始使用。

1. 损伤的基本类型

损伤按其演变机制的不同可以分为不同的类型：延性塑性损伤、黏弹性（蠕变）损伤、疲劳（或微观塑性）损伤和宏观脆性损伤。塑性损伤是由原子间相对位置的"滑移"运动造成的，而伴随塑性变形过程的硬化现象则是由于位错密度的增加、位移间的相互交错与相互塞积等共同作用产生的。而脆性损伤则主要是由于不可逆微裂纹的出现造成材料的劣化产生的。对于不同类型的损伤其测量方法是不同的，如对于塑性延性损伤可以采用硬化应力-应变曲线来求得；而对于脆性损伤，则采用损伤识别的方法进行计算是非常恰当的，如在岩石或混凝土加载过程中的损伤识别与计算。

2. 冻土单轴压缩过程的 CT 扫描

利用 CT 方法对冻土单轴压缩过程进行了动态测试，捕捉冻土材料在加载过程中内

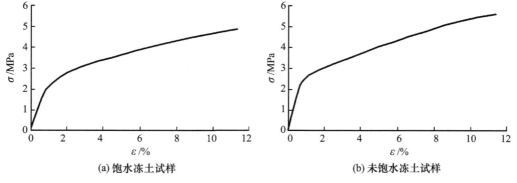

图 3-64　典型的冻土压缩真应力-应变曲线

部完整、清晰的变化信息,再配以相关参数识别,确定冻土在荷载作用下的各种内部响应特性,并对冻土各个阶段的损伤特征进行了讨论,从而了解冻土的破坏过程。这就是利用 CT 研究冻土破坏的整个过程。

综合分析冻土单轴压缩的应力-应变关系曲线(图 3-64)和冻土在单轴压缩过程中的 CT 数均值、方差(表 3-8 和表 3-9)和 CT 扫描得到的内部微结构图像(图 3-65),可知冻土在单轴压缩过程中损伤的演化过程具有以下特征(刘增利等,2002):

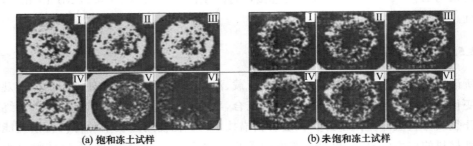

(a) 饱和冻土试样　　　　　　　　　　　(b) 未饱和冻土试样

图 3-65　典型冻土压缩 CT 图像

Ⅰ 为未知载初始阶段;Ⅱ,Ⅲ 为压密阶段;Ⅳ～Ⅵ 为局部变形破坏阶段

表 3-8　饱水冻土试样的 CT 测试结果

试样编号	$\delta/\%$	CT 数均值	标准方差
BHF-1	0	1333.9	70.77
	0.613	1334.7	64.48
	1.778	1337.2	65.49
	5.002	1346.8	61.33
	6.720	1341.2	66.55
	10.446	1325.9	69.24
	12.861	1306.8	73.46
	15.822	1282.8	75.77
	20.909	1247.1	81.42
BHF-2	0	1332.7	72.42
	1.320	1333.2	66.18
	2.503	1334.4	64.02
	3.723	1335.7	62.97
	4.901	1339.9	60.78
	6.097	1337.5	62.00
	7.256	1329.6	65.05
	8.425	1324.9	67.59

续表

试样编号	$\delta/\%$	CT 数均值	标准方差
BHF-3	0	1329.6	62.19
	1.283	1332.1	61.38
	2.478	1333.1	60.47
	3.769	1335.7	59.89
	4.942	1340.7	58.81
	6.102	1335.0	60.10
	7.368	1324.6	63.37
	8.496	1320.8	65.01

表 3-9　未饱水冻土试样的 CT 测试结果

试样编号	$\delta/\%$	CT 数均值	标准方差
BB-1	0	1311.8	96.02
	0.855	1312.8	93.12
	2.062	1316.0	92.46
	3.295	1319.6	90.28
	4.489	1325.7	88.85
	5.803	1320.1	90.01
	7.038	1315.7	92.71
	8.135	1307.7	95.00
	9.319	1298.6	98.17
BB-2	0	1276.1	92.07
	1.653	1278.1	91.12
	3.158	1283.1	90.29
	4.768	1289.6	87.13
	6.555	1280.7	89.77
	8.004	1270.6	91.46
	9.607	1262.4	94.12
	11.107	1254.3	96.85
	12.682	1239.8	99.10

1）无损伤发展阶段

这一阶段实际是冻土在单轴压缩过程中的弹性变形阶段,在此阶段,冻土的应力-应变呈线性关系,CT 数均值和均方差变化均很小。从应力-应变关系曲线中可以得到,对于饱水试样,该过程发生在变形 0.75% 以内,而未饱水试样则在 0.70% 以内。但是,无论是饱水试样还是未饱水试样,在初始时均存在大量的低密度区,一般位于试样的中心部位,有分散土颗粒和空洞存在。试样的均匀性均较差,未饱水冻土试样的差异要远大于饱水冻土试样的。可以说,分层压实制作的冻土试样在初始阶段均存在不同程度的初始损伤,因此,在加载过程中表现的损伤演化仅仅是附加损伤,而对于冻土最重要的正是这个附加损伤。

2)延性塑性损伤阶段

冻土单轴压缩曲线在弹性过程后很快就进入塑性硬化阶段,此时冻土 CT 数的标准方差降低,CT 数均值增加较大,空洞减小,试样趋于均匀化。对于饱水冻土试样,此阶段发生在变形 0.75%～5.0%,而对于未饱水冻土试样,则发生在 0.70%～4.5%。因此,可分别定义该范围的下限为塑性损伤的门槛值,而上限为微裂纹损伤的门槛值。在塑性强化阶段,总体试样变形较大,且主要为塑性变形,这时土体快速压实。究其原因应是冻土中土颗粒骨架的压缩塌落、冰体的滑移和未冻水随荷载的增加而增加造成的土颗粒的位错与滑移。这一阶段的损伤完全是塑性损伤,这部分损伤无法用密度的变化即 CT 数均值的变化来识别,而只能采用硬化曲线进行塑性损伤计算。

3)微裂纹损伤阶段

在应变达到微裂纹损伤门槛值后,冻土开始产生微裂纹损伤。在此阶段,冻土试样内部在最薄弱的中间部位产生新的微裂隙和孔洞,CT 数均值开始降低,标准差开始增大。随着加载继续,微孔隙继续增多,并开始产生孔隙的贯通与汇聚,从最薄弱的中心部位开始向环周呈现爆炸式扩展,并最终丧失承载能力。在此阶段,微裂纹损伤占了主导地位,而冻土试样在该阶段后期产生不均匀局部压缩变形,表现为局部鼓胀,并达到抗压强度极限。此阶段的损伤为微裂纹损伤,可以像岩石和混凝土一样采用损伤的识别与计算方法。

3. 冻土损伤的计算方法

冻土单轴压缩过程中的损伤测试与计算可分别按照塑性损伤和脆性微裂纹损伤识别计算。

1)塑性损伤计算方法

如果采用 Ramberg-Osgood 方程表示冻土压缩过程中塑性硬化阶段的真应力-应变关系,并采用与有效应力相关的应变等价性原理,可得在塑性硬化阶段的损伤量:

$$D = 1 - \sigma/(K\varepsilon_p^{1/M} + \sigma_y) \tag{3-55}$$

式中,D 为塑性硬化阶段一点的塑性损伤量;σ 为该点的真应力;ε_p 为该点对应的真应变中的塑性应变部分;σ_y 为真应力-应变曲线的屈服强度;K 为塑性阻力系数;M 为硬化系数。

对于塑性硬化材料,在塑性强化阶段其弹性模量基本保持不变,因此,可以通过

$$\varepsilon_p = \varepsilon - \varepsilon_e$$

来计算 ε_p。σ_y 可由硬化曲线得到,而 K 和 M 则必须由双对数曲线($\ln(\sigma-\sigma_y)$-$\ln\varepsilon_p$)图中的试验点通过下式拟合得到:

$$\ln(\sigma - \sigma_y) = \ln K + \frac{1}{M}\ln\varepsilon_p \tag{3-56}$$

2）微裂纹损伤计算

由微裂纹造成的裂隙损伤,采用 CT 进行识别计算是恰当和有效的,此阶段的损伤表达式可以写为

$$D' = \frac{1}{m_0^2} \frac{H_0 - H}{H_0 + 1000} \tag{3-57}$$

式中,D' 为由 CT 识别得到的损伤度;m_0 为 CT 机的空间分辨率,这里所用的 CT 机的空间分辨率为 0.35mm;H_0 为冻土试样在未加载之前的 CT 数均值,对于冻土试样,可取其在达到最大压缩密度时的值;H 为试样受损后的 CT 数均值。

3.6　土的冻结强度

建筑物基础埋入冻土中,通过冰晶将土颗粒同基础胶结在一起,这种胶结力称为土与基础间的冻结强度,简称冻结力。冻土通过冻土与基础间的冻结强度力引起基础随冻土体向上移动,而基础在借助于各种外力(附加荷载、摩擦力、锚固力等)和自重来抵御冻土冻胀变形引起的向上牵引作用,因此,在基础侧面附近的冻土体中就形成一个相互作用带。这个带的大小及其应力-应变的变化取决于冻土的特性及其与基础间的胶结特点、强度,以及下卧土层的强度。所以,要了解土的冻胀力、土与基础之间的相互作用就必须研究冻土与基础表面间的冻结强度。

3.6.1　冻结强度的特点

冻结强度是一种只有在外载作用下才能表现出来的特殊的力,其作用方向总是与外荷作用方向相反。在多年冻土中,冻结强度起着抵抗冻胀力的锚固作用及抵抗下沉的支撑力作用,这种情况下,人们就需要充分地利用冻结强度值。相反,在季节冻土区中,冻结强度是产生切向冻胀力的媒介,对建筑物的稳定性起着不利的影响,因此,往往需要采用措施来削弱或消除它的存在。

冻结强度与冻胀力是两个不同的概念,前者反映了冻土与基础之间被冰胶结的程度,表现于抵抗外荷作用而不使基础产生位移的能力,并通过移动基础所需的外荷载来量度;而后者是因为土中水分结冰,体积扩胀而使冻土体发生变形的内应力,它借助冻土与基础间的冻结强度,力图使基础向上位移而抵制外荷作用的能力,冻胀力是通过阻止基础移动所需的外荷载来量度的。但是冻胀力又依赖于冻结强度,如果没有冻结强度,土体在冻结过程中,就不会对基础产生垂直于冻结锋面、平行于基础垂向侧表面的切向冻胀力。一般情况下,冻土切向冻胀力的大小在数值上等于或小于冻结强度。但由于冻结强度受加载速度的影响,所以,当加荷速度与土冻胀使基础产生位移的速度相当时,冻结强度与冻胀力在数值上较为相近。

3.6.2　影响冻结强度的主要因素

冻结强度是个很复杂的强度指标,它的大小不仅受到影响冻土破坏强度指标的一些因素,诸如冻土温度(θ)、冻土的湿度(w)、含冰量、土的颗粒成分亦即土的颗粒粒径(d)、

密度(ρ)和外荷作用的时间(t)等的影响,还与土-基础接触面的粗糙程度有密切关系。基础表面越粗糙,冻结强度越高。在实际使用和量测中可以采用冻土沿物体(如基础材料)表面的界面剪切强度来度量(童长江等,1985)。

下面分别论述各因素对冻结力的影响。

1. 温度对冻结强度的影响

当土体含水量一定时,土温变化不仅决定着冻土中含冰量的大小,而且影响着冰晶体的内部结构。而含冰量的高低又决定着冰对土颗粒的胶结程度,同时影响着冻土与基础之间联结力的大小。试验资料表明(吴紫汪,1981),土温低于土的冻结温度之后,冻结强度随着土温降低而升高,达到一定负温之后,则随着土温继续降低,其增长速率则变得缓慢(图 3-66)。这是由于决定冻结力大小的,一方面是土颗粒与基础间通过冰晶而胶结的程度,胶结程度越好,其冻结强度越大。另一方面,是冰晶体结构的影响,即氢离子活动性越大,冻结力越小。土温降低时,一方面使土中冰晶数量不断增加,另一方面就是使冰晶体中氢离子活动性减弱。当土温处于剧烈相变区温度范围时,随着土温逐渐降低,冻土中的含冰量迅速增大,冰胶结度占主导地位,这时冻结强度迅速增大。而过了相强烈转换区(大约为−10℃)后,随着土温继续降低,土中冰晶增加有限,从而对冻结强度起主导作用的仅是冰中氢离子活动性这一因素,所以随土温降低冻结强度呈现相对减弱的趋势。

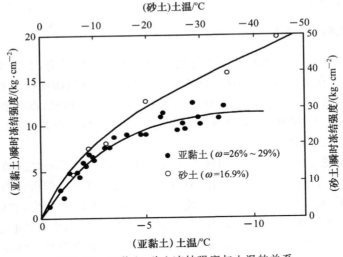

图 3-66　亚黏土、砂土冻结强度与土温的关系

冻结强度与土温之间有着下列的关系:

$$\tau_f = a + b \,|\, \theta \,|^{\,m} \tag{3-58}$$

式中,a、m、b 为取决于土的物理性质(含水量,颗粒大小)和基础材料性质(粗糙度等)的参数;θ 为土的负温,℃。

有研究表明,当冻土的温度在高于−10℃的剧烈相变区内,冻结强度与温度之间的关系可近似地看作线性关系。对于同一种土,不同的含水量的冻结力与负温关系呈一组放射线。

2. 土中含水量对冻结强度的影响

在很大的程度上,冻结强度受土体初始含水量的影响。试验表明它们之间的关系具有非线性性质。当冻土的初始含水量小于某一临界值时,冻结力不存在,这一含水量即冻结强度的临界含水量。当冻土的初始含水量超过临界含水量时,冻结强度随着含水量的增加而逐渐增大,当初始含水量增大到一定值时,其冻结强度达到最大,我们将冻结强度达到最大的含水量叫做冻结强度的极限含水量。过了极限含水量,冻结强度将随含水量增加而减少,最后趋于一个稳定值——冰的冻结力(图 3-67)。通常情况下,对细粒土而言,冻前的临界含水量与冻结强度的极限含水量分别为细粒土的塑限和液限;但对粗粒土而言,冻结强度的极限含水量接近于松散状态下土的饱和含水量。表 3-10 是几种典型土冻结强度的临界及极大含水量值。

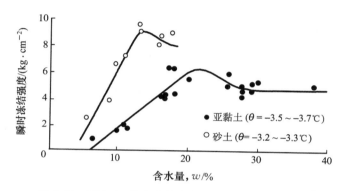

图 3-67　亚黏土、砂土冻结强度与土中含水量的关系

表 3-10　几种典型土的冻结强度之临界极大值时含水量

土名	亚黏土	轻亚黏土	亚黏土	砂土	砾石土
临界含水量/%	9	7	6	4	4
极大值含水量/%	45.0	35.0	23.0	19.5	13.0

冻土冻结强度达极大值之前与土中含水量的关系可用线性关系来表示:

$$\tau_f = a(w - w_0) \tag{3-59}$$

式中,w 为土体的初始含水量,%;w_0 为冻土与基础间出现冻结强度的临界含水量,%;a 为参数。

3. 析冰厚度的影响

根据现场观测,两种不同热性质的材料同处一体,在冻结过程中由于热平衡状态的变化,在冻土与基础壁面接触处将形成冰膜,现场观测结果表明,冰膜的厚度和形态直接影响着冻土的冻结强度。

在砾石土中,析冰形态与饱和度直接相关。当砾石土在近饱和态下冻结时,析冰致密,冻结强度高。由于砾石土中毛细作用极微弱,因此饱和度稍低时,形成析冰的水分主要靠水汽补给,从而使析冰结构松散,造成冻结强度大小相差悬殊。对粉黏粒含量较高的砾石土而言,毛细作用较强,这种差异性也将随之减弱,冻结强度也就相应较大。在快速拔桩条件下,亚黏土最大冻结强度相当于 $0.5\sim0.8\text{mm}$ 冰膜厚度时的强度,减少冰膜厚度至 $0.1\sim0.2\text{mm}$ 或增厚至 2mm 的冰膜都会使冻结强度降低 $10\%\sim15\%$。而纯冰与混凝土间的冻结强度要比有接触冰膜($1\sim2\text{mm}$)冻土的冻结强度低 30%。冰膜厚度为 1mm 左右时冻结强度最大(张津生,1978),所以说,冰析效果对冻结强度有很大的影响,同时也是造成冻结强度不稳定的主要原因。

4. 土颗粒组成对冻结强度的影响

在含水量及温度相同的情况下,土的颗粒组成对冻结强度有强烈的影响。一般情况下,粗颗粒土的冻结强度大于细颗粒土,但对于粒径比粗砂还大的砾石来说,其冻结强度小于冻结砂土和亚黏土。图 3-68 表示冻土土质类型(饱和度为 $80\%\sim90\%$,温度为 -10℃)与木材之间最大冻结强度受土颗粒粗细影响的关系图。从图中可看出,在饱和砂中,中等粒级的饱和砂具有最高的冻结强度(表 3-11),粗砂稍次。黏性土类中,虽然成分有所差异,但它们的冻结强度大致相同,都比砂土低。显然,在同一温度条件下,黏性土具有较多的未冻水量致使其冻结强度较低。

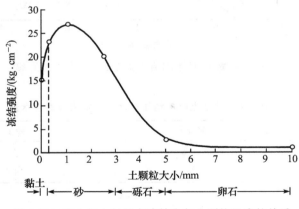

图 3-68　冻土与木材最大冻结力与土颗粒组成的关系

表 3-11　几种典型土与混凝土的最大长期冻结强度(单位:$\text{kg}\cdot\text{cm}^{-2}$)

土温 /℃	土　名				
	亚黏土	轻亚黏土	亚砂土	中砂	砾石土
−1	1.5	1.4	1.9	2.0	1.9
−2	2.7	2.6	2.9	3.6	3.4
−3	3.9	3.9	3.4	5.4	5.3
−4	5.2	5.1	4.5	7.1	7.0

5. 外荷作用时间对冻结强度影响

试验结果表明，相同条件下，随着外荷作用时间延续冻结强度迅速降低，最终达到持久冻结强度极限值。有研究发现，持久冻结强度极限值仅是瞬间冻结强度的 1/3。这是因为：

（1）冻结强度是通过冰晶的胶结作用产生的。当荷载长期作用于地基基础时，基础与土颗粒之间起胶结作用的冰晶发生了强烈的流变，导致了持久冻结强度远远小于瞬间冻结强度。

（2）在荷载作用下，基础周围冻土的冰点下降，形成半融化圈，使得土颗粒与基础通过冰的胶结作用不断减弱，造成冻结强度的逐渐下降。

6. 基础材料性质对冻结强度的影响

基础材料不同，其表面的粗糙度不同，所以冻结强度也不同。一般情况下，基础表面的粗糙度越大，其冻结强度将越大。这是因为当基础表面粗糙度增大时，一方面增大了基础与冻土间的接触面积，从而增大了其胶结面积；另一方面当粗糙度增大时，有利冻土颗粒与基础间的相互嵌入，增大了基础与冻土相对移动的难度，从而使其冻结强度增大。根据试验结果，基础表面经加工使其粗糙度增加，一般都可提高冻土与基础间的冻结强度，最大可提高 50% 以上。

3.6.3　冻结强度诺模图的编制与实用条件

根据中国多年冻土地区现场、实验室大量试验结果，编制了混凝土与各种土之间长期冻结力的诺模图（图 3-69），作为设计施工参考使用，或者在无实测资料的情况下，可根据地基土的类型及含水量（表 3-12）配合此图大致估算冻结强度（张津生，1983）。

表 3-12　冻结强度诺模图中含水量分组等级

土类	等级				
	I	II	III	IV	V
碎卵石类土，砂砾，粗、中砂（粉黏粒含量<15%）	$w<10$	$w \geqslant 10$			
碎卵石类土，砾砂，粗、中砂（粉黏粒含量≥15%）	$w<12$	$12<w \leqslant 18$	$18<w \leqslant 25$	$w>25$	
粉砂，细砂	$w<14$	$14<w \leqslant 21$	$21<w \leqslant 28$	$w>28$	
黏性土	$w<w_p$	$w_p<w \leqslant w_p+7$	$w_p+7<w \leqslant w_p+15$	$w_p+15<w \leqslant w_p+35$	$w>w_p+35$

编制依据：

（1）运营中地基土处于最高温度的冻结强度是涉及工程建筑安全的关键值。因此，图中所属的温度是采用了较高温度值。

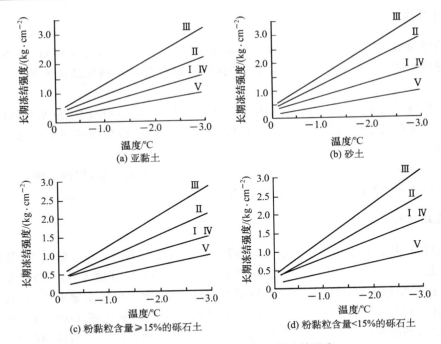

图 3-69　冻土与基础间长期极限冻结强度

（2）在土温高于－7℃范围内冻结强度与负温近似呈线性关系。

（3）冻结强度随含水量增加而增大，至极限含水量时达到极大值，随后，随着含水量的增加而减小。

（4）对于同一种土，当含水量不同时，冻结强度与负温关系为一组通过同一起点的放射线。

（5）长期冻结强度为短时极限冻结强度的 60%。

使用条件：

（1）在设计选用温度指标时，必须以运营中可能出现的最高月平均地温作依据。在季节冻土区应取最低土温的冻结强度作为设计值。

（2）如果建筑物运营期的地温高于－3℃而低于－5℃时，可以按图中直线延长取值。

（3）诺模图适用于开挖的基础、打入桩基础，也可用于桩周采用中粗砂回填的插入桩基础和各种预制混凝土桩。

（4）用于钢管桩（未经加工）时，所列数值降低 1/3。

（5）人工增加混凝土表面的粗糙度，可以将冻结强度提高 20%～30%。

（6）木桩原则上按照混凝土桩取值。

（7）诺模图给出的是极限冻结强度值 τ_f。工程中所采用的允许冻结强度 τ_f 可按图值乘以 0.58 的折减系数。由于实际工程中的土质、水分、温度梯度等条件变化都比较大，所以要求分层计算更为适宜。

（8）以上诺模图不适用于盐渍土。

3.7　冻土的地基承载力

所谓地基承载力就是地基土承受荷载的能力。通常分为两种承载力,一种是极限承载力,它是指地基即将丧失稳定性时的承载力;另一种为容许承载力,它是指地基有足够的安全度并且变形控制在建筑物容许范围内时的承载力,容许承载力一般等于极限荷载除以安全系数。地基土的性质、基础的埋置深度、宽度、形状以及建筑物的结构特性等都是影响地基承载力的因素。在多年冻土地区以冻土作为地基土时,其强度、承载力等数值除与以上因素有关外,还与冻土中冰的含量有很大的关系,冻土中未冻水含量的变化直接影响着冻土中的含水量及冰-土的胶结强度。地温高,冻土中的未冻水含量增大,强度降低,地温降低,未冻水量减少,强度增大。所以,冻土区地基土的强度受外界环境温度的波动时常在变化,使得非冻土区地基承载力的计算方法无法适用于冻土区。

3.7.1　冻土区地基承载力计算的特点

在冻土区,温度是影响地基承载力的关键因子,因此,冻土区地基承载力计算的特殊性也是围绕温度对土强度与变形的影响展开的。主要表现在以下几方面:

(1) 防冻害措施的影响。冻土区地基土的性质会随着温度的波动而变化,使得以冻土地基为基础的上部建筑物产生冻害现象。为了防止冻土区建筑物的冻害,通常会结合实际采用许多冻害防止措施,譬如以换填法、保温法和排水隔水法为主的消除或消减冻因措施,以采用深基础、锚固基础、柔性基础等方法来增强建筑物抵抗和适应冻融变形为主的结构措施。所以,在冻土区要进行地基承载力的设计,必须考虑所采用的防冻害措施对地基土温度状况及地基土强度的改变。

(2) 地温变化的作用。静力计算前,对地基土必须先进行热工计算,确定地基土在建筑物施工与运行过程中热力场的变化及其稳定融化深度,用建筑物使用期间最不利的地温状况,来确定冻土地基的强度和承载力;反之,仅按照非冻土区状态来确定地基承载力,就不能充分利用冻土地基的高强度特性,造成很大的浪费。

(3) 保持地基土处于冻结状态利用多年冻土时,由于坚硬冻土的土温较低,土中已有含冰量足以将土的矿物颗粒牢固地胶结在一起,使其各项力学指标增强许多,而其中的压缩模量大幅度提高,对一般建筑物基础荷载的作用,在地基土承载力范围之内,满足变形绰绰有余,所以,对坚硬冻土只需计算承载力就可以了。对塑性冻土,由于其压缩模量比坚硬冻土小得多,在基础荷载作用下,处于承载力之内的压缩、沉降变形却不可忽视。因此,还需进行变形验算。

(4) 按保持地基土于冻结状态时,偏心荷载作用下基础底面压力的确定,除按照非冻土区的计算方法外,也应考虑作用于基础下裙边侧表面与多年冻土冻结时的切向力。该冻结强度随地基土温度降低而增高,且比未冻土与基础间的摩阻力要大得多,其作用方向和偏心力矩的方向相反。所以在偏心荷载作用下基础底面的反力值计算中,应该考虑裙边的冻结强度。

(5) 原位试验的必要性。由于中国冻土区面积大、工程地质和水文地质条件复杂多变、地下冰分布的异常不均匀性等特点，无法使冻土区地基承载力的确定方法、确定原则的规范化，因此，目前地基静荷载试验还是确定冻土区的地基承载力必不可少的方法之一。

3.7.2　冻土地基承载力的确定方法

1. 长期强度法

冻土在荷载作用下一般会表现出与时间相关的非线性，这就使基于弹性理论的土应力分布理论——博欣内斯克（Boussinesq）理论和基于土体刚塑性行为的普朗特-太沙基地基承载力计算理论在冻土中应用时有一定的局限性。尽管如此，这些理论还是常常用于多年冻土区浅基础的初步设计。

在未冻土中，关于浅基础地基承载力的计算公式已有很多，在这里主要介绍Meyerhof（1951）和Bowles（1988）的成果。按照他们的理论，地基极限承载力主要由黏聚力、地基附加力和土体自重三部分组成，具体可以表示为以下形式：

竖向荷载：

$$q_{\text{ult}} = cN_c s_c d_c + \bar{q} N_q s_q d_q + 0.5\gamma BN_\gamma s_\gamma d_\gamma \tag{3-60}$$

倾斜荷载：

$$q_{\text{ult}} = cN_c s_c d_c i_c + \bar{q} N_q s_q d_q i_q + 0.5\gamma BN_\gamma s_\gamma d_\gamma i_\gamma \tag{3-61}$$

式中，N_q、N_c 和 N_γ 为条形基础的地基承载力系数，可定义为

$$N_q = N_\varphi \exp(\pi\tan\varphi)$$

$$N_c = (N_q - 1)\cot\varphi$$

$$N_\gamma = (N_q - 1)\tan(1.4\varphi)$$

$$N_\varphi = \frac{1 + \sin\varphi}{1 - \sin\varphi} = \tan^2\left(45 + \frac{\varphi}{2}\right)$$

当 $\varphi = 0$ 时，$N_c = \pi + 2 = 5.14$，$N_q = 1$，$N_\gamma = 0$。s_q、s_c 和 s_γ 为基础形状系数，可按下式计算：

$$s_c = 1 + 0.2N_\varphi \frac{B}{L} \quad （任意 \varphi）$$

$$s_q = s_\gamma = 1 + 0.1N_\varphi \frac{B}{L} \quad （当 \varphi > 10°）$$

$$s_q = s_\gamma = 1 \quad （当 \varphi = 0°）$$

d_q、d_c 和 d_γ 为深度系数，可按下式确定：

$$d_c = 1 + 0.2\sqrt{N_\varphi} \frac{D}{B} \quad （任意 \varphi）$$

$$d_q = d_\gamma = 1 + 0.1\sqrt{N_\varphi} \frac{D}{B} \quad （当 \varphi > 10°）$$

$$d_q = d_\gamma = 1 \quad （当 \varphi > 10°）$$

i_q、i_c 和 i_γ 为荷载倾斜系数,可按下式计算:

$$i_c = i_q = \left(1 - \frac{\theta}{90°}\right)^2 \quad (任意\ \varphi)$$

$$i_\gamma = \left(1 - \frac{\theta}{\varphi}\right)^2 \quad (当\ \varphi > 0)$$

$$i_\gamma = 0 \quad (当\ \varphi = 0°)$$

式中,L、B 和 D 分别为基础的长度、宽度和埋深;θ 为作用在基础底面上倾斜荷载合力与竖直方向的夹角;φ 为土体的内摩擦角。

在冻土中运用以上式子进行地基极限承载力初步计算时,需注意一下参数的取值:

(1) 应采用总应力进行受力分析,即用 $q = \gamma D$ 代替 $\bar{q}$,其中 γ 为上覆土层的总容重。

(2) 在荷载条件下黏聚力(c)随温度和时间变化。同样,对于以上公式中的内摩擦角(φ),由于冻土固结速度缓慢,对土体的内摩擦角进行取值时可以认为其等同于某一密度条件下的冻土进行不固结不排水试验时所得到的值,对于三种不同冻土类型内摩擦角的典型取值如下:砂土,$\varphi = 29° \sim 37°$;粉砂,$\varphi = 15° \sim 25°$;黏土,$\varphi = 0° \sim 10°$。如果冻土的抗压强度以时间(应变速率)与温度的函数来描述,则与之对应的黏聚力可以通过下式来确定:

$$c(t,\theta) = \frac{\sigma_{fu}(t,\theta)}{2N_\varphi^{1/2}} \tag{3-62}$$

2. 空腔扩张理论法

长期强度法计算地基极限承载力是以地基整体剪切破坏为假设,地基整体剪切破坏的特点是会出现明显的破坏面。但在冻土地基中以局部剪切破坏形式为主,整体剪切破坏却很少出现。为了描述这种破坏现象,可利用空腔扩张理论来计算冻土地基的蠕变沉降和受力破坏。

该理论以冻土非线性等时应力-应变和强度曲线为基础,主要应用于深基础的初步设计中。最初认为,按该理论计算的浅基础地基承载力会降低,而关于冰的试验结果表明埋深对承载力的影响并不大。

按照空腔扩张理论,在受荷蠕变过程中,当进入第三蠕变阶段时,土体将达到极限承载力,此时,冻土的强度行为可以用一幂函数来表示(Andersland et al.,1994),这时竖向荷载可表示为

$$q_{ult} = p_0 N_q + c N_c \tag{3-63}$$

式中,p_0 为作用在基底平均初始总压力;c 为与时间和温度有关的黏聚力;N_q、N_c 为承载力系数。譬如,当 $\varphi = 0°$ 时,$N_q = 1$,承载力系数 N_c 表示为:

圆形基础:

$$N_c = 1 + \frac{4}{3}\left(n + \ln\frac{2}{3\varepsilon_f}\right) \tag{3-64}$$

条形基础:

$$N_c = \frac{2}{\sqrt{3}} \left[1 + n - \ln(\sqrt{3}\,\varepsilon_f) \right] \tag{3-65}$$

式中，n 为幂函数蠕变方程中的应力指数；ε_f 为破坏应变，即最小蠕变率下的应变或者土体刚进入第三蠕变阶段时的应变值。对于具有内摩擦性质的冰饱和的冻结砂土，可得到如下公式：

圆形基础：

$$N_q = (1 + \sin\varphi) \left(1 - \frac{n}{k} \right)^{n/k-1} \left(\frac{2}{3} \right)^{1/k} (k I_r \tan\varphi)^{n/k} \tag{3-66}$$

条形基础：

$$N_q = (1 + \tan\varphi\cot\alpha)(1 - \frac{n}{v})^{n/v-1} \left(\frac{2}{\sqrt{3}} \right)^{n/v} \left(\frac{1}{\sqrt{3}} \right)^{1/v} (0.75 v I_r \tan\varphi)^{n/v} \tag{3-67}$$

对应的 N_c 值表示为

$$N_c = (N_q - 1)\cot\varphi \tag{3-68}$$

在以上的式子中

$$k = \frac{3N_\varphi}{2(N_\varphi - 1)} = \frac{3}{4}(1 + \mathrm{cosec}\varphi)$$

$$v = \frac{2N_\varphi}{N_\varphi - 1} = 1 + \mathrm{cosec}\varphi$$

I_r 为刚性指数，定义为

$$I_r = \frac{4(N_\varphi)^{1/2}}{3\varepsilon_f^{1/n}\left[1 + (p_o/c)\tan\varphi \right]} \tag{3-69}$$

对于长度为 L，宽度为 B 的矩形基础，其形状系数可按下式确定：

$$s_c = 1 + \left(\frac{N_{c,\mathrm{circle}}}{N_{c,\mathrm{strip}}} - 1 \right) \frac{B}{L}$$

$$s_q = s_c - \frac{s_c - 1}{N_{c,\mathrm{strip}}}$$

当 $\varphi > 25℃$ 时，$s_c \approx s_q$。

由式(3-66)～式(3-68)可以看出，随着刚性指数 I_r、内摩擦角 φ 蠕变指数 n 的增加，比值 $\dfrac{N_{c,\mathrm{circle}}}{N_{c,\mathrm{strip}}}$ 会不断增加。当 $\varphi = 0$，$n = 1$，$I_r = 5$ 时，$\dfrac{N_{c,\mathrm{circle}}}{N_{c,\mathrm{strip}}} = 1.10$；而当 $\varphi = 10°$，$n = 5$，$I_r = 100$ 时，$\dfrac{N_{c,\mathrm{circle}}}{N_{c,\mathrm{strip}}} = 1.90$。

根据这些参数和极限承载力公式可以确定地基的极限承载力，进一步可以用来选择合理的基础的尺寸，使地基在动静荷载作用下具有足够的安全度来抵抗剪切破坏。在设计中可以用安全系数法来确定地基上的允许土压力或安全土压力 q_a：

$$q_a = \frac{q_{\mathrm{ult}}}{F_s} \tag{3-70}$$

式中，F_s 为安全系数；q_{ult} 为在施加荷载后某一时刻冻土地基极限承载力。

在未冻土中，安全系数 F_s 一般取为 $2\sim3$，此值也适用于短期破坏冻土基础设计。根据 Vialov 和 Tsytovich 的说法，与结构使用寿命相对应的地基长期承载力除以安全系数 1.5 时，结构安全。如果地基为坚硬冻土时，地基蠕变沉降量很小，在设计中可以不予考虑。如果地基土为塑性冻土，需要在设计中考虑地基的允许蠕变沉降量。且当设计承载力大于或等于基于结构使用寿命的地基长期强度时，在设计中采用依据极限承载力的安全系数法是不合适的，此时，需要采用允许沉降量作为设计的依据。

3. 原位静荷载试验法

为了避免土样在钻探取样、运输和制备过程中受到扰动，获得较为真实的原状土的物理力学指标，确定地基承载力的另一种主要方法就是原位试验。但在冻土区，由于温度对地基土强度和变形的影响，静力触探法、标准贯入试验法等确定地基承载力的常规方法却很少使用；至于旁压试验法，由于钻孔过程中钻头与孔壁间的摩擦导致土温升高，影响测试冻土的强度，使旁压试验法在冻土区的应用也受到一定的限制。所以，在冻土区用得最多的还是静荷载试验法。

静荷载试验，又称平板荷载试验，是一种常用的、比较可靠的现场测定土的压缩性和地基承载力的方法。该试验是在一定尺寸的刚性承压板上分级施加静荷载，观察各级荷载作用下天然地基的变形随上部荷载的变化。静荷载试验法在冻土区的应用和非冻土区一样，但必须考虑以下因素：

（1）通常多年冻土地基静荷载试验应选择在冻土层（持力层）温度最高的月份进行，如果要在非最高月份进行试验时，对试验结果应进行温度修正。

（2）试验时试验土层还应保持原状结构和天然温度，且对承压板下深度为 1.5 倍承压板宽范围内的冻土温度状态进行监控，保证至少每隔 24 小时测读一次。

（3）承压板面积不应小于 0.25m^2，试坑宽度不应小于承压板宽度或直径的 3 倍。

（4）在加荷级数方面，一般不应少于 8 级。第一级荷载大约为预估极限荷载的 $15\%\sim30\%$，以后每级应为预估荷载的 $10\%\sim15\%$。通过分级加荷，可获得各级荷载下的荷载-沉降量（$P\text{-}S$）曲线。

（5）对于荷载-沉降量（$P\text{-}S$）曲线的分析，需根据冻土的变形特点，且参考融土原位试验的常规取值方法，确定冻土地基承载力。具体方法如下：当荷载-沉降量曲线上有明确的比例界限时，取该比例界限所对应的荷载值；当极限荷载能确定，且该值小于对应比例界限荷载值的 1.5 倍时，取极限荷载值的一半；当以上两个基本值可同时取得时应取低值。

（6）各级荷载下变形的稳定标准，应同时考虑两个因素。一方面考虑到冻土的特点是压缩性小，蠕变过程长，稳定标准要求相应比融土严格；另一方面，考虑试验周期内土温的稳定性，一般试验周期不宜超过 20 天，否则，土温变化往往大于 $\pm0.2\text{℃}$。

参 考 文 献

李海鹏，林传年，张俊兵，等. 2003. 原状与重塑人工冻结黏土抗压强度特征对比试验研究. 岩石力学与工程学报,22(增刊2):2861~2864.

李海鹏,林传年,张俊兵,等. 2004. 饱和冻结黏土在常应变速率下的单轴抗压强度. 岩土工程学报, 26(1):105~109.

李洪升,刘晓洲,刘增利. 2006. 冻土断裂力学破坏准则及其在工程中的应用. 土木工程学报, 39(1): 65~78.

梁承姬,李洪升,刘增利,等. 1998. 激光散斑法对冻土微裂纹形貌和发展过程的研究. 大连理工大学学报, 38(2):152~156.

梁承姬,李洪升,刘增利. 1998. 激光散斑法对冻土微裂纹形貌和发展过程的研究. 大连理工大学学报, 38(2):152~156.

马巍,吴紫汪,常小晓,等. 1995. 围压作用下冻结砂土微结构变化的电镜分析. 冰川冻土,17(2):152~158.

马巍,吴紫汪,张长庆. 1994. 冻土的强度与屈服准则. 自然科学进展,4(3):320~322.

马巍,吴紫汪,张立新,等. 1999. 高围压下冻土强度弱化的机理分析. 冰川冻土,21(1):27~32.

马巍,朱元林,马文婷,等. 2000. 冻结黏性土的变形分析. 冰川冻土,22(1):43~47.

童长江,管枫年. 1985. 土的冻胀与建筑物冻害防治. 北京:水利电力出版社.

吴紫汪,马巍,张长庆,等. 1994. 冻结砂土的强度特性. 冰川冻土,116(1):15~19.

吴紫汪,马巍. 1993. 冻土的强度与蠕变. 兰州:兰州大学出版社.

吴紫汪. 1981. 基础与冻土间冻结强度的试验研究. 中国科学院兰州冰川冻土研所集刊(第2号). 北京: 科学出版社.

徐国方. 2012. 冻土的力学性质及其亚塑性本构模型研究. 中国科学院研究生院博士学位论文.

杨成松,何平,程国栋,等. 2008. 含盐冻结粉质黏土应力-应变关系及强度特性研究. 岩土力学, 29(12):3282~3286.

余群,沈震亚,陆海鹰,等. 1993. 冻土的瞬态变形和强度特性. 冰川冻土,15(2):8~265.

张津生. 1983. 基础间的冻结力. 青藏冻土研究论文集. 北京:科学出版社.

朱元林,卡皮D L. 1986. 冻结粉砂的抗拉强度. 冰川冻土,8(1):15~27.

朱元林,张家懿,彭万巍,等. 1992. 冻土的单轴压缩本构关系. 冰川冻土,14(3):210~217.

朱元林. 1986. 冻结粉砂在常变形速度下的单轴抗压强度. 冰川冻土,8(4):365~379.

Andersland O B, Ladanyi B. 1994. An Introduction to Frozen Ground Engineering. New York: Chapman & Hall.

Bing H, He P. 2011. Experimental investigations on the influence of cyclical freezing and thawing on physical and mechanical properties of saline soil. Environmental Earth Sciences, 64(2):308~313.

Bowles J E. 1988. Foundation Analysis and Design, 4th ed. New York: cGraw-Hill.

Charaberlain E, Groves C, Perham J. 1972. The mechanical behaviour of froze earch meterials under high pressure triatial test conditions. Geotechnique, 22(3):469~483.

Goughnour R R, Andersland O B. 1968. Mechanical properties of sand-ice system. Journal of the Soil Mechanics and Foundations Division, ASCE 94:923~950.

Hawkes I, Mellor M. 1972. Deformation and fracture of ice under uniaxial stress. Journal of Glaciology, 11(61):103~131.

Haynes F D, Karalius J A, Kalafut J. 1975. Strain rate effect on the strength of frozen silt. USA CRREL Reaserch Report 350.

Meyerhof G G. 1951. The ultimate bearing capacity of foundations. Geotechnique, 2:1~32.

Parameswaran V R, Jones S J. 1981. Triaxial testing of frozen sand. Journal of Glaciology, 27:147~155.

Parameswaran V R. 1980. Deformation behaviour and strength of frozen sand. Canadian Geotechnical

Journal，17(1)：74~88.

Pekarskaya N K. 1963. Shear Strength of Frozen Ground and its Dependence on Texture. Moscow：Izdvo Alcad Nauk Press.

Shusherina E P，Bobkov Y P. 1969. Effect of moisture content on frozen ground strength. Merziotn Issled，9：122~127.

Tsytovich N A，Sumgin M I. 1937. Principles of mechanics of frozen ground. US SIPRE Transl.，19：106~107.

Vyalov S S. 1963. Rheology of frozen soil. In English Proceeding of First Permafrost International Conference. Washington：Lafayette Ind. Publication，60~77.

Zhu Y，Carbee D L. Uniaxial compressive strength of frozen silt under constant deformation rates. Cold Regions Science and Technology，9：3~15.

第4章 冻土的流变性[①]

由于冻土中冰包裹体(胶结冰和间层冰)和未冻黏滞性水膜的存在,任意附加荷载作用都将导致冰的塑性流动、冰晶的重新定向和部分冰晶的融化,从而使冻土强度和变形随时间而发生变化,这就是冻土的流变性。冻土的流变性是冻土主要的力学性质之一,它受制于冻土的物质组成和结构性联结,表现为冻土受力后产生的蠕变变形、应力松弛和强度降低等现象。

冻土的蠕变变形是指冻土在恒载作用下变形随时间不断发展的过程,也就是冻土的弹-塑-黏滞性变形过程。应力松弛是指给冻土施加一定的应力后,为使总应变保持恒定,应力必须以一定的增量减小或降低,以保证总应变增量为零,即为保证恒应变的需要应力随时间的发展而逐渐降低的现象。松弛现象可以理解为物体内建立平衡的过程,从微观角度讲,冻土发生应力松弛时的应力值是接近于或将达到冻土在当时自身平衡状态时的应力值。

由于冻土温度、冻土所受的应力状况、荷载形式等外界条件都可以改变冻土内部结构的联结,所以冻土发生蠕变变形和应力松弛不仅受到冻土本身物理性质的影响,还与外界条件的变化密切相关。本章将在对冻土蠕变概念详细阐述的基础上,阐释冻土的蠕变机理、应力松弛等流变现象,并介绍几类适用于冻土的蠕变模型。

4.1 冻土的流变机理

要认识冻土发生流变的物理本质,必须要了解发生在物体内部的微观变形过程,并利用已知的物理规律对此现象进行阐释。下面我们将通过对冻土结构联结性的剖析,抓住影响冻土力学性质的关键元素——冰的性质,来说明冻土流变的本质,并对冻土在微观水平上的变形和冻土结构缺陷的发展过程进行描述,使我们能充分认识冻土变形的特殊性,为今后进一步了解冻土的蠕变强度和长期破坏强度等概念打下基础。

4.1.1 冻土的结构性联结

冻土是由土颗粒、冰、未冻水和空气组成的四相体系。这四相体系之间相互联系、相互作用,决定着冻土的力学性质。在冻土各成分之间,首先是土矿物颗粒接触处的纯分子联结作用,纯分子联结作用力的大小取决于矿物颗粒间的直接接触面积、粒间距离、颗粒的可压密性和物理化学性质,其随外压力的增加而增大。当有外力作用时,在某些接触点上矿物颗粒的稳定性可能会遭到破坏。其次是冰胶结联结作用,这是冻土最重要的联结

---

① 本章在阐述流变性理论时用剪应力(τ)和剪应变(γ),在三轴蠕变试验中,蠕变应力用σ表示,应变用ε表示,但剪应力(τ)和剪应变(γ)所表示的规律性对蠕变应力(σ)和应变(ε)的讨论同样适用。

作用,它几乎完全制约了冻土强度和变形的变化特点,但又受到负温、冻土总含冰量、冰包裹体的组构、粒度及相对作用力的方向、冰中未冻水的含量、空气包裹体、空隙等许多因素的影响。最后一点是结构构造联结作用,冻土成分组构不同,其各个结构单元的变形也将不同;组构的不均匀性越强,结构缺陷就越多,结构单元和整个冻土的强度就越低,所以说冻土的结构构造作用将决定着冻土和永久冻土的形成条件和随后的存在条件。以上三种联结作用是冻土最基本的内部联结作用,除此之外,还存在矿物颗粒与冰之间的集聚作用、冰与薄膜水的黏滞作用以及冰胶结与冰夹层的相互作用等。

在上述所有联结中,冰的胶结作用是核心,它制约着冻土所有的结构联结作用,同时影响着冻土的力学性质。关于冰的基本特点,我们在第 1 章中已经做了简单的介绍,接下来我们主要介绍冰受力后的特点。

冰的最大特点就是具有明显的各向异性,尤其当冰受到剪切作用时,其各向异性更为明显。研究表明,只有当剪切方向与晶体基面一致时才能在冰中发生纯剪过程;而当沿其他方向剪切时,冰晶发生破坏并重新定向,这主要是由冰的黏聚力和黏滞度决定的,在主光轴方向上(垂直于冻结面)的冰黏聚力要比平行于冻结面方向上的小得多。基于大量关于冰的抗压强度资料,有研究者发现:当沿平行于光学主轴方向施力时,冰的抗压强度为 3.1~3.2MPa;而当沿垂直于光学主轴施力时,其抗压强度仅为 2.1~2.5MPa。这表明垂直于主轴方向上的冰抗压强度几乎是平行于主轴方向上的 0.8 倍。有关冰的黏滞度研究表明:当作用力垂直于主光轴时其黏滞度为 $10^{10} \sim 10^{11}\mathrm{P}$ [①],而当作用力平行于主光轴时其黏滞度为 $10^{14} \sim 10^{15}\mathrm{P}$。所以,有人为了说明冰的各向异性,把冰的内部构造描述为"像涂上尚未干透的黏合剂的一叠纸牌",每张纸牌单元薄片之间的间隙(相当于原子最密集的平面)是相互胶结很弱的薄弱面,这种弱化作用对冰的强度特性影响很大,而冰的内部融化就是沿着这些薄弱面传播的。

从冰受力的观点来看,冰发生塑性流动时的剪应力值一般不超过 0.01MPa,但实际上,任意大小的荷载都会使冰和未冻水膜产生塑性流动和冰晶的重新定向,并导致应力松弛和蠕变变形,即强度和变形性能会随着时间的变化而变化。在蠕变过程中,冰会表现出弹性性质,但这种弹性性质并不受冰各向异性的影响。所以,冻土中的冰在荷载作用下产生变形时,会发生如下变化过程:在慢剪时平行晶体的基面开始流动,但此时结构不发生变化;随着时间的流逝,冰的空间晶格会因分子分裂、重结晶作用、晶间平移和断裂等内部变化而发生变化,同时,冰在其晶体节理面摩擦产生热量的作用下会发生融化。

因此,我们可以说,赋存于冻土中的冰以及未冻水决定着冻土流变过程的发育情况,而流变过程的进行却依赖于接触力的大小和结构团聚体的联结程度。

4.1.2　冻土微观水平上的变形

在冻土受力发生蠕变的过程中,冻土中赋存的未冻水膜和冰起了头等重要的作用。在一定的压力和温度作用下,冻土中的冰和未冻水处于平衡状态,未冻水以薄膜水的形式包裹在矿物颗粒和胶结冰晶体上。但在荷载作用下,矿物颗粒和冰在接触点处发生应力

---

① 　$1\mathrm{P}=1\mathrm{dyn} \cdot \mathrm{s}/\mathrm{cm}^2=10^{-1}\mathrm{Pa} \cdot \mathrm{s}$。

集中,使冰-胶合物融化,形成的水将以未冻水的形式存在,并从应力高的区域向应力低的区域移动,当达到给定温度和压力条件下的冻结温度时,重新冻结,达到新的平衡状态。在冻土中的冰融化的同时,在冰和固体颗粒接触的地方,应力集中也使应力降低处的冰在无相变状态下发生塑性流动,从而导致含冰量的重新分布。这一过程是与时间有关的函数,所以也决定了冻土蠕变变形的黏滞性时间特征。

对于上述特点,可通过测定冻土温度的变化得到间接证明。当把高精度温度传感器埋入压力板下的土体中和压力板作用范围之外的土体中时,我们会发现,压力板作用范围以下的压实区域内土体的温度会降低,而在压力板作用范围之外的冰夹杂物形成区域,土体温度会升高,这说明在应力集中处,孔隙冰将融化,部分未冻水也会被挤出,使得含水(冰)量重新分布。

在含水量重新分配的同时,进行着冻土骨架矿物颗粒的移动和重新组合,还有无相变冰的流动。矿物颗粒的移动沿着液体薄膜进行且伴有其在剪切方向的重新定向,这个定向在发展的蠕动阶段得到增强。冰-胶结物的蠕动同样在这个阶段有了最大程度的发展,一方面伴有冰晶体的瓦解和重新定向,另一方面是它们的再结晶和生长。所以冻土受力后在微观水平上发生的这些变化反映在宏观上就表现为冻土流变性。

4.1.3 冻土结构缺陷的形成和发展

冻土的变形过程同样也取决于冻土在天然发育过程中所形成的微观或者宏观裂纹、空洞、蜂窝等结构缺陷。这种缺陷会在外荷载作用下由于土的变形使其继续发展。当冻土受到外部荷载作用时,矿物颗粒之间会发生位移,颗粒间的联结被破坏,结构缺陷、微裂隙等的产生与发展,使土的结构发生弱化;同时,在变形过程中,发生着结构损伤的"愈合",被破坏联结的恢复以及冰的重结晶等作用,这些过程,除了使颗粒重新组合力图处于最密实状态,还使土体结构得到强化。因此在冻土蠕变过程中,存在着两个相互独立的现象——冻土结构的强化和弱化。

当冻土受力后,在冰和薄膜水被挤出的同时,土颗粒及其集合体也相应地发生位移,伴随以土颗粒的重新组合和重新定向,力图使自己的基面沿着最大剪应力方向排列,占据与最小位能一致的位置。矿物颗粒间的位移导致颗粒间联结作用的破坏,骨架网络断裂并出现微裂隙,这些都可看作是土结构的缺陷。破坏首先发生在骨架联结的最薄弱处,之后随着颗粒继续位移而迅速扩展为网状的大裂隙。对遭受塑性破坏的冻土体,缺陷的发育发展不会破坏土的连续性,而以不断增长的速度使塑性变形逐渐发展,对遭受脆性破坏的冻土体,微裂隙扩大合并为大裂隙,这时土体的连续性受到破坏,并形成缺口。所以说冻土结构缺陷的存在和发展也决定了冻土具有流变性质。

4.2　冻土的蠕变及试验方法

4.2.1 冻土的蠕变性

由于冻土中赋存着冰包裹体,实际上任何数值的荷载都将导致冰的塑性流动和冰晶的重新定向,发生不可逆的结构再造作用,与此同时,冻土中未冻的黏滞水膜的存在,导致了冻土在很小荷载下,出现应力松弛和蠕变变形,即冻土的强度和变形随时间而变化。这就是冻土区别于其他固体和未冻土的主要特点。由于冻土在蠕变过程中可同时表现出弹性、黏性和塑性,所以说冻土蠕变过程就是弹塑黏滞性变形的过程。

蠕变过程可以减速进行或加速进行。第一种情况为衰减蠕变过程;第二种情况为非衰减蠕变过程(图 4-1)。在这两种情况下,蠕变变形等于受荷载作用后立即发生的相对瞬时变形 γ_0 与随时间发展的变形 $\gamma(t)$ 之和:

$$\gamma = \gamma_0 + \gamma(t) \tag{4-1}$$

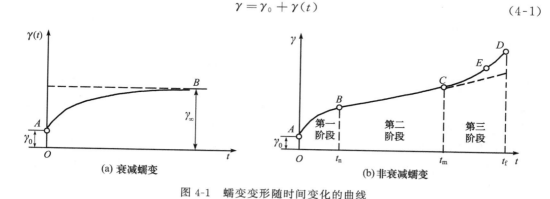

图 4-1　蠕变变形随时间变化的曲线

1. 衰减型蠕变

当冻土在一定的物理状态下,且附加应力小于某一确定的界限值时才会发生。其特征主要表现为:

(1) 衰减型蠕变过程如图 4-1(a)中 AB 所示,变形 $\gamma(t)$ 以减速发展,且随着时间的发展,速度最终趋向于零,即 $d\gamma/dt \to 0$。相应地,变形值 $\gamma(t)$ 趋向于与荷载值有关的某个有限值 $\gamma_\infty =$ 常数。

(2) 在冻土衰减蠕变过程中,常发生孔隙冰的重新定向和结晶作用,同时冰晶的尺寸变小,密度增大。

(3) 在冻土衰减蠕变过程中,微裂隙逐渐闭合,开敞孔隙减小,颗粒间的不可逆相对剪移占优势;与此同时,还由于矿物颗粒接触点处冰的融化以及随后融水在低应力区内重新冻结而发生微裂隙和大裂隙的"愈合"。

2. 非衰减型蠕变

当附加应力增大且超过某一界限值时,就会出现随时间变化的不可逆结构变形,这就是非衰减型蠕变。除标准瞬时变形(因冻土的瞬时变形很小,常忽略不计)外,冻土的非衰减蠕变变形包括三个阶段,如图 4-1(b)所示:

(1) 衰减蠕变即非稳定蠕变阶段(AB 段)。在此阶段,变形以减速发展。研究表明,在此阶段,从超载区挤出并重新冻结的水分使冻土的结构缺陷愈合,因颗粒剪移,开放孔隙率减小,微裂隙部分闭合或减小,这将导致冻土的流变压密作用进一步加强。所以,非稳定蠕变阶段以微裂隙的闭合过程为主。

（2）稳定蠕变阶段或黏塑性流动阶段（BC 段）。此时，变形速率 $\dot{\gamma}$ 大体恒定不变，$\dot{\gamma}=$ 常数，此恒定的变形速率也可称为流动速率，它可持续不同的时段。譬如，在高应力时有时很短，而有时又很长。但是，当变形达到一定数值并超过土结构再造作用所需的时间时，终将进入第三阶段——渐进流阶段，其特征是变形速率越来越大并以土的脆性和塑性破坏而告终。在稳定蠕变阶段或黏塑性流动阶段，冻土开放孔隙率减小为新形成体，逐渐抵消微裂隙，所以，在此阶段微裂隙的闭合作用占优势。由于在某一时间，冻土中原有的结构缺陷开始在这一阶段中达到平衡，所以冻土变形速率保持恒定，冻土体积实际上保持不变。

（3）渐进流阶段或急剧流动阶段（CD 段）。在此阶段，变形速率增加，导致土的破坏（脆性的或者黏滞性的破坏），有时把这个阶段也称作破坏阶段。在第三阶段，可观察到微裂隙的发展，迅速产生的新微裂隙演变成大裂隙，引起冻土弱化。此外，冰包裹体在这一阶段将遭受重结晶作用并以其基面平行于剪切方向重新定向，从而使冰包裹体和整个冻土的抗剪强度明显下降。有时，将渐进流动阶段再分为两个阶段，即发育塑性变形但尚不造成破坏的第一阶段和微裂纹与变形剧烈发展而导致冻土破坏的第二阶段。在第一阶段中土的承载力尚未消耗殆尽。

实际上，把蠕变过程分为衰减型蠕变和非衰减型蠕变过程是有条件的，划分的准确性取决于观测历时和测量精度。有时我们认为变形已经很稳定，但在观测结束之后还可能再度增大；而有时我们认为以恒定变形速率发展的变形，实际上可能在缓慢衰减，或者正在增速发展。但是，不管怎样，由于上述两种蠕变过程在冻土中都可见到，所以上述划分对生产实际十分有用。

一般情况下，也可根据应变速率（$\dot{\gamma}$）的变化进行区分不同的蠕变阶段（图 4-2）。当应力小于长期强度极限时，发生衰减蠕变，此时应变速率（$\dot{\gamma}$）随时间发展而逐渐减小，最终趋于 0[图 4-2（a）]；当应力大于长期强度极限时，发生非衰减蠕变，此时应变速率（$\dot{\gamma}$）随时间发展先逐渐减小（第一蠕变阶段），然后保持常数（第二蠕变阶段），最终趋于无穷大（第三蠕变阶段，见图 4-2（b）。如果绘制在双对数坐标中[图 4-2（c）]，则会出现应变速率随时间发展而逐渐减小（第一、二蠕变阶段），达到最小应变速率 $\dot{\gamma}_{\min}$，然后再逐渐增大（第三蠕变阶段），最终趋于无穷大，将最小应变速率所对应的时间点，称为破坏时间 t_{f}。

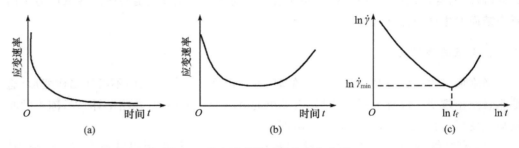

图 4-2　应变速率随时间的变化曲线

任何一个蠕变阶段的持续期和它的作用都将依赖于土的类型、温度、含水量和荷载值,如图 4-3 所示。图 4-3 反映了不同荷载下冻土的蠕变曲线。荷载越大,第二阶段的延续时间越短,第三破坏阶段出现越快;在很大荷载下,第三阶段几乎是在加载之后立即发生,蠕变曲线呈 S 形;在中等荷载下,所有三个蠕变阶段都将表现得十分清楚。在中等荷载的某个压力范围内,黏塑性流动可以不断发展,但不会过渡到第三阶段。在不超过某个极限的小荷载下,第二和第三阶段不发育,变形过程具有衰减特征。

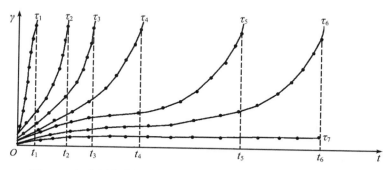

图 4-3　各种恒定荷载下 $\tau_1 > \tau_2 > \tau_3 > \tau_4 > \cdots$,冻土的蠕变曲线

在冻土发生非衰减蠕变的所有阶段中,具有实践意义的是稳定蠕变阶段,在此阶段内,冻土处于连续性未受破坏的黏塑性流动状态。此时,如果过渡到渐进流的时间超过结构的设计运行期限,那么在建筑物荷载作用下,可以允许在处于黏塑性流动阶段工作的冻土地基上修建结构物。

4.2.2　蠕变试验及加载方式

在天然条件下,冻土的蠕变过程为几十甚至几百年。在实验室,我们受技术的限制,试验可能只进行几小时或几天,少数试验进行几个月,极少数试验进行数年。因此,我们不得不将短时间试验的数据外推到长时间范围中去。

按照蠕变试验资料评价冻土流变性的关键在于蠕变方程的选择及方程参数的确定。利用蠕变方程和试验得出的参数,可以预报地基冻土或建筑材料随时间变化的性状。但是,当把试验资料外推应用到超过试验持续期几个量级时,在处理和分析数据方面需慎重。因为这种外推有时受比例尺影响,绘制的曲线容易使人产生错觉,从而错将衰减变形误认为稳定流动。

进行冻土蠕变试验的加载方式一般有两种(图 4-4):恒定的荷载试验(恒荷载试验)和分级施加荷载试验。

1. 恒荷载试验——作用在试件上的荷载为常数

恒荷载试验是要对一组同样条件的试样进行试验,根据试验结果,绘制不同荷载作用下的蠕变曲线簇(图 4-3)。一般情况下,在小荷载作用下,试验通常要进行到变形相对稳定(定出衰减标准)为止,而在大荷载作用下,试验通常要进行到破坏为止。但对于塑性冻

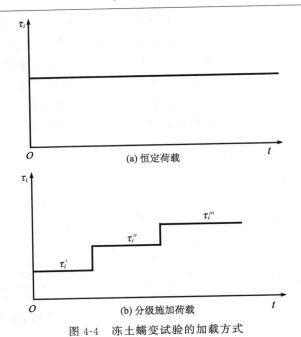

图 4-4   冻土蠕变试验的加载方式

土和饱冰试件来说,虽然连续性变形将发展到非常大的程度,但试件也不会发生破坏。在这种情况下,试验一般进行到设定的变形值为止,如 $\gamma_i = 0.2$(或 0.3)。

恒荷载试验必须要采用一组同样条件的试样,由于各试样性质难以完全相同,尤其是天然原状试样,因此试验数据不可避免地存在很大的离散性,所以重复试验是必需的。但恒定荷载试验排除了加载状态的影响,试验结果比较可靠。

2. 分级施加荷载试验——在每一阶段的荷载为常数

分级施加荷载试验,是取一个试样施加梯级增长荷载[图 4-4(b)和图 4-5(a)],每级延续 Δt 时间,各级的 Δt 或者恒定,或者在衰减蠕变阶段达到该级荷载条件下变形恒定为止。将试验结果整理为荷载分级增大的情况下变形随时间变化的图形[图 4-5(b)]。整个试验过程,只用一个试样,试验点离散性较小,这是梯级荷载试验的优点。

这里应该说明,通过分级施加荷载进行蠕变试验,是在将冻土看作一种各向同性介质的前提下进行的。这时,随时间变化的荷载引起的蠕变变形就可以用各级应力增量引起的变形之和来表示[图 4-5(b)、(c)]。即

$$\gamma_m = \gamma_1 + \sum_{i=2}^{m} \Delta \gamma_i \tag{4-2}$$

譬如,应力 τ_4 的变形为 $\gamma_4 = \gamma_1 + \Delta \gamma_2 + \Delta \gamma_3 + \Delta \gamma_4$。

对于冻土而言,在变形过程中由于冻土的硬化、压融等原因,上一级荷载对下一级变形有影响,即下一级荷载引起的变形要比用叠加规律得出的变形小。所以,考虑到上述情况以及分级加荷载蠕变试验的时间等因素,从纯试验结果来看,采用恒荷载试验进行蠕变试验应该更合理。

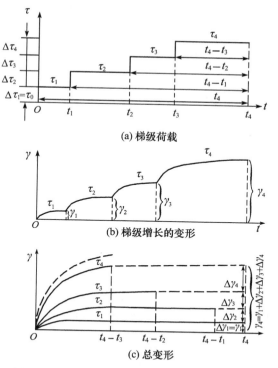

图 4-5　蠕变变形与各级荷载引起变形的关系

4.3　影响冻土蠕变的主要因素

研究表明,冻土的蠕变性不仅受到冻土矿物成分、粒度组成等因素的影响,还受到含水(冰)量、含盐度、泥炭化程度、温度、应力状况等因素的影响。

4.3.1　含水(冰)量的影响

土体冻结前含水量的高低决定着冻结后含冰量的多少,冻土的含冰量是决定冻土蠕变特性的一个关键因子。通常,冻土中含冰量越高,冻土的流变性就越显著。所以水分对冻土蠕变的影响主要反映在以下三个方面。

1. 水分对冻土蠕变类型的影响

研究表明,当冻土中总含水量超过一定数量时,即使在较小荷载下也会发生非衰减型蠕变,我们常将这个含水量界限称为含土冰层的起始含水量,即 $w = w_p + 35\% \pm 5\%$,其中 w_p 表示塑性含水量,%。

当含水量 $w > w_p + 35\% \pm 5\%$ 时,冰将成为冻土的基本骨架,土颗粒相当于悬浮于冰中的杂质,因此,这时冻土的力学性质将更多地表现出冰受力后的特性,即在极小荷载作用下,呈现出非衰减型蠕变(图 4-6)。冻土地区的地下冰在不同荷载下均属此类蠕变。

当含水量 $w < w_p + 35\% \pm 5\%$，且荷载小于极限荷载时，均表现为衰减型蠕变。

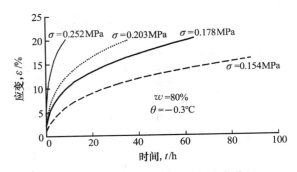

图 4-6　高含冰量冻结黏土蠕变曲线

2. 水分对冻土蠕变速率的影响

我们已经知道在非衰减蠕变中，第二蠕变阶段的常变形速率（又称流动速率）不仅与应力（σ）大小有密切关系，而且其与含水量也有不可分割的联系。

由图 4-7 可以看出，当冻土中的总含水量处在区间 I，即 $w_p < w \leqslant w_p + 35\% \pm 5\%$ 时，流动速率（v，mm·min^{-1}）[①]随总含水量的增加而增大，可用下式方程近似表示：

$$v = k(w - w_0) \tag{4-3}$$

式中，k 为试验参数；w_0 可近似取为 w_p。

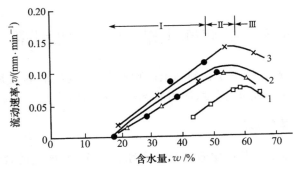

图 4-7　冻土流动速率与含水量的关系
1. -0.5℃，1.4MPa；2. -1.0℃，2.2MPa；3. -2.0℃，3.4MPa

当冻土中的总含水量处在区间 II，即 $w_p + 30\% < w \leqslant w_p + 40\%$ 时，流动速率达到最大。通过分析，我们认为可能原因有两种：一是当冻土受荷载时，主应力区的未冻水及受荷载作用下发生局部融化而产生的水分向低应力区迁移；二是在此含水区间，矿物颗粒骨

---

① 通常流动速率指的是单位时间内的应变，但此处由于原参考文献采用长度单位毫米（mm）表示试样变形，所以，我们用"v"来表示流动速率，以示与其他部分应变（%）表示试样变形的差别。下同。

架与冰水体积大致相当或冰水体积略大于矿物颗粒体积,受荷时冰直接起着支撑外力的作用,使冰晶发生位错。

当冻土中的总含水量处在区间Ⅲ,即 $w > w_p + 40\%$ 时,随含水量的增加,流动速率逐渐减小,最后趋于一定值——冰的流动速率。

所以,按照冻土中总含水量的分布区间,可将冻土流动速率写成下列形式:

对于含水量 $w \leqslant w_p + 35\% \pm 5\%$ 的典型冻土(图 4-8),其流动速率为

$$v = v_0 e^{k(\sigma - \sigma_\infty)} \tag{4-4}$$

式中,v 为冻土流动速率,$\text{mm} \cdot \text{h}^{-1}$;$v_0 = A|\theta|^{-\xi}$ 为冻土变形的特征参数,与土温、颗粒成分等因素有关;A、ξ 为试验系数;σ_∞ 为冻土长期强度极限;$k = f(w)$ 为试验系数,随含水量的增大而增大。

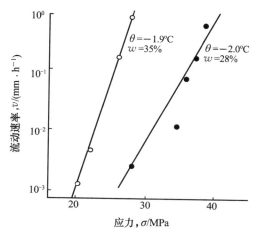

图 4-8　典型冻土流动速率与应力的关系

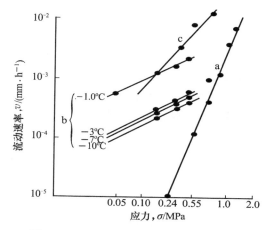

图 4-9　含土冰层流动速率与应力的关系
a.人造冰,$\theta = -3.0℃$;b.人造冰,$\theta = -1℃$,$-3℃$,
$-7℃$,$-10℃$;c.含土冰层,$\theta = -1.0℃$

对于总含水量 $w > w_p + 35\% \pm 5\%$ 的含土冰层(图 4-9),其流动速率为

$$v = a|\theta|^{-m}\sigma^n \tag{4-5}$$

式中,v 为含土冰层的流动速率,$\text{mm} \cdot \text{h}^{-1}$;$m$ 为与含水量有关的试验系数,一般小于1;n 为与加荷载形式、温度和含土冰层中的含土量有关的试验系数;a 为与荷载和含土量有关的试验常数。

由此可知,在一定的土质、土温下,水分是影响冻土流变性最积极的因素。根据冻土流变性,以总含水量 $w = w_p + 35\% \pm 5\%$ 为界,可将冻土划分为两个区间来讨论:当总含水量小于该界限含水量时,反映的是典型冻土的流变特性;而当总含水量大于该界限值时,基本上反映的是冰的流变性质。

4.3.2　含盐量(盐渍度)的影响

首先需要说明的是,易溶盐对冻土蠕变的影响程度不取决于盐渍度,而取决于孔

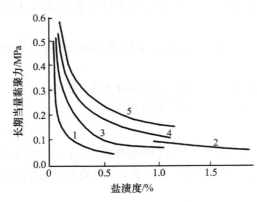

图 4-10　长期当量黏聚力（c_∞）与盐
渍度（ζ）的关系曲线

1.砂土,$\theta=-3.0℃$；2.淤泥,$\theta=-3.0℃$；3.亚黏土,
$\theta=-3℃$；4.亚黏土,$\theta=-4℃$；5.亚黏土,$\theta=-5℃$

隙溶液的浓度。当盐渍度相同时,孔隙溶液的浓度将随着含水量的增加而减小,这样,盐渍度对冻土抵抗荷载的影响将随着总含水量的增加而下降。因为在天然条件下土体含水量往往会接近饱和含水量,而饱和含水量按砂土＜亚砂土＜亚黏土＜黏土＜泥炭顺序依次增加,所以盐渍度对冻土蠕变的影响顺序与饱和含水量相反。就土的类型来说,当盐渍度相同时,砂土受盐渍度的影响要比黏性土大（罗曼,2005）,如图 4-10 所示。试验结果表明,当盐渍度在 0.25％～0.5％ 范围内时,砂土黏聚力下降最剧烈,随后强度随着盐渍度的增长下降变缓。

　　当含盐冻土承受较低应力作用时,就会呈现出非衰减蠕变并进入渐进流动阶段。所以,在盐渍化冻土的受力过程中,冻土的变形将经历蠕变的三个阶段。根据图 4-11 可知,盐分的化学成分对冻土强度和变形有很大的影响,同时还影响着冻土的起始冻结温度（θ_{bf}）和未冻水含量（w_u）。整理试验数据可知,同源温度（θ/θ_{bf}）可以综合反映各种盐分的影响［图 4-11(d)］。

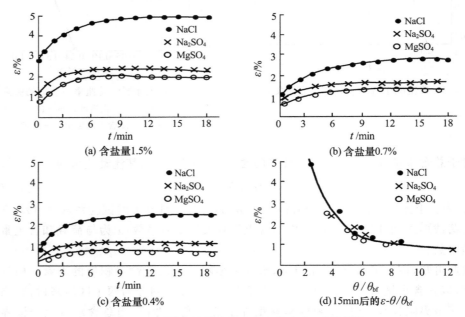

图 4-11　不同含盐量冻结亚黏土的应变-时间曲线
$\theta=-5.0℃$,$\sigma=1.26MPa$

4.3.3　温度的影响

在土体的温度降低并发生冻结的过程中,冻土中的未冻水含量会减小,冰胶结程度增加,冰与土颗粒之间的胶结固化作用进一步强化,加之冻土的各相成分因温度收缩产生结构压密,使冻土强度升高,恒荷载作用下蠕变变形减小,黏滞性减小。所以温度变化对冻土蠕变有很大影响。

通过综合分析冻土在不同温度和水分条件下的试验资料,可得到以下冻土蠕变过程表达式:

$$\varepsilon = \varepsilon_0 t^a \tag{4-6}$$

$$\dot{\varepsilon} = \varepsilon_0 a t^{a-1} \tag{4-7}$$

式中,ε 为蠕变变形量;ε_0 为初始变形;t 为蠕变时间;$a < 1$ 为试验系数;$\dot{\varepsilon}$ 为任一时刻的冻土蠕变变形速率。

初始变形(ε_0)用下列函数表示:

$$\varepsilon_0 = f(\theta, \sigma, w, \cdots) \tag{4-8}$$

式中,θ 为温度,℃;σ 为应力,MPa;w 为含水量,%。在一定的含水量范围内可用下式表示:

$$\varepsilon_0 = A_0 \mid \theta \mid^{-c} \cdot 10^{d\sigma} \tag{4-9}$$

式(4-9)反映了应力和温度对初始变形的影响。试验常数 c、d、a 和 A_0 与含水量有关。

将式(4-9)分别代入式(4-6)和式(4-7)可得

$$\varepsilon = A_0 \mid \theta \mid^{-c} \cdot 10^{d\sigma} \cdot t^a \tag{4-10}$$

$$\dot{\varepsilon} = A_0 \mid \theta \mid^{-c} \cdot 10^{d\sigma} \cdot a t^{a-1} \tag{4-11}$$

上式均能同时反映土温、应力、时间以及含水(冰)量对冻土流变的影响。

1. 温度对衰减蠕变最终稳定时间的影响

前面已经表明,当含水量 $w < w_p + 35\%$,蠕变应力小于长期强度极限时,冻土将发生衰减蠕变,但衰减蠕变的稳定时间会受到冻土温度高低的影响。

研究表明,衰减蠕变稳定时间与蠕变应力、温度之间存在如下关系:

$$t = B \exp(-0.62 \mid \theta \mid) \cdot \sigma^m \tag{4-12}$$

式中,t 为衰减蠕变最终稳定时间;σ 为蠕变应力(小于长期强度极限);$m = 0.95$ 为与冻土温度和含水量无关的试验常数;θ 为冻土温度;B 为试验常数。当含水量 $w_p < w < w_p + 35\%$ 时,$B = 13$。

2. 温度对衰减蠕变最终变形量的影响

显然,当 t 确定后,用式(4-10)就可确定其衰减蠕变的最终变形量,但通常情况下,t 为未知数,这时如何确定衰减蠕变变形量呢? 从试验关系曲线可得到

$$\varepsilon = a e^{n\sigma} \tag{4-13}$$

式中,a 为试验系数,与土温有关,

$$a = a_0 \cdot 10^{-k|\theta|} \tag{4-14}$$

其中，a_0 和 k 分别为试验常数，当 $w < w_p + 15\%$ 时，$n = 0.16$，$a_0 = 2.0$，$k = 0.40$。

综合上面两式，在 $w < w_p + 15\%$ 的条件下，可得到计算衰减蠕变最终变形量的另一公式：

$$\varepsilon = a_0 \cdot 10^{-k|\theta|} \cdot e^{n\sigma} \tag{4-15}$$

当含水量增大时，n 值增大，k 值减小。

3. 温度对稳定蠕变阶段应变速率的影响

当应力大于长期强度极限时，冻土将产生非衰减蠕变，下面就这种情况进行讨论。

分析冻土在不同温度和不同应力条件下稳定蠕变阶段的稳定应变速率资料，可得出如下结论，无论是冻土还是含土冰层，其蠕变应变速率均可用以下指数方程描述：

$$\dot{\varepsilon} = \dot{\varepsilon}_0 e^{2.3b(\sigma - \sigma_\infty)} \tag{4-16}$$

式中，$\dot{\varepsilon}$ 为稳定蠕变阶段的应变速率；$\dot{\varepsilon}_0$ 为试验常数，相当于 $\sigma \leqslant \sigma_\infty$ 时稳定蠕变阶段的应变速率；σ_∞ 为长期强度极限；b 为试验常数。

在一定的应力条件下，其应变速率主要取决于 $\dot{\varepsilon}_0$ 和 b 值，而 $\dot{\varepsilon}_0$ 主要依赖于土温，一般随温度的升高而增大；b 值与土温无关，主要依赖于含水量，随含水量的增大而增大。

维亚洛夫（1987）建议温度对衰减蠕变过程的影响可用以下幂函数关系式表达：

$$\varepsilon = (\sigma/A)^{1/m} t^\alpha f(\theta) \tag{4-17}$$

式中，A、m 和 α 为试验参数。其中温度函数 $f(\theta)$ 可采用指数函数、幂函数或分式线性函数形式：

$$f(\theta) = l^{2\bar{\theta}} \tag{4-18}$$

$$f(\theta) = a + b\bar{\theta}^n \tag{4-19}$$

$$f(\theta) = 1 + \bar{\theta}^n \tag{4-20}$$

$$f(\theta) = a + b\bar{\theta} + c\bar{\theta}\Phi^2 \tag{4-21}$$

式中，$\bar{\theta} = \theta/\theta_1$，$\theta$ 为土温，$\theta_1 = -1℃$；a、b、c 和 n 为参数。式（4-19）和式（4-21）适用于 $\bar{\theta}$ 比较小的情形；当温度比较低或很低时，采用式（4-18），结果会更好一些。

4. 温度对冻土热蠕变的影响

目前对冻土流变性的研究多限于恒温条件，但在天然条件下，温度年变化深度范围内土温是不断波动的，尤其是冻土上限附近温度变化比较剧烈。在温度变化过程中组成冻土的各成分要相应地发生各种变化，其中矿物颗粒及冰晶体是服从热胀冷缩规律的。而冰在升温过程中部分转化为水；相反在降温过程中部分未冻水则发生相变变成冰，而且还伴随着冰的重分布。因此，在温度变化过程中冻土体变是很明显的。在一个体系温度升降过程中总体积是增大还是缩小，主要取决于冻土体中的水分含量，一般有如下两种情况（图 4-12）。

当含水量 $w > w_p + 35\% \pm 5\%$ 时，在一定荷载下，随着土温的升高，不但蠕变停止，而且发生热胀。这是因为在此含水区间，矿物颗粒与冰晶颗粒的热胀量要大于由于升温使

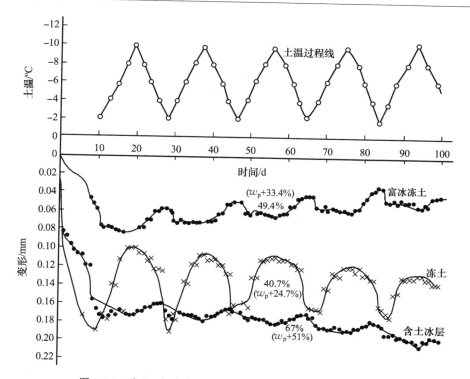

图 4-12　冻土、富冰冻土和含土冰层的变形随土温波动过程
均有 0.05MPa 的荷载

局部冰相变成水而引起的体积缩小量。此区段总的规律是:随含水量的增大,升温过程中热胀量增大。

当含水量 $w < w_\mathrm{p} + 35\% \pm 5\%$ 时,在一定的荷载下,降温过程同样使蠕变停止,而且产生冻胀,这也是典型冻土的特点之一。

通过上述讨论可知:任何冻土在温度波动过程中,其流变方程的选取应慎重。

4.4　冻土蠕变理论与冻土长期变形

4.4.1　冻土蠕变的规律性

前面已经提到,冻土的蠕变变形是指冻土在恒荷载作用下变形随时间的发展过程,所以研究蠕变的规律性,时间因素是关键。通常,蠕变的规律性将通过冻土变形速率 $\dot{\gamma}$ 或变形本身 γ、应力 τ 与时间 t 之间的关系来表达,即

$$\dot{\gamma} = f_1(\tau, t), \quad \gamma = f_2(\tau, t) \tag{4-22}$$

$$\tau = \varphi_1(\dot{\gamma}, t), \quad \tau = \varphi_2(\gamma, t) \tag{4-23}$$

式(4-22)为对应于不同应力值(τ)的 $\dot{\gamma}$-t 或 γ-t 曲线,而式(4-23)为对应于不同时刻的 τ-$\dot{\gamma}$ 或 τ-γ 曲线。对应于各种应力的 γ-t 曲线称为蠕变曲线,而对应于各种 t 的 τ-γ 曲线称为

等时曲线,后者可以从蠕变曲线的重新绘制而得(图 4-13)。$t=0$ 的等时曲线便是瞬时变形曲线,而 $t\to\infty$ 时的等时曲线便是稳定变形曲线,这种曲线仅在衰减蠕变时才存在。

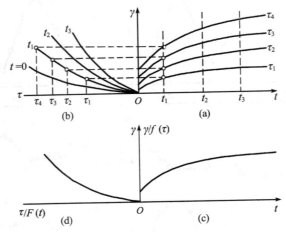

图 4-13　蠕变曲线(a)、等时曲线(b)及其归一化曲线(c)

应力和变形之间的关系可能有三种类型的等时 τ-γ 曲线:

(1) 全部不相似曲线[图 4-14(a)],每一根曲线均有其自身的函数 $\tau=\varphi_i(\gamma)$;

(2) 除 $t=0$ 的曲线外的彼此相似曲线,所有曲线可用同一函数 $\tau=\varphi(\gamma)$ 来描述。但瞬时变形曲线($t=0$)除外,它的同一函数为 $\tau=\varphi_0(\gamma)$[图 4-14(b)];

(3) 全部都相似的曲线(对于任意时刻 $t\geqslant0$ 的所有曲线均相似),所有曲线均用同一函数 $\tau=\varphi(\gamma)$ 来描述[图 4-14(c)]。

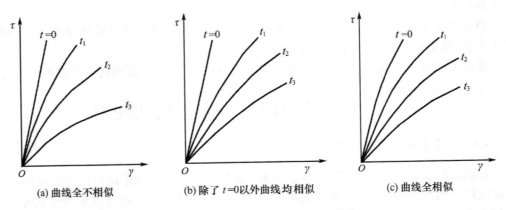

图 4-14　不同时刻的应力-变形关系曲线

等时曲线或蠕变曲线的相似性是存在条件的,分别为:

等时曲线的相似条件为

$$\varphi(\gamma)=\tau\psi(t) \tag{4-24}$$

蠕变曲线的相似条件为

$$\gamma = f(\tau)\Phi(t) \tag{4-25}$$

式中,$\varphi(\gamma)$ 和 $f(\tau)$ 为在任意时刻与变形和应力有关的函数;$\psi(t)$ 和 $\Phi(t)$ 为时间函数,$\Phi(t)$ 也称为蠕变函数。

函数 $\Phi(t)$ 和 $\psi(t)$ 必须这样选择,使其在 $t=0$ 时它们有不确定的瞬时变形,也就是 $\Phi(0)=\psi(0)=1$;在不考虑变形时将有 $\Phi(0)=\psi(0)=0$。

如果不是研究变形而是速率,则关系式(4-24)和式(4-25)取如下形式:

$$\varphi(\dot{\gamma}) = \tau K(t), \quad \dot{\gamma} = f(\tau)\chi(t) \tag{4-26}$$

式中,时间函数 K 和 χ 与函数 Φ 和 ψ 有以下关系:

$$\varphi(t) = 1 + \int_0^t K(t)\mathrm{d}t, \quad \Phi(t) = 1 + \int_0^t \chi(t)\mathrm{d}t \tag{4-27}$$

如果蠕变曲线或等时曲线相似,则这些曲线可以归结为唯一的恒值曲线。为此,蠕变曲线应绘制在 $\gamma/f(t)$-t 坐标上[图 4-13(c)],而等时曲线绘在 $\tau/F(t)$-γ 标中,其中 $F(t)=1/\psi(t)$[图 4-13(d)]。

蠕变曲线和等时曲线的真正相似不是经常能遇到的。由于材料的蠕变试验数据不可避免地有很大离散性,尤其是土(金属的这种离散在 20% 的应变范围内,可认为不太大),没有必要很精确地分析描述蠕变曲线。因此,在大多数情况下可以利用这些近似关系式。当然,如果它们得出与野外情况相符的令人满意的结果,则对于实际计算更合适。因此,关于曲线相似的假设应该在所有情况中应用,只要它不致在本质上歪曲试验结果即可。

4.4.2　冻土的蠕变方程

建立冻土蠕变模型的目的在于定量描述、预测冻土的蠕变变形过程。由于冻土是土颗粒、冰、未冻水、空气等组成的多相体系,其蠕变性质要比单晶结构的金属材料复杂得多,如果要从力学模型元件入手直接建立冻土蠕变方程是很困难的,所以,一般借鉴一些比较成熟的金属蠕变理论,结合不同试验条件下获得的冻土蠕变曲线,通过对试验数据的处理,用一些包含试验参数的简单的数学方程来描述冻土的蠕变过程,所以这些蠕变方程属于经验方程类的蠕变理论,它的适用范围也有一定的局限性。现根据我们通常对蠕变变形的划分,来阐明蠕变方程。

1. 衰减型蠕变方程

研究表明冻土中存在的交替冰层影响着冻土的变形而非强度,基于此,Takegawa 等(1979)提出了用于描述冻土在不同含冰层条件下的蠕变方程:

$$\varepsilon = \frac{\sigma}{W(1-\theta)^k} + \left[\frac{\sigma t^\lambda}{w(1-\theta)^k}\right]^{1/m} \tag{4-28}$$

$$\varepsilon = \frac{\sigma}{W(1-\theta)^k} + [1 + a\lg(1+t)] \tag{4-29}$$

式中:σ、t 和 θ 分别为应力、时间和温度;m、λ、k、w 和 W 为蠕变系数;a 为一常数。其中

方程(4-28)适用于含冰透镜体的冻土,而方程(4-29)对于不含冰透镜体的冻土更适合。

Vyalov(1955)引用金属蠕变中的陈化理论,表明可用如下函数关系式描述恒温下冻土的蠕变过程:

$$\varphi(\varepsilon) = \sigma\psi(t) \qquad\qquad (4\text{-}30)$$

式中,ε、σ 和 t 分别为轴向应变、轴向应力和时间。在不单独考虑初始应变的情况下,取 $\psi(t) = t^a$,$\varphi(\varepsilon) = B_0\varepsilon^m$,则式(4-30)可表示为

$$B_0\varepsilon^m = \sigma t^a \qquad\qquad (4\text{-}31)$$

式中,B_0 为应变系数;m 为强化系数;a 为时间指数,且满足 $a/m < 1$。式(4-31)能较好地描述冻土进入渐进流蠕变阶段前的蠕变变形,特别是对于第一蠕变阶段较长的低含冰量冻土。方程(4-30)和方程(4-31)均建立在常应力蠕变试验的基础上,原则上只适用于常应力蠕变情形,但是,如同金属陈化理论一样,对于应力变化不剧烈的变应力情形也是适用的。

吴紫汪等(1982)基于试验结果提出了描述冻土衰减蠕变特性的方程:

$$\varepsilon = A_0 \mid \theta \mid^{-m} \cdot 10^{\beta\sigma} \cdot t^a \qquad\qquad (4\text{-}32)$$

式中,σ 为应力;θ 为试验温度;A_0、α、β 和 m 均为与含水量和温度有关的经验系数。

2. 非衰减型蠕变方程

1) 初始蠕变模型

Vyalov(1963)应用金属蠕变理论中的陈化理论,提出了第一个预测冻土蠕变的模型,我们将它称为初始蠕变模型,它的基本形式如下:

$$\varepsilon = A(\theta)\sigma^{1/m}t^\lambda \qquad\qquad (4\text{-}33)$$

式中,ε 为应变;$A(\theta)$ 为与温度 θ 有关的参数;σ 为应力;t 为时间;m 和 λ 是与土质物理性质有关的参数。该模型可以较好地描述冻土在不稳定(初始)蠕变阶段的变形,特别是初始蠕变阶段时间较长的低含冰量冻土的蠕变。但此模型却不能定义第二蠕变阶段是从何时开始的。尽管在低应力条件下可较为合理地预测冻土蠕变变形,但对于高应力水平下的冻结粉土和黏土蠕变数据来说拟合性较差。

2) 第二蠕变模型

针对工程应用特点,Ladanyi(1972)以考虑冻土稳定蠕变阶段变形为主,对冻土蠕变曲线进行线性化处理,近似认为蠕变过程中应变速率是常数,从而提出了冻土线性蠕变模型:

$$\varepsilon = \frac{\sigma}{E} + \varepsilon_k\left[\frac{\sigma}{\sigma_k}\right]^k + t \cdot \dot{\varepsilon}_c\left[\frac{\sigma}{\sigma_c}\right]^n \qquad\qquad (4\text{-}34)$$

式中,σ 为施加应力;E 为弹性模量;ε_k 为参考应变;σ_k 为与温度有关的变形模量;σ_c、n 和 k 为与温度有关的参数;$\dot{\varepsilon}_c$ 为一标准参考应变速率。该模型能够较好地描述含冰量较大的冻土及冰的蠕变变形,对于温度接近于 0℃ 且具有近似恒应变速率的长期蠕变也能给予很好的预测,但预测中忽略了初始蠕变阶段的应变。于是,Gardner(1985)提出了如下方程:

$$\frac{\varepsilon}{\varepsilon_s} = \left(\frac{t}{t_s}\right)^c \exp\left[(\sqrt{c} - c)\left(\frac{t}{t_s} - 1\right)\right] \qquad\qquad (4\text{-}35)$$

这里，$0 < c < 1$ 是描述蠕变曲线形状的无量纲化系数。该方程虽然可以对短期蠕变进行较好的预测，但对于长期蠕变过程中初始阶段的预测结果偏差较大。使用方程(4-35)来模拟冻土达到破坏的蠕变行为时，必须要知道第二蠕变阶段开始时的应变(ε_s)和时间(t_s)。基于此，Wijeweera 等(1990)通过细粒冻土的单轴蠕变试验，发现第二蠕变阶段的蠕变速率($\dot\varepsilon_s$)与第二蠕变开始的时间(t_s)存在如下关系：

$$\dot\varepsilon_s = c_s (t_s)^{n_s} \tag{4-36}$$

式中，c_s、n_s 仅是土类型的函数。

吴紫汪等(1994)发现冻结砂土及黏土在恒温蠕变过程中均出现一个相对稳定的阶段，于是提出可以用流动方程描述冻土第二蠕变阶段的模型：

$$\dot\varepsilon_m = \frac{1}{\eta} (\sigma - \sigma_\infty)^n \tag{4-37}$$

式中，$\dot\varepsilon_m$ 为流动速率；η 为黏滞系数；σ_∞ 为冻土的长期强度极限，随温度的降低而增大；n 为试验参数。方程(4-37)对于稳定蠕变阶段占主要地位的蠕变过程有非常重要的意义。

3) 第三蠕变模型

Fish(1982)和 Ting(1983)提出用与预测冰蠕变模型类似的经验型蠕变方程来描述冻结砂土的蠕变特性：

$$\dot\varepsilon = A \exp(\beta t) t^{-m} \tag{4-38}$$

式中，A、m 和 β 是试验常数。该模型只能作为一种预测性的工具，在足以使土体发生蠕变破坏的荷载条件下才适用，但当应力较小时，效果较差。对于蠕变应力(σ)大于长期强度极限(σ_∞)的非衰减蠕变，吴紫汪等(1982)提出可以用黏塑流的速率-应力关系方程来描述这一过程：

$$\dot\varepsilon = C \exp[2.3k(\sigma - \sigma_\infty)] \tag{4-39}$$

式中，参数 C 主要取决于温度；k 主要取决于含水量。

4) 全过程蠕变模型

应用速率过程理论(RPT)并结合热力学理论，Fish(1976)提出了可以描述冻土蠕变全过程的 RPT 方程：

$$\dot\varepsilon = C \frac{KT}{h} \exp\left[-\frac{E}{RT}\right] \cdot \exp\left(\frac{\Delta S}{K}\right) \cdot \left(\frac{\sigma}{\sigma_0}\right)^m \tag{4-40}$$

式中，C 和 m 为与温度无关的无量纲化参数；σ_0 为冻土的极限瞬时强度；E 为冻土活化能；K 为波尔兹曼常数；h 为普朗克常数；R 为气体常数；T 为绝对温度；$\frac{KT}{h}$ 代表了单元颗粒体在其平衡态周围的振动频率；ΔS 为熵差。该方程首次将冻土也看成是如同金属晶体一样具有"活化"性质的物体来考虑，并且由 $\Delta S = 0$ 的条件确定冻土的破坏点，此时应变速率达到最小值。此方程将变形方程与能量破坏条件融为一体，但由于该模型中的物理量对冻土而言并不十分恰当，对描述冻土蠕变尚存在一些问题。随后，Gardner 等(1984)提出了一个能更好地拟合整个蠕变曲线的方程：

$$\frac{\varepsilon}{\varepsilon_f - \varepsilon_0} = \frac{t}{t_f} \exp\left[(\sqrt{c} - c)\left(\frac{t}{t_f} - 1\right)\right] \tag{4-41}$$

式中，ε_0、ε_f 分别为初始应变和破坏应变；t_f 是破坏时间；c 为描述蠕变曲线形状的参数。Zhu 等(1987)也提出可用修正的 Assur(1980)模型来描述冻土蠕变的全过程：

$$\varepsilon = \varepsilon_0 + \frac{\varepsilon_f t_f}{e^\beta}\left(\frac{t}{t_f}\right)^{1-\beta} e^{\frac{\beta t}{t_f}}\left[\frac{1}{1-\beta} - \frac{\beta t/t_f}{(1-\beta)(2-\beta)} + \frac{(\beta t/t_f)^2}{(1-\beta)(2-\beta)(3-\beta)} + \cdots\right]$$

$$(4\text{-}42)$$

式中，β 为与破坏时间 t_f 有关的系数，其值取决于温度、蠕变应力和干密度等。方程(4-42)可以很好地描述低密度冻土的整个蠕变过程，但对于中、高密度冻土来说，只适合于预测其短期蠕变变形。

王正贵等(1996)基于冻土蠕变的现象分析，认为冻土蠕变的破坏是由于冻土中非弹性变形积累的结果，在冻土的任何变形阶段都存在着非弹性变形，而非弹性变形的积累在一定条件下导致了冻土渐进屈服的出现，渐进屈服反过来又促进了冻土蠕变的进一步增加。并据此将冻土考虑为一种黏弹塑性材料，基于位错动力学理论得到了描述冻土蠕变全过程的蠕变方程：

$$\dot\varepsilon_{ij} = \frac{1}{2G}\dot\sigma_{ij} + \frac{1-2\nu}{E}\dot\sigma_m\delta_{ij} + \lambda S_{ij} + (\varphi)\frac{\partial\varphi}{\partial\sigma_{ij}} \qquad (4\text{-}43)$$

式中，G、E 为拉梅参数，分别相当于剪切模量和杨氏模量；ν 为泊松比；S_{ij} 为偏应力增量；φ 为黏塑性势，其中 $S_{ij} = \begin{cases} 1, & i=j \\ 0, & i\neq j \end{cases}$；$(\varphi) = \begin{cases} 0, & f_2<0 \\ \lambda, & f_2=0 \end{cases}$；$f_2 = f(\sigma_{ij}) + H(\int d\varepsilon^P)$；$H$ 为黏塑性功的单调递增非负函数，$d\varepsilon^P$ 为非弹性应变强度的增量。方程(4-43)在描述蠕变过程方面有一定的误差，但对冻土长期强度的预报有相当的精度。

5）其他蠕变模型

（1）第 Ⅰ 和第 Ⅱ 阶段的两阶段蠕变模型。通过对室内试验结果的分析，Jessberger(1981)认为在恒应力和恒温作用下冻土的蠕变变形(s)与应力(σ)和时间(t)存在如下关系：

$$s = \frac{\sigma}{E_0} + A\sigma^B t^C \qquad (4\text{-}44)$$

式中，E_0 为初始弹性模量；t 为时间；A、B、C 为与温度和土质有关的参数。该方程对初始和第二蠕变阶段有很好的描述，但不适宜于第三蠕变阶段的描述。吴紫汪等(1994)研究发现冻结黏土的蠕变过程除应力较大的情况外，主要表现为所谓的黏塑性蠕变类型，基本上不出现第三蠕变阶段，所以在只考虑蠕变过程的前两个阶段的情况下，提出了类似于方程(4-44)的蠕变方程：

$$s = a\sigma^b t^c \qquad (4\text{-}45)$$

式中，t 为时间；a、b 和 c 为与温度和土质有关的参数。

（2）各向同性条件下的三轴蠕变模型。Diekmann 等(1980)研究了三轴条件下冻结砂质粉土的蠕变特性，试验结果表明在较大的偏蠕变应力条件下，蠕变应变和应变速率随围压的增加和温度的减小而减小，但当偏蠕变应力较小时，围压和温度对二者的影响不显著。于是提出了各向同性条件下的三轴蠕变方程：

$$\varepsilon = \left(\frac{\sigma_1 - \sigma_3}{E_k} \right)^P \tag{4-46}$$

式中，$E_k = (m \cdot \sigma_3 \cdot t^s)^{-1/P}$ 为三轴模量；P、s 为材料常数；m、n 为跟温度有关的参数。该方程也适用于描述粉土和砂土的短期和长期蠕变特性。

（3）归一化模型。冻土蠕变曲线的相似性反映了冻土蠕变过程具有其内在统一性，对于非衰减蠕变，这种相似性表现在存在三个蠕变阶段，渐近流阶段均由破坏点（最小应变速率点）起始，假设以破坏点的性质（蠕变指标）为基准，则不同的蠕变过程均可描述为一个与应力、温度无关的函数，在下列无量纲变量定义的前提下：

$$\begin{cases} \tau = \dfrac{t}{t_f} \\[2mm] \delta = \dfrac{\varepsilon}{\varepsilon_f} \end{cases} \tag{4-47}$$

则可将冻土的蠕变描述为

$$\delta = f_i(\tau) \tag{4-48}$$

式中，i 代表不同的应力。

如果忽略冻土的瞬时变形，则对所有蠕变曲线，当 $\tau = 0$ 时，$\delta = 0$；当 $\tau = 1$ 时，$\delta = 1$，即在蠕变的起始点和破坏点各蠕变曲线在 δ-τ 坐标中归于同一点。如果当 $\tau \neq 0, 1$ 时，$f_i(\tau) = f(\tau)$，则说明对整个蠕变过程，各条蠕变曲线均可归一为一条曲线，即

$$\delta = f(\tau) \tag{4-49}$$

如果满足这样的条件，则将式（4-49）称为归一化方程，τ 称为归一化时间，δ 称为归一化应变（盛煜，1996）。这样，冻土的蠕变过程便可由蠕变指标（用以确定 τ 和 δ）和归一化方程来确定，这就是冻土的归一化模型。冻土各蠕变过程可描述为式（4-49）的统一函数形式，是归一化模型成立的前提。

4.5 梯级变应力过程中冻土蠕变特征及蠕变模型研究

上面几节讨论的都是在恒温、恒应力作用过程中冻土的蠕变，这节将讨论恒温、变应力过程中冻土的蠕变特点。

本节选用土质为兰州细砂，其物理性质见表 4-1。试样尺寸为高 125.0mm，直径为 61.8mm，干密度为 1.62g·cm^{-3}，含水量为 22%～24%（真空饱水）。

表 4-1 兰州细砂物理性质

不同粒径砂粒分布/%				比重
>0.5mm	0.25～0.5mm	0.1～0.25mm	<0.1mm	
0.1	6.3	56.8	36.8	2.63

4.5.1 梯级变应力过程中冻土蠕变特征

本节从蠕变过程和破坏特征两个方面入手，通过与恒应力条件下的蠕变试验结果对

比分析冻土在变应力条件下的蠕变特征。

1. 衰减型蠕变——两级应力的作用均使冻土发生衰减蠕变变形

图 4-15 是-5℃下冻土在两级应力作用下的蠕变过程曲线,由图可见在 2.0MPa 的应力范围内,冻土在两级应力作用下表现出了两段衰减蠕变过程。从蠕变量的大小看,第二级应力作用下的蠕变变形在经历一新的不稳定阶段后逐渐与对应单级应力(与第二级应力相同)作用下的应变接近。另外,第二级应力施加所产生的新的不稳定蠕变过程与单级应力对应的不稳定蠕变阶段相比,其发展略有迟缓,这说明第一级应力的作用使冻土得以强化。

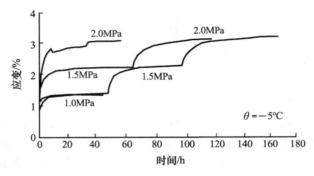

图 4-15　两级应力作用下冻土的衰减蠕变曲线

2. 非衰减型蠕变——两级应力作用均使冻土产生衰减蠕变变形

冻土在第一级应力作用下发生非衰减蠕变,当蠕变发展到稳定蠕变阶段后施加第二级应力,则发现冻土对第二级应力的蠕变响应不再出现不稳定蠕变阶段,而是直接以新的稳定蠕变发展(图 4-16)。该试验结果同时也说明冻土发生不稳定蠕变时,一般没有流动特征,而一旦冻土进入稳定蠕变阶段,则表明稳定蠕变已完成。在施加第二级应力的瞬间新的稳定蠕变反映了冻土以新的应变速率继续发展,增应力、减应力过程所得到的结论是一致的,也就是说,冻土在变应力后并不改变其蠕变方式。

与对应恒应力(4.5MPa,5.0MPa)下的蠕变曲线比较发现,变应力过程中各不同应力阶段所对应的蠕变曲线与相应恒应力下所对应的蠕变曲线基本是平行的。这个规律与梯级变应力过程中的应力变化顺序无关。由此可见,在非衰减蠕变范围内,加荷载顺序对冻土蠕变的流动性影响甚小。

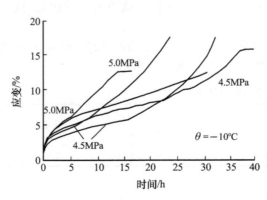

图 4-16　两级应力作用下冻土的
非衰减蠕变曲线

3. 从衰减型蠕变到非衰减型蠕变——第一级应力使冻土发生衰减蠕变,第二级应力使冻土发生非衰减蠕变

在这种变应力过程中,所得到的结果与上述两种情况有所不同。图 4-17 给出了 $-5℃$ 下冻土在这种变应力过程中的蠕变曲线。图中曲线 1 为 3MPa 单级应力作用下的蠕变曲线,曲线 2、3、4、5 分别为第一级应力为 1MPa 作用 6h 时,1.5MPa 作用 9h,1.8MPa 作用 6h 和 2MPa 下作用 15h 后均施加 3MPa 的第二级应力所得到的蠕变曲线。由图中可以看出:①相同大小的第二级应力作用后,冻土的蠕变曲线大致平行;②与相同单级应力作用下的蠕变曲线相比,第二级应力作用后的蠕变曲线变缓。这种现象表明,经第一级应力作用后(冻土发生衰减型蠕变),冻土的流动性质减弱了(即冻土被第一级应力作用下的衰减型蠕变强化了)。另外,在施加第二级应力后,冻土总是先经历一段不稳定蠕变阶段,而后进入稳定蠕变阶段,而且随着第一级应力的增大(或第一级应力作用后蠕变变形的增大),冻土在第二级应力作用后所经历的不稳定蠕变阶段中蠕变应变将逐渐减小。与两级非衰减型蠕变应力作用下的结果对比可知,冻土的不稳定蠕变阶段是有极限的。

综合以上三种梯级变应力过程中冻土的蠕变试验结果,可以总结出冻土在梯级变应力过程中蠕变的基本规律。即当冻土在衰减型蠕变过程后施加第二级应力时,冻土得到强化,若第二级应力仍属使冻土产生衰减型蠕变的范围,则冻土在第二级应力施加后仍以比对应同大小单级应力作用下的蠕变发展相对较缓的特征继续发生衰减蠕变,且蠕变逐渐向对应单级应力下的蠕变趋近;若第二级应力属于使冻土产生非衰减型蠕变的应力范围,则冻土在施加第二级应力后,首先经历第一级应力所

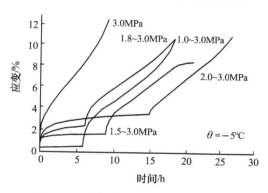

图 4-17 两级应力作用下冻土由衰减发展为非衰减的蠕变曲线

不足以完成的不稳定蠕变,然后进入稳定蠕变阶段。在稳定蠕变阶段,其蠕变速率小于对应单级应力作用下此蠕变阶段的速率。这表明衰减蠕变阶段(第一级应力作用下)对冻土的强化表现在冻土的流动性减弱。当冻土在第一级应力作用下已进入稳定蠕变阶段后,施加第二级应力,冻土将重新出现不稳定蠕变阶段,并以新的蠕变速率继续发展稳定蠕变,且新的蠕变速率与对应单级应力作用下的速率相当。可见,相对较大的第一级应力(使冻土发生非衰减型蠕变)对冻土不产生强化作用。

4.5.2 梯级变应力过程中冻土蠕变的破坏性质

冻土在两级应力过程中的蠕变破坏实际上是对应第二级应力下的破坏(在我们的试验中,第一级应力作用时间内冻土均不破坏),与研究单级恒应力条件下冻土蠕变的破坏性质相对应,我们定义冻土在第二级应力作用下从稳定蠕变阶段过渡到渐进流阶段的交界点为冻土蠕变破坏点,此点也同样对应着第二级应力作用下的最小应变速率点(图 4-18)。在变

应力条件下破坏时间的概念显然与恒应力条件下有所不同,有关破坏时间的问题将在
4.7.6节梯级变应力过程中冻土长期强度问题探讨中讨论。在此只研究破坏应变(ε_f)及最
小应变速率($\dot{\varepsilon}_{min}$)的特点。

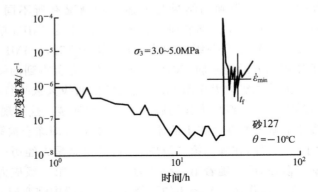

图 4-18　变应力过程冻土蠕变破坏点的选取

1. 破坏应变

图 4-19 给出了冻土蠕变过程中对应最小应变速率的破坏应变,与单级应力作用下的
规律相似,破坏应变也是随机分布于一水平带中。所以,在某种程度上可以认为在两级应
力作用下,冻土蠕变的破坏应变是一常数。这里,我们不妨以各个温度条件下破坏应变的
平均值来代表该温度下冻土的破坏应变,并对该平均值与对应第二级应力作用时的破坏

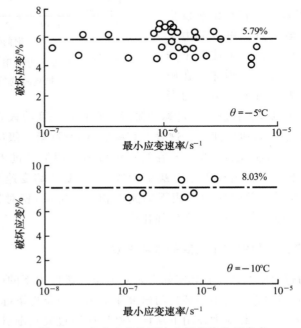

图 4-19　变应力条件下冻土蠕变的破坏应变

应变(平均值)进行比较后发现:相同温度下,变应力条件下的破坏应变与单级应力条件下的破坏应变十分接近,总体上也是随温度的降低而增大。由此可见,变应力条件并不改变冻土的破坏应变。所以说,冻土蠕变只要发展到一定的应变(破坏应变)就会破坏,与应力历史无关。

2. 最小应变速率

将两级应力过程中冻土的最小应变速率与对应第二级应力的单级应力作用下的最小应变速率进行比较(图 4-20)。

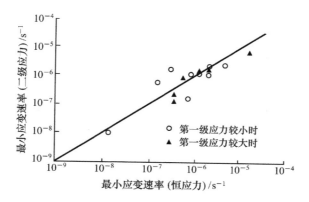

图 4-20　变应力与常应力过程中
冻土最小应变速率比较

由图 4-20 可见,当第一级应力较小时(冻土产生衰减蠕变),在第二级应力作用下冻土的最小应变速率试验点处于对称线之下(这里的对称线代表单级应力作用下的最小应变速率值与两级应力作用下最小应变速率值相等)。这说明:在变应力条件下,冻土破坏时的最小应变速率比对应第二级应力的单级应力条件下要低,这也反映了第一级应力对冻土的强化作用抑制了冻土的流动性;当第一级应力较大时(产生非衰减型蠕变),冻土最小应变速率在对称线周围分布,且较接近对称线。由此看来,在非衰减型蠕变范围内的变应力过程中,最小应变速率与应力的关系与对应第二级应力和单级应力条件下相同,即最小应变速率只与冻土破坏时的应力有关。

4.5.3　变应力过程中的归一化模型

应力只是反映冻土蠕变的手段,因此,对变应力过程,只要应力历史未改变冻土的流变本质,则归一化模型也应能推广,由于归一化模型是建立在具有破坏指标的非衰减蠕变范围之内的,因此,在变应力过程中它的推广也只能在各级应力下冻土均产生非衰减蠕变的范围内进行。

假设图 4-21 为一个两级变应力过程中的蠕变曲线,第一级应力 σ_1 作用时间 t_1 后施加第二级应力 σ_2。冻土在第二级应力作用下遭受破坏,且破坏点的应变为 ε_f,破坏时间为 t_f,并假设对应单级应力 σ_1 和 σ_2 的破坏时间分别为 $t_f(\sigma_1)$ 和 $t_f(\sigma_2)$。我们已经知道,同一温度下破坏应变可以看成是常量,且此常量与应力历史无关(即对单级应力或变应力均相同)。归一化模型的成立在于应力的改变并不会使归一化方程发生变化,也就是说,由变应力过程中的蠕变曲线也应能得到与单级恒应力作用下蠕变曲线得出的相同归一化曲线。

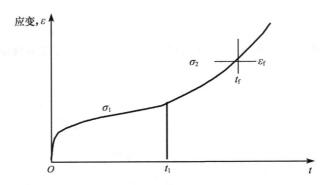

图 4-21 两级应力过程中冻土蠕变曲线示意图

根据归一化模型式(4-47):

当 $t \leqslant t_1$ 时,$\tau = \dfrac{t}{t_f(\sigma_1)}$,$\delta = \dfrac{\varepsilon}{\varepsilon_f}$,此阶段的蠕变仍属单级应力范围。

当 $t > t_1$ 时,归一化时间应由应力 σ_2 的破坏时间来控制。由于冻土已"积累"了一段归一化时间 $\dfrac{t_1}{t_f(\sigma_1)}$,因此,$\tau = \tau_1 + \dfrac{t - t_1}{t_f(\sigma_2)}$,而归一化应变形式不变。当蠕变到其破坏点 t_f 时,$\tau = 1$,即

$$\tau = \tau_1 + \frac{t_f - t_1}{t_f(\sigma_2)} = \frac{t_1}{t_f(\sigma_1)} + \frac{t_f - t_1}{t_f(\sigma_2)} = 1 \tag{4-50}$$

此时,$\delta = \dfrac{\varepsilon_f}{\varepsilon_f} = 1$。即这样的推广在破坏点处正好符合归一化模型的条件。在式(4-50)中,$t_f - t_1$ 实际上就是冻土在第二级应力 σ_2 作用下所经历的时间,令 $t_2 = t_f - t_1$,则式(4-50)变为

$$\frac{t_1}{t_f(\sigma_1)} + \frac{t_2}{t_f(\sigma_2)} = 1 \tag{4-51}$$

重新归整两级变应力过程中冻土蠕变的归一化方程:

$$\delta = \frac{\varepsilon}{\varepsilon_f} = f(\tau) = \begin{cases} f\left[\dfrac{t}{t_f(\sigma_1)}\right], & t \leqslant t_1 \\ f\left[\dfrac{t_1}{t_f(\sigma_1)} + \dfrac{t - t_1}{t_f(\sigma_2)}\right], & t > t_1 \end{cases} \tag{4-52}$$

对于多级变应力过程,式(4-52)推广为

$$\delta = f(\tau) = f\left[\frac{t_1}{t_f(\sigma_1)} + \sum_{i=2}^{n} \frac{t_i - t_{i-1}}{t_f(\sigma_i)}\right] \tag{4-53}$$

在确定了与各级应力相同的单级应力对应的破坏时间 $t_f(\sigma_1)$ 和 $t_f(\sigma_2)$ 以及在此温度条件所对应的破坏应变的条件下,在 t_1 已知时就可由冻土的基本归一化方程(4-53)在应变-时间坐标中预测冻土在两级应力作用下的蠕变过程。

4.6　冻土的应力松弛

冻土中由于冰和未冻水的存在,具有非常明显的流变特性。此类土在荷载作用下长时间地发生变形、应力弱化(松弛现象)以及强度的降低,这三者是相互联系不可分割的。冻土强度的降低是由冻土中发生应力松弛的流变过程决定的。因此,由于矿物颗粒和冰包裹体重新定向及弹性变形转化为塑性变形造成的冻土应力松弛是决定冻土强度性质的最重要的因素。本节我们讨论分析单轴和三轴应力状态下,冻土应力松弛试验的一些研究结果。

4.6.1　冻土的应力松弛特性

1. 单轴压缩条件下的应力松弛规律

大家知道,松弛就是维持一定的变形量所需的应力随时间而减小的过程。为此我们在给定不同预应变 ε_0(在不同温度下的 ε_0 均小于其破坏应变)的情况下,进行了单轴应力状态下非饱和冻结(-2℃、-5℃和-10℃)兰州黄土的松弛试验。其中兰州黄土物理参数见表 4-2,试样尺寸为高 200mm,直径为 101mm 的圆柱,含水量为 $14\%\sim15\%$,干密度为 $1.72\sim1.78\mathrm{g\cdot cm^{-3}}$。

表 4-2　试样的基本物理参数表

土名	不同粒径颗粒成分/%				比重	液限/%	塑限/%
	>0.1mm	0.1~0.5mm	0.5~0.05mm	<0.005mm			
黄土	1.7	5.4	58.6	34.3	2.7	24.6	17.7

根据试验结果得到松弛曲线(图 4-22),本曲线表明,松弛过程有两个明显的阶段:强烈松弛阶段和缓慢松弛阶段。强烈松弛阶段为主要的松弛阶段,约占起始值的 30% 甚至 40% 以上,此阶段一般持续 $1\sim2\mathrm{h}$。

根据图 4-22,不同的预应变与对应的初始应力关系密切,随着预应变的增大,初始应力值也逐渐增大;预应变越大,初始应力就越接近瞬时强度,其应力松弛就越强烈。如果我们定义松弛度(S)为

$$S = \frac{\sigma_0 - \sigma_\infty}{\sigma_f} \tag{4-54}$$

式中,σ_0 为初始应力;σ_∞ 为稳定应力;σ_f 为破坏强度。

图 4-23 表明了预应变 ε_0 与松弛度 S 之间的关系,松弛度随预应变的增大而增大,其关系可用下式来表示

$$S = A\varepsilon_0^{1/4} + B \qquad\qquad (4\text{-}55)$$

式中，A 和 B 为试验参数，它们分别为温度的函数，当 $\theta = -5\,^\circ\!\mathrm{C}$ 时，$A = 2.174$，$B = 0.6029$。

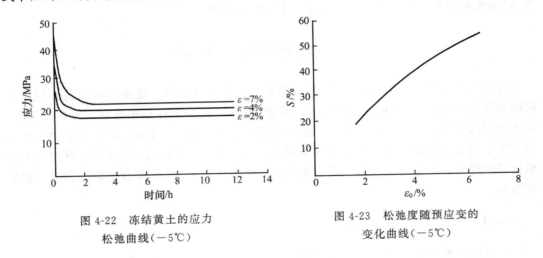

图 4-22　冻结黄土的应力　　　　　　　图 4-23　松弛度随预应变的
松弛曲线（$-5\,^\circ\!\mathrm{C}$）　　　　　　　　　　变化曲线（$-5\,^\circ\!\mathrm{C}$）

2. 三轴压缩条件下的应力松弛规律

试验所用饱和青藏黏土，其主要物理参数为：比重 2.70，塑限 12.9％，液限 25.3％。试样为直径 61.8mm，高度 125.0mm 的圆柱形样，干密度为 1.70g·cm^{-3}。试验温度为 $-1.0\,^\circ\!\mathrm{C}$、$-0.7\,^\circ\!\mathrm{C}$、$-0.5\,^\circ\!\mathrm{C}$ 和 $-0.2\,^\circ\!\mathrm{C}$；围压为 0.5～3.0MPa。

试验结果发现，在同一围压不同温度或同一温度不同围压下冻结黏土的应力松弛曲线随时间发展规律与图 4-24 表明的结果类似，所以得出，高温冻结黏土的应力松弛过程大致可以分为三个阶段，即瞬时松弛阶段（Ⅰ）、强烈松弛阶段（Ⅱ）和缓慢松弛阶段（Ⅲ）。图 4-24(b) 中 $R = 1.0\mathrm{kPa \cdot h^{-1}}$ 为临界松弛时间 t_s 对应的临界松弛率。

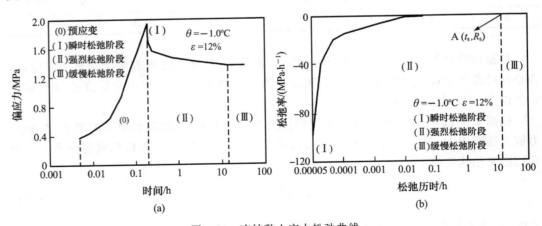

图 4-24　冻结黏土应力松弛曲线

根据图 4-24(a)，可以得到偏应力 $(\sigma_1 - \sigma_3)$ 与松弛时间 (t) 存在如下关系：

$$\sigma_1 - \sigma_3 = \frac{t+1}{a+bt} \qquad (4\text{-}56)$$

式中，a 和 b 为试验参数。

如果以预应变过程结束时对应的土体体积为基准点，那么松弛过程中高温冻土体积变化规律如图 4-25 所示。预应变量对高温冻土松弛过程中的体积变化的影响主要表现在以下几个方面：

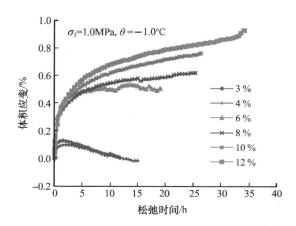

图 4-25　不同预应变条件下冻土体积应变与松弛时间的关系

当预应变量较小（3％或 4％）时，高温冻土的体积呈先收缩后膨胀的趋势，大致呈软化型曲线；当预应变量为 6％时，土体的松弛过程以体积收缩为主，并随时间进一步发展，体积收缩趋势逐渐减小，逐步趋于一稳定值；随预应变量的进一步增大，即预应变量超过8％后，高温冻土体积收缩趋势加快，且出现了近似线性收缩的阶段。

4.6.2　试验初始条件对冻土松弛特性的影响

1. 温度

大家知道，温度是影响冻土强度的主要因素之一，温度越低，其强度值越大。松弛试验也同样证明了这一现象。图 4-26(a)、(b)和(c)分别是单轴条件下初始应力、松弛应力及松弛度随温度的变化情况。

从图 4-26(a)和图 4-26(b)可以看出，初始应力和松弛应力都随温度的降低而增大，同时也表明松弛度随温度的降低而减小［图 4-26(c)］。

综合以上试验结果，可得出如下的应力松弛方程：

$$\sigma(t) = A(\theta)\varepsilon_0^{m}(t+1)^{-\xi} \qquad (4\text{-}57)$$

式中，$\sigma(t)$ 为任一时刻的松弛应力；t 为时间；θ 为温度；m 和 ξ 为试验参数；$A(\theta)$ 为试验特征值，可用下式描述：

$$A(\theta) = (B\,|\,\theta\,|+C)^2 \qquad (4\text{-}58)$$

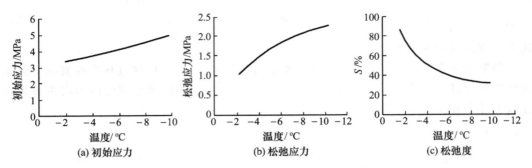

图 4-26　初始应力、松弛应力和松弛度与温度的关系

式中，B 和 C 为参数。由方程（4-57）可以预知单轴条件下任一时刻的应力松弛情况。

图 4-27 为围压 1.0MPa、预应变为 6.0％的情况下，初始应力、临界松弛时间和松弛率随土温的变化情况。

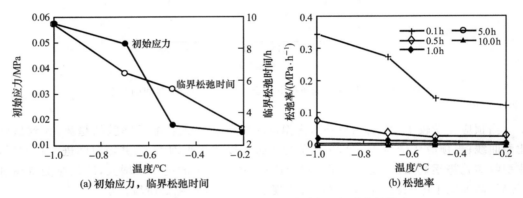

图 4-27　温度对初始应力、临界松弛时间和松弛率的影响

图 4-27 表明随温度的升高，初始应力迅速减小，临界松弛时间也在递减，主要是由于随着温度的升高，土体中的未冻水含量增加，土颗粒间的胶结程度减弱。

从该图也可以看出，冻土温度升高导致其松弛速率逐渐下降，其中在 $-1.0\sim-0.5$℃范围内，松弛速率迅速下降，在接近青藏黏土的冻结温度时松弛速率变化不大，表明在较高温度范围内松弛率受温度影响较小。另外，随着松弛历时的延长，松弛率降低趋势逐渐减弱，这也从另一个角度说明，进入稳定松弛阶段后松弛率受温度影响不大。

2. 围压

围压是影响冻土学性质的重要因素，诸多研究表明冻土强度随围压的增大表现出了先增后减的趋势。图 4-28 表明了不排水情况下围压对冻土松弛特性的影响，可见随围压的增加，初始应力和临界松弛时间都在增大［图 4-28(a)］，在较短的时间内松弛率也表现出了类似的特性，但当松弛历时超过 0.5h 后，围压对松弛率的影响不明显。

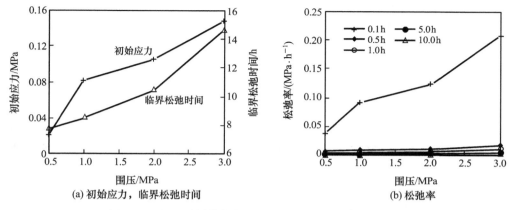

图 4-28 围压对初始应力、临界松弛时间和松弛率的影响

3. 预应变

图 4-29 是温度为 1.0℃、围压为 1.0MPa 时,预应变与各参数间的关系。

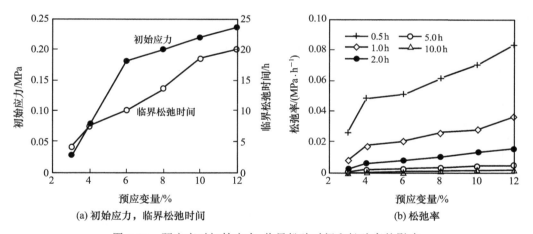

图 4-29 预应变对初始应力、临界松弛时间和松弛率的影响

根据图 4-29,随着预应变的增大,初始预应力和临界松弛时间也迅速增大,而松弛率在短时间(<2.0h)内表现出了明显的增加趋势,但当松弛时间超过 2.0h 后,其逐渐趋于稳定。

由此可见,温度、围压和预应变对高温冻结黏土的初始松弛应力和临界松弛时间有明显的影响,而对松弛率的影响主要体现在短时间内,随着松弛历时的延长,其值将趋于一稳定值(Wang et al.,2011)。

4.6.3 冻土松弛时间的确定方法

在黏弹性材料中,我们进行松弛研究时,还必须确定一个重要的参量——松弛时间,它表征黏弹性材料用作松弛试验时,应力从初始值降至 $1/e$(0.368)倍所需的时间,是表示材料松弛性能的一个特征量。

我们知道,松弛是弹性和塑性变形重分布的结果。根据统计物理学的观点(维亚洛夫,1987),松弛是物理系统中的统计平衡,表明系统状态的微观值逐渐地接近自己的平衡值。马克什威尔将其描述为

$$\sigma(t) = \sigma_0 e^{-\frac{t}{T_r}} \tag{4-59}$$

什维托夫将方程(4-59)修正为

$$\sigma(t) = \sigma_\infty + (\sigma_0 - \sigma_\infty) e^{-\frac{t}{T_r}} \tag{4-60}$$

式中,σ_0 为初始应力;σ_∞ 为稳定应力。松弛时间 T_r 是很重要的流变参数之一,它的表示式为 $T_r = \eta/G$,其中 η 为黏滞系数,G 为剪切模量。

由方程(4-59)可知,当时间 $t = T_r$ 时,$\sigma(t) = \sigma_0 \cdot e^{-1}$,即达到松弛时间($T_r$)时,应力衰减为初始应力的 1/e。按其物理实质,松弛时间符合瞬时原理中所谓分子的定居生活时间,换句话说,松弛时间确定了材料的"活动性"。松弛时间 T_r 越小,材料越接近液体;松弛时间 T_r 越大,物体越接近固体状态。

由方程(4-60)可得到

$$\dot{\sigma}(t)\mid_{t=0} = -\frac{\sigma_0 - \sigma_\infty}{T_r} \tag{4-61}$$

此式表示松弛曲线上 $t=0$ 处的切线斜率,如图 4-30 所示。根据此图,可以确定我们试验中的松弛时间 T_r。

由方程(4-61)计算可知,松弛时间随温度的降低而逐渐增大,也就是说,松弛时间越大,松弛度越小(图 4-31),因此松弛时间在某种程度上也可反映冻土的稳定程度。

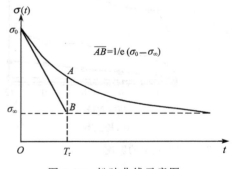
图 4-30　松弛曲线示意图

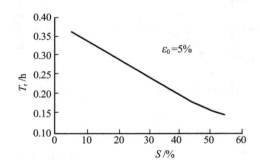
图 4-31　松弛时间与松弛度的关系

我们知道,冻土是一种流变体,作为评价流变体的因子之一是黏滞系数(η),但黏滞系数是个很难得到的参数。松弛时间为我们确定黏滞系数提供了很好的条件,因为 $T_r = \eta/G$,一旦由试验得到了剪切模量 G,我们就很容易得到 $\eta = T_r \cdot G$。

4.7　冻土的长期强度

4.7.1　耐久性和长期强度的概念

物体的耐久性与蠕变现象有关。耐久性指的是荷载长期作用下物体抵抗破坏的能

力,换句话说是长期强度。

前面已多次指出,冻土非衰减蠕变的发展引起具有增速特征的急剧性流动,以脆性或黏滞性破坏结束。因此,冻土的长期破坏应力可能小于短时荷载下的强度值。此时,施加的应力越小,发生破坏的时间越长。

如果对有蠕变特性的材料进行试验,迅速加载至破坏,则我们确定的是所谓相对瞬时强度。这个强度概念接近于"暂时强度"的概念。如果对相同的试样施加的荷载稍小于相对瞬时强度,同样会引起试样破坏,但不会立即而是通过一定时间破坏。施加更小的荷载亦可能会出现类似情况;继续施加更小一些荷载直到试样不破坏而只出现衰减变形为止。破坏应力随破坏前荷载作用时间的增加而减小,这是强度降低过程的表现。

强度降低的过程可以通过重新绘制蠕变曲线得到的长期强度曲线表明。设在荷载 $\tau_1 > \tau_2 > \tau_3 > \cdots$ 试验的基础上绘制非衰减蠕变曲线簇,并确定每个试样破坏前荷载作用的历时(图 4-32)。在横坐标轴上画上破坏前荷载作用的历时 $t_1, t_2, t_3, \cdots$,在纵坐标轴上画出相应的破坏应力 $\tau_1, \tau_2, \tau_3, \cdots$,这样绘制出的曲线反映了破坏应力和破坏前历时之间的关系。我们把这条曲线称作长期强度曲线。

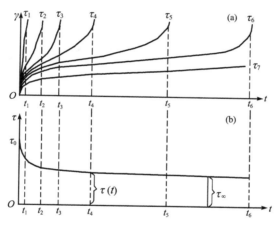

图 4-32　土的蠕变曲线和长期强度曲线

相应地应该区别下列强度值:

相对瞬时强度(τ_0)也就是表征材料抵抗迅速破坏的最大强度,此强度由长期强度曲线的初始纵坐标($t=0$)确定;

长期强度($\tau(t)$)即在给定的时间内使材料破坏的应力,系长期强度曲线上的流动坐标;

长期强度极限(τ_∞)相应于这种荷载值,在小于该值的荷载作用下,任意实际观测时间内材料只产生衰减变形不致发生破坏,当在超过该值的荷载作用下则发生非衰减蠕变,后者随时间发展导致材料破坏。这个长期强度极限(τ_∞)用长期强度曲线的渐近线来确定。

若某些材料的非衰减蠕变在不等于零的任意应力下产生,这种材料的长期强度极限 $\tau_\infty = 0$,长期强度的渐近线接近于横坐标轴。

4.7.2　冻土的长期破坏标准

既然非衰减蠕变的发展会导致破坏，则从衰减变形到稳定流动过渡点的出现［图 4-33(a)曲线的 n 点］，尤其是到急剧流动阶段过渡的出现(c 点)，证明了破坏的潜在可能性。相应第 I 蠕变阶段过渡到第 II 和第 III 蠕变阶段的时间 t_n 和 t_m 为临界点。对应这些点的变形值 γ_n 和 γ_m 以及对应于破坏时刻 t_f 的变形 γ_f，均可以看成是长期破坏标准。

非衰减蠕变过程有三种临界状态，第一种状态，用变形达到 $\gamma = \gamma_n$ 表征，相当于稳定流动的产生，并具有产生破坏的潜在可能；第二种临界状态用变形达到 $\gamma = \gamma_m$ 表征，相当于过渡到急剧流动阶段并预示变形已临近破坏；第三种临界状态用变形达到 $\gamma = \gamma_f$ 表征，相当于破坏时刻。所有这些临界状态均在超过长期强度极限 z_∞ 的任意应力 z 下发生。但是，变形达到 γ_n、γ_m 和 γ_f 的时刻 t_n、t_m 和 t_f，与应力 τ 之间的关系可用图 4-33(b)曲线来反映。所有三条曲线均有共同的渐近线。

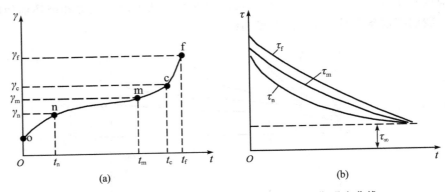

图 4-33　冻土蠕变曲线上的临界点和相应的长期强度曲线

受土类型、加载状态及方式的影响，冻土有两种基本破坏形式——脆性破坏和黏滞性破坏。脆性破坏以断裂的形式出现，在变形相对不大时产生；黏滞性破坏前的变形相对较大。拉伸试验时，试样形成缩颈；压缩试验时不伴随连续性的破坏，试样压扁(形成"扁筒")等都是黏滞性破坏的例子。脆性破坏是低温下冻土所固有的特性，黏滞破坏反映了温度接近于零时冻土的特性。

如果说脆性破坏的时刻可记录下来，则黏滞破坏时刻就不那么确切，它相应于变形速率无限增长($\dot{\gamma} \to \infty$)的时刻。如果这个时刻难于确定，可取变形达到某个值 $\gamma_k = K\gamma_m$ 为相对破坏标准(其中可以取 $K = 1.5$)。若需考虑一定的安全系数，黏滞破坏标准可以取第二个临界状态变形值，也就是急剧流动阶段的起点 $\gamma = \gamma_m$。

在多数情况下，不允许冻土受力达到流动发展阶段，此时将转入第三阶段时的应力作为长期强度值。在曲线图上，此时的强度曲线低于长期强度极限曲线，但当 $t_m \to \infty$ 时，应力 τ_m 趋近于长期强度极限 τ_∞。

从阶段 I 转为阶段 II 的 t_n 点是一个临界点，因为从这一时刻开始，应变进一步发展，将转入非衰减蠕变阶段，此时的应力 τ_n 可以认为是流动界限 τ_s。

在这两阶段(Ⅰ和Ⅱ)的蠕变过程中,点 t_m 和 t_n 重合时,相应的应变相等,即 $\gamma_m = \gamma_n$,此时的应力 $\tau_m = \tau_n$,有时,也允许这一应力值作为长期强度,即允许冻土的受力达到蠕变渐进阶段,但要限制其极限应变。

4.7.3　冻土长期强度的试验方法

通常,冻土长期强度的试验方法有以下 5 种基本类型(维亚洛夫,1987)。

1. 恒定荷载下的试验

最可靠的确定冻土长期强度极限(τ_∞)的方法,是取一组土样作蠕变试验,使其达到破坏,并记录达到破坏的历时。第一个试样在迅速加载下试验,确定相对瞬时强度 τ_0,其余试样总数不少于 5 个,加恒定荷载,其值为

$$\tau_j = \tau_0 \left(1 - \frac{n}{m}\right) \tag{4-62}$$

式中,n 为试样的顺序数;m 为系数,其值取决于土的流变特性,对于强度随时间而降低程度很大的土,$m=10$,对于强度降低不大的土,$m=20 \sim 30$。

在试验的基础上,绘制长期强度曲线(图 4-32),按一定的试验数据处理方法进行处理,可确定 τ_∞。

2. 逐级加载的试验

这种试验可用一个土样进行,每次加载梯级为 $\Delta\tau_1 = \Delta\tau_2 = \Delta\tau_3 = \cdots$,梯级值 $\Delta\tau$ 规定为相对瞬时强度的几分之几 $\Delta\tau = \tau_0/m$,其中 m 取 $10 \sim 20$。每个荷载梯级保持到变形相对稳定,稳定标准是相对变形的增量在 12 小时或 24 小时内不超过 0.01%。

试验进行到出现恒速或增速变形的梯级荷载为止。这个梯级荷载和随后两个梯级荷载至少保持三昼夜,这是为了证实变形过程中已达到稳定阶段。

试验结果绘制在"变形-时间"图上[图 4-34(a)],τ_∞ 值取变形达稳定时的最大应力。为了便于检查,建议用一般的对数坐标绘制"应力-变形"图[图 4-34(b)]。特别是,在对数坐标中有明显的曲线拐点,这是有由于在非衰减蠕变荷载阶段变形值急剧增长的结果,据此可确定 τ_∞。

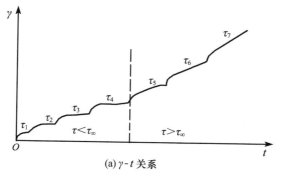

图 4-34　梯级加载试验

在实际工程中,荷载不是立即加到土上,而是逐级加上去。譬如,按建筑物施工进展,荷载增长的速度在任何情况下不会小于上述方法逐级加载的速度。因而,以长期的逐级加载所确定的强度将表征相应于建筑期间土承受逐渐增长荷载的极限长期强度。

3. 同时作用剪切和法向应力的试验

这种试验与上面所谈的类似,但每组试验是在恒定或逐级增长的荷载下进行。由此,获得各种 σ_n 下的长期强度曲线。再绘制达到破坏的各种历时 t_p 的剪切曲线(图 4-35),并可用下式来描述:

$$\tau = c(t) + \sigma_n \tan\varphi(t) \tag{4-63}$$

式中,黏聚力 $c(t)$ 和内摩擦角 $\varphi(t)$ 随时间变化的规律性从图 4-36 即可获得。

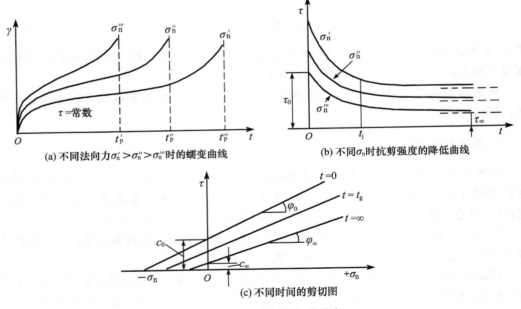

(a) 不同法向力 $\sigma_n' > \sigma_n'' > \sigma_n'''$ 时的蠕变曲线

(b) 不同 σ_n 时抗剪强度的降低曲线

(c) 不同时间的剪切图

图 4-35　黏土的长期抗剪强度

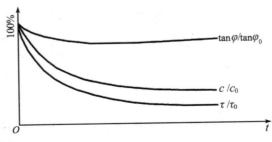

图 4-36　黏土抗剪强度 $\tau(t)$、黏聚力 $c(t)$ 和
内摩擦角 $\varphi(t)$ 随时间的降低
用其与相对瞬时值的比值%表示

4. 土的快速试验法

维亚洛夫曾提出大大缩短试验期限的简单方法是用测力计来测定土的长期强度。

仪器的原理如图 4-37 所示。试样 1 承受的荷载通过测力计 4 传递,并且在形成初始应力 σ_0 之后,令测力计的位置固定,长度 $l = l' + l''$(其中 l' 为测力计的高,l'' 为试样的高)为常数。

施加应力以后,试样发生蠕变变形 $\varepsilon = \Delta l'' / l''$,结果测力计松胀,应力下降。换句话说,土样是在变应力下做蠕变试验,同时在非恒定变形下做松弛试验,且应力和变形的变化互相有关。

通过测力计对试样施加任意初始应力 σ_0 后,记录它随时间的降低以及试样的变形随时间的变化。按所得的曲线(图 4-38)可以确定蠕变方程的形式及其中的参数值。譬如,取蠕变方程(4-24)的形式为

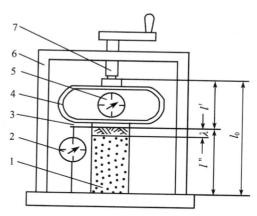

图 4-37 长期强度和蠕变试验的测力仪
1. 土样;2. 测微计;3. 压板;4. 测力计;
5. 测微计;6. 支架;7. 加力装置

$$\varphi(\varepsilon) = \sigma \psi(t) \tag{4-64}$$

假设 $\varphi(\varepsilon) = A_0 \varepsilon^m$,我们确定蠕变函数 $\psi(t)$ 为

$$\psi(t) = A_0 \frac{[\varepsilon(t)]^m}{\sigma(t)} \tag{4-65}$$

式中,$\varepsilon(t)$ 为试样的变形,按图 4-38 确定;$\sigma(t)$ 为测力计的变化应力,按图 4-38 确定。

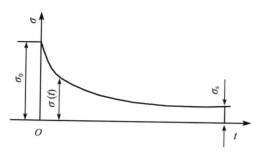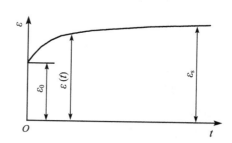

图 4-38 一次加载试验结果

如果得出的初始应力接近于相对瞬时强度(预先确定的),则相应于稳定变形(ε_s)的终止应力(σ_s)将接近于长期强度极限(σ_∞),因为可以把变形稳定看成是荷载和土的内部抗力之间达到平衡。

$$\sigma_\infty = \xi \sigma_s, \quad \xi = \left(\frac{\varepsilon_0}{\varepsilon_s}\right)^m \tag{4-66}$$

试验方案包括初始应力(σ_0)逐级提高,每一级保持到稳定终值σ_s(图 4-39),同时记录试样的变形$\varepsilon(t)$。这些数据基础上绘制σ_s和ε_s之间的关系图(图 4-39),从中确定函数的形式$\varphi(\varepsilon)$和σ_∞值。

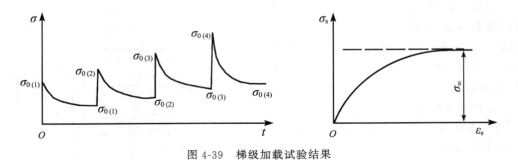

图 4-39　梯级加载试验结果

由于松弛过程比蠕变过程进行得更快(松弛时间$T_r \ll$后效时间T_p),用测力仪试验比用上述一般的试验时间要短得多。

5. 球形试验方法

为了确定土的长期黏聚力,有人提出在恒定荷载P下的球形模压器挤压法。这种方法十分有效,按此试验黏聚力可通过下式求得:

$$c(t) = 0.18 \frac{P}{\pi d h(t)} \tag{4-67}$$

式中,d 为球形模压器直径;$h(t)$为随时间变化的挤压深度(沉陷),这个深度从初始值h_0变到最终的稳定值,相应地有相对瞬时黏聚力c_0和极限长期黏聚力c_∞。

4.7.4　冻土长期破坏准则

在有些蠕变试验研究中,常以蠕变强度的概念来研究冻土的破坏,其实这里的蠕变强度就是我们前面提到的长期强度。下面是马巍等就三轴蠕变试验的一些研究结果。

由三轴蠕变试验资料分析可知,温度和围压对冻土的蠕变强度$(\sigma_1 - \sigma_3)_f$影响很大。在一定的围压下,温度越低,冻土的蠕变强度越大;同样在一定的温度下,围压越大,蠕变强度亦越大。图 4-40 和图 4-41 分别为不同温度和围压下蠕变强度随时间的变化曲线。该图表明,蠕变强度随时间的发展呈衰减趋势,最初阶段(0~5h)强度降低很快,大约占初始值的 40% 以上,最终趋于冻土的蠕变强度极限$(\sigma_1 - \sigma_3)_\infty$。在一定的温度下,围压越大,此极限值也越大。这说明围压的增大明显地增强了冻土的塑性硬化程度。

由试验资料的回归分析可知,蠕变强度$(\sigma_1 - \sigma_3)_f$可用下式来描述:

$$(\sigma_1 - \sigma_3)_f = \frac{B(\sigma_3, \theta)}{(t+1)^\xi} \tag{4-68}$$

式中,$B(\sigma_3, \theta)$为与围压和温度有关的参数,可用下式表示:

$$B(\sigma_3, \theta) = A\sigma_3 + B\sqrt{(|\theta|)} + C \tag{4-69}$$

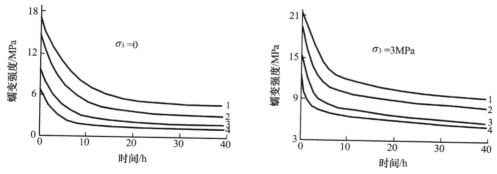

图 4-40　不同温度下蠕变强度随时间的变化曲线
1. −15℃；2. −10℃；3. −5℃；4. −2℃

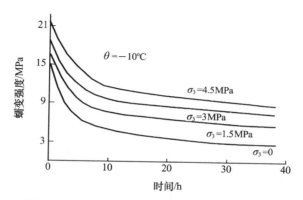

图 4-41　不同围压下蠕变强度随时间的变化曲线

式中，A、B、C 和 ξ 为试验参数。当 $\sigma_3 > 0$ 时，$A=1.039$，$B=3.647$，$C=4.243$，$\xi=0.3$；当 $\sigma_3 = 0$ 时，$B=4.065$，$C=2.314$，$\xi=0.5$，t 为时间。当时间足够长时，得到的 $(\sigma_1 - \sigma_3)_f$ 值即为冻土的长期强度极限。

由前面的讨论，我们已经知道，冻土的长期强度随时间、温度和围压的变化而变化，因此蠕变强度准则不能用单一的一条曲线来描述。图 4-42 为不同时刻蠕变破坏的莫尔包络线，可见，此簇包络线具有抛物线形状。同时，当包络线的位置随时间和温度变化时，包络线保持几何一致性，也就是说，当温度一定时，平均法向应力 $\sigma = 0$ 处的内摩擦角（φ）不随时间变化。Vyalov 等从单轴拉伸和三轴压缩的蠕变试验中也得到此结论。

如果假定当温度一定时，$\sigma_3 = \text{const.}$，则可将冻土强度的抛物型屈服准则推广到这里来，如图 4-43 所示。

$$\tau = c(\theta, t) + b \cdot \sigma - \frac{b}{2\sigma_m}\sigma^2 \qquad (4\text{-}70)$$

式中，$c(\theta, t)$ 为八面体平面上的黏聚阻力；$b = \tan\varphi$，φ 为 $\sigma = 0$ 处的内摩擦角；σ_m 为当冻土的剪切强度值达到最大值 $\tau_m = c(\theta, t) + \dfrac{b}{2}\sigma_m$ 时的平均法向应力值。

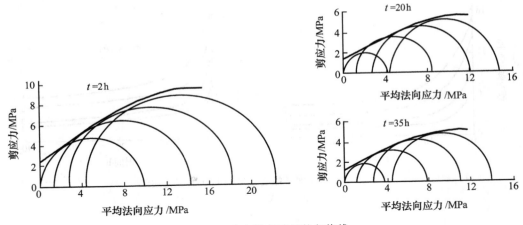

图 4-42　冻土蠕变破坏的包络线

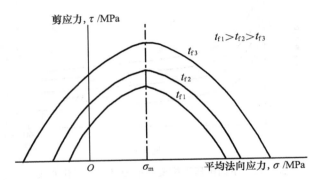

图 4-43　不同时刻破坏的莫尔包络线示意图

这里，

$$c = (\sigma_1 - \sigma_3)_f \mid_{\sigma_3=0} / (2\sqrt{f})$$
$$f = (1 + \sin\varphi) / (1 - \sin\varphi) \tag{4-71}$$

根据试验资料，各参数可用下列方程给出：

$$\begin{cases} \varphi = -0.607\theta + 27.27 \\ \sigma_m = (-65.79\theta + 45.61)^{1/2} \\ c(\theta, t) = \dfrac{(4.065 \mid \theta \mid^{1/2} + 2.314)}{2\sqrt{f}(t+1)} \end{cases} \tag{4-72}$$

　　这样，通过方程(4-70)～方程(4-72)就给出了冻土蠕变破坏的强度准则，这一强度准则也就是冻土的长期强度准则。其计算值如图 4-44 中的虚线所示。由该图可见，当时间较小时，计算值与试验值吻合很好；当时间较长时，计算值略大于试验值。当 $\sigma > 6\text{MPa}$ 时，这种差值越来越大，这是由于 $\sigma_m = \text{const.}$ 的假定所致。这样一来，可将冻土的瞬时强度准则与长期强度准则统一为同一个方程描述。

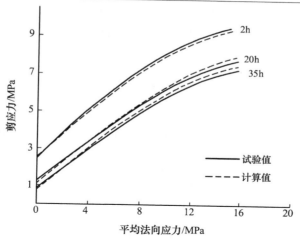

图 4-44 计算值与试验值的比较（-10℃）

4.7.5 冻土长期强度的确定方法

一般通过确定冻土的长期强度极限（σ_∞）来评价冻土的长期强度，而冻土的长期强度极限是通过冻土蠕变和松弛试验得到的。下面我们将介绍三种确定冻土长期强度极限的方法和一种确定冻土长期强度的方法，这些方法都是经验方法。

1. 用应力松弛方程确定冻土长期强度

图 4-45 是冻土应力松弛试验结果，该图表明冻土破坏时间与应力在双对数坐标中基本呈线性关系，可用下式表示：

$$\sigma = \frac{\sigma_0}{(t/t_0)^k} \qquad (4-73)$$

式中，σ_0 为对应于较短时间 t_0 的短时冻土强度；σ 为长期强度；k 是与土温（θ）和含水量（w）有关的试验系数，即当 $w \leqslant w_p + 35\%$ 时，k 仅与土温（θ）有关，即 $k = f(\theta)$；当 $\theta \leqslant -1.0℃$ 时，$k = 0.054$；当 $\theta > -1.0℃$ 时，$k = 0.070$。

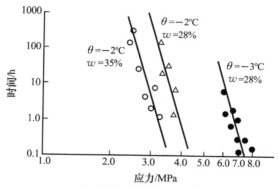

图 4-45 冻土破坏强度与破坏时间的关系

可见，当 k 值确定以后，只要进行一次短时强度试验，分别确定时间 t_0 所对应的短时冻土强度 σ_0，即可求得任意时刻 t 的强度 σ，即为长期强度。对于冻土的长期强度极限通常取时间 $t = 50a$。

2. 用应力-应变关系确定冻土的长期强度极限

综合分析冻土在不同温度和水分条件下的试验结果可见，在不同应力作用下的应力-应变关系均为非连续的直线，且呈指数型关系（图 4-46），可分别用两个公式表示：

$$\sigma_1 = A(t) \cdot s_0^\alpha \tag{4-74}$$

$$\sigma_2 = B(t) \cdot s_\infty^\beta \tag{4-75}$$

式中，σ_1 和 σ_2 为应力；s_0 和 s_∞ 为对应于 σ_1 和 σ_2 的变形；$A(t)$、$B(t)$、α 和 β 为试验参数。

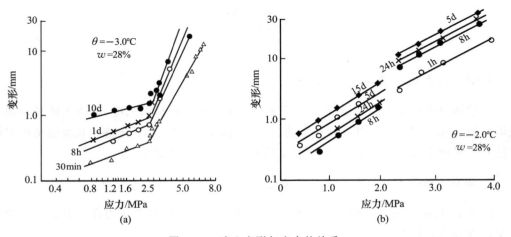

图 4-46　冻土变形与应力的关系

当 $\sigma \leqslant \sigma_\infty$ 时，其变形呈衰减变形，即 $ds/dt \to 0$，式（4-74）为衰减方程；当 $\sigma > \sigma_\infty$ 时，其变形呈非衰减变形，即 $ds/dt \to \infty$，式（4-75）为非衰减方程。

从图 4-46 的试验结果可以得出如下结论：冻土的破坏取决于一个与时间因素无关的常应力 σ_∞，当应力大于 σ_∞ 时，将发生非衰减的破坏变形，破坏时间取决于该应力的大小。

冻土应力与应变关系从应力作用于冻土时刻起就反映了不连续性，而且贯穿于始终，图 4-46(a) 上的转折点所对应的应力就是冻土的长期强度极限。以此结论为依据，仅需做一组不同应力下的变形试验，根据在对数坐标上的关系式，取其转折点对应的应力，即为我们所确定的长期强度极限 σ_∞。

3. 用塑性黏滞流动方程确定冻土长期强度极限

通过对冻土蠕变试验中关于塑性黏滞流动阶段的分析，可得到如下两个结论：

（1）当应力小于或等于长期强度极限，即 $\sigma \leqslant \sigma_\infty$ 时，蠕变变形中均有一个阶段呈等速变形，这个变形速率与应力大小无关，即

$$v_0 = \text{const.} \tag{4-76}$$

只是随着应力增加,其等速变形阶段逐渐延长。

(2) 当 $\sigma > \sigma_\infty$ 时,所产生的塑性黏滞流动方程可用下式表示:

$$v_\infty = s_0 e^{2.3\xi(\sigma - \sigma_\infty)} \tag{4-77}$$

式中,s_∞ 为塑性黏滞流动速率;s_0 可由方程(4-76)确定;σ 为大于 σ_∞ 时的试验应力;ξ 为试验系数。

上述两个方程在应力与流动速率图上(图 4-47)的相交点所对应的应力,即为长期强度极限 σ_∞。

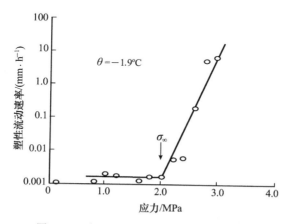

图 4-47　冻土应力与塑性流动速率的关系

4. 用温度–时间比拟法预报冻土长期强度

冻土长期强度随时间降低的剧烈程度取决于冻土的物理性质、温度和应力。恒定温度时长期强度曲线本身是唯一的归一化曲线,揭示的是应力对强度的影响。所以,所有比拟时间影响强度的其他因子,都可以得到长期强度曲线簇,找到归一化曲线就能进行超过试验时间(周期)的预报,此时,最直观的就是温度–时间比拟法(罗曼,2005)。引用该法的基本要求是:

(1) 统计数据必须要有足够多的试验数量。

(2) 试验时间周期中长期强度曲线要有足够多的重叠,即要有 5～7 个给定试验温度值才能达到要求。

查明影响冻土破坏过程的时间和确定这些过程中强度因子(温度、含盐量、含水量、泥炭化程度等)间相互关系的规律性是时间比拟法预报长期强度的基础。利用温度–时间比拟法预报长期强度的实质就是根据试验周期内的试验数据计算退化系数在规定的使破坏强度变化的给定因子数值下达到同一强度的时间的比值。预报周期可以超出试验周期许多倍,与建筑物运营期限相当。

温度和达到破坏时间的影响用一个统一的函数联系起来:

$$\sigma_{t,\theta} = \sigma[a_{t,\theta}(\theta - \theta_0), t, \theta_0] \tag{4-78}$$

式中,$\sigma_{t,\theta}$ 为温度 θ 时 t 时间内的强度;$a_{t,\theta}$ 为长期强度曲线的温度–时间变换函数(退化系数);θ_0为制作归一化"基准"曲线的温度。

整理试验数据的方法和制作等温条件下根据试验关系得到的强度随时间降低的归一化曲线方法如下:

(1) 绘制指定可信范围内的 σ-$\ln t$ 关系图簇;

(2) 选择"基准"温度 θ_0,其值采用等于接近于低温区间的温度;

(3) 顺序求出试验周期内的 $\Delta \overline{\ln t_i}$ 平均值,从 σ-$\ln t$ 的"基准"曲线开始,依次求出 $\Delta \ln t$ 的平均值 $\Delta \overline{\ln t_i} = \ln a_i$,计算退化系数 $a_t = t'/t_0$;

(4) 为了计算试验区间内任意温度下的长期强度,将 $\Delta \ln a_i - (\theta - \theta_0)$ 的试验值表达成解析形式,然后将试验时段中位于 σ-$\ln t$ 关系图每条曲线上的实测点"硬性地"沿对数时间轴平移一相应值 $\Delta \overline{\ln t_i} = \ln a_i$。这些曲线上新引进的时间将等于 $\ln(t \cdot a_i) = \ln t + \sum \ln a_i$;

(5) 平移一引进时间量的试验点,我们就得到基准温度下超过试验周期若干量级时间的归一化长期强度曲线。

为了预报比基准温度更高时的冻土强度,应当考虑用哪个基准曲线解析方程,利用这个方程计算周期等于 $\ln t + \ln a_{\theta,i}$ 的 σ 值。这样得到的土长期强度值将符合周期 t 内温度 θ_i 的长期强度值。

以计算冻结泥炭的当量黏聚力为例,探讨温度-时间比拟法预报冻土长期强度:

所有试验在 $-2.5 \sim -28℃$ 温度区间内完成,球形压板($d = 22\text{mm}$)上的荷载按所有温度下同一时刻压板沉降量相同的条件选取,规定压板压入值在 15s 内等于 $0.005d$,这样可以消除荷载对当量黏聚力的影响,而仅仅揭示的是温度的影响。

根据一组试验数据绘制 c_θ-$\ln t$ 曲线簇[图 4-48(a)],从该图可以看出,所有曲线都是相似的。因此,如同单一型热流变体一样用作图方式绘制基准归一化曲线,求出每对相邻 c_θ-$\ln t$ 曲线的时间平移量,并求出其平均值 $\Delta \ln a_i$,然后将试验点转移到相邻图上[图 4-48(b)]。在图 4-48(a)中,曲线 1 移动时其坐标不变;曲线 2 的试验点在时间轴上向右平移 Δa_{1-2};曲线 3 上的点在时间轴上平移距离为曲线 1~2 和 2~3 之间之和:$\sum (a_{1-2}, a_{2-3})$,如此类推。这样我们就获得了最低温度条件下即 $-28℃$ 时的长期当量黏聚力归一化曲线。如图 4-48(b)可见,所得到的曲线能够预报大于 100 年($\ln(c) = 21.87\text{MPa}$)的当量黏聚力值。

为了得到其他更高温度下的当量黏聚力也可利用作图法解决:

(1) 绘制 $\sum \Delta \ln a_{i-(i+1)}$ 与 $(\theta - \theta_0)$ 的关系图[图 4-48(c)];

(2) 求得归一化曲线的解析方程;

(3) 按方程求出给定温度 θ_i 在 $\ln t_0 + \sum \Delta \ln a_{i-(i+1)}$ 时间周期内的 c_θ。此时,在任意想要的温度值(试验温度区间)下从 $\sum \Delta a - (\theta - \theta_0)$ 图上截取 $\sum \Delta \ln a_{i-(i+1)}$。这种方式得到的 c_θ 值即是给定温度下 t 时间周期内 c_θ 的预报值。

整理试验数据表明,$\sigma(\theta, 0)$-$\ln t$ 归一化曲线可近似的用幂方程形式表达:

$$\sigma_i = B(\ln t)^A \tag{4-79}$$

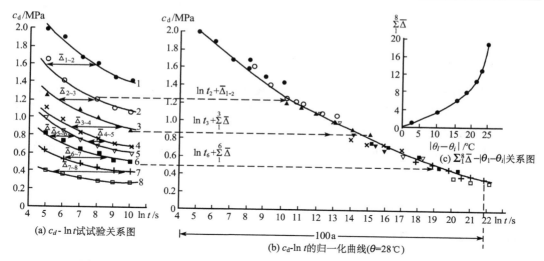

图 4-48　温度-时间比拟法绘制冻结泥炭长期当量黏聚力归一化曲线示例

● 1(−28℃)　▲ 3(−13℃)　▽ 5(−8.5℃)　+ 7(−4℃)
○ 2(−18℃)　× 4(−9.5℃)　■ 6(−6℃)　□ 8(−2.5℃)

式中，A 和 B 取决于土类、温度和加载状况的参数。A 与 B 的值可基于计算机演算选择并按作图法得到的长期强度归一化曲线方程求解。

以前述资料为基础，按温度-时间比拟法，对冻结泥炭长期当量黏聚力周期为 100 年得预报值列于表 4-3。

表 4-3　高位泥炭 100 年时的长期当量黏聚力(C_d)($\rho=1.07g \cdot cm^{-3}$,$\xi=2.3\%$)

温度/℃	−2.5	−4.0	−6	−8.5	−9.5	−13	−18	−28
$c_d/(10^{-3}Pa)$	0.8	1.5	1.8	2.0	2.3	2.7	3.2	4.5

Roman 等认为用温度-时间比拟法可以预报长期强度，这也被其他土类不同试验方式其中包括三轴压缩条件下的试验结果所证实。

4.7.6　变应力过程中冻土长期强度探讨

1. 变应力过程中冻土长期强度

对于单级恒应力蠕变，冻土的长期强度曲线仅仅是指冻土在某一应力作用下使冻土破坏所需经历的时间，而并没有反映冻土蠕变过程中冻土强度降低量，它代表的也就不是一个强度过程线，换句话说，长期强度曲线与应力作用状态是有关的。因此，从广义的角度讲，冻土蠕变的长期强度的意义实际在于确定某种应力状态下冻土蠕变的破坏时间，对于变应力过程，冻土同样要遭受破坏，此时，若仍从恒应力作用下长期强度的角度看的话，冻土在变应力过程中的长期强度则应该是确定某种应力过程中冻土蠕变的破坏时间，而且此时，长期强度曲线应是不存在的(因为应力在变化)。基于这个意义，在变应力过程中冻土的长期强度问题也就变成了确定应力过程作用至什么时间冻土将发生蠕变破坏的问题,破坏时间则为破坏前所有应力作用时间之和。

2. 破坏时间准则

微观结构研究揭示出,在土的变形和长期破坏过程中,结构缺陷发育所起的作用十分重要,且当缺陷积累的结果使土的破损度达到某临界值时,可以认为冻土破坏来临,如果冻土的初始破损度为 w_0,破坏时刻的破损度为 w_p,则在蠕变过程中冻土的破损度由 w_0 向 w_p 递增变化,冻土的长期强度(破坏时间)取决于破损度在蠕变过程中的增长速率,而后者是应力和时间的函数:

$$\frac{\mathrm{d}w}{\mathrm{d}t} = f(\sigma, t) \tag{4-80}$$

假设冻土在蠕变过程中其破损度的变化符合破损度线性累计原理,即

$$\frac{w_i}{w_p - w_0} = \frac{t_i}{t_f(\sigma_i)} \tag{4-81}$$

式中,t_i 为应力 σ_i 对冻土的作用时间;t_f 为对应恒应力 σ_i 时冻土的蠕变破坏时间;w_i 为应力 σ_i 作用 t_i 时间引起的冻土破损度的改变量。当冻土在变应力 $\sigma(t)$ 下发生蠕变直至破坏时,式(4-81)以定积分形式给出:

$$\int_{w_0}^{w_p} \frac{\mathrm{d}w}{w_p - w_0} = \int_0^{t_p} \frac{\mathrm{d}t}{t_f[\sigma(t)]} = 1 \tag{4-82}$$

式中,t_p 为变应力作用下冻土的蠕变破坏时间。式(4-82)即为基于破损度线性累计原理的冻土破坏时间准则。对于梯级变应力过程,式(4-82)变为

$$\sum \frac{\Delta t_i}{t_f(\sigma_i)} = 1 \tag{4-83}$$

破坏时间为各级应力作用时间之和即 $t_p = \sum \Delta t_i$。显然,对恒应力过程,$t_p = t_f(\sigma)$。如果式(4-80)~式(4-83)成立,则对于确定的梯级变应力过程,只要得到冻土在恒应力下的长期强度曲线,就可预测冻土的蠕变破坏时间。

参 考 文 献

罗曼. 2005. 冻土力学. 张长庆译. 兰州:中国科学院寒区旱区环境与工程研究所冻土工程国家重点实验室.

盛煜. 1996. 变应力、变温过程中冻土蠕变的试验研究. 中国科学院兰州冰川冻土研究所.

王正贵,马巍,盛煜,等. 1996. 冻土蠕变的渐近屈服准则. 冰川冻土,18(2):155~161.

维亚洛夫. 1987. 土力学的流变原理. 杜余培译. 郭见扬校. 北京:科学出版社.

吴紫汪,马巍. 1994. 冻土强度与蠕变. 兰州:兰州大学出版社.

吴紫汪,张家懿,朱元林. 1982. 冻土流变性的试验研究. 中国地理学会冰川冻土学术会议论文选集(冻土学). 北京:科学出版社.

Assur A. 1980. Some promising trends in ice mechanics. In: Physics and Mechanics of Ice. Berlin:

Springer-Verlag.1～5.

Diekman N, Edel W. 1980. Description of creep behavior of frozen soil using constant strain rate compression tests. In Proceedings of the 2-nd International Symposium on Ground Freezing, Troundheim, Norway, 202～212.

Fish A M. 1976. An acoustic and pressure meter method for investigation of the rheological properties of ice. US CRREL, internal report 846.

Fish A M. 1982. Comparative analysis of the USSR construction codes and the US army technical manual for design of foundations on permafrost. US Army, Corps of Engineers, Cold Regions Research and Engineering Laboratory (CRREL), report: 20.

Gardner A B. 1985. The creep behavior of frozen ground in relation to artificial ground freezing. Ph.D. thesis, University of Nottingham, Nottingham, UK.N. Diekmann.

Gardner A R, Jones R H. 1984. A new creep equation for frozen soils and ice. Cold Regions Science and Technology, 9: 271～275.

Jessberger H L. 1981. A state-of-the-art report. Ground freezing: mechanical properties, processes and design. Engineering and Geology, 18: 5～30.

Jessberger H L. 1982. Creep behavior and strength of an artificially frozen silt under triaxial stress state. Proceedings of the Third International Symposium on Ground Freezing P: 31～37.

Ladanyi B. 1972. An engineering theory of creep of frozen soils. Canadian Geotechnical Journal, 9(1): 63～80.

Takegawa K, et al. 1979. Creep characteristics of frozen soils. Engineering Geology, 13: 197～205.

Ting J M. 1983. Tertiary creep model for frozen sand. ASCE Journal of Geotechnical Engineering, 109(7): 932～945.

Vyalov S S. 1959. Rheological properties and bearing capacity of frozen soils. US CRREL Translation: 74.

Vyalov S S. 1963. Rheology of frozen soils. Proceedings of the 1st permafrost conference, Lafayette, Ind.: 332～342.

Wang S H, Qi J L, Yao X X. 2011. Stress relaxation characteristics of warm frozen clay under triaxial conditions. Cold Regions Science and Technology, 69(1): 112～117.

Wijeweera H, Joshi R C. 1990. Creep and strength behavior of fine-grained frozen soils. Canadian Geotechnique Journal, 27: 472～483.

Zhu Y L, Carbee D L. 1987. Creep and strength behavior of frozen silt in uniaxial compression. USA CRREL report: 87～10.

第5章 冻土的动力学特征

5.1 概 述

　　建筑物的地基、天然土坡和土工结构物中的土体,在静荷载,主要包括上部结构的静荷载、土体本身的自重和水的渗透力的作用下将产生静应力和变形。静荷载是持续恒定地作用于土体之上的基本荷载。然而,在某些情况下由于爆破或爆炸、地震、风浪、车辆或机器振动,土体将产生动应力和动变形,并附加于静应力及相应变形之上,这将是一个比静荷载单独作用时更为复杂的力学过程。我们常将对这一力学过程、变化规律以及与此相关的土工建筑物及地基土的稳定性研究称作土动力学。因此,土动力学研究的基本内容应该包括土的动力特性和土体的动力稳定性两大部分(张克绪等,1989)。

　　土在动荷载作用下的力学特性与动荷载的类型和特点有关。所谓动荷载,就是其幅值随时间以某种形式发生变化的荷载,振幅、频率、持续时间和波形是分析动荷载作用的基本要素。坠落重物、地震或者爆破、火车汽车等交通工具的运动、流体的流动以及波浪等都会产生动荷载,由这些不同原因引起的动荷载的大小均随时间而变化,即所有动荷载都具有速率效应和循环效应。速率效应是指荷载在很短时间内以较高的速率施加于土体所引起的效应,而循环效应是指荷载多次往复循环的增加和减小对土体引起的效应。通常,根据研究对象应变范围和动荷载作用频率的高低,对上述两种效应考虑的侧重点也不一样。当研究弹性或较小应变范围内的问题时,常采用土的弹性参数、动模量、动泊松比和阻尼比等,并将土的参数与应变幅值的大小相联系;当研究较大应变范围内低频动荷载作用的问题时,主要考虑循环效应,而研究高频动荷载作用的问题时,应考虑循环效应和速率效应共同作用的效果。由于产生动荷载的原因不同,荷载作用时间和往返次数也不同,在土动力学研究中,常将动荷载的作用分为以下三种类型:①脉冲型荷载,即冲击荷载,其大小取决于传递结构的弹性和惯性,作用时间短,如爆破或爆炸所产生的荷载;②微幅振动型荷载,具有随时间变化的多样性和作用的长期性,以多次重复为荷载的主要特征,如车辆或机器振动所产生的荷载;③随机型荷载,荷载是以有限次的、无规律的运动施加到建筑物上的,且幅值大、频率低,如地震、风浪所产生的荷载。

　　由于它们在变化规律以及应力量级上的不同,在土中所产生的应变以及发展规律也有很大的差别,所以在研究其对土的力学特性的影响时,着眼点自然也不相同。

　　在土动力学中,通常以剪应变幅值来反映动荷载的作用(图 5-1),当剪应变幅值小于 10^{-5} 时,土处于小应变阶段;当剪应变幅值大于 10^{-5} 而小于 10^{-3} 时,土处于中等应变阶段;当剪应变幅值大于 10^{-3} 时,土处于大应变阶段。在小应变和中等应变的开始阶段,土的应力-应变关系是弹性的,此时,土也可能产生少量的塑性变形。在这个阶段,主要是研究剪切模量和阻尼比的变化规律,为建筑物地基、机器基础或土坝坝体的动力分析提供必要的指标。在中等变形和大变形的开始阶段,土的应力-应变关系是弹塑性的。在实用中,常以非线性等价黏弹性应力-应变关系来代替弹塑性应力-应变关系。在大变形阶段,土处于破坏状态,在这种状态下土的应力-应变关系更为复杂,在实用中仍以非线性等价黏弹性应力-应变关系来表示。在后两个阶段,除了研究剪切模量和阻尼比的变化之外,还要研究土的强度和变形问题,因为此时动荷载将会引起土结构的改变,从而引起土的残余变形和强度的损失,而地基、基础和上部建筑物都可能由于土强度的减小或附加变形的增大而影响到整体稳定性。

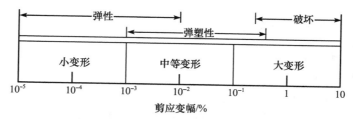

图 5-1 在动荷载作用下土的力学状态

对常规土力学来说,土的动力学研究已经取得了很大的进展,但是,对作为特殊土体的冻土来说,冻土动力学研究仅仅还处在起步阶段。从前面几章已经看到,冻土是一个复杂的材料,可以说是由四相介质组成:土骨架、冰、未冻水和气体。对于冻土而言,由于冰的存在,其自身具有较强的流变性,即使在恒定荷载作用下,随着荷载作用时间的延长,土体的变形也会不断增大。当动荷载作用在冻土上时,即使动荷载的幅值和频率成分保持不变,随着动荷载作用时间的延长或往返作用次数的增多,冻土的变形也将不断增大,这不但体现动荷载的疲劳效应,而且体现着冻土的蠕变效应。同时,也由于温度的变化,常常使冻土体内部结构处于动态变化之中。因此,冻土动力学研究将比常规土动力学研究更难、更复杂。

冻土动力学的研究基本上汲取了目前常规土动力学的研究思路,再结合冻土静力学的一些研究方法,探索性地形成了一个特有的研究方向。冻土动力学特征的研究,目前主要有三种方法。第一种是利用常规土动力学的研究方法,Vison(1978)指出冻土动力学的计算模型和计算分析方法可以采用未冻土的,不过冻土的动力学参数与未冻土有较大差异。20 世纪 60 年代到 80 年代,国外研究人员做了大量工作,包括现场波速测试、室内三轴、共振柱和波速试验,来研究冻土和未冻土力学参数的差异(Vison,1978;Kurfurst et al.,1972;Stevens,1975;Czajkowski et al.,1980;Ladanyi et al.,1978;Wilson,1982;Hunaidi et al.,1996)。90 年代开始,国内的研究人员也做了大量工作,针对国内寒区工程或者一些特殊土(如冻结黄土),进行大量的室内三轴试验以及少量波速试验,获得了冻土动力学参数的变化规律(何平,1993;徐学燕,等,1998;徐春华等,2002;吴志坚,2002;王大雁等,2002;赵淑萍等,2003;王丽霞,2004;施烨辉,2006;高志华,2007;凌贤长等,2002;孟庆洲,2008)。第二种方法是建立在冻土静强度研究的基础上,为了与强度试验中恒应变速率的加载方式相对应,采用以恒应变速率增长的等幅动应变加载方式,从而比较冻土的静强度和动强度,国内的沈忠言做了大量这方面工作(沈忠言等,1995,1997a,1997b)。第三种方法是建立在冻土静蠕变研究的基础上,Razbegin 等(1996)提出用静蠕变的研究方法来建立动蠕变的本构模型。

　　虽然,冻土动力学研究仅取得了一些初步结果,还不能形成完整的理论体系,还有很长的路要走,但在本章我们想将目前已经取得的一些研究成果呈现给大家,希望未来广大科研工作者在此基础上继续前行,取得更多的研究成果。

5.2　冻土的动应力-动应变关系

5.2.1　冻土的动应力-动应变特点

　　土的动应力-动应变关系,或称土的动本构关系,是表征土动态力学特性的基本关系,也是分析土体动力失稳过程的重要基础(谢定义,1988)。由于土的复杂性,其动本构关系的研究目前还远远不够成熟。在土动力学研究领域,研究者们在大量试验的基础上,提出了一些动力计算模型(张克绪等,1989;谢定义,1988;吴世明,2000),其中比较经典的是双直线模型、双曲线模型、H-D 模型(Hardin-Drnevich 模型),在实际工程(尤其是地震反应分析)中应用最广泛的是 H-D 模型。而冻土比普通土更加复杂,对于冻土的动本构关系的研究也才刚刚起步。总体上来看,冻土的动应力-动应变曲线形态与未冻土比较相似,并没有本质的不同,只是在细节的变化规律上有一些差异。因此,我们可利用常规土动力学的方法来分析冻土的动应力-动应变特征。

　　由于动应力是附加于静应力之上的,相对于动应力而言,常把静应力叫做初始静应力,总应力等于初始静应力加动应力。为了与本书其他章节一致,关于符号表示,统一规定如下:带下标 1 的表示轴向应力或应变,带下标 3 的表示围压或径向应变;带下标 s 的表示初始静应力或相应的应变,带下标 d 的表示随时间动态变化的应力或应变,带下标 m 的表示相应动态变化量的幅值。本章讨论的大多数是轴向总应力动态变化、围压保持不变的动三轴试验,即 $\sigma_1 = \sigma_{1s} + \sigma_{1d}$,$\sigma_3 = \sigma_{3s}$,但轴向应变和径向应变都有可能发生动态变化,$\varepsilon_1 = \varepsilon_{1s} + \varepsilon_{1d}$,$\varepsilon_3 = \varepsilon_{3s} + \varepsilon_{3d}$。以后的描述中,由于轴向应力-应变用得较多,直接用 σ_s、σ_d、σ_m 表示轴向初始静应力、轴向动应力、轴向应力幅;ε_s、ε_d、ε_m 表示轴向初始静应变、轴向动应变、轴向应变幅。径向总应变、径向初始静应变、径向动应变仍然用 ε_3、ε_{3s}、ε_{3d} 表示。

　　τ 表示总剪应力,τ_s、τ_d、τ_m 分别表示初始静剪应力、动剪应力、剪应力幅;γ 表示总剪应变,γ_s、γ_d、γ_m 分别表示初始静剪应变、动剪应变、剪应变幅。由于应力应变是动态变化的,因此,弹性模量、剪切模量也是动态变化的,用 E_{dt}、G_{dt} 表示。常用轴向应力幅和轴向应变幅的比值来表示一个荷载循环下的最大动弹性模量 $E_d = \sigma_m / \varepsilon_m$;用剪应力幅和剪应变幅的比值表示一个荷载循环下的最大动剪切模量 $G_d = \tau_m / \gamma_m$。v 表示泊松比,v_d 表示动泊松比。λ 表示阻尼比。

　　另外,关于动应力和动应变还要作几点说明。

　　1) 动应力-动应变关系

　　对于三轴压缩试验,$\sigma_1 > \sigma_3$,试验过程中测得轴向总应变 ε_1、径向应变 ε_3 和体应变 ε_v。分析试验结果时,假设土体为各向同性弹性体,轴向偏应力和轴向总应变之间的关

系为

$$\sigma_1 - \sigma_3 = E\varepsilon_1 \tag{5-1}$$

最大剪应力和剪应变之间的关系为

$$\tau = \frac{\sigma_1 - \sigma_3}{2} = G\gamma = G(\varepsilon_1 - \varepsilon_3) \tag{5-2}$$

如果不考虑体应变，则 $\varepsilon_v = 0, v = 0.5, \varepsilon_3 = \dfrac{\varepsilon_1}{2}$，式（5-2）可以变成

$$\tau = \frac{\sigma_1 - \sigma_3}{2} = G\gamma = G\frac{\varepsilon_1}{2} \tag{5-3}$$

对于动三轴压缩试验，轴向偏应力和轴向总应变之间的关系为

$$\sigma_s + \sigma_d - \sigma_3 = E(\varepsilon_s + \varepsilon_d) \tag{5-4}$$

上式可分解为

$$\sigma_s - \sigma_3 = E_s\varepsilon_s \tag{5-5}$$

$$\sigma_d = E_{dt}\varepsilon_d \tag{5-6}$$

最大剪应力和剪应变之间的关系为

$$\tau = \frac{1}{2}(\sigma_s + \sigma_d - \sigma_3) = G(\varepsilon_s + \varepsilon_d - \varepsilon_{3s} - \varepsilon_{3d}) \tag{5-7}$$

上式可分解为

$$\tau_s = \frac{1}{2}(\sigma_s - \sigma_3) = G(\varepsilon_s - \varepsilon_{3s}) \tag{5-8}$$

$$\tau_d = \frac{1}{2}\sigma_d = G_{dt}\gamma_d = G_{dt}(\varepsilon_d - \varepsilon_{3d}) \tag{5-9}$$

同样，如果不考虑体应变的动态变化，则 $\varepsilon_{3d} = \dfrac{\varepsilon_{1d}}{2}$，式（5-9）可以变成

$$\tau_d = \frac{1}{2}\sigma_d = G_{dt}\frac{\varepsilon_d}{2} \tag{5-10}$$

可见，对于总应力和总应变之间的关系，既可以直接用式（5-1）来研究轴向偏应力和轴向应变之间的关系，也可以用式（5-2）来研究最大剪应力和剪应变之间的关系，当然此时要求测得体应变或者径向应变。本章主要讨论动应力和动应变之间的关系，有的研究者直接用式（5-6）来研究轴向动应力和轴向动应变之间的关系（σ_d-ε_d），有的用式（5-9）来研究动剪应力和动剪应变之间的关系（τ_d-γ_d），此时要求测得动体应变或者动径向应变。

在通常的动三轴试验中，轴向施加正弦波形的动荷载为

$$\sigma_d = \sigma_m \sin(2\pi ft) \tag{5-11}$$

因此轴向动应力的最大值为 σ_m，轴向动应力的最小值为 $-\sigma_m$。

轴向偏应力为

$$\sigma_1 - \sigma_3 = \sigma_s + \sigma_m \sin(2\pi ft) - \sigma_3 \tag{5-12}$$

对于动三轴压缩试验，要求 $\sigma_1 - \sigma_3 > 0$，因此，要求初始静应力 $\sigma_s > \sigma_3 + \sigma_m$。

动荷载作用下产生的轴向动应变,并不是以正弦规律周期变化,此时,以一个荷载循环下的轴向应变最大值和最小值之差的一半作为轴向应变幅 ε_m,因此,一个荷载循环下轴向动应变最大值为 ε_m,轴向动应变最小值为 $-\varepsilon_m$。

2) 滞回曲线

对于理想弹性体,动应力 σ_d 与动应变 ε_d 的两条波形线在时间上是同步的,但冻土并非理想弹性体,动应变较动应力有一定的时间滞后[图 5-2(a)]。如果把一个荷载循环下每一个时刻的 σ_d 与 ε_d 描绘到 σ_d-ε_d 坐标上,可得到滞回曲线。对于理想黏弹性体,滞回曲线是一个倾斜的封闭椭圆[图 5-2(b)],滞回曲线上应力最大值 σ_m 对应的为 A 点,应变最大值 ε_m 对应的为 B 点,滞回曲线的顶点为 C 点,可见,由于存在应变滞后,A、B 点并不重合。过 A、B 点分别做应力-应变轴的垂线,并相交于 N 点,N 点的坐标为 (ε_m,σ_m),N 点与 C 点也不重合。线 ON 的斜率代表动弹性模量的值 $E_d=\sigma_m/\varepsilon_m$。如果忽略 N 点、C 点的差异,则滞回曲线顶点 C 的坐标为 (ε_m,σ_m),线 OC 的斜率代表动弹性模量。另外,由于冻土也不是理想黏弹性体,滞回曲线是不封闭的曲线[图 5-2(c)],对于动弹性模量的定义仍然借鉴上述理想黏弹性体的,用线段 ON 的斜率表示。

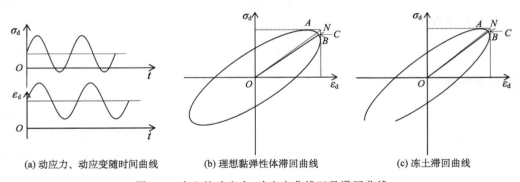

(a) 动应力、动应变随时间曲线   (b) 理想黏弹性体滞回曲线   (c) 冻土滞回曲线

图 5-2 冻土的动应力-动应变曲线以及滞回曲线

3) 骨干曲线

如果进行一组动三轴试验,σ_s 相同、σ_d 为规则波形的动荷载,且 σ_d 的频率相同、幅值不同,从每一个应力条件下的试验结果都可以得到随振次变化的应力-应变滞回曲线,选择同一个振次下的 σ_m、ε_m,并绘制到同一张图上,可以得到土的骨干曲线 OP(图 5-3)。

通过骨干曲线形态、滞回曲线形态、滞回曲线中心位置的移动可以反映动应力-动应变关系全过程,试验结果表明,土在动荷载作用下的动应力-动应变关系有如下特点:

(1) 非线性。土的骨干曲线表示了应力幅与应变幅之间的关系,反映了动应变的非线性。

(2) 滞后性。滞回曲线反映了动应变对动应力的滞后性,体现了土的黏性特征。

(3) 变形累积性。由于土体在受荷过程中会产生不可恢复的塑性变形,而且塑性变形在循环动荷载作用下会逐渐累积。即使动荷载幅值和频率保持不变,随着荷载作用次数的增加,滞回曲线中心不断朝应变增大的方向移动。滞回曲线中心位置的变化反映了土的塑性,即荷载作用下土的不可恢复的结构破坏。

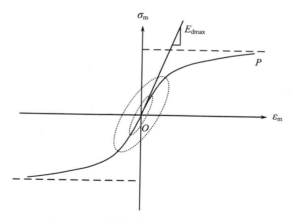

图 5-3　土的滞回曲线和骨干曲线关系

　　滞回曲线是描述加载、卸载、再加载时应力-应变变化规律的曲线。加荷过程是能量的储存过程,卸荷过程是能量的释放过程,储存的能量和释放的能量之差是耗散的能量,滞回曲线所围成的面积代表能量耗散。如图 5-4 所示,加载时产生的变形在卸载时有不同的表现,一部分是可以恢复的弹性变形,代表着弹性应变能的全部释放;另一部分是不可恢复的残余塑性变形,其损耗的能量为塑性耗散;在加载卸载过程中,存在应变对应力的滞后,形成黏滞性耗散;另外,还有一部分能量在土体内部耗散掉,并不直接表现为宏观的塑性变形或黏滞性变形,而是可能变成热能,使冻土内部温度升高,称为温升耗散,或者变成损伤耗散。土体内部存在一些微缺陷(如微裂纹、微孔隙等),荷载作用下,这些微缺陷继续扩展,新的微缺陷萌生,称为损伤,形成损伤耗散,宏观上表现为疲劳效应。当然,土体内部的温度升高和损伤都引起土体材料力学性能的劣化,从而对宏观的塑性变形和黏滞性变形产生影响。因此,动荷载长期作用下,土体的能量耗散包括塑性耗散、黏滞性耗散、温升耗散、损伤耗散。滞回曲线的形态反映了土体的上述变化特征,因此,滞回曲线的研究应该是土动应力-动应变关系研究的重点。但是,目前,对于土的滞回曲线的研究

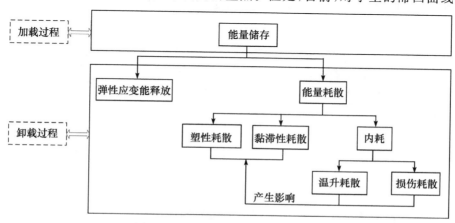

图 5-4　加载卸载过程中的能量变化

并不是很多,对于的冻土的滞回曲线的研究就更少了。

已有的一些土的动力学试验结果表明,动应力-动应变滞回曲线具有如下特点(张克绪等,1989):

(1) 滞回曲线所围成的面积随应变幅的增大而增大。

(2) 滞回曲线的斜度随应变幅值的增大而变缓。

(3) 当荷载作用周数较多时,滞回曲线随着荷载作用周数的增加而变化。对于软黏土,滞回圈随着荷载作用周数的增加而右移,且围成的面积越来越大,越来越向应变轴倾斜,出现周期衰化现象;对于松砂(干砂),滞回圈所围成的面积随作用周数的增加而越来越小,并逐渐靠近,最终达到振稳状态(吴世明,2000;王杰贤,2001),如图5-5所示。

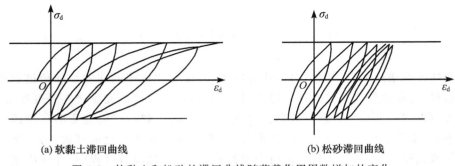

图 5-5   软黏土和松砂的滞回曲线随荷载作用周数增加的变化

冻土是一个比较特殊的介质,它的变化相对于普通土来说更复杂。王丽霞(2004)等对冻结粉质黏土进行不同应力幅条件下的一组试验,并将滞回曲线画到一张图上(图5-6)发现,当应力幅较小时,动应变与动应力之间的相位差很小,或无相位差,滞回曲线的椭圆极窄或蜕变为直线,且椭圆长轴或蜕变的直线对应变坐标轴的倾斜度较大,说明弹性变形起主导作用,无滞回耗能或滞回耗能甚微;随应力幅的增加,动应变明显滞后于动应力,滞回曲线的椭圆越来越饱满且椭圆长轴对应变坐标轴的倾斜度越来越小,说明动应变与动应力之间存在相位差,且不可恢复的变形越来越大,滞回耗能越来越大。

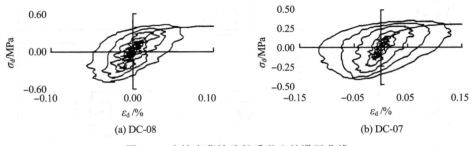

图 5-6   冻结青藏铁路粉质黏土的滞回曲线

土实际的滞回曲线形状复杂,无论哪一种模型的滞回曲线都不能完全拟合土实际的滞回曲线,特别是在大应变时,但是每一种模型(包括 H-D 模型)都采用相应的假定,即:

（1）滞回曲线所围成的面积与土的实际滞回曲线所围成的面积大致相等，即由滞回曲线所围成面积计算所得的能量耗散与土实际能量耗散大致相等。

（2）滞回曲线所围成的面积随应变幅的变化规律与土实际的相近似。

（3）滞回曲线的斜度随应变幅值的变化规律与土实际的相近似。

对于冻土来说，它的滞回曲线形状不规则，滞回曲线随应变幅以及荷载作用周数的变化规律也很复杂，目前这方面的研究结论很少，需要进一步的工作。只有充分了解了冻土滞回曲线的发展变化规律，才能选择更合适的计算模型，以便进行冻土的动力学分析计算。

5.2.2　H-D 计算模型

H-D 模型是土体动力分析中应用较为广泛的一个模型，具有一定的普遍性，在这里着重进行介绍。Hardin 和 Drnevich 等通过试验发现，土的动应力-动应变骨干曲线的形态接近双曲线，然而并不去寻求具体的双曲线表达式，而是通过剪切模量随剪应变幅的变化关系 $G_d = G_d(\gamma_m)$ 来反映骨干曲线的特性。对于滞回曲线，也不寻求其具体数学表达式，而是利用滞回曲线计算阻尼比，得到阻尼比随剪应变幅的变化关系 $\lambda = \lambda(\gamma_m)$，来反映不同剪应变幅下的滞回曲线特性。也就是说，这种方法首先将土视为黏弹性体，在此基础上，以 G_d 和 λ 作为它的动力特性指标引入实际计算，体现土体的非线性和滞后性。

剪应力幅和剪应变幅之间的关系，即骨干曲线，可以用双曲线关系式表示（图 5-7）（张克绪，1989）：

$$\tau_m = \frac{\gamma_m}{a + b\gamma_m} \tag{5-13}$$

式中，a，b 为两个参数，由试验确定。

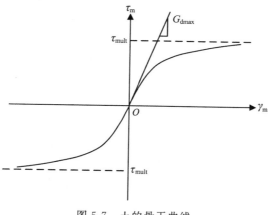

图 5-7　土的骨干曲线

根据动剪切模量的定义，得

$$\tau_m = G_d \gamma_m \tag{5-14}$$

由于土的非线性，骨干曲线也是非线性的，所以动剪切模量并不是个常数，而是随剪

应变幅而变化。由式(5-13)、式(5-14)可以得到

$$\frac{1}{G_d} = a + b\gamma_m \tag{5-15}$$

通过骨干曲线，可以求得不同剪应变幅时的动剪切模量，从而可以绘制$\frac{1}{G_d}$-γ_m关系曲线，并进一步求出系数a、b。

a是$\frac{1}{G_d}$-γ_m关系线的截距，其物理意义如下：

$$a = \frac{1}{G_{dmax}} \tag{5-16}$$

式中，G_{dmax}为最大动剪切模量，等于γ_m趋向于0时的G_d值。

b是$\frac{1}{G_d}$-γ_m关系曲线的斜率，物理意义如下：

$$b = \frac{1}{\tau_{mult}} \tag{5-17}$$

式中，τ_{mult}为最终应力幅值，等于γ_m趋向于∞时的τ_m值。

将式(5-16)、式(5-17)代入式(5-15)，并令$\hat{\gamma}_r$为参考剪应变幅，有

$$\hat{\gamma}_r = \frac{\tau_{mult}}{G_{dmax}} \tag{5-18}$$

则可以得到

$$G_d = \frac{G_{dmax}}{1 + \gamma_m/\hat{\gamma}_r} \tag{5-19}$$

这就是动剪切模量随剪应变幅的变化关系式。这里包含两个力学参数，最大动剪切模量G_{dmax}和参考应变幅$\hat{\gamma}_r$，它们与土所受的初始静剪应力τ_s有关。

通过推导可以得到，黏弹性体在一个荷载周期内的能量损耗近似等于滞回曲线所围成的面积。因此，阻尼比可以用如下近似公式来计算(图5-8)：

$$\lambda = \frac{1}{4\pi} \frac{A_L}{A_T} \tag{5-20}$$

式中，A_L为滞回曲线的面积；A_T为最大剪应变、最大剪应力所围成的三角形面积。

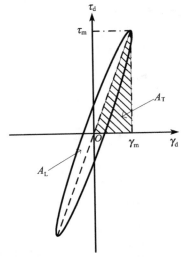

图5-8 阻尼比计算示意图

如前所述，在动荷载作用下，冻土要发生塑性变形，滞回曲线并不闭合、滞回曲线中心点会向应变增大方向移动、滞回曲线的形状也不是标准椭圆，滞回曲线所围成的面积包括塑性耗散、黏滞性耗散以及内部耗散，在本质上，黏滞性能量耗损与变形速率有关，塑性能量耗损与塑性变形有关，因此，土的阻尼由两部分组成：黏性阻尼和塑性历程阻尼。H-D模型是以黏弹性理论为基

础的,只能考虑黏性阻尼,无法考虑塑性变形以及塑性历程阻尼,因此做了如下假设:不管土的能量耗散的本质多么复杂,我们都把它认为是完全黏弹性的,相应的阻尼比定义为等价的黏性阻尼。

利用上述方法计算阻尼比的时候,滞回曲线应近似为一个椭圆曲线,且塑性变形不能太大,当实测的滞回曲线与此条件相差较大时,应用这种方法时可能会带来较大的误差。冻土的滞回曲线形态和椭圆还有较大差异,且塑性变形明显(罗飞等,2011)(图 5-9)。因此,不同学者利用上述方法计算得到的冻土阻尼比的差异也较大。

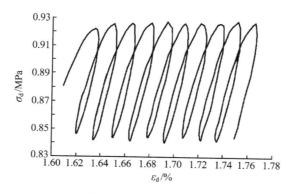

图 5-9　冻土的动应力-动应变滞回曲线

对于阻尼比随剪应变幅的变化关系,多用一定简化条件下得出的一些基本关系式进行计算。典型的如 Hardin 等从动应力-动应变滞回曲线的几何特征出发,假定 G_d 和 λ 之间存在一种简单的关系,推导后得到

$$\lambda = \lambda_{\max} \frac{\gamma_m / \hat{\gamma}_r}{1 + \gamma_m / \hat{\gamma}_r} \tag{5-21}$$

式中,$\lambda_{\max}$ 为最大阻尼比,可以通过试验得到,与循环加载次数、加载频率、初始静应力有关。

H-D 模型在土体动力分析中应用广泛,能较合理地确定土体在地震加速度作用下的剪应力和剪应变反应,但它不能考虑影响土动力变形特性的因素。譬如,不能计算永久变形,不能考虑应力路径的影响,不能考虑土的各向异性,大应变时误差大,等等。

动荷载作用下冻土骨干曲线形态如何?目前在这方面的研究工作比较少。徐学燕等(1998)、凌贤长等(2002)基于动三轴的大量试验资料,提出冻土的本构关系也可近似地用双曲线模型表达,并给出了下述表达形式:

$$\sigma_m = \frac{\varepsilon_m}{a + b\,\varepsilon_m} \tag{5-22}$$

式中,a,b 为与温度、频率和围压有关的参数。

而高志华(2007)等的研究结果表明,直接用 H-D 双曲线模型并不能很好地描述骨干曲线的动应力-动应变关系,因此,提出了修正的广义双曲线模型(图 5-10):

$$\sigma_m = \frac{\varepsilon_m}{a + b\,\varepsilon_m + c\,\varepsilon_m^2} \tag{5-23}$$

式中,a、b、c 为与温度和围压有关的参数。

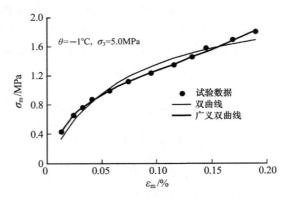

图 5-10　冻结青藏铁路黏土的骨干曲线

并进一步得到了动弹性模量 E_d 随应变幅的变化关系式:

$$E_d = \frac{1}{a + b\,\varepsilon_m + c\,\varepsilon_m^2} \tag{5-24}$$

需要进一步增强对冻土动应力-动应变特征的研究,包括骨干曲线的特征、滞回曲线的特征,以及滞回曲线随剪应变幅或荷载作用周数的变化规律等。这样,才能确认在什么条件下可以将 H-D 模型用于冻土动力响应的计算、什么情况下可以利用传统的阻尼比计算方法,然后,通过试验确定动弹性模量和动阻尼比随应变幅的变化关系。对于不能使用H-D 模型的情况,应寻找新的、适合冻土的动力计算模型。

5.3　冻土的动力学参数

要使用 H-D 模型进行计算分析,必须通过试验获得动弹性模量或动剪切模量、阻尼比等动力学参数。常用的方法有动三轴试验、共振柱试验、波速试验等,其中,三轴试验适用于中等到大变形($10^{-4}\%\sim 10^{-1}\%$)范围。国内外的冻土学者做了大量工作(何平,1993;沈忠言等,1995,1997;徐学燕等,1998;凌贤长等,2002;徐春华等,2002;吴志坚,2002;王大雁等,2002;赵淑萍等,2003;王丽霞,2004;Wang et al.,2006;施烨辉,2006;高志华,2007;孟庆洲,2008),研究了冻土的动模量、阻尼比等参数。下面我们将主要基于国内学者的研究成果,分析与总结各参数的变化以及影响因素等。

汇总国内参数研究的条件和方法,发现土质和试验条件不尽相同,这里通过表 5-1 列出国内各位学者在这方面的一些研究结果,以便读者查询。关于动力学的试验测试方法,可参见第 9 章。研究结果表明冻土的动力学参数受应变幅、温度、含水量、荷载振动频率、围压等因素的影响。

表 5-1　冻土动力学参数试验条件表

试验者	土质	干密度 /(g·cm⁻³)	含水量 /%	试验方法	温度/℃	塑限/%, 液限/%	围压 /MPa	频率 /Hz
徐学燕	青藏粉质黏土	2.01	10	三轴法	−2～−10	16.1,28.6	1～2	0.1～5
徐春华	哈尔滨粉质黏土		17.7～31.7	三轴法	−2～−10	22,35.5	1～2	1～3.5
何平	兰州黄土(粉土)	1.47	27	三轴法	−2～−10	14.8,25.1	0	0.1～5
赵淑萍	北麓河粉质黏土 北麓河细砂	1.7 1.68	11～31 12～27	三轴法	−3～−7 −3～−7		0	0.1～10
施烨辉	北麓河粉质黏土	1.60	12～70	三轴法	−0.5～−5	18.8,36.5	0～2	1、10
吴志坚	兰州黄土	1.6		三轴法	−2～−10	17.7,24.6	1	1
王丽霞	粉质黏土	1.8	13～23	三轴法	−2～−12	16.4,27.9	1～2	1
高志华	北麓河粉质黏土		50	三轴法	−0.5～−4	18.8,36.5	0.3～5	1
王大雁	哈尔滨粉质黏土 兰州黄土 砂土	1.94 1.9 1.92	18.1～31 18.86～22.8 17.6	波速法	−2～−10 −4～−10 −4～−18	22,35.5 17.2,24.6		
凌贤长	哈尔滨粉质黏土 兰州黄土	1.94～2.08 1.57～1.6	18.1～31 18.86～22.8	波速法	−2～−10 2～−10	22,35.5		
孟庆州	粉质黏土 黏土 砂土	1.75～1.96 1.79～2.0 1.64～1.94	10.98～22.27 13.68～26.58 7.86～23.8	波速法	−0.5～−20 −0.5～−20 −0.5～−20	14.92,29.36 19.50,34		

5.3.1　冻土动弹性模量及其影响因素

前面已经介绍了通过动三轴试验结果计算冻土动弹性模量的方法,下面将波速法做一简单介绍。

利用超声波测试仪测得在冻土试样中传播的纵波波速 v_p 和横波波速 v_s,然后用如下关系式换算得到冻土的动弹性模量 E_d 和动剪切模量 G_d:

$$E_d = \frac{\rho v_s^2(3v_p^2 - 4v_s^2)}{(v_p^2 - v_s^2)}$$

$$G_d = \rho v_s^2 \tag{5-25}$$

1. 应变幅对冻土动弹性模量的影响

关于应变幅(ε_m,%)对冻土动弹性模量的影响方面的研究成果较少。试验结果表明,当应力幅值保持不变,且加载时间不是很长时,应变幅和动弹性模量均变化不大,因此可以用同一级加载下 ε_m、E_d 的平均值来表示其相应的量。通过分级加载或者不同应力幅条件下的一组试验,得到不同应变幅条件下的动弹性模量,从而得到动弹性模量随应变幅的变化关系。图 5-11、图 5-12 分别给出了兰州黄土、青藏黏土的试验结果,可见冻土的动弹性模量随应变幅的增加而降低(吴志坚,2002;罗飞等,2011)。

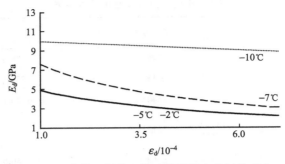

图 5-11　冻结兰州黄土的动模量随应变幅的变化

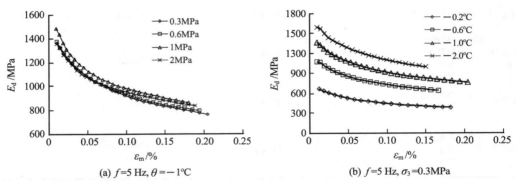

(a) $f=5$ Hz, $\theta=-1$℃　　　　　　　(b) $f=5$ Hz, $\sigma_3=0.3$MPa

图 5-12　冻结青藏黏土的动模量随应变幅的变化

2. 温度对冻土动弹性模量的影响

温度(θ,℃)是影响冻土力学性质的最重要的因素之一,同样也强烈影响着冻土的动弹性模量。图 5-13～图 5-17 给出了不同土质在不同试验方法下,冻土的动弹性模量随温度的变化过程。这些曲线给我们一个整体的认识:冻土动弹性模量(或动剪切模量)的量级均在 GPa 范围内变化,且随着温度的降低,冻土的动弹性模量呈非线性增大趋势,图中表明其大小还强烈受控于围压、频率和含水量的变化。如果与未冻土相比,冻土的动弹性模量要比未冻土的大两个量级或更多。

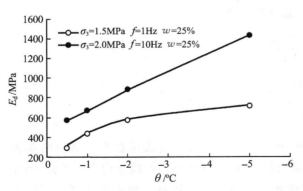

图 5-13　冻结粉质黏土的动弹性模量随温度的变化

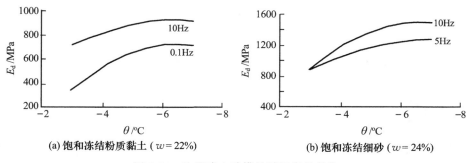

(a) 饱和冻结粉质黏土 ($w=22\%$)　　　　(b) 饱和冻结细砂 ($w=24\%$)

图 5-14　饱和冻土动模量随温度的变化

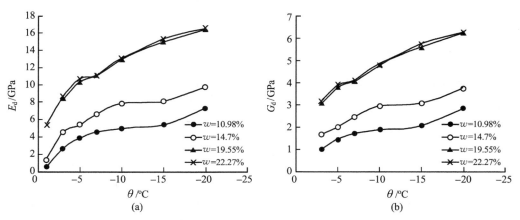

图 5-15　冻结粉质黏土的动弹性模量和动剪切模量随温度的变化

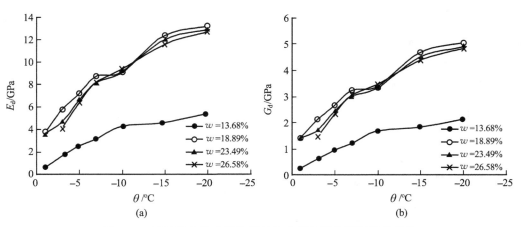

图 5-16　冻结黏土的动弹性模量和动剪切模量随温度的变化

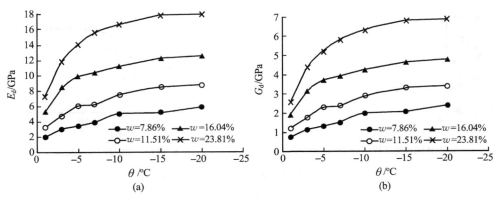

图 5-17　冻结砂土的动弹性模量和动剪切模量随温度的变化

3. 含水量对冻土动弹性模量的影响

含水量（w，%）的多寡是影响冻土力学性质的主要因素之一，这在冻土静力学研究中

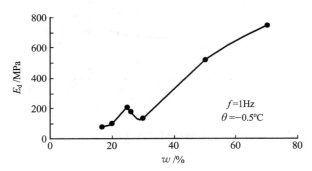

图 5-18　冻结粉质黏土的动弹性模量随含水量的变化

已经得到了很好的证实。关于含水量对冻土动弹性模量的影响，我们从图 5-18～图 5-22 可看到，虽然不同研究者使用的研究方法不同，土质和含水量范围不同，但通过试验得到的总体规律基本是一致的，即随含水量的增加，动弹性模量具有先增加后减小，然后又增加的趋势。这一规律与强度随含水量的变化规律一致，可以用相同的原因来解释。随着总含水量的增

加，冰含量增加，冰胶结作用增强，冻土的强度和动弹性模量增大；达到饱和含水量时，土颗粒骨架被撑开，当含水量继续增加时，土颗粒之间的胶结作用减弱，冻土的强度和动弹性模量随含水量的增加而减小；当含水量进一步增加时，冻土就成了高含冰量冻土或者含

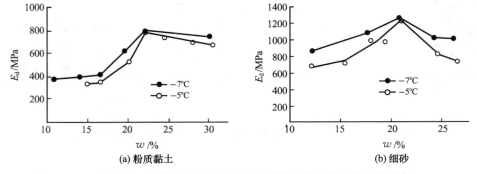

图 5-19　冻结粉质黏土和细砂的动弹性模量随含水量的变化

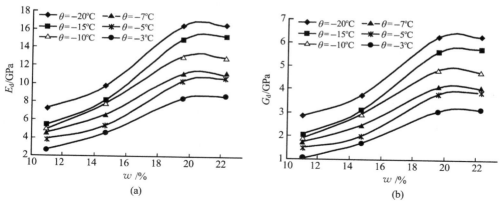

图 5-20　冻结粉质黏土的动弹性模量和动剪切模量随含水量的变化

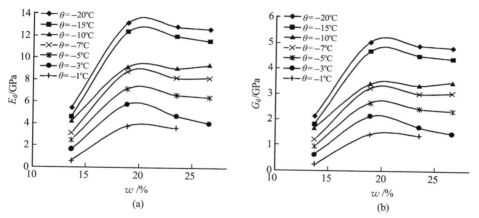

图 5-21　冻结黏土的动弹性模量和动剪切模量随含水量的变化

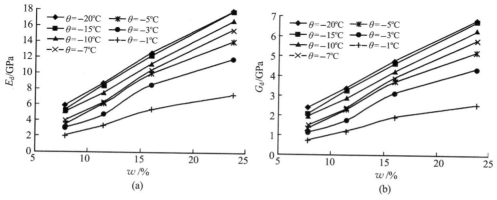

图 5-22　冻结砂土的动弹性模量和动剪切模量随含水量的变化

土冰层,此时冻土的强度主要体现为冰的强度,且随总含水量的增加,冰含量也增加,因此,冻土的强度和动弹性模量又将随着含水量的增加而增大。如果把动弹性模量第一次达到最大值时的含水量定义为临界含水量,通过与土体的饱和含水量比较发现,临界含水量接近饱和含水量,而且,临界含水量不随温度的变化而变化。

4. 荷载振动频率对冻土动弹性模量的影响

荷载振动频率(f, Hz)的大小会对冻土的动力学特性有很大的影响,图 5-23 和图 5-24给出了粉质黏土的一些试验结果。从这两个图可看到,冻土的动弹性模量随荷载振动频率的增加而增加,温度越低,这种增加的趋势越强烈。这从另外一个层面说明,冻土中的未冻水含量很大程度上起着减振的作用。温度越高,冻土中的未冻水越多,动弹性模量随荷载振动频率变化的幅度越小;反之亦然。

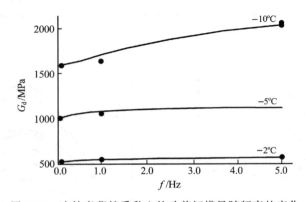

图 5-23 冻结青藏粉质黏土的动剪切模量随频率的变化

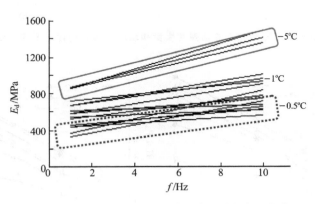

图 5-24 冻结粉质黏土的动弹性模量随频率的变化

5. 围压对冻土动弹性模量的影响

研究表明,冻土的动弹性模量随围压(σ_3, MPa)的增加而增加,但受冻土温度高低的

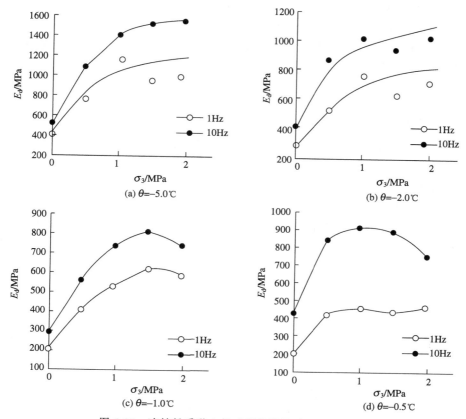

图 5-25　冻结粉质黏土的动弹性模量随围压的变化

影响,其变化趋势稍有区别(图 5-25)。对于低温冻土,冻土的动弹性模量随围压的增加而增加;对于高温冻土(温度高于−1℃),存在临界围压,当试验围压低于临界围压时,动弹性模量随围压的增加而增加,当试验围压高于临界围压时,动弹性模量随围压的增加而减小,图中显示,对于温度为−0.5℃和−1℃的高温冻土来说,其临界围压分别为 1MPa和 1.5MPa。由此可见,围压对冻土的变化具有双重作用,一方面,施加围压后,土样受到侧向约束,从而使冻土的强度提高;另一方面,高压下孔隙冰将发生局部融化,使土颗粒与颗粒之间产生润滑作用,且冰的流变性随围压的增加而增加,最终导致冻土的强度弱化。冻土的动弹性模量随围压的变化关系也体现了这一点,也就是说,当施加的围压小于临界围压时,强化作用占优势,动弹性模量随围压的增加而增加;当施加的围压大于临界围压时,弱化作用占优势,动弹性模量随围压的增加而减小。

5.3.2　冻土的阻尼比及其影响因素

阻尼是指阻碍物体的相对运动,并把运动能量转化为热能或其他可以耗散能量的一种作用。阻尼比(λ)是阻尼系数与临界阻尼系数之比,是一个单位量纲为 1 的量,反映结构在受激振后振动的衰减形式。土的阻尼比是土动力学的重要特征参数之一。

从图 5-2(b)我们可以看到土的黏滞性对动应力-动应变关系的影响,这种影响的大小可以通过滞回圈的形状来衡量。黏滞性越大,滞回圈的形状越趋于宽厚,反之则趋于扁薄。这种黏滞性实际上是一种阻尼作用,试验证明,其大小与动力作用的速率成正比,因此也可以说是一种速度阻尼,可用阻尼比 λ 来表征,其值可从滞回曲线求得,具体形式见式(5-20)。

1. 应变幅对冻土阻尼比的影响

图 5-26 给出了不同试验条件下冻结粉质黏土的试验结果,从此图可看到,冻土的阻尼比随应变幅的增加而增加。当应变幅很小时,冻土的阻尼比也很小,且当土体的应变幅小于 10^{-6} 时,阻尼比接近于零,此时,在计算中可以不考虑阻尼的影响。同时,也可发现当土体的应变幅小于 10^{-4} 时,阻尼比几乎不随温度、围压和振次的变化而变化,而只有当应变幅大于 10^{-4} 时,才出现随温度、围压和振次的增大而发生变化,应变幅越大,它们的差异越大。阻尼比随含水量的变化则发生在应变幅大于 10^{-5} 时,但整体上看,不同含水量时的阻尼比变化不大。

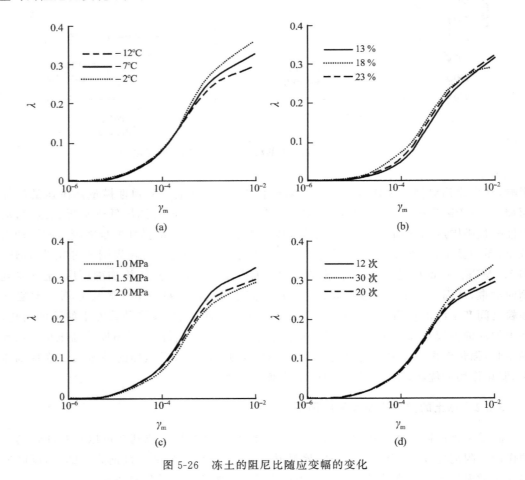

图 5-26   冻土的阻尼比随应变幅的变化

2. 温度对冻土阻尼比的影响

上一节已经看到了，当应变幅大于 10^{-4} 时，阻尼比会随温度的变化而变化。图 5-27～图 5-29给出了粉质黏土在不同试验条件下的试验结果，由这些图可看到，冻土的阻尼比随温度的降低而减小，但依然受控于围压和频率的变化。由于我们的试验仅仅做到 -10 ℃，如果对比 Vison(1978) 的结果，可发现，在 -1 ～ -10 ℃ 的温度范围内，冻土的阻尼比随温度的降低而减小，这与我们的试验结果一致，但在 -10 ～ -20 ℃ 的温度范围内，冻土的阻尼比变化不大。

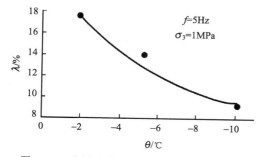

图 5-27 冻结青藏粉质黏土阻尼比随温度的变化

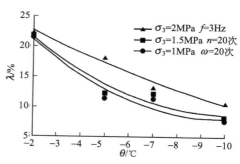

图 5-28 冻结哈尔滨粉质黏土
阻尼比随温度的变化

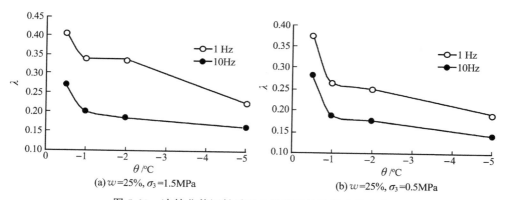

图 5-29 冻结北麓河粉质黏土的阻尼比随温度的变化

3. 含水量对冻土阻尼比的影响

图 5-30 和图 5-31 给出了不同土质在不同试验条件下阻尼比随含水量的变化曲线，同时对比图 5-26(b)，我们可看到，冻土的阻尼比随含水量的增加而略增大，但整体的变化幅度较小，并受控于温度和围压的变化。Vison(1978) 的研究也表明了这一结果。

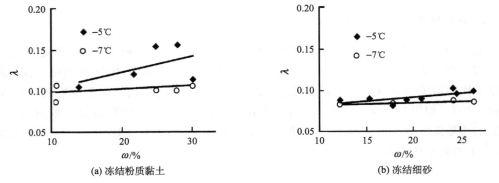

(a) 冻结粉质黏土   (b) 冻结细砂

图 5-30   冻土的阻尼比随含水量的变化关系

4. 荷载振动频率对冻土阻尼比的影响

图 5-32～图 5-34 给出了不同土质在不同试验条件下阻尼比随频率的变化曲线,试验结果表明,冻土的阻尼比随荷载振动频率的增加而减小,这是一个整体规律。从图 5-33 和图 5-34 还可发现一个有趣的现象,无论是在不同围压下,还是在不同温度下,阻尼比随

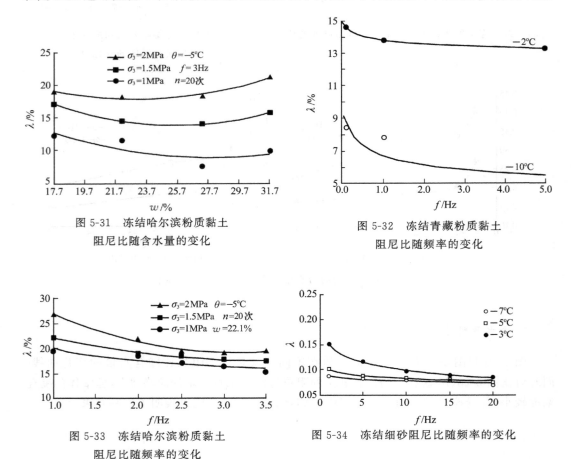

图 5-31   冻结哈尔滨粉质黏土
阻尼比随含水量的变化

图 5-32   冻结青藏粉质黏土
阻尼比随频率的变化

图 5-33   冻结哈尔滨粉质黏土
阻尼比随频率的变化

图 5-34   冻结细砂阻尼比随频率的变化

频率的增大,有逐渐趋同的现象,这说明荷载的振动有使不同状态下冻土结构进行调整并趋于均一的作用。

5. 围压对冻土阻尼比的影响

图 5-35～图 5-37 反映了冻结粉质黏土随围压的变化趋势,从这些图中可看到,冻土的阻尼比随围压的增加而增大,且这种变化过程受控于频率和温度的变化。这说明了围压对冻土的阻尼比,也可说对土动应力-动应变关系的滞后性有强烈的加强作用。

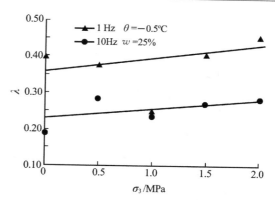

图 5-35　冻结北麓河粉质黏土
阻尼比随围压的变化

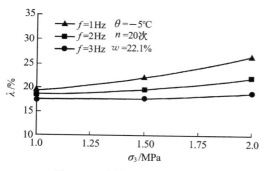

图 5-36　冻结哈尔滨粉质黏土
阻尼比随围压的变化

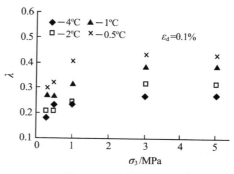

图 5-37　冻结粉质黏土的
阻尼比随围压的变化

5.4　冻土的动强度

动强度是指土样在动荷载作用下达到破坏时所对应的动应力值。它随动荷载的速率效应和循环效应的不同而不同,通常也可理解为在一定动荷载作用次数下产生某一破坏应变时所需的动应力大小。由于冻土的复杂性和测试方法的限制,常常在实验室采用两种方法来确定冻土的动强度值:一是基于土动力学的冻土动强度方法;二是基于冻土静强度的冻土动强度方法。

5.4.1　基于土动力学的冻土动强度研究(第一种研究方法)

原则上应该基于土的动应力-动应变关系来确定土的动强度和动变形,但由于动本构关系的复杂性,在目前阶段仍然直接通过试验来研究土的动强度和动变形问题,探讨其发展变化的规律性,并与现有土力学方法配合,来解决动力稳定性问题(王杰贤,2001)。

1. 冻土动强度的计算方法

对于土的静强度,通常是基于某一应变速率下的强度试验,得到应力-应变曲线,然后选取一个破坏标准(应力-应变曲线的峰值,或达到某一个破坏应变,如 5%、10%、15%、20%等),并以此标准对应的应力值作为静强度。而土的动强度则要复杂得多,不但体现着土本身的性质,而且体现着动荷载的一些特性,即速率效应和循环效应。动荷载的振动频率体现了速率效应,频率越高、速率效应越明显,已有的研究结果表明,快速加荷会引起土的强度增大,这种现象在黏性土中更加显著(王杰贤,2001)。动荷载的振动次数体现了循环效应,已有的研究结果表明,循环效应可能使土的动强度增高,也可能使土的动强度降低,这将取决于土性、动荷载的特性等。对于饱和黏性土,动强度的变化不大;对于风干砂土,当动荷载振幅较小时,动强度大于静强度,当动荷载振动振幅较小时,动强度小于静强度;对于饱和砂土,动强度小于静强度。因此,讨论土的动强度时,要给出荷载振动频率以及振动次数。总的来说,影响土的动强度的因素较多,首先是与影响土的静强度相同的因素,包括土性(粒度、密度、含水量、结构性、温度)、固结条件(固结压力的大小、等向或非等向固结)、选取的破坏标准;另外,还有初始静应力、围压以及表征动荷载特性的一些因素,包括波形、振动频率、振动次数,以及动应力的大小和方向等。

土的动强度是在一定条件下(包括固结条件、初始静应力、动荷载振动频率、振次)使土的应变达到破坏标准所需的动应力值。显然,破坏标准不同,相应的动强度也不相同,一般采用"破坏应变标准"。通常有四种方法确定:第一种是根据我国《地基动力特性测试规范》(GB/T50269-97)规定,取土样的弹性应变与塑性应变之和等于 5% 作为动强度的破坏标准;第二种是根据地基土的情况和工程重要性,在 2.5%～10% 的范围内取值;第三种是以极限平衡条件作为破坏标准的"极限平衡标准";最后一种是按动荷载作用过程中变形开始急速陡转作为"破坏标准"的"屈服破坏标准"。

2. 土的动强度曲线求取方法

用土性相同的一组试样进行试验,这一组试验的固结条件、初始静应力、围压、动荷载振动频率都相同,改变应力幅 σ_m 的大小,可以绘制应变幅 ε_m 随振次 N 的变化曲线(图 5-38)。按统一的破坏标准(譬如,破坏应变标准 $\varepsilon_m = \varepsilon_{df}$),得到与每一应力幅相对应的破坏振次。定义轴向偏应力最大值为动强度 σ_{df},即 $\sigma_{df} = \sigma_s + \sigma_m - \sigma_3$。以动强度为纵坐标,破坏振次为横坐标,绘制动强度与破坏振次关系曲线(常用单对数坐标表示,图 5-39),称为"土的动强度曲线",使用时,根据所要求的破坏振次,在土的动强度曲线上找到相应的动强度 σ_{df}。

3. 土动强度指标的求取方法

就同一类土,按照围压大小进行分组,对于每一组试验,固结条件、初始静应力、围压、动荷载振动频率相同,改变应力幅值进行动三轴试验,就可得到不同围压条件下的试样的动强度曲线(图 5-40)。此时,如果选定振次,就可以得到与各个围压相对应的应力幅,将围压和轴向总应力(初始静应力+应力幅)绘到图上,得到摩尔圆,找出该摩尔圆的强度包

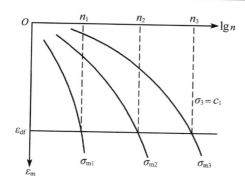

图 5-38　土的应变幅随振次的变化关系曲线

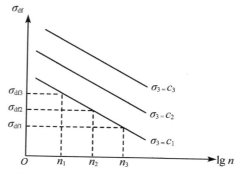

图 5-39　不同围压条件下土的动强度曲线

线,其在纵坐标上的截距即为动黏聚力 c_d,斜率即为动内摩擦角 φ_d,动黏聚力和动内摩擦角被称为"动强度指标"。所以土的动强度指标(黏聚力和内摩擦角)必须对应着某一振次。

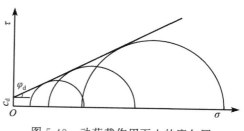

图 5-40　动荷载作用下土的摩尔圆

　　基于上述动强度求取方法,针对兰州黄土、哈尔滨粉质黏土、北麓河粉质黏土在表 5-2 所示的试验条件下进行研究,得到了冻土动强度和动强度指标随荷载振动次数、冻土温度、土的含水量的变化规律(吴志坚,2002;王丽霞等,2004;高志华,2007)。

表 5-2　冻土动强度试验条件表

试验者	土质	干密度 /(g·cm⁻³)	含水量 /%	温度 /℃	围压 /MPa	频率 /Hz	破坏应变 标准/%
吴志坚	兰州黄土	1.6		−2、−5、−7	1、3、5	1	15
王丽霞	粉质黏土	1.8	23、28	−2、−12	1、1.5、2	1	10
高志华	北麓河粉质黏土		50	−0.5、−1、−2、−4	0.3、0.5、1、3、5	1	5

4. 冻土动强度的变化规律

　　图 5-41～图 5-43 分别给出了不同土质、不同试验条件下冻土的动强度变化曲线(吴志坚,2002;高志华,2007)。

　　从这些曲线可看到,关于冻土动强度基本上有以下变化规律:① 冻土的动强度随荷载振动次数的增大呈非线性减小;② 冻土的动强度随温度的降低呈现较大幅度的增长;③ 冻土的动强度随含水量增加略有降低的趋势。

　　但是,围压对冻土动强度的影响规律却与土质密切相关,并随土质的变化发生了一些改变。对冻结兰州黄土和冻结粉质黏土,冻土的动强度随围压的增加而增加(图 5-41、图 5-42)。对高含冰量的冻结黏土来说,在高温区间(−0.5℃,−1℃),围压对动强度的影响

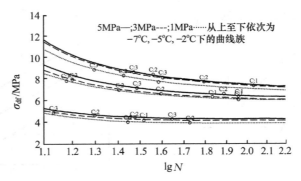

图 5-41 冻结兰州黄土的动强度随振次的变化

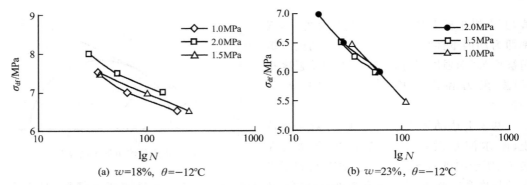

(a) $w=18\%$, $\theta=-12℃$ (b) $w=23\%$, $\theta=-12℃$

图 5-42 冻结粉质黏土的动强度随振次的变化

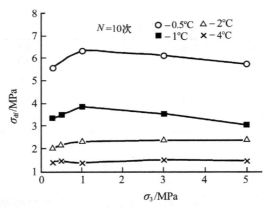

图 5-43 高含冰量冻结黏土的动强度随围压的变化

非常小,动强度随围压几乎不变;对于相对低温区间($-2℃$,$-4℃$),动强度随围压的增大先增大后又出现减小的趋势,在围压 1MPa 时,动强度最大,但总的来说变化幅度非常小(图 5-43)。

5. 冻土动剪切强度指标的变化规律

冻土动剪切强度指标包括动黏聚力(c_d)和动内摩擦角(φ_d)。图 5-44、图 5-45 给出了不同土质在不同试验条件下的动黏聚力和动内摩擦角的变化曲线。从这些曲线可看到,关于冻土的动强度指标随温度的变化规律,其结果是一致的,即冻土的动内摩擦角和动黏聚力均随温度的降低而增大。但是,关于冻土的动强度指标随振次的变化规律,其结果随土质的变化略有差异,对冻结兰州黄土,动黏聚力随振次的增加而减小,而动内摩擦角随振次增加有小幅增大(图 5-44);对冻结粉质黏土,冻土的动黏聚力随振次变化较小,而动内摩擦角随振次的增加而减小(图 5-45)。

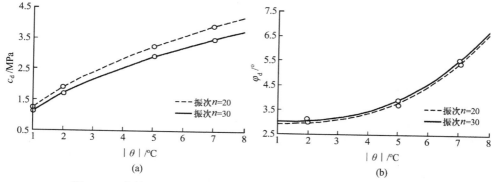

图 5-44 冻结兰州黄土的动黏聚力和动内摩擦角随温度的变化关系

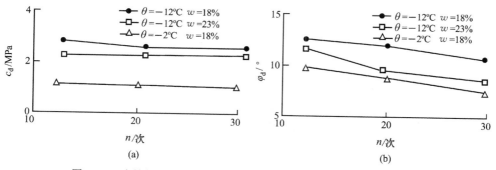

图 5-45 冻结粉质黏土的动黏聚力和动内摩擦角随振次的变化关系

5.4.2 基于冻土静强度的冻土动强度研究(第二种研究方法)

前面一节已经谈到了,确定冻土的动强度是比较复杂的,而且在不同的破坏标准下动强度值是不同的。另外,也可以采用类似冻土静强度下的试验方法,来进行冻土的动强度研究。

进行冻土的静强度试验时,一般是控制恒定的应变速率,增大轴向荷载,直至试样破坏或者变形达到极限。为了与静强度试验相对应,也可以采用如图 5-46 所示的动应变随时间变化的关系,即以恒应变速率增长的等幅动应变加载方式,我们将这种方法称为基于冻土静强度的冻土动强度研究方法。此时的应变速率称为中值应变速率 $\dot{\varepsilon}_0$。

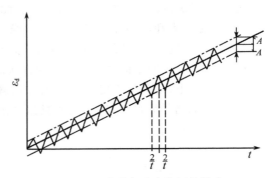

图 5-46　动强度试验的加载模式

1. 单轴动强度试验

对含水量为 $25\%\sim28\%$、干密度为 $1.55\sim1.58\ \mathrm{g\cdot cm^{-3}}$、温度为 $-5\,℃$ 的冻结粉土(兰州黄土),在不同中值应变速率条件($8.333\times10^{-7}\sim1.667\times10^{-3}\ \mathrm{s^{-1}}$)下进行单轴静强度和动强度试验。在这一试验中,控制的等幅动应变为三角波形式,应变幅取值为试样高度的 0.05%。图 5-47 为试验得到的单轴动应力-动应变曲线,采用极限平衡破坏标准,即取轴向偏应力达到峰值或应变达到 20% 时的动偏应力作为动强度(σ_{df})。

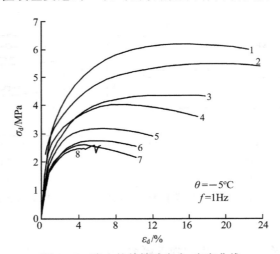

图 5-47　冻土的单轴动应力-应变曲线

$1.\dot{\varepsilon}_0=1.667\times10^{-3}\ \mathrm{s^{-1}};2.\dot{\varepsilon}_0=8.333\times10^{-4}\ \mathrm{s^{-1}};3.\dot{\varepsilon}_0=1.667\times10^{-4}\ \mathrm{s^{-1}};4.\dot{\varepsilon}_0=8.333\times10^{-5}\ \mathrm{s^{-1}};5.\dot{\varepsilon}_0=$
$1.667\times10^{-5}\ \mathrm{s^{-1}};6.\dot{\varepsilon}_0=8.333\times10^{-6}\ \mathrm{s^{-1}};7.\dot{\varepsilon}_0=1.667\times10^{-6}\ \mathrm{s^{-1}};8.\dot{\varepsilon}_0=8.333\times10^{-7}\ \mathrm{s^{-1}}$

试验结果表明,在 $\dot{\varepsilon}_0<1.667\times10^{-5}\ \mathrm{s^{-1}}$ 时,动强度随荷载振动频率加快而有所增大;在 $\dot{\varepsilon}_0\geqslant1.667\times10^{-5}\ \mathrm{s^{-1}}$ 时,动强度随振频的加快而有所下降(图 5-48)。

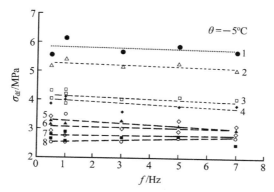

图 5-48　动强度随频率的变化关系曲线

$1. \dot{\varepsilon}_0 = 1.667 \times 10^{-3} \, \text{s}^{-1}; 2. \dot{\varepsilon}_0 = 8.333 \times 10^{-4} \, \text{s}^{-1}; 3. \dot{\varepsilon}_0 = 1.667 \times 10^{-4} \, \text{s}^{-1}; 4. \dot{\varepsilon}_0 = 8.333 \times 10^{-5} \, \text{s}^{-1}; 5. \dot{\varepsilon}_0 = 1.667 \times 10^{-5} \, \text{s}^{-1}; 6. \dot{\varepsilon}_0 = 8.333 \times 10^{-6} \, \text{s}^{-1}; 7. \dot{\varepsilon}_0 = 1.667 \times 10^{-6} \, \text{s}^{-1}; 8. \dot{\varepsilon}_0 = 8.333 \times 10^{-7} \, \text{s}^{-1}$

当 $\dot{\varepsilon}_0 < 1.667 \times 10^{-5} \, \text{s}^{-1}$ 时,各振动频率条件下的动强度均小于同应变速率下的静强度值,而当 $\dot{\varepsilon}_0 < 1.667 \times 10^{-5} \, \text{s}^{-1}$ 时,各振动频率条件下的动强度则等于或大于同应变速率下的静强度值(图 5-49)。这是由于冻土的强度与加荷速率或应变速率的快慢以及荷载作用时间的长短密切相关。对于塑性破坏,试验时加荷速率或应变速率越快、荷载作用时间越短,测得的冻土强度越高。另外,应变速率的作用还使冻土的破坏形式发生变化,应变速率加快,冻土的破坏形式将由塑性破坏向脆性破坏过渡。低应变速率时,动力作用的循环效应占主导,使得动强度小于静强度;而在高应变速率时,速率效应占优势,动强度等于或大于静强度。

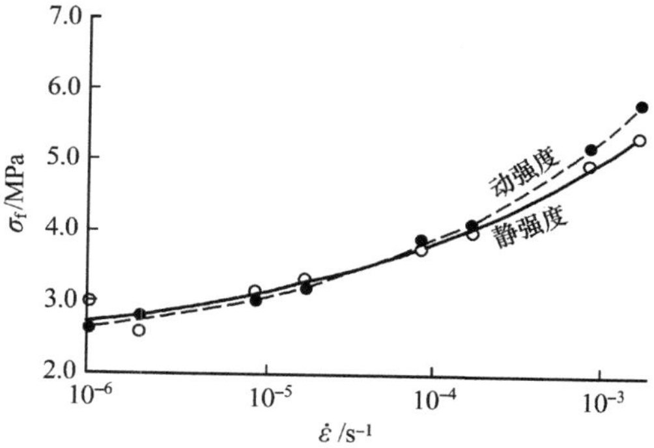

图 5-49　冻土的单轴动、静强度对比

2. 三轴动强度试验

对含水量为 24%～26%、干密度为 $1.53 \sim 1.58 \, \text{g} \cdot \text{cm}^{-3}$、温度为 $-5\,℃$ 的冻结粉土(兰州黄土),进行围压为 $0 \sim 10\text{MPa}$ 的三轴动强度试验,振动频率为 $1 \sim 7 \, \text{Hz}$,应变幅为试样高度的 0.05%,中值应变速率为 $1.667 \times 10^{-6} \sim 1.667 \times 10^{-3} \, \text{s}^{-1}$。图 5-50 为试验得到的动应力-动应变曲线,与单轴动强度试验一样,采用极限平衡破坏标准来确定动强度值。

图 5-51 给出了动强度随围压变化的变化曲线。由此图可看到,冻结粉土的动强度随围压的变化趋势为:在较小围压区间(1～1.5MPa)内,动强度随围压的增大几乎呈直线关系,可近似地作线性处理;当围压大于 1.5MPa 而小于 6MPa 时,动强度随围压的增速变缓,呈斜率递减的非线性增长趋势;围压至一定值(6MPa)时,动强度达到峰值;此后,围压继续增长,动强度不但不再增长,反而逐渐下降。

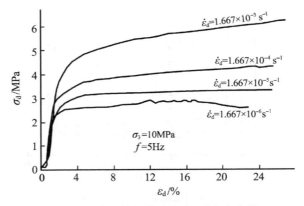

图 5-50　冻土的三轴动应力-动应变曲线

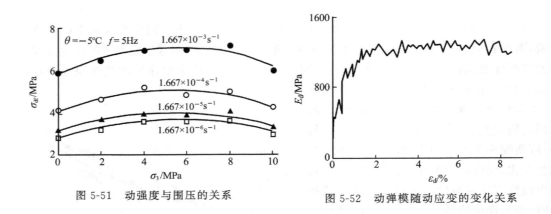

图 5-51　动强度与围压的关系　　　　　图 5-52　动弹模随动应变的变化关系

3. 平均动弹性模量 $\overline{E}_d$

利用上述单轴或三轴动荷载作用下的动应力-动应变滞回曲线,求得冻土的卸荷回弹动模量 $\overline{E}_d$,结果表明,在冻土变形过程中,动弹模为非定值,应变大于 1‰ 之后,动弹模渐趋稳定,在一个微弱增长的总趋势下波动(图 5-52),取稳定阶段各振次下动弹模的平均值 $\overline{E}_d$ 来讨论,可以得到如下结论:平均动弹模随中值应变速率的增高而增大,并呈幂函数关系,反映出速率效应的优势(图 5-53);振频对平均动弹模有一定影响,两者可用线性关系式描述,随着中值应变速率由小变大,斜率的代数值由大变小(图 5-54)。

受试验方法及计算方法不同的影响,利用以上两种研究冻土动强度的方法所得的研究结果虽略有差异,但就围压对平均动弹模量的影响来说,其变化规律是一致的,即平均动弹模随着围压的增加呈现先增大后减小的趋势,在 7MPa 附近达到最大(图 5-55)。这是一种新的试验方法,是否能完全反映冻土的动力特性,还需大量的试验验证。呈示在这里,只是做一比对和为后来的研究提供一点思路。

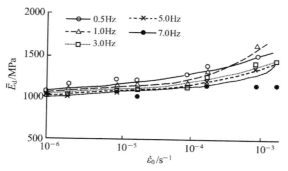

图 5-53　平均动弹模随中值应变速率的变化关系

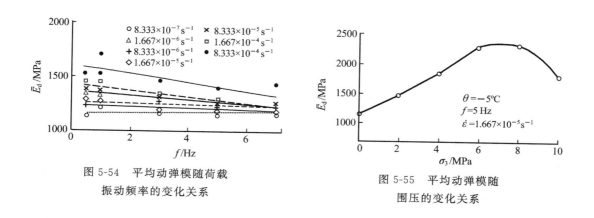

图 5-54　平均动弹模随荷载
振动频率的变化关系

图 5-55　平均动弹模随
围压的变化关系

5.5　冻土的动蠕变特征

5.5.1　概述

地震所产生的荷载属于有限往返作用次数的随机荷载,车辆或机器振动所产生的荷载属于往返作用次数较大的微幅振动型荷载(疲劳荷载)。地震荷载引起的变形主要是地基土的变形,车辆荷载引起的变形既有路基的变形也有地基土的变形(杨广庆等,1998)。相对持续时间短、强度高、频率高且不均匀的地震荷载来说,车辆引起的荷载,是以压应力为主的,其特点是小振幅、低频率、长期反复作用(陈云敏等,2006)。这种荷载对基床造成的过大变形或者破坏不是短期发生的,而是长期累积发展的结果,即疲劳破坏的结果(郝赢,2007)。就铁路路基而言,当车速较低时,列车行驶引起动荷载的波动只在轨道周围有限范围内的地基中传播,所以当列车运行速度改变时对轨道和路基土的影响很小,路基土的变形也很小,且变形以轴重荷载下产生的静态弹性变形为主。随着列车速度的提高,路基土产生的振动幅值增大,振动的影响范围比低速运行时大很多。所以,对于铁路路基土,主要分析其累积应变的发展变化情况(蔡英等,1996)。

对于寒区道路工程(图 5-56),研究冻土路基及地基土在车辆动荷载作用下的变形和强度特征意义重大。由于冻土本身具有流变性,所以变形将随着荷载作用时间的延长而不断发展,从而产生蠕变破坏;另外,长期动荷载作用还可能引起冻土温度的升高(张淑娟等,2006;刘志强,2008;焦贵德,2011)。因此,对于动荷载长期作用下的冻土路基土和地基土,研究其变形和强度特征时,不但要考虑速率效应和循环效应,还要考虑流变效应(时间效应)和温升效应。所以说关于冻土动变形的研究要比未冻土复杂得多。

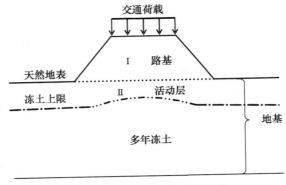

图 5-56　寒区道路剖面示意图

　　纵观国内外这方面的研究工作可以看到,Li 等(1980)、Parameswaran(1985)等发现,长期动荷载作用下冻土的最大应变和最小应变曲线随时间的发展形态与静蠕变曲线形态相同;Parameswaran(1985)认为,由于动荷载的作用,部分机械能转换成热能,使冻土内未冻水含量增加,所以动荷载作用下的蠕变速率大于静荷载作用下的蠕变速率;维亚洛夫(2005)等认为循环加载条件下变形的发展与静荷载作用下的类似,不过动蠕变过程比静蠕变过程发展得更剧烈,这是因为循环加载作用使土中产生附加的机械能,一方面导致土骨架附加损伤的发展,另一方面由于这部分热量引起冻土的温度升高,同时,温度的升高导致土中冰的融化和未冻水数量的增大。综上所述,基本上都是采用静蠕变的研究方法来研究冻土的动蠕变特征。下面将基于我们采用静蠕变研究方法得到的一些结果,给出冻土动蠕变的变化特征,用到的试验条件列于表 5-3。

表 5-3　冻土动蠕变试验条件表

试验者	土质	试验类型	干密度 /(g·cm⁻³)	含水量 /%	温度 /℃	动应力最小值、最大值/MPa	围压 /MPa	频率 /Hz
朱元林	兰州黄土	动蠕变	1.55	25.5	−5	1、3.5	0~26	5
何平	兰州黄土	动蠕变	1.47	27	−2~−10	0.272、0.3~10	0	0.1~5
赵淑萍	山东粉土	动静蠕变对比	1.73		−10	0.03、2.59~2.95	0	1
赵淑萍	兰州细砂	动蠕变	2.0		−2~−15	0.03、1.005~2.456	0	0.1~19
李海鹏	兰州黄土	动蠕变	1.55	22.5	−2~−10	0.03、2.6~4	2~25	1~19
朱占元	北麓河黏土	动蠕变			−2~−10	1.162~3.490、1.997~7.332	0.5~1.5	2~10

静蠕变试验时采用恒荷载的加载方式,恒荷载的大小根据静强度 σ_f 来确定,一般在 $(10\%\sim90\%)\sigma_f$ 取几个点,该恒荷载换算成轴向总应力后称为蠕变应力。动蠕变试验采用恒荷载幅值的加载方式,换算成轴向偏应力后,其最大值($\sigma_{max}=\sigma_s+\sigma_m-\sigma_3$)与静蠕变的蠕变应力相对应,也是在 $(10\%\sim90\%)\sigma_f$ 取值。对于静蠕变试验,首先是在很短的时间内使荷载达到所需的恒荷载值,此时产生的应变称为初始应变或瞬时应变 ε_0,然后再施加恒荷载。轴向蠕变应变($\varepsilon_a=\varepsilon_1-\varepsilon_0$)随时间变化的曲线称为蠕变曲线。对于动蠕变试验,首先是在很短的时间内使荷载达到初始静荷载,产生瞬时应变 ε_0,然后再施加动荷载。每个荷载循环下的轴向蠕变应变的最大值称为动蠕变应变($\varepsilon_{da}=\varepsilon_s+\varepsilon_m-\varepsilon_0$),其随时间的变化曲线称为动蠕变曲线。动蠕变速率 $\dot{\varepsilon}_{da}$ 随时间的变化关系曲线称为动蠕变速率曲线。

5.5.2　冻土的动、静蠕变对比

图 5-57 给出了冻结山东粉土的动、静蠕变曲线(赵淑萍等,2003)。由此图可以看到,冻土的动、静蠕变曲线形式相似,都包含初始蠕变阶段、稳定蠕变阶段和渐进流阶段,且初始蠕变阶段相对其他两个阶段持续时间都很短。在初始蠕变阶段和稳定蠕变阶段,动蠕变的应变值小于静蠕变。但由于动蠕变在稳定蠕变阶段的应变速率大,应变增加迅速,所以,动蠕变曲线将迅速跨过稳定蠕变阶段而进入渐进流阶段,此后,动蠕变的应变值将大于静蠕变。其原因可能是开始阶段土体存在一定的弹性性能,动荷载作用后,卸载过程使土体内部有弹性恢复的时间,所以应变比静荷载作用下的小,但随着动荷载作用的反复施加,疲劳效应显示出来,土体内部结构被破坏,所以应变迅速增加。

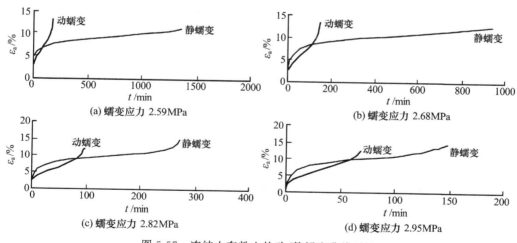

图 5-57　冻结山东粉土的动/静蠕变曲线对比

通过动三轴试验得到冻土的动、静蠕变速率曲线(图 5-57),就可获得冻土的动蠕变破坏三要素(动破坏时间 t_{df}、最小动蠕变速率 $\dot{\varepsilon}_{df}$、动破坏应变 ε_{df})的大小及变化趋势(图 5-58)。在动静荷载作用下,冻土的破坏要素分别都具有相似的变化趋势,但大小不同。动、静蠕变的 t_f 均随应力的增大而线性增大,但动蠕变的 t_{df} 要小于静蠕变的,且斜率

也要小于静蠕变的;动、静蠕变的 ε_f 基本不随动应力的变化而变化,且动蠕变的 ε_{df} 要小于静蠕变的;动、静蠕变的 ε_f 均随应力的增大而呈非线性增大,动蠕变的 ε_{df} 要大于静蠕变,且加载应力越大,二者的差别越大。

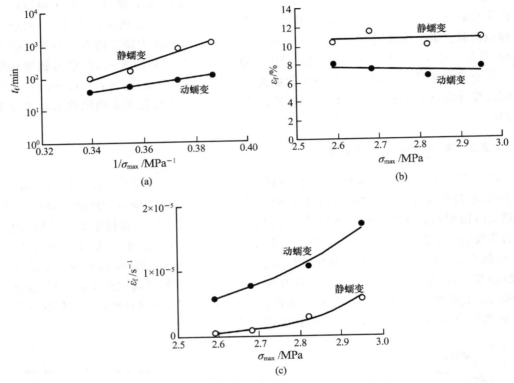

图 5-58　动静荷载作用下冻土的蠕变破坏三要素对比

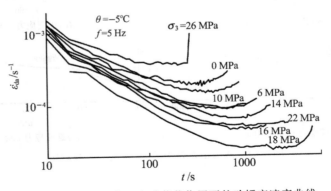

图 5-59　冻结兰州黄土在动荷载作用下的动蠕变速率曲线

5.5.3　冻土的动蠕变破坏特征

图 5-59 给出了冻结兰州黄土的三轴动蠕变速率曲线(朱元林等,1995),基于此图可得到冻土的动蠕变破坏三要素之间的关系曲线(图 5-60～图 5-62)。从这些曲线可看到,围压对冻土动蠕变破坏时间 t_{df} 和最小动蠕变速率 $\dot{\varepsilon}_{df}$ 具有明显影响,存在着最大强度临界围压(18MPa),当试验围压小于临界围压时,随着围压的增加,t_{df} 增加、$\dot{\varepsilon}_{df}$ 减小;当试验围压大于临界围压时,随着围压的增加,t_{df} 减小、$\dot{\varepsilon}_{df}$ 增大(图 5-60、图 5-61)。这是因为围压对冻土的强度具有强化和弱化两种完全相反的作用,一方面随着围压的增加,冻土内部的缺陷(微裂隙、孔隙等)逐渐愈合,土颗粒的胶结力、结构力、摩擦力及黏聚力逐渐增加,亦即使冻土不断强化;另一方面,随围压的增加,冻土中的冰不断融化,同时软弱矿物颗粒不断被压碎,亦即使冻土弱化。这两种作用与动荷载的振动效应相结合,使冻土在某一围压作用下存在强度极大值。但动破坏应变基本与围压无关,其

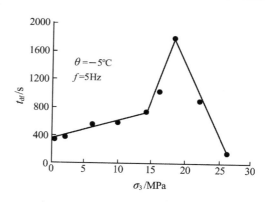

图 5-60　动破坏时间随围压的变化

平均值约为 8.8%(图 5-62),仅为相同条件下静载蠕变破坏应变(17.5%)的一半。这说明振动荷载对冻土结构有破坏作用,致使破坏应变明显变小。

将最小动蠕变速率 $\dot{\varepsilon}_{df}$ 与动破坏应变 t_{df} 画在双对数坐标图中(图 5-63),由于它们之间呈直线关系,因此可以用与静蠕变破坏准则相同的形式来描述,即

$$\dot{\varepsilon}_{df} t_{df}^{p} = \varepsilon_{df} - \varepsilon_{0} \tag{5-26}$$

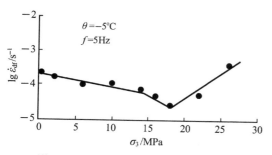

图 5-61　最小动蠕变率随围压的变化

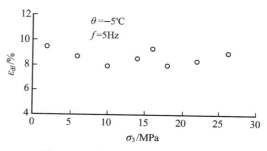

图 5-62　动破坏应变随围压的变化

式中,ε_{df} 为平均动破坏应变;ε_{0} 为平均瞬时应变;p 为试验参数。

图 5-64 给出了冻结兰州细砂的动蠕变破坏三要素随温度、频率的变化曲线(赵淑萍等,2002),由图可看到,冻结兰州细砂的动蠕变破坏特征强烈受到温度和荷载振动频率的影响,温度越低,动破坏应变越小、动破坏时间越长、最小动蠕变速率越小;频率越快,动破坏应变越小、动破坏时间越短,在 0.1～19 Hz 的频率范围内,最小动蠕变速率都在一个量

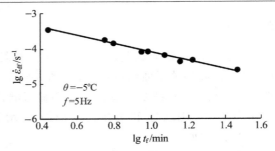

图 5-63　最小动蠕变率与动破坏时间的关系

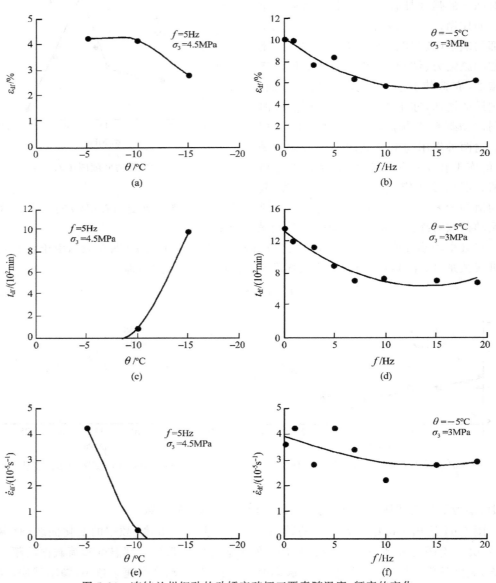

图 5-64　冻结兰州细砂的动蠕变破坏三要素随温度、频率的变化

级范围内变化,随着频率的增加,最小动蠕变速率略有变小趋势。

5.5.4　冻土的动蠕变模型

前面的叙述已经看到了,冻土的动蠕变曲线与冻土的静蠕变曲线形式相似,都包含初始蠕变阶段、稳定蠕变阶段和渐进流阶段,但如何准确地描述蠕变的变化过程一直是广大科研工作者致力研究的问题之一。

何平(1993)基于冻结兰州黄土的动力学蠕变试验研究,提出了能预报初始蠕变阶段和稳定蠕变阶段的模型(图 5-65):

$$\varepsilon_{da} = e^A \cdot e^{B\sigma_{max}} (t^{\frac{1}{3}} + t)^{C + D\ln\sigma_{min} + E\ln\sigma_{max} + F\ln f} \tag{5-27}$$

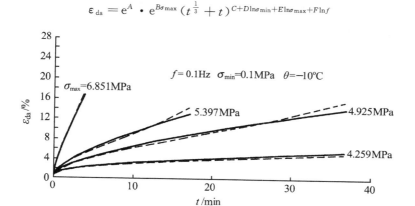

图 5-65　冻结兰州黄土的动蠕变实测值与计算结果对比

式中,轴向偏应力的最大值为 σ_{max},MPa,最小值为 σ_{min},MPa;f 为荷载振动频率;A、B、C、D、E、F 为受温度影响的参数。

朱元林等(1998)基于冻结兰州黄土的动力学蠕变试验研究,提出了能描述冻土在振动荷载作用下破坏前蠕变过程的蠕变模型,其形式与静蠕变模型相同(图 5-66):

$$\varepsilon_{da} = A + Bt + Ct^{\frac{1}{3}} \tag{5-28}$$

式中,t 为荷载作用时间,s,A 、B 、C 为与温度、偏应力及围压等有关的蠕变参数。右式的第 1 项表示瞬时应变,第 2 项表示第二阶段(黏塑流)蠕变,第 3 项表示第三阶段蠕变,即衰减蠕变。因此,参数 A 、B、C 也就具有明确的物理意义。

参数 A 代表瞬时应变,它与围压的关系如图 5-67 所示,与动破坏时间 t_{df} 随围压的变化规律相似,表明强度高的时候、瞬时应变也大,反之亦然。

参数 B 为第 2 蠕变阶段平均动蠕变速率,将参数 B 与最小动蠕变速率随围压的变化画在同一张图上(图 5-68),就可看出,参数 B 与最小动蠕变速率的变化规律完全相同,只是参数 B 的值略小,所以参数 B 可以代表冻土在一定荷载作用下所产生的最小动蠕变速率极限值。

参数 C 与围压的关系不像 A、B 那样明确,但能看出总的变化趋势(图 5-69),当围压小于 18MPa 时,参数 C 随围压的增加而减小,当围压大于 18MPa 时,参数 C 随围压的增加而增加。可见,C 即为蠕变衰减系数,主要取决于冻土的结构缺陷,当围压增加时,冻土

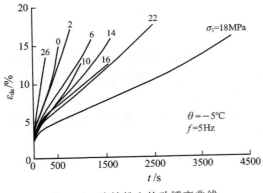

图 5-66　冻结粉土的动蠕变曲线

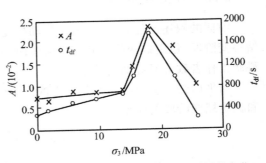

图 5-67　参数 A 及动破坏时间随围压的变化

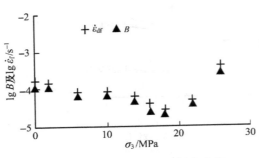

图 5-68　参数 B 及最小动蠕变速率
随围压的变化

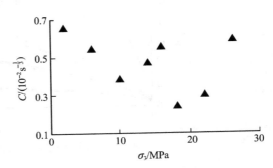

图 5-69　参数 C 随围压的变化

的结构缺陷(微裂隙、孔隙等)不断愈合,动蠕变速率变慢,C 值减小;当围压达到 18MPa 时,C 值达最小值,此时强度达极大值,蠕变衰减加速度达极大值;而后,当围压进一步增加时,冻土强度降低,C 值开始增大。由于冻土结构缺陷对不同试样具有随机性,因此 C 值的变化也具有一定的随机性,后来,赵淑萍等在朱元林的模型基础上进行改进,提出用方程(5-29)来描述冻结兰州细砂的单轴动蠕变曲线,这就是图 5-69 中数据点比较分散的原因。

$$\varepsilon_{da}/\sigma_{max}^{D} = A + Bt + Ct^{\frac{1}{3}} \tag{5-29}$$

式中,A、B、C、D 为参数。

朱占元等(2009)对取自青藏铁路北麓河试验段的冻结黏土进行动三轴试验,并提出了描述动轴向残余应变的公式,这里的动轴向残余应变是指一个荷载循环结束时的应变与开始时的应变之差。

$$\varepsilon_{pd} = A + Bn + Cn^{\frac{1}{6}} \tag{5-30}$$

式中,ε_{pd} 为动轴向残余应变;n 为动荷载循环所用次数;A、B、C 是与负温、应力幅、围压及振次有关的振陷参数。

5.5.5　冻土的动长期强度

对于具有强烈流变性的冻土材料来说,其长期强度 σ_u 是一个评价冻土稳定性的重要强度参数,在前述章节中已经对冻土的长期强度做了描述,这里不再赘述。动荷载作用下冻土的动长期强度 σ_{du} 的试验确定方法与冻土静蠕变的研究方法基本相同。首先通过单轴试验或者三轴试验获得不同动应力条件下的一组冻土动蠕变曲线族,再由动蠕变曲线族得到长期强度曲线,最后利用此曲线推测对应需要时间下冻土的动长期强度值。一般冻土的动长期强度随着荷载作用时间的延长而降低,最终趋于动长期强度极限 $\sigma_{d\infty}$。

动长期强度方程是用来描述动长期强度曲线的,目前用得较多的是 Vyalov(1959)提出的对数型长期强度方程:

$$\sigma_{du} = \frac{\beta}{\ln \dfrac{t_{df}}{t_0}} \tag{5-31}$$

式中,σ_{du} 为动长期强度;t_{df} 为动破坏时间;t_0 和 β 为试验参数。

但也有人使用如下的动长期强度方程

$$\sigma_{du} = \frac{1}{M\lg(t_{df}) + N} \tag{5-32}$$

式中,M 和 N 为试验参数。

冻土的动长期强度是一个与时间相关的量,它也强烈受控于外界试验条件。通过冻结兰州黄土的动强度试验发现(图 5-70),动长期强度和荷载振动频率、动破坏时间之间有如下的关系:

$$\sigma_{du} = A + Bf + Cf^2 + D\ln(1 + t_{df}^{-\frac{1}{2}}) \tag{5-33}$$

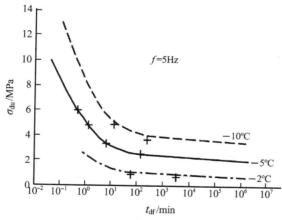

图 5-70　冻土的单轴动强度随动破坏时间的变化

式中,f 为荷载振动频率;A、B、C、D 为受温度影响的参数。

5.6　结　语

　　冻土的动力学研究目前仅仅还是个开始，许多工作都未充分进行。本章仅讲述了冻土动力学的一些基本知识和已有研究成果，还有许多问题需要我们继续探讨。

　　冻土动力学研究常用的方法有三种。第一种是利用普通土动力学的研究方法，包括现场波速测试、室内动三轴、共振柱和波速试验。相对来说，国外学者在利用现场波速测试法方面做的工作较多，而国内学者在利用室内动三轴试验方面做的工作较多。第二种是以静强度研究方法为基础的一类试验方法。因为强度试验一般采用恒应变速率的加载方式，为了与这种加载方式相对应，采用以恒应变速率增长的等幅动应变的加载方式，从而比较冻土的静强度和动强度，国内的沈忠言作了大量这方面工作。第三种方法是以冻土静蠕变研究为基础，建立冻土的动蠕变本构模型、研究动蠕变破坏特征以及动长期强度。比较而言，目前利用第一种和第三种方法进行的研究工作和研究成果相对较多一些。

　　以普通土动力学为基础、利用三轴试验结果进行研究时，是通过骨干曲线的形态来反映土体应力幅和应变幅关系的非线性，通过滞回曲线来反映一个荷载循环过程中动应力和动应变关系的滞后性，通过滞回曲线中心向应变增大方向的移动来反映塑性变形的累积性。因此，首先应研究土体骨干曲线的形态特征、滞回曲线的形态特征，以及滞回曲线中心向应变增大方向的移动程度和变化规律等，在此基础上，给出土体的动力学本构模型或简化的计算模型，然后通过试验获取模型所需的参数。目前，关于冻土的骨干曲线和滞回曲线形态特征、滞回曲线中心的移动程度和变化规律方面的研究工作较少，较多的是直接使用土动力学的本构模型或计算模型，并通过试验获得冻土的动力学参数。因此，这方面还要进行大量的工作，才能真正进一步了解冻土的动力学性质，并确定在哪些情况下可以直接利用土动力学的研究成果，而哪些情况下不能直接应用，从而需要寻找专门的、适合冻土的研究方法。譬如，已有的研究结果表明，冻土的滞回曲线形态与椭圆差异较大，且塑性变形明显，但在土动力学中，经典的计算阻尼比的方法却要求滞回曲线近似为一个椭圆曲线，且塑性变形不能太大。这时，就需要我们另辟蹊径，寻求更合理的计算冻土阻尼比的方法。

　　以冻土静蠕变为基础研究冻土的动蠕变性质时，先连接各个荷载循环下的应变最大值，得到累积应变随时间的发展变化曲线，即动蠕变曲线，然后研究动蠕变本构模型或简化的工程计算模型、动蠕变破坏特征、动长期强度等。事实上，冻土的动蠕变试验结果还提供了更多的信息。譬如，从动应变随时间的实时变化过程曲线，可以分析应变幅，以及每一个荷载循环下的残余应变的变化规律；从应力-应变滞回曲线随时间的发展过程曲线，可以分析滞回曲线的形态、滞回曲线围成的面积、滞回曲线中心点的移动等随时间的变化规律，在此基础上进一步了解动荷载作用下冻土内部的变化机理。

　　另外，动荷载作用，尤其是长时间作用时，还可能引起冻土内部的温度升高，这是冻土中的一个特有现象，直接影响着冻土的动力学性质。因此，研究冻土地基的长期稳定性时，要综合考虑速率效应、循环效应、疲劳效应、流变效应、温升效应等。

参 考 文 献

蔡英，曹新文. 1996. 重复加载下路基填土的临界动应力和永久变形初探. 西南交通大学学报，31(1)：
　　1~5.

陈云敏，边学成，王常晶. 2006. 高速列车运行引起的地基动力响应. 第七届全国土动力学学术会议.
　　350~359.

高志华. 2007. 高温高含冰量冻土静动力学特性研究. 兰州：中国科学院寒区旱区环境与工程研究所博
　　士学位论文.

郝瀛. 2007. 铁道工程. 北京：中国铁道出版社.

何平. 1993. 饱和冻结粉土的动力特性. 兰州：中国科学院兰州冰川冻土研究所硕士学位论文.

焦贵德. 2011. 长期循环荷载下高温冻土的动力特性研究. 兰州：中国科学院研究生院博士学位论文.

凌贤长，徐学燕，徐春华，等. 2002. 冻结哈尔滨粉质黏土超声波速测定试验研究. 岩土工程学报，
　　24(4)：456~459.

刘志强. 2008. 动荷载作用下高温冻结粉质黏土温度演变规律研究. 北京：中国矿业大学博士学位论文.

罗飞，赵淑萍，马巍，等. 2011. 循环荷载下冻结兰州黄土变形性质的实验研究. 地下空间与工程学报，
　　7(6)：1128~1137.

罗飞，赵淑萍，马巍，等. 2013. 分级加载下冻土动弹性模量的试验研究. 岩土工程学报，35(5)：
　　849~855.

孟庆洲. 2008. 基于超声波的冻土物理力学性质研究. 兰州：中国科学院寒区旱区环境与工程研究所硕
　　士学位论文.

沈忠言，张家懿. 1995. 冻土退荷回弹动弹模. 冰川冻土，17(S)：36~39.

沈忠言，张家懿. 1997a. 冻结粉土的动强度特性及其破坏准则. 冰川冻土，19(2)：141~148.

沈忠言，张家懿. 1997b. 围压对冻结粉土动力特性的影响. 冰川冻土，19(3)：245~251.

施烨辉. 2006. 动荷载作用下高温冻土路基的动力响应分析. 兰州：中国科学院寒区旱区环境与工程研
　　究所硕士学位论文.

王大雁，朱元林，赵淑萍，等. 2002. 超声波法测定冻土动弹性力学参数试验研究. 岩土工程学报，
　　24(5)：612~615.

王杰贤. 2001. 动力地基与基础. 北京：科学出版社.

王丽霞. 2004. 冻土动力性能与冻土场地路基地震响应反应研究. 哈尔滨：哈尔滨工业大学博士学位
　　论文.

维亚洛夫. 2005. 冻土流变学. 刘建坤，刘晓君等译. 北京：中国铁道出版社.

吴世明. 2000. 土动力学. 北京：中国建筑工业出版社.

吴志坚. 2002. 温度对动荷载作用下冻土动力特性影响的试验研究. 兰州：中国地震局兰州地震研究所
　　硕士学位论文.

谢定义. 1988. 土动力学. 西安：西安交通大学出版社.

徐春华，徐学燕，邱明国，等. 2002. 循环荷载下冻土的动阻尼比试验研究. 哈尔滨建筑大学学报，
　　35(6)：22~25.

徐学燕，仲丛利. 1998. 冻土的动力特性研究及其参数确定. 岩土工程学报，20(5)：77~81.

杨广庆，张兴明，蔡英. 1998. 关于高速铁路路基几个问题的分析. 石家庄铁道学院学报，11(1)：
　　56~60.

张克绪，谢君斐. 1989. 土动力学. 北京：地震出版社.

张淑娟，赖远明，张明义，等. 2006. 动荷载作用下冻土温度变化及强度损失探讨. 冰川冻土，28(1)：131～135.

赵淑萍，何平，朱元林，等. 2006. 冻结黏土的动、静蠕变特征比较. 岩土工程学报，28(12)：2160～2163.

赵淑萍，朱元林，何平，等. 2002. 冻结砂土在动荷载作用下的蠕变特征. 冰川冻土，24(3)：270～274.

赵淑萍，朱元林，何平，等. 2003. 冻土动力学参数测试研究. 岩石力学与工程学报，22（增 2）：2677～2681.

朱元林，何平，张家懿，等. 1998. 冻土在振动荷载下的三轴蠕变模型.自然科学进展，8(1)：60～62.

朱元林，何平，张家懿，等.1995. 围压对冻结粉土在振动荷载下蠕变性能的影响. 冰川冻土，17(增)：20～25.

朱占元，凌贤长，胡庆立，等. 2009. 动力荷载长期作用下冻土振陷模型试验研究. 岩土力学，30(4)：955～959.

Czajkowski R L，Vinson T S. 1980. Dynamic properties of frozen silt under cyclic loading. ASCE，Journal of the Geotechnical Engineering Division，106(9)：963～980.

Hunaidi O，Chen P A，Rainer J H，et al. 1996. Shear moduli and damping ratios of frozen and unfrozen clay using the resonant column tests. Journal of Canadian Geotechnical，33(3)：510～514.

Kurfurst P J，King M S. 1972. Static and dynamic elastic properties of two sandstones at permafrost temperatures. Journal of Petroleum Technology，24(4)：495～504.

Ladanyi B，Paquin J. 1978. Creep behavior of frozen sand under a deep circular load. The 3rd International Conference on Permafrost，Edomonton，Canada，Nat. Res. Council of Canada：679～686.

Li H P，Zhu Y L，He P. 2000. Experimental study on the dynamic creep strength of frozen soil under dynamic loading with confining pressure. Ground Freezing：131～135.

Li J C，Andersland O B. 1980. Creep behavior of frozen sans under cyclic loading conditions. Proceeding of the Second International Symposium on Ground Freezing，Trondheim，Norway，1：48～64.

Nakano Y，Randolph J，et al. 1972. Ultrasonic velocities of the dilatational and shear waves in frozen soils. Water Resource Research，8(4)：1024～1030.

Parameswaran V R. 1985. Cyclic creep of frozen soils. Proceeding of the Fourth International Symposium on Ground Freezing，Sapporo，Japan：201～207.

Razbegin V N，Vyalov S S，Maksimyak R V，et al. 1996. Mechanical properties of frozen soils. Soil Mechanics and Foundation Engineering，33(2)：35～45.

Stevens H W. 1975. The response of frozen soils to vibratory loads. Technical Report 265，U.S. Army Cold Regions Research and Engineering Laboratory，Hanover，New Hampshire.

Vison T S. 1978. Response of frozen ground to dynamic loadings：Chapter 9 in Geotechnical Engineering in Cold Regions. McGraw-Hill Book Company，Inc.：405～458.

Vyalov S S. 1959. Rheological properties and bearing capacity of frozen soils. Moscow：USSR Academy Science Press.

Wang D Y，Zhu Y L，Ma W，et al. 2006. Application of ultrastwic technology for physical-mechanical properties of frozen soils cold regions. Science and Technology，41(3)：165～173.

Wilson C R. 1982. Dynamic properties of naturally frozen Fairbanks silt. M.S. Thesis，Department of Civil Engineering，Oregon State University.

第6章 特殊冻土力学性质研究

就目前对冻土力学性质的研究来看,现有的冻土力学基本理论无法适用于深土冻土和高温高含冰量冻土,并且对这两种土的研究必须要采用不同于常规冻土力学的特殊的研究手段,所以,我们把这两种土作为特殊冻土在这里作一介绍。

6.1 深土冻土力学性质研究

深土冻土力学是随着人工冻结技术在深部矿井开挖中的应用发展起来的。由于近年来浅表资源的贫化使人们将目光投向地球的深部,人工冻结技术作为开挖深部空间较为可行的施工方法之一,受到工程师们的青睐。但当开挖深度逐渐加大,人工冻结技术在深部工程建设实践过程中就遇到了许多难以用经典冻土力学来解释或解决的问题。譬如,由于使用经典冻土力学的研究成果去设计深部冻结壁,造成冻结壁径向变形量过大、冻结管断裂、井壁破裂漏水甚至淹井等工程事故,这些工程事故促使许多学者不得不考虑现有冻土力学理论的适用范围、适用条件,以及深土人工冻土的形成机理、冻胀、融沉机理和高压力作用下形成冻土的力学特征等科学问题,由此诞生了深土冻土力学的研究。所以深土冻土力学就是对有压环境下以人工冻结方式形成的冻土的力学参数、强度特性、破坏准则和本构特征以及与构筑物相互作用的研究。深土冻土力学属于岩土力学研究中的一个新的分支,是一门新兴科学,目前对它的研究还处于摸索阶段,有些理论尚不成熟。以下就目前的认识范围,我们对此进行阐述。

6.1.1 深土冻土力学室内试验方法探讨

室内土工试验是获取土力学性质较为简便的方法之一,是系统研究土力学性质的必然途径。但是室内试验成果常因试验方法的差别,与实际有一定的差距,无法较好指导实际工程设计。为了使土工试验能够比较正确地反映实际工程中土的性质,首先须保证试验试样的性质尽可能与实际土体的性质接近。对于深土冻土来说,就是深土冻土的制样过程要与深部人工冻结壁的形成过程相符。

在常规土力学试验中,为了研究土的强度问题,常用等压排水固结(EDCF)或等压不排水固结(EUDCF)方法来研究土的力学性质,而在传统的室内冻土力学研究中,通常是将试样先冻结后再加一定围压(FC),然后施加压力进行试验。不管是土力学试验方法还是常规冻土力学试验方法,都与深部人工冻结壁的形成过程相去甚远。这是因为,深部人工冻结壁是在有地压环境下以人工冻结的方式形成的,所以,要研究深土冻土的力学性质,我们必须要考虑深土冻土形成过程的特殊性,即地压对深土固结过程的影响以及土在有压环境下的冻结过程。为此,我们引入了 K_0 固结方法,K_0 固结法是土力学中将土恢复至深部地层原始状态的常用方法,即先将试样进行 K_0 固结,然后冻结,简写为 K_0DCF。

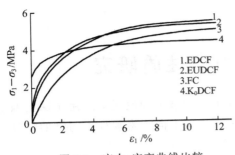

图 6-1　应力-应变曲线比较

为了比较上述提到的四种方法试验结果的差别,马巍等(2000)曾为此专门进行了试验研究,以下是相应的研究结果。

1. 应力-应变曲线比较

图 6-1 给出了当围压 $\sigma_3 = 1$MPa 时,不同固结过程下的冻土应力-应变曲线(其他围压下情况类似),由此图可以看到,经历不同固结过程的冻土应力-应变曲线虽然均呈双曲线型,但其变形过程却明显不同。经历 K_0DCF 样的应力-应变曲线其特征类似于理想刚塑性应力-应变曲线,当应力小于极限强度值时,其变形很小或为零;当应力大于极限强度值时,应力的少许变化即导致变形的大幅增加;经历其他固结过程(EDCF,EUDCF,FC)的应力-应变曲线均表现出应变硬化现象,变形随应力的增大而增大,但它们之间的变形又有差异,EDCF 和 EUDCF 样的应力-应变曲线基本一致;与 EDCF 和 EUDCF 试样相比,当它们的应变相同时,FC 试样的偏应力明显小于 EDCF 和 EUDCF 试样的。

2. 极限强度与破坏应变

分别取曲线上应变速率突然增加的点所对应的偏应力和应变作为该冻土的极限强度和破坏应变。图 6-2 给出了 $\sigma_3 = 1$MPa 时,经历不同固结过程试样的极限强度和破坏应变对比图。由图 6-2 可看到,经历 K_0DCF 过程的冻土,其强度最大,但破坏应变最小;经历 FC 过程的冻土强度最小,破坏应变最大;而经历 EDCF 和 EUDCF 过程的冻土强度和破坏应变介于 K_0DCF 和 FC 的之间,二者无明显差别。

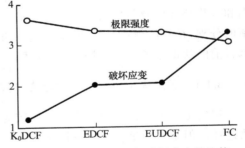

图 6-2　冻土极限强度与破坏应变的比较

3. 黏聚力与内摩擦角

图 6-3 为经历 K_0DCF、EDCF、EUDCF 和 FC 过程的冻土试样的摩尔包络线图。经历 K_0DCF 过程试样的黏聚力与内摩擦角最大,分别为 $c = 0.4$MPa,$\varphi = 33.7°$;而经历 EDCF 和 EUDCF 过程试样的 c、φ 值基本相同,$c = 0.3$MPa,$\varphi = 19.5°$;经历 FC 过程的 c 值与经历 EDCF 和 EUDCF 过程冻土试样的相同,但 φ 值最小,$c = 0.3$MPa,$\varphi = 16.7°$。上述分析表明,经历 K_0DCF 固结过程的冻土强度最大,破坏变形最小;经历 FC 过程的冻土强度最小,破坏变形最大;经历 EDCF 和 EUDCF 过程的冻土介于中间,但它们二者本身无太大差别。从上面分析可看出,这种差异完全是由于固结程度的不同所造成的。

4. 孔隙率与固结压力关系

图 6-4 为 $\sigma_3 = 1$MPa 时,经历不同固结过程的试样的孔隙比与固结压力之间的关系曲

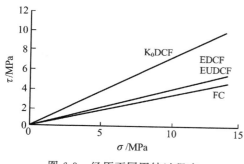

图 6-3　经历不同固结过程冻土的摩尔包络线图

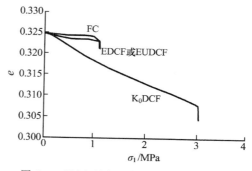

图 6-4　经历不同固结过程的土的孔隙比与固结压力的关系

线,由图 6-4 可看到,经历 K_0DCF 过程的土体的固结程度明显优于其他过程的土体,经历 K_0DCF 固结过程的冻土试样在进行剪切试验前其孔隙比 $e=0.306$,与初始孔隙比相比减小了 5.8%;而经历 EDCF 和 EUDCF 固结过程的土体的在剪切试验前其孔隙比 $e=0.323$,仅减小了 0.62%;经历 FC 固结过程的土体孔隙比减小得更少。一般说来,相同材料的孔隙比越小,其密实程度就越大,也就是说固结程度越好,其强度就越大,压缩性能也就越小。

作为建筑物天然地基的土层或作为地下构筑物的土层,绝大多数是在第四纪的地质年代沉积,并在土的自重压力作用下固结而成的,年代老的土一般处于深处,它的固结压力大,经历的固结时间长,土最密实,压缩性能低,破坏应变小,加之周围土体的变形约束,其固结过程更接近于 K_0 固结过程。土冻结后孔隙被冰充填,排水性能极差,因此,在人工冻结地下工程研究和深土冻土力学研究中,选用 K_0DCF 过程将更能反映深土冻土形成的实际情况。

6.1.2　深土冻土的应力-应变关系研究

试验中的土样或建筑地基中的土单元,在试验荷载变化或建筑物兴建过程中,其应力和应变将随之发生变化。众所周知,对于完全弹性体,其应力和应变关系符合广义胡克定律,且其间的关系只取决于材料本身的特性,而不随应力的变化而变化,即应力和应变总是一一对应,亦即材料的变形形状只取决于初始和最终的应力状态,与加、卸荷过程无关。但对于像土这样具有内摩擦强度特性的弹塑性材料来说,其变形性状不仅取决于初始和最终的应力状态,而且与应力和应变状态变化的方式及加、卸荷的历史有关。因此,工程上常用应力和应变路径来描述土单元在其整个加载、卸荷历史过程中的应力-应变变化状态。

现以兰州黄土为研究对象,基本物理参数如表 6-1 所示,通过对 K_0 固结后的试样进行冻结后的加载或卸载测试来研究其应力-应变行为。

表 6-1　试样的基本物理参数

土名	颗粒成分/%				液限/%	塑限/%	含水量/%	干密度/(g·cm⁻³)
	>0.10mm	0.1~0.05mm	0.05~0.005mm	<0.005mm				
兰州黄土	1.7	5.4	58.6	34.3	24.6	17.7	16.5	1.7

1. K_0 固结后加载状态下冻土应力-应变行为研究

经 K_0 固结后的黄土试样,没有侧向变形,只有轴向变形,当冻结后,圆柱状试样的侧

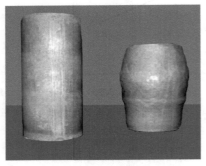

表面受均匀恒定的径向压力,而轴向继续以固结时的加载速率加载,在这样的三轴剪切应力状态下,冻土试样会发生明显的塑性变形,并从原来的圆柱形被压成腰鼓形(图 6-5)。

图 6-6 给出了温度为 $-2℃$、$-5℃$、$-7℃$、$-10℃$ 时,处于不同围压状态下的冻土试件在围压保持不变,轴压以加载速率增加时冻土的应力-应变曲线(Wang et al,2004;马巍等,2004)。图 6-7 为围压为 3MPa 时冻结黄土在不同温度下的应力-应变曲线。由这两图可看到,经历 K_0 固结后再冻结的

图 6-5 剪切试验前后试样形状对比图

冻结黄土试样在整个剪切过程中,其应力-应变曲线均呈双曲线型。根据材料力学中对材料应力-应变曲线的研究方法,此曲线大致可分为以下 3 个阶段:第一阶段为应变随应力呈线性增加的完全弹性阶段;第二阶段,应变硬化阶段,在此阶段中试件的变形主要是塑

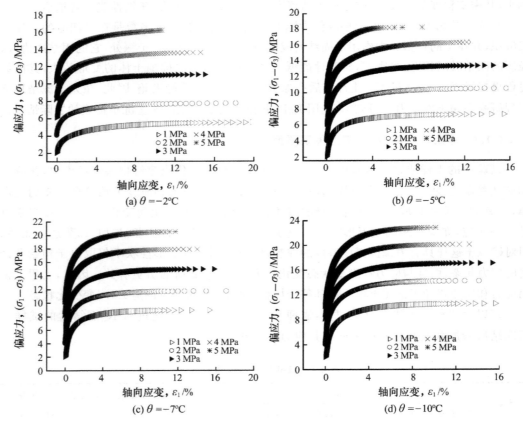

图 6-6 冻结黄土在轴向加载条件下应力-应变曲线图

性变形,其中也包含部分弹性变形,但是与
弹性阶段相比,要产生相同的应变增量,这
时所需的应力增量要小得多,而且随变形
的增加越来越小;第三阶段,屈服阶段或流
动阶段,当进入这一阶段以后,荷载变化甚
微,而变形急剧增大,也就是说,在很小的
荷载增量下,将产生很大的变形,此时,试
件处于破坏状态。所以,我们将第二阶段
与第三阶段的分界点定义为本试样的破坏
强度,其具体取值,视应力-应变曲线中最
大偏主应力值而定,这一点将在后面进行
讨论。

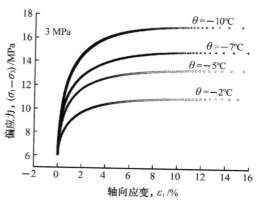

图 6-7　围压为 3MPa 时冻结黄土的
应力-应变曲线

　　基于试验资料,以轴向应变 ε_1 为横坐

标,以轴向应变与偏应力的比值 $\dfrac{\varepsilon_1}{\sigma_1-\sigma_3}$ 为纵坐标,将试验结果点绘在坐标系中(图 6-8)。

由图 6-8 可看到,$\dfrac{\varepsilon_1}{\sigma_1-\sigma_3}$ 与 ε_1 呈标准的线性关系,经拟合后,可用直线方程

$$\frac{\varepsilon_1}{\sigma_1-\sigma_3}=a+b\,\varepsilon_1 \tag{6-1}$$

或

$$\sigma_1-\sigma_3=\frac{\varepsilon_1}{a+b\,\varepsilon_1} \tag{6-2}$$

表示,其中,a 为该直线在坐标轴上的截距;b 为此直线的斜率,它们都是与土性质有关的
试验常数。对兰州黄土而言,其 a、b 值列于表 6-2 中。式(6-2)符合 Duncan-Chang 双曲
线模型的基本形式。

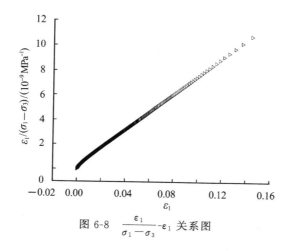

图 6-8　$\dfrac{\varepsilon_1}{\sigma_1-\sigma_3}$-$\varepsilon_1$ 关系图

表 6-2　试验曲线 a、b 值

围压 /MPa	−2℃		−5℃		−7℃		−10℃	
	a	b	a	b	a	b	a	b
1	$6.72×10^{-10}$	$1.83×10^{-7}$	$3.04×10^{-10}$	$1.37×10^{-7}$	$2.75×10^{-10}$	$1.13×10^{-7}$	$3.05×10^{-10}$	$9.42×10^{-8}$
2	$1.85×10^{-10}$	$1.31×10^{-7}$	$1.86×10^{-10}$	$9.56×10^{-8}$	$1.58×10^{-10}$	$8.57×10^{-8}$	$1.45×10^{-10}$	$7.08×10^{-8}$
3	$1.30×10^{-10}$	$9.16×10^{-8}$	$1.23×10^{-10}$	$7.52×10^{-8}$	$1.22×10^{-10}$	$6.76×10^{-8}$	$1.24×10^{-10}$	$5.88×10^{-8}$
4	$1.05×10^{-10}$	$7.43×10^{-8}$	$1.02×10^{-10}$	$6.18×10^{-8}$	$9.53×10^{-11}$	$5.61×10^{-8}$	$1.04×10^{-10}$	$4.99×10^{-8}$
5	$7.62×10^{-11}$	$6.25×10^{-8}$	$5.29×10^{-11}$	$5.53×10^{-8}$	$7.31×10^{-11}$	$4.90×10^{-8}$	$8.32×10^{-11}$	$4.39×10^{-8}$

根据 Duncan-Chang 双曲线模型基本表达式(6-2),可求得起始弹性模量 E_0 为

$$E_0 = \left(\frac{\sigma_1 - \sigma_3}{\varepsilon_1}\right)_{\varepsilon_1 \to 0} = \frac{1}{a} \tag{6-3}$$

而大应变时应力-应变曲线的极限值——最大偏主应力为

$$(\sigma_1 - \sigma_3)_{ult} = \left(\frac{\varepsilon_1}{a + b\,\varepsilon_1}\right)_{\varepsilon_1 \to \infty} = \frac{1}{b} \tag{6-4}$$

方程(6-4)是这条应力-应变曲线的渐近线。实际上土体破坏时其破坏强度 $(\sigma_1 - \sigma_3)_f$ 常达不到这一极限值,两者之间有一比值,称为破坏比 R_f,即

$$R_f = \frac{(\sigma_1 - \sigma_3)_f}{(\sigma_1 - \sigma_3)_{ult}} = b(\sigma_1 - \sigma_3)_f \tag{6-5}$$

其中,R_f 值小于 1,在 $0.7 \sim 0.95$ 之间,这个取值对于深部冻土也一样。所以,根据深部冻土应力-应变关系,利用式(6-4)求得最大偏主应力值,然后依据式(6-5)可求得冻土的破坏强度值。

在 Duncan-Chang 双曲线模型中,a、b 为与土性质有关的参数,它们的倒数分别代表初始切线模量与最大偏主应力。

2. K_0 固结后卸载状态下冻土应力-应变行为研究

经 K_0 固结后的黄土试样,没有侧向变形,只有轴向变形,但当冻结后,轴向荷载保持不变,围压以加载时的速率逐级卸载,在这样的三轴剪切应力作用下,冻土试样会受初始围压和温度的影响发生两种不同的变形。在较高初始围压或较低负温下,即使围压卸载到零,试样也不会发生变形;而在较高负温或较低初始围压下,试样会发生明显的塑性变形,试样从原来的圆柱形被压成腰鼓形(图 6-9)(Wang et al.,2004)。

图 6-10 代表了所研究的四个温度−2℃、−5℃、−7℃、−10℃下,当轴向压力保持不变,初始围压 σ_3 逐级卸除时,经 K_0 固结后冻土的应力-应变曲线。从图 6-10 可看出这些曲线均呈双曲线型,其特征类似于理想刚塑性应力-应变曲线。如果把曲线拐点处的主应力差值即各条曲线上应变速率最小的点所对应的主应力差值作为该冻土的屈服强度,就会发现当应力小于屈服强度值时,其变形很小或为零;当应力大于屈服强度值时,应力的少许变化即导致变形的大幅增加。所以说当冻土达到屈服点时,冻土体实际上已处于破

图 6-9　剪切试验前后试样形状对比图

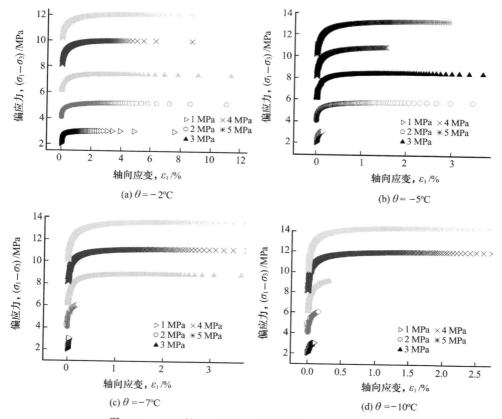

图 6-10　K_0 固结后冻结黄土卸除围压时应力-应变曲线

坏状态,屈服强度也可看作破坏强度,此时所对应的应变可看作破坏应变。依据图中拐点处应力值的大小,可以看到当温度保持不变时,随着初始围压 σ_3 的增大,冻土的屈服强度即破坏强度也将逐渐增大。

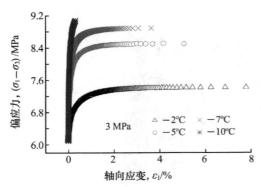

图 6-11　K_0 固结后冻结黄土卸除围压时
应力-应变曲线

图 6-11 反映了所研究初始围压下,冻结黄土在不同温度下的应力-应变曲线。从该图中可看出,当初始围压恒定时,破坏强度随温度的降低而增大;但当温度降到一定值后,即使围压卸载到零,也不会发生破坏甚至屈服,试样在整个试验范围内表现为刚体的性质。在本次试验过程中,同样的现象也发生在以下温度与初始围压组合下:① 初始围压为 1MPa,温度为 -5℃、-7℃、-10℃;② 初始围压为 2MPa,温度为 -7℃、-10℃;③ 初始围压为 3MPa,温度为 -10℃。

由于初始围压的高低反映了应用人工冻结法施工时,冻结壁所处的地层深度,这个试验结果要求我们在设计人工冻结壁时,不仅要考虑温度对冻土体强度的影响,还要考虑地层深度所产生的初始围压对深部土体的影响。从既要节约开支,又要满足强度要求的角度出发,降温程度要视冻土所处的地层深度而定,选择最优温度来满足此深度土体卸载时的强度要求。

基于试验资料,以轴向应变 ε_1 为横坐标,轴向应变与主应力差的比值 $\dfrac{\varepsilon_1}{\sigma_1-\sigma_3}$ 为纵坐标,将试验结果点绘在坐标系中,如图 6-12 所示。由图 6-12 可看到,$\dfrac{\varepsilon_1}{\sigma_1-\sigma_3}$ 与 ε_1 呈标准的线性关系,经拟合后,可用直线方程:

$$\frac{\varepsilon_1}{\sigma_1-\sigma_3}=a+b\,\varepsilon_1 \tag{6-6}$$

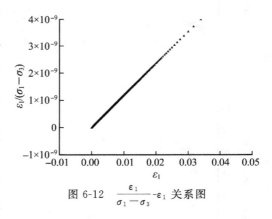

图 6-12　$\dfrac{\varepsilon_1}{\sigma_1-\sigma_3}$-$\varepsilon_1$ 关系图

表示,其中,a 和 b 是与土性质有关的试验常数,在此直线方程中,a 就是该直线在坐标轴上的截距,b 则是此直线的斜率。所有试验数据经拟合后都可用直线方程(6-6)来表示,且相关指数 R^2 均在 0.997 以上。对兰州黄土而言,其 a、b 值列于表 6-2 中。

方程(6-6)又可写为

$$\sigma_1-\sigma_3=\frac{\varepsilon_1}{a+b\,\varepsilon_1} \tag{6-7}$$

根据方程(6-7),可求得小应变时起始弹性模量 E_0 为

$$E_0 = \left(\frac{\sigma_1 - \sigma_3}{\varepsilon_1}\right)_{\varepsilon_1 \to 0} = \frac{1}{a} \tag{6-8}$$

而大应变时应力-应变曲线的极限值——主应力差渐近值为

$$(\sigma_1 - \sigma_3)_{ult} = \left(\frac{\varepsilon_1}{a + b\,\varepsilon_1}\right)_{\varepsilon_1 \to \infty} = \frac{1}{b} \tag{6-9}$$

方程(6-9)也是这条应力-应变曲线的水平渐近线。

图 6-13 代表温度恒定时，a 值与初始围压 σ_3 之间的关系。从图可以看出，在高温状态下，a 值随初始围压 σ_3 变化较剧烈，且随初始围压的升高而降低；但随着温度的降低，a 值随初始围压的变化趋势逐渐平缓，当温度降到 $-10℃$ 时，围压高于 2MPa 以后，a 值基本上不随围压而变化，近似于常数。对于这一点，从 a 值与温度关系曲线图 6-14 上更能明显看出来，当温度为 $-10℃$，围压分别为 2MPa、3MPa、4MPa 和 5MPa 时，a 值汇聚于一点。这也表明，K_0 固结后冻土在卸载状态下，起始弹性模量 E_0 在较低负温、较高初始围压状态下，不随初始围压而变，且趋近于一常数。

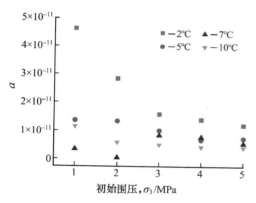

图 6-13　参数 a 与初始围压关系图

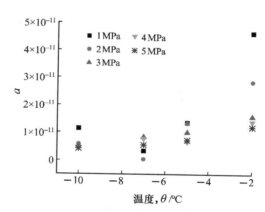

图 6-14　参数 a 与温度的关系图

图 6-15 代表一定温度下，主应力差渐近值 $(\sigma_1 - \sigma_3)_{ult}$ 与初始围压 σ_3 的关系。从图可以看出，主应力差渐近值随初始围压 σ_3 的增大而线性增大，在低初始围压状态下受温度影响较小，但随着围压的增高受温度影响逐渐明显。根据试验资料分析，土体破坏时其破坏强度 $(\sigma_1 - \sigma_3)_f$ 为主应力差渐近值 $(\sigma_1 - \sigma_3)_{ult}$ 与破坏比 R_f 的乘积，即

$$(\sigma_1 - \sigma_3)_f = R_f (\sigma_1 - \sigma_3)_{ult} \tag{6-10}$$

其中，R_f 值小于 1，在 0.7 与 0.95 之间。所以，根据深部冻土应力-应变曲线，在知道主应力差渐近值 $(\sigma_1 - \sigma_3)_{ult}$ 的情况下，可根据式(6-10)估算此冻土的破坏强度值。

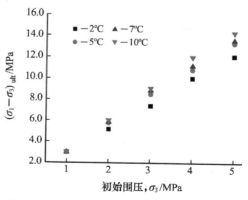

图 6-15　主应力差渐近值与初始围压关系图

3. K_0 固结后加载与卸载状态下冻土应力-应变曲线比较

当土体经历固结、加载或卸载过程时,研究土体上某一点的应力在 $p\text{-}q$ 空间中的变

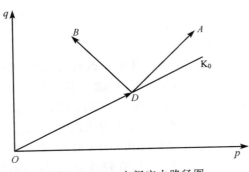

化如图 6-16 所示。OK_0 代表试样所经历的 K_0 固结过程,当初始围压改变时,D 点将在 OK_0 线上滑动,初始围压越高,D 点离 O 点越远。当围压保持恒定,增加轴压,使试样剪切破坏时,应力路径为 DA;当轴压保持恒定,逐级卸除围压时,应力路径为 DB(王大雁,2006)。

从以上关于加载、卸载条件下冻土应力-应变行为的分析我们得出:尽管加荷、卸荷条件下,经 K_0 固结后的冻土应力-应变行为

图 6-16　$p\text{-}q$ 空间应力路径图

均呈双曲线型,但加载条件下所表现的应变硬化行为较明显;卸载条件下,初始围压大小和负温变化对应力-应变形式有明显影响,当初始围压较小,温度较低时,卸除围压对冻土的变形几乎没有什么影响,应力-应变曲线表现为轴向应变不变而偏应力直线增大。对于这一点,从对试后试样的观察也能得出相同的结论。这说明低温和较小初始围压不会引起冻土的破坏;但随着初始围压的增大,或人工冻土温度的提高,卸除围压同样会引起冻土体的破坏。只要试样达到屈服,冻土体在卸载条件下就立即发生剪切破坏,不需再增加任何偏应力。所以,卸载条件下的破坏一旦发生,较加载条件下发生的应变硬化式破坏更难控制。

图 6-17 是当温度为 -5℃,初始围压为 1MPa、3MPa、5MPa 时,相同条件的冻土体在加载、卸载条件下的应力-应变形式比较。从此图我们可看出,在任何时候,加载条件下的偏应力始终大于卸载条件下的偏应力,同样,加载条件下的破坏强度也远远大于卸载条件下的破坏强度,这进一步说明,如果我们用加载时的强度指标来设计冻结壁,将高估了冻结壁的承载能力,从而引起实际工程中冻结壁坍塌和冻结管断裂。

6.1.3　深土冻土的破坏强度分析

冻土破坏的概念与未冻土破坏概念一样,都是由冻土试件断裂和冻土试件变形过大引起的。在这里以兰州砂土和黄土为研究对象,阐明加卸载对深部冻土强度与变形的影响,砂土的物理力学参数如表 6-3 所示、黄土的物理力学参数见表 6-1。

表 6-3　兰州砂土的物理指标

颗粒级配/%				初始饱和度/%	含水量/%	干密度/(g·cm⁻³)
>0.5mm	0.5~0.05mm	0.05~0.005mm	<0.005mm			
25.3	54.23	8.04	12.13	89.4	10.5	2.0

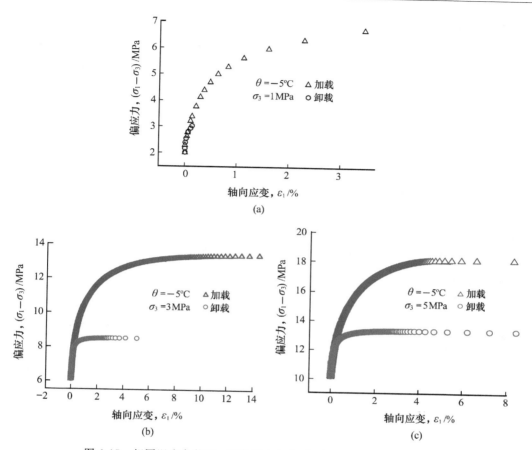

图 6-17　相同温度条件下，冻结黄土加载、卸载应力-应变行为的比较

1. 初始围压对深土冻土屈服强度与变形的影响

图 6-18 和图 6-19 分别为屈服强度和破坏变形与围压的关系（马巍等，2001）。由图 6-18 可看出，两种应力路径下屈服强度与围压均基本呈线性关系，并随围压的增大而增大，但卸载应力路径下的屈服强度明显小于加载应力路径下的，而且，随着围压的增大，它们的差异越来越大。因此，在同一冻结温度下，随着人工冻结凿井深度的增大，按增压试验的强度指标进行冻结壁稳定性设计，将给冻结井壁造成越来越大的危险性，这也是随着开挖深度的增大，冻结壁坍塌和冻结管断裂的主要原因之一。

虽然，随着围压（或深度）的增大，两种应力路径下的屈服强度有较大的差异，但破坏变形却基本无大的差异，均随围压的增大而增大，呈线性变化（图 6-19）。

屈服强度$(\sigma_1-\sigma_3)_f$和破坏变形ε_{1f}与围压σ_3的关系可分别由下列方程近似描述：

$$(\sigma_1-\sigma_3)_f = k_1\sigma_3 + c_1 \tag{6-11}$$

$$\varepsilon_{1f} = k_2\sigma_3 + c_2 \tag{6-12}$$

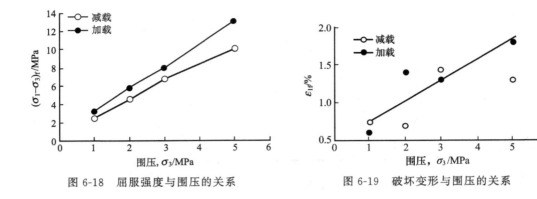

图 6-18　屈服强度与围压的关系　　　　　图 6-19　破坏变形与围压的关系

式中，k_1、k_2、c_1、c_2 为试验系数。加载时 $k_1=2.41$，$c_1=0.87$；卸载时 $k_1=1.88$，$c_1=0.78$。对式(6-12)来说，加载、减载时，k_2 和 c_2 分别均为 0.21 和 0.57。

2. 破坏准则

以初始应力状态为基准点进行比较，图 6-20 给出了不同应力状态下的摩尔包络线（马巍等，2001）。由图 6-20 可看出，在试验围压范围内，不同应力状态下的摩尔包络线均满足摩尔-库仑准则，即

$$\tau = c + \sigma_n \tan\varphi \tag{6-13}$$

式中，τ 为剪切强度；σ_n 为法向应力；c 为黏聚力；φ 为内摩擦角。

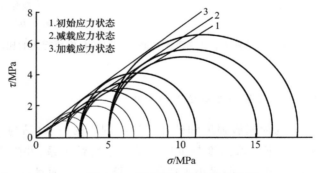

图 6-20　深土冻土的摩尔包络线

在试样经 K_0 固结后的初始应力状态下，$c=0$，$\varphi=31.4°$；以初始围压为基准，卸除围压时，即在减载应力状态下，$c=0.2\mathrm{MPa}$，$\varphi=31.7°$；在加载应力状态下，$c=0.4\mathrm{MPa}$，$\varphi=33.7°$。比较同一初始应力状态下加载、卸载的情形，我们发现加载应力状态下的 c、φ 值都大于减载应力状态下的，但它们相对于初始应力状态的 c、φ 值来说也有区别，即在减载应力状态下，c 值虽然大于初始状态下的 c 值，但 φ 值却与初始应力状态下的 φ 接近；在加载压力状态下，c、φ 值均大于初始状态下的。

3. 破坏强度和变形与温度的关系

温度是衡量冻土强度与变形的重要指标之一。由图 6-21 可看出,两种应力路径下冻土的屈服强度均随温度的降低而增加,但加载应力状态下的强度值远远大于减载应力状态下的,并随着温度的降低,这种差值越来越大;但随温度的降低,在减载应力状态下屈服强度增加的斜率却小于加载应力状态下的。同样,对破坏变形来说也存在同样的关系(图 6-22),只是当温度高于 −5℃时,两种应力路径下冻土的破坏变形基本一样。

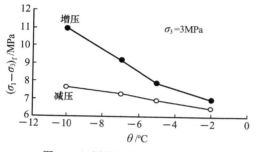

图 6-21　屈服强度与温度的关系

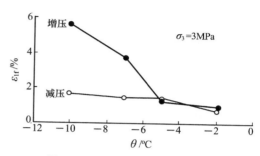

图 6-22　破坏应变与温度的关系

在人工冻结凿井工程设计中,常按照增压试验的强度结果确定冻结壁的稳定性,即通过降低冻结壁的温度来提高冻结壁的稳定性。但是,实际冻结壁的受力过程是一个卸载的过程,在卸载应力状态下,冻土的强度增幅并不随温度的降低而增大很多,所以,这种设计思路常会造成冻结壁坍塌和冻结管断裂。

Ma 等(2002)的研究认为,加载和减载应力状态下屈服强度$(\sigma_1 - \sigma_3)_f$与温度 θ 的关系均可用线性关系近似描述:

$$(\sigma_1 - \sigma_3)_f = k\theta + b \tag{6-14}$$

式中,k、b 为试验系数。加载时,$k = -0.51$,$b = 5.72$;减载时,$k = -0.15$,$b = 6.23$。

4. 深土冻土破坏强度计算

在未冻土研究中,常将土颗粒之间的内摩擦强度和黏聚强度作为反映土抗剪强度的两个基本指标,内摩擦强度取决于剪切面上的正应力和土的内摩擦角,其物理过程包括颗粒之间滑动时产生的滑动摩擦和颗粒之间脱离咬合状态而移动所产生的咬合摩擦;而黏聚强度取决于土粒间的各种物理化学作用力,包括静电力、范德华力、胶结作用力等。对于冻土来说,它的强度远远高于相同条件下的未冻土,在很大程度上要取决于孔隙水冻结成冰后,冰对土颗粒胶结作用的增强,而这一胶结作用将会大大影响冻土的凝聚强度,即黏聚力,并且已有研究证实,在我们所研究的温度范围内,黏聚力和内摩擦角都随着冻土温度的降低而增大。但对于深部人工冻土,由于土体在冻结之前就已经历了 K_0 排水固结过程,在这一过程中,孔隙水的排除和土骨架的压密同时发生,从而导致土颗粒的重新排列与定向,当土颗粒排列完全稳定后,再冻结土体,这时,内摩擦角有可能不受温度的影响,但其黏聚强度将随温度的降低而大大提高。其次,这种冻结土体的黏聚力还受到冻土

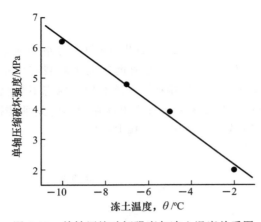

图 6-23　单轴压缩破坏强度与冻土温度关系图

密度、土颗粒组成、含冰量等多种因素的制约。由于冻土的单轴压缩强度与冻土所处的负温值呈线性关系(图 6-23),而单轴压缩强度又是以上所述诸因素综合作用的结果,因此,可选用冻土的单轴抗压强度来表示由于负温波动引起冻土胶结程度的变化。所以,有人建议深部人工冻土的三轴破坏强度可用反映人工冻土所处地层深度的初始围压和代表冻土温度波动对其胶结作用影响的单轴压缩强度来表示,即 $q_f = (\sigma_3, q_u)$,其中,q_f 代表深部人工冻土破坏时的破坏强度;σ_3 代表反映人工冻土所处地层深度的初始围压;q_u 为此冻土的单轴压缩强度。通常,可以用以下式子描述,即

$$q_f = k_1 \cdot \sigma_3 + k_2 c \tag{6-15}$$

这里,$k_1 \cdot \sigma_3$ 表示未冻土三轴压缩时的破坏强度 q_{flu};k_2 表示深部人工冻土破坏时的偏应力受冻土温度变化所引起土颗粒胶结程度变化的变化率,与人工冻土初始围压状态无关;c 反映冻土中冰对土颗粒的胶结程度,在这里可用冻土的单轴抗压强度表示(Wang et al. ,2008)。

对于未冻的无黏聚土来说,可假定其黏聚力 $c = 0$,三轴压缩破坏时偏应力大小可通过以内摩擦角和初始围压为基本变量的函数关系式(6-16)给出

$$q_{flu} = k_1 \cdot \sigma_3 = \frac{2 \sin\varphi}{1 - \sin\varphi} \sigma_3 \tag{6-16}$$

其中 φ 为未冻土的内摩擦角。合并方程(6-15)和式(6-16),可得到深部人工冻土的三轴压缩强度,即

$$q_f = \frac{2 \sin\varphi}{1 - \sin\varphi} \sigma_3 + 1.5 \cdot q_u \tag{6-17}$$

在式(6-17)的推导过程中,主要做了以下假定:① 破坏强度包线为直线;② 深部土体冻结后,其内摩擦角不变;③ $c = q_u$,$k_2 \approx 1.5$。同时,方程(6-17)也说明在三轴剪切试验中冻土温度的变化不会影响内摩擦强度的变化。

当方程(6-17)分别被冻土的单轴压缩强度 q_u 和未冻土的三轴压缩强度相除后,就可得到方程(6-17)的无量纲形式,即

$$\frac{q_f}{q_u} = \frac{2 \sin\varphi}{1 - \sin\varphi} \cdot \frac{\sigma_3}{q_u} + 1.5 \tag{6-18}$$

$$\frac{q_f}{q_{flu}} = 1 + 1.5 \cdot \frac{1 - \sin\varphi}{2 \sin\varphi} \cdot \frac{q_u}{\sigma_3} \tag{6-19}$$

方程(6-18)说明,当 $\dfrac{\sigma_3}{q_u} \to 0$ 时,深部人工冻土的破坏强度约为相同条件下的冻土单轴

破坏强度的 1.5 倍,而方程(6-19)则表明,当 $\dfrac{q_u}{\sigma_3}\to 0$ 时,深部人工冻土的破坏强度约等于深部未冻土的破坏强度。对以上结果,也可从内摩擦强度和胶结强度对深部人工冻土破坏强度相对作用的角度给以解释,即胶结强度对抗剪强度的作用越大,则冻土的三轴破坏强度越接近于此冻土单轴抗压强度的 1.5 倍,相反,内摩擦强度对冻土破坏强度的贡献越大,则深部人工冻土的破坏强度越接近于未冻土的三轴破坏强度。现有的试验资料已表明,在高围压条件下,将会发生孔隙冰的压融现象,从而使得土颗粒间由于冰的胶结作用而产生的胶结状态破坏,这时,冻土内摩擦力对土强度的贡献将远远大于黏聚力。

6.1.4　小应变范围内深土冻土的力学行为

近 20 多年来大量的现场观测数据表明:实际工程中岩土体的应变都在 3‰ 以内,而设计所用参数通常为试样破坏或者发生较大应变(一般为 15%)后的值,这将无法反映小应变条件下土体的力学性质,因此,近些年来,逐渐展开了对土体小应变特性的研究。在冻土力学研究领域,这方面的研究还不多。目前,对冻土应力-应变行为的研究常常是根据材料力学研究的方法,将冻土的应力随应变变化的过程分为三个阶段,即弹性阶段、塑性硬化阶段和塑性流动阶段。这里所指弹性阶段的弹性变形一般发生在应变不超过 5‰ 的范围内。但在地下工程建设中发现,基础、基坑和隧道周围土体应变基本上比 0.1% 要小,最大不超过 0.5%。这就要求冻结壁的变形也要符合这一要求。

小应变范围内深土冻土的力学行为同样受到土质类型、加载方式、围压大小、温度状况、含水量和含冰量等众多因素的作用,了解其影响特点有助于我们认识深土冻土实际的变形特点,建立更为合理的深土冻土力学本构模型。以下通过反映冻土变形特性的割线弹性模量随应变的变化,来研究土质、加载方式、围压和冻土温度对深部冻土割线变形模量的影响,从而探讨深部冻土的弹性范围取值,了解深部人工冻土体在小应变范围内的力学行为与刚度特征(Wang et al.,2005;王大雁等,2005)。

1. 土质类型对刚度的影响

图 6-24 是温度为 −5℃,初始围压为 2MPa 时,冻结砂土和冻结黄土的割线弹性模量 E_{sec} 与应变的关系曲线。从图 6-24 可看出,这两种土的割线模量随应变的变化趋势是一致的,即割线模量都将随变形的增加保持一段恒定后开始衰减,衰减时冻结黄土的衰减速率将明显高于冻结砂土。在初始围压为 2MPa,温度为 −5℃下的冻结黄土的杨氏模量为 1560MPa,同样条件下冻结砂土的杨氏模量为 720MPa。在应变不超过 1‰ 时,冻结黄土的割线弹性模量始终比冻结砂土的高,说明此时冻结黄土的刚度比冻结砂土高,抗变形能力强。

2. 温度和初始围压变化对刚度的影响

1)深部未冻土与深土冻土初始刚度特性的比较

在研究围压和冻土温度变化对刚度特性的影响之前,首先比较一下 K_0 固结后未冻试样与 K_0 固结后冻结试样初始刚度的异同。图 6-25 是所研究土样在相同加载方式下进行

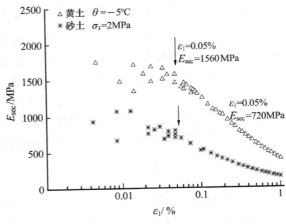

图 6-24　土质类型对冻土刚度的影响

K_0 固结至围压为 1MPa、2MPa、3MPa、4MPa、5MPa 时未冻试样与 $-5℃$ 下冻结试样弹性模量的比较,从此图可以看出,K_0 固结后冻土的弹性模量要比未冻土的高得多,且未冻土弹性模量的变化基本不随初始围压(土层所处地层深度)的变化而变化,而在围压为 1~5MPa 范围内,冻土的初始弹性模量 E_0 随初始围压的增高而逐渐增大。所以,代表冻土初始刚度大小的弹性模量随初始围压的变化主要是由于冻土中的冰受初始围压的变化而引起的,而土体本身的刚度特性受初始围压的影响并不明显。

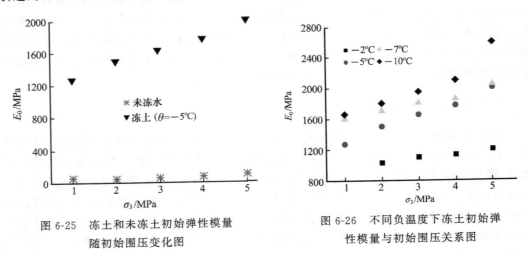

图 6-25　冻土和未冻土初始弹性模量
随初始围压变化图

图 6-26　不同负温度下冻土初始弹
性模量与初始围压关系图

从以上分析可知,冻土的温度状况和初始围压的变化是影响深部冻土初始刚度的主要因素,所以,可通过对 K_0 固结后处于不同初始围压状态下的未冻土试样,选择不同的冻土温度将其冻结后,进行轴向加载试验来研究温度和围压对深部冻土初始刚度的作用,试验结果如图 6-26 所示。从图 6-26 可看出,当冻土所处的地层深度即初始围压相同时,随着冻土温度的降低,冻土的初始弹性模量将逐渐增大,这表明此冻土的刚度随冻土温度的降低而增大,但在冻土温度相同时,深土人工冻土的弹性模量都随围压的增大即深度的加深而线性增大,它们的变化趋势可用直线方程来表示,即

$$E_0 = a + b\,\sigma_3 \qquad\qquad (6\text{-}20)$$

其中,参数 a、b 是与冻土温度有关的参数,具体取值见表 6-4。

表 6-4　参数 a、b 取值

温度/℃	a	b	R^2
−2	838	76	0.95812
−5	1120.6	172.6	0.99384
−7	1489	103	0.98171
−10	1368	218	0.95081

2) 负温变化对刚度的影响

图 6-27(a)、(b)表示先经 K_0 固结到围压为 3MPa 后再以四种不同负温冻结的冻结土体割线弹性模量(E_{sec})与应变的关系曲线。从半对数坐标图 6-27 可看出,冻土温度的高低不仅影响着屈服前 E_{sec} 的大小,而且影响着屈服后的 E_{sec} 随应变的衰减速率。屈服前,随冻土温度的降低,冻土的割线弹性模量逐渐增高,也就是说,降低冻土温度可增强深部土体冻结后的抗变形能力,但屈服前割线弹性模量随冻土温度降低的增长幅度将随着冻土温度的降低而减少。在这里,当冻土温度低于 −5℃ 时,其增加幅度逐渐减弱。而冻土温度的变化并不影响土体发生屈服时所对应的屈服应变值,在试验温度下,冻土约在应变为 0.05% 时发生屈服。当冻土发生屈服后,其割线弹性模量随应变的衰减速度受冻土温度状况的影响较大,且冻土温度越低,衰减速度越快,这表明深土冻土屈服后,低温冻土抵抗变形的能力降低的要比高温冻土快。

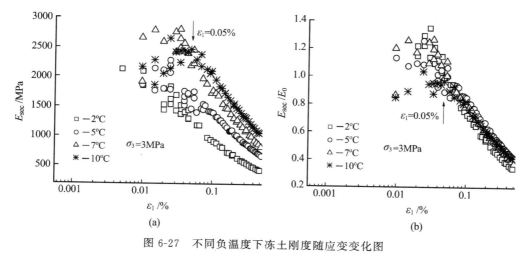

图 6-27　不同负温度下冻土刚度随应变变化图

屈服前割线弹性模量的大小与冻土温度的关系也就是此冻土在弹性段的弹性模量与冻土温度的关系。我们曾利用 Duncan-Chang 双曲线模型对此冻土的初始弹性模量与冻

土温度的关系进行了深入探讨,得出结论认为:在相同地层深度范围内,即当此冻土的初始围压相同时,初始弹性模量受冻土温度的影响不太明显。这主要是因为,在对此问题进行研究时,所选择研究试样的变形范围不同所致,即后者所反映的结论是试样在较大变形条件下的表现,而现在主要讨论试样在应变不超过 0.5％时的力学特性。所以,本研究结果进一步证实:利用土体大变形的结果来反映土体小变形的力学行为时,会由于研究范围所选尺度的改变,掩盖了某些在小尺度研究范围内才能表现出的性质。

　　3) 初始围压的变化对刚度的影响

　　对于 K_0 固结后的冻土体来说,初始围压越高,破坏强度则越大。而人工冻结土体抗变形能力受所处地层深度即初始围压的影响在图 6-28 中得到了很好的反映。图 6-28 是温度为 $-5℃$ 时,初始围压从 1MPa 到 5MPa 下冻土的割线弹性模量随应变发展变化的情况。从图 6-28 可看出,随着初始围压的增高,表征其抗变形能力的割线弹性模量也增高。但当试样发生屈服后,割线弹性模量的衰减速度随初始围压的增大而增大。初始围压的高低不会影响冻土发生屈服时的屈服应变值,不论在哪种地层深度下冻结的人工冻土体,其屈服应变为 0.05％左右。

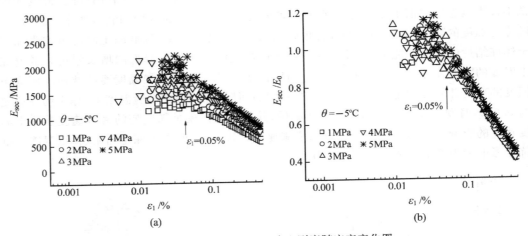

图 6-28　不同初始围压下冻土刚度随应变变化图

　　对于温度为 $-5℃$ 时,割线弹性模量在冻土屈服前后随土体应变、初始围压变化的情况可利用以下关系式来表达:

　　屈服前:

$$E_{sec} = a + b\ln\sigma_3 \tag{6-21}$$

　　屈服后:

$$E_{sec} = m + n\ln\varepsilon_1 \tag{6-22}$$

式中,σ_3 为深部土体的初始围压;ε_1 为土体的应变;a、b 是与冻土体温度有关的参数。在温度为 $-5℃$ 时,$a = 1\,266$,$b = -353$;m、n 是与初始围压和负温变化都有关的参数,在 $-5℃$ 时,$m = 281 + 31.7\sigma_3$;$n = -295 - 40\sigma_3$。

4）加载、卸载对刚度的影响

图 6-29 利用半对数坐标反映了经 K_0 固结后冻结的兰州黄土试样在温度为 $-5℃$、初始围压为 3MP 的环境下，由于加卸载方式不同而引起冻结土体割线弹性模量在应变不超过 0.5％时随应变发展变化的情况。从图 6-29 可看出，不论对试样加载还是卸载，其割线弹性模量都将随应变的发展保持一段恒定后开始衰减，衰减时应变约为 0.05％（卸载时约为 0.04％，加载时约为 0.05％）。在割线弹性模量保持恒定的弹性段，卸载状态下的

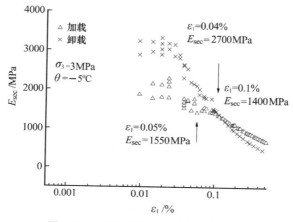

图 6-29　加载、卸载对冻土刚度的影响

E_{sec} 大于加载下的 E_{sec}，而当试样发生屈服之后，割线弹性模量将随变形的变化开始衰减，且卸载状态下冻土割线模量的衰减速率大于加载状态下冻土割线弹性模量的衰减速率。在应变约为 0.1％处，两种加载方式下的割线弹性模量基本相等，约为 1400MPa。如果把 $\varepsilon_1=0.1\%$ 看作判定加载、卸载状态下割线弹性模量变化的分界点，则当应变 $\varepsilon_1<0.1\%$ 时，卸载状态下的 E_{sec} 大于加载状态下的 $\varepsilon_1=0.1\%$；当应变 $\varepsilon_1>0.1\%$ 时，卸载状态下的 E_{sec} 小于加载状态下的 E_{sec}。

6.1.5　深土冻土力学研究所面临的主要问题

总的来说，地下工程的兴建催生了对深土人工冻土力学研究的热潮，工程实践的需求引领或带动着人工冻结技术向前发展，而认识领域往往显得较为被动或滞后，这也许是岩土工程这门实践性学科的特点。虽然我们可以对 600m，甚至上千米的地层用人工冻结技术进行开挖，但是我们对深土冻土的力学性质的认识却非常有限。这主要源于我们对深部土本身的认识还不太清楚，深部土和深土人工冻土室内试验技术还不健全。归纳起来，主要有以下五个方面。

1）深土人工冻土室内制样技术

深土是在长期地压作用固结形成的，所以 K_0 固结方法是较为理想的室内将深土恢复至原始状态的方法。但是由于深土土质的不同，其持水性能和完成固结的时间不同，K_0 固结方法的实用性受到一定的限制。对于砂土和粉土，由于其颗粒相对较粗，持水性差，用 K_0 固结方法在较短时间，即 $1\sim2$ 天内就可以完成固结，达到深部状态下的物理参数指

标,所以目前对深土人工冻土的研究基本以砂土和粉土为研究对象。而对于大部分矿井开挖所遇到的黏土来说,由于其颗粒较细、含水量低、持水性好,所以,用 K_0 固结的方法很难达到理想的效果。再加上这种土成分复杂,对于环境干湿交替和机械扰动的影响特别敏感,胶结性差,很难获得原状土样的密度,因此,以上因素严重影响室内试验对深黏土和深部人工冻结黏土物理力学性质的深入研究。

2) 室内深部冻土物理力学性质的测试技术问题

对深部土物理性质的认识是进一步认识其力学特性,最终建立深土人工冻土本构模型的基础。但是由于目前在冻土物理参数方面的研究手段都是针对常规土,即无压土的,要测定高压土的冻结课题,将面临一系列亟待解决的技术难题。譬如,现有的温度传感器只适用于较低的压力环境,无法测定高压状态土体中温度的变化;加工试验罐的材料要具有很高的强度和低的导热性,保证外部环境温度的变化不会影响到试验罐内部的温度;为了测定高压土体在单向冻结过程中温度的变化,必须将温度探头布置于试验罐体的不同位置,所以在试样罐的设计方面,要保证温度探头与试验罐体的紧密结合;虽然时域反射仪、中子仪、脉冲核磁共振仪等都可以测定冻土的未冻水含量,但无法应用于高压土体冻结后未冻水含量的测定。所有这一系列问题都严重制约着深部冻土力学研究的进一步发展。因此,建立室内深部冻土物理力学性质测试体系是进一步开展深部冻土研究的前提。

3) 大型模型模拟试验研究

对于岩土工程来说,虽然工程实测一直以来作为工程定量化研究最主要最可靠的手段,但物理模拟在理论研究方面具有不可替代的地位。而深部人工冻土由于利用工程实测和室内土工试验都面临一定的困难,室内大型模型模拟试验不失为一个理想的选择,但对深部人工冻土来说,模型模拟需要较高的压力环境和低温环境,这将对测试探头和测试技术提出更高要求,从而导致深部人工冻土大型模型模拟试验成本很高。因此,深部人工冻土研究在这方面的研究非常有限。

4) 深土冻土力学的理论模型研究

对所有岩土力学问题研究的最终归宿,就是建立能反映所研究目标发展变化规律的本构模型,就是用数学物理的方法解决实际问题。但是,由于目前对深土冻土力学试验手段和测试方法的不完善,因此所获得的有关深土冻土力学参数非常有限。所以,有些学者着手从理论方面对深土冻土力学进行研究时,常常采用常规冻土的研究结果,导致所得结果不能完全反映深部冻土的力学本质。这种现象的长期存在必将影响深土冻土力学的发展。

5) 深土冻土力学研究的实用化问题

工程中遇到的深土冻土力学问题越来越多,随便借用常规冻土力学的方法,已不敷当前的需要。为此,建立一套较为实用的分析计算方法,已十分必要。这种方法既不是简单地参考常规土力学或者常规冻土力学的传统思路,也不是"始终停留在学院式研究的阶段",而是在认识深土冻土基本性状的基础上,通过试验研究、工程现场观测和验证、物理概念推理等充分考虑地压作用影响的情况下,建立的一套理论上正确、概念上明确无误、方法上不很烦琐、成果上有一定精度和可靠性的实用计算方法,以适应实际需要。

6.2　高温高含冰量冻土的强度问题

由于寒区经济的发展和工程实践的需要,人们在冻土强度和变形方面已进行了大量深入的研究,并从细微观方面对其变化机理进行了阐述,但这些工作主要集中于低温低含冰量冻土(总含水量小于或等于饱和值),相比较,对于含水量超过了饱和值的高温高含冰量冻土却讨论较少。随着冻土区已建和待建工程穿越冻土类型的复杂性和多变性,近年来,尤其在中国,如在青藏铁路、青藏公路等的建设中有不少路段穿越了富冰冻土区,且这些区域年平均地温常高于−5℃,人们在这些地区进行工程设计时发现,土体力学参数的选取即无法用常规冻土力学的研究结果,也无法采用融土或者未冻土力学的,从而提出了有别于常规冻土的高温高含冰量冻土的概念。

所谓高温高含冰量冻土是指总含水量超过了饱和值,且温度较高或接近于冰-水相变点的冻土(不排除较高的空气含量)。负温度较高,含冰量过大是高温高含冰量冻土的两大特点,而这两大特点也决定了其力学性质的特殊性,主要表现为以下几点:

(1) 由于冻土中含冰量过大,使其力学参数的确定既不能用冰力学理论来研究,也不能用饱和冻土力学的研究成果来讨论。

(2) 温度过高,临近相变区,使其物理力学性质具有非常强烈的不稳定性,极易在外界温度和压力变化的影响下发生实质性的改变,所以高温高含冰量冻土的力学性质即不同于未冻土的力学性质,又有别于常规低温冻土的性质。

(3) 在近相变区温度范围内进行力学试验时,受测试精度和控温精度的限制以及土体冻结过程中释放大量潜热等因素的干扰,使我们很难获得较为确切的高温高含冰量冻土的物理力学参数,这将对室内常规冻土力学试验方法、试验技术、分析方法等提出了新的挑战。

(4) 冻土中孔隙水的相变温度受压力和外界温度的干扰而变化,并非一个恒定值,从而影响到我们所研究力学性质的变化,这种变化有时是一个质的变化。

目前,对于高温高含冰量冻土力学性质的研究才刚刚开始,还无法回答一些涉及高低温阈值、高低含冰量阈值等的关键科学问题,也无法定量地界定高温高含冰量冻土,只能通过一些定性的认识加以归类;对其力学性质的研究也还在摸索阶段,不管在制样和温控技术方面,还是在试验手段和分析方法方面,我们都还无法拿出一个较为合理的方案。但我们确信,随着国家经济建设向西部的倾斜以及对高原冻土区开发力度的加大,对高温高含冰量冻土力学性质的研究已经引起了广大冻土学家的广泛关注。

6.2.1　高温高含冰量冻土的应力-应变曲线特征及其影响因素

当把任何岩土作为建筑物地基时,首先要研究其在压力作用下的应力-应变过程,在此基础上,认识该岩土的强度与稳定性。所以说,对岩土应力-应变过程的研究是确定地基承载力的前提和基础。由于应力-应变曲线综合反映了冻土在压力作用下的变形过程,因而其变化趋势和变化特征必然要受到冻土本身性质和加载方式的影响。下面就以整体状构造重塑高含冰冻土为研究对象,分别就冰颗粒尺寸、冻土温度、总含水量(冰和未冻水)、土质类型和剪切速率等影响因素对冻土应力-应变曲线的影响进行讨论。

1. 冰颗粒尺寸和液态水量

就现有高含冰量冻土试样的制备方法而言,在其制备过程中主要涉及颗粒冰和液态水量问题。在颗粒冰尺寸方面,现有文献反映存在三种情况,分别是 0～16.0mm (Arenson et al.,2004),0～5.0mm(马小杰等,2008)和 0～2.0mm(Zhang et al.,2012),国内通常采用后两种,而在液态水量的取值方面还没有统一标准。下面就两种不同尺寸的冰颗粒制成试样的力学行为进行比较,如图 6-30 所示。由此图可以看出,加入液态水量的多少虽然不影响应力-应变曲线的走向,但将影响破坏强度值;而冰颗粒尺寸的大小将影响冻土应力-应变曲线的形式。当冰颗粒粒径≤2.0mm 时,应力-应变关系表现为应变硬化型,而当冰颗粒粒径≤5.0mm 时其表现为应变软化型。

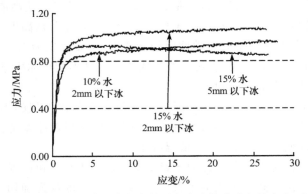

图 6-30 两种冰颗粒尺寸和液态水量下高含冰粉质砂土的应力-应变曲线
温度−1.0℃,总质量含水量 60%,剪切速率 125mm/min

2. 冻土温度

研究表明,高含冰量粉质黏土在−0.2～−2.0℃范围内,表现为应变硬化型的应力-应变行为[图 6-31(a),图 6-32],而粉质砂土的应力-应变行为则随温度的升高,由应变软化向应变硬化逐渐过渡;当冻土温度为−2.0℃时,其完全表现为应变软化型[图 6-31(b)],所以,有些学者认为高含冰冻土的应力-应变行为在临近相变温度时,常表现为应变硬化行为。也有人根据现有的研究数据认为,也许存在一温度门槛值,当冻土温度高于此值时,高含冰冻土的应力-应变行为呈现应变硬化型;当温度低于此值时其呈现应变软化型。笔者认为,这一门槛值不仅跟高含冰量冻土本身的特性有关,还跟制样方法、测试条件等有关,是各种影响因素综合作用的结果。在室内研究中,试样制备方法是重点考虑对象之一。

3. 土质和剪切速率

在对冻土强度的研究中已经表明,土质和剪切速率是影响冻土应力-应变行为的主要因素,对于高含冰量冻土,也不例外。图 6-33 和图 6-34 分别是高含冰冻结粉质砂土和粉

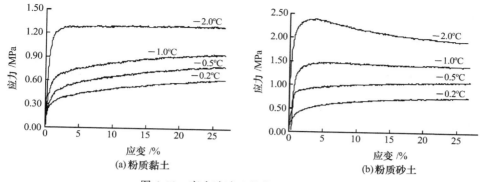

图 6-31　高含冰冻土的典型应力-应变行为

总质量含水量 80%，冰颗粒粒径≤2.0mm，剪切速率 5.0mm・min^{-1}

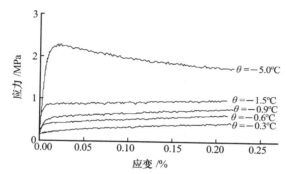

图 6-32　高含冰冻结黏土的应力-应变行为

总含水量 120%，冰颗粒粒径≤5.0mm，剪切速率 1.25mm・min^{-1}

质黏土在较高温度下的应力-应变行为。从图中可看出，对于粉质砂土，当温度为-1.0℃时，试样在四种剪切速率下都表现为应变硬化行为［图 6-33(a)、(b)］；而当温度为-2.0℃时，随着总质量含水量的增大，其应变软化特征逐渐减弱，尤其在较高剪切速率作用下［图6-33(c)～(f)］。对于粉质黏土，随总质量含水量的增大，土体的应变硬化行为表现出了先减弱后增强的趋势［图 6-34(a)～(f)］，且在-1.0℃时硬化特征［图 6-34(a)、(b)］强于-2.0℃［图 6-34(e)、(f)］的。所以，高含冰量粉质砂土和粉质黏土的应力-应变破坏形式在同一剪切速率下并不完全相似，并且在不同的外荷载条件下，粉质砂土的特性更易发生变化。

4. 总质量含水量

对高含冰量冻土来说，由于冻土温度较高，再加上未冻水的存在，其含冰量的多少很难准确地计算，故以总质量含水量间接地反映含冰量的情况。图 6-35 反映了总质量含水量对冻土应力-应变行为的影响。当总质量含水量在 40%～150%范围内时，各个应力-应变曲线中应力值最大处所对应的总含水量分别为 90%和 110%，见图 6-35(a)和图 6-35

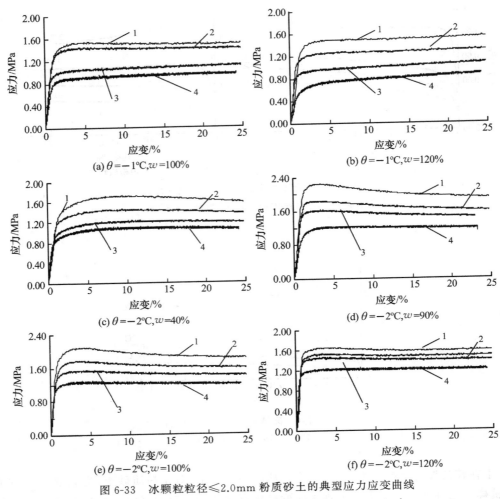

图 6-33 冰颗粒粒径≤2.0mm 粉质砂土的典型应力应变曲线

1 的剪切速率为 5.0mm·min^{-1},2 的剪切速率为 2.5mm·min^{-1},

3 的剪切速率为 1.25mm·min^{-1},4 的剪切速率为 0.625mm·min^{-1}

(b)与图 6-35(c)和图 6-35(d),这说明在目前研究的含水量范围内,粉质砂土和粉质黏土的最大强度值分别出现在总含水量约为 90%和 110%的范围内。粉质黏土的应力-应变曲线在-1.0℃和-2.0℃时趋向于应变硬化行为[图 6-35(c),图 6-35(d)],而粉质砂土则以应变软化为主。

6.2.2 高温高含冰量冻土的强度

研究土的力学性质,强度问题是关键。目前对高温高含冰量冻土强度的研究还不多,获得的结论有些是不成熟的。为了让读者了解高温高含冰量冻土强度的特殊性,我们只是对现有的工作做一简单介绍。首先要说明,下面所有强度都是根据应力-应变曲线的类型来确定的,对于软化型曲线以峰值偏应力作为抗压强度值;对于硬化型曲线以应变

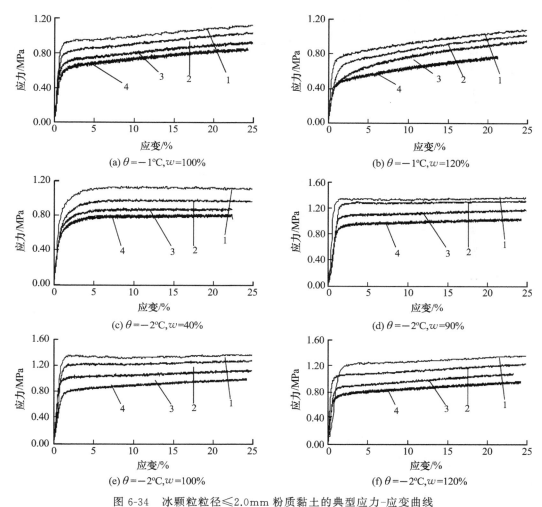

图 6-34　冰颗粒粒径≤2.0mm 粉质黏土的典型应力-应变曲线

1 的剪切速率为 5.0mm·min^{-1}，2 的剪切速率为 2.5mm·min^{-1}，
3 的剪切速率为 1.25mm·min^{-1}，4 的剪切速率为 0.625mm·min^{-1}

20％处的偏应力作为抗压强度值。

1. 单轴抗压强度

图 6-36 和图 6-37 为总质量含水量为 40％～120％，温度为−0.3～−1.5℃时，冻结黏土的单轴抗压强度变化情况。该图表明随冻土温度的降低,抗压强度呈线性增大趋势,并可用以下关系式来表示(马小杰等,2008):

$$\sigma = a + b\theta \tag{6-23}$$

式中,σ 为单轴抗压强度;θ 为温度;a 和 b 为试验参数,具体值见表 6-5。

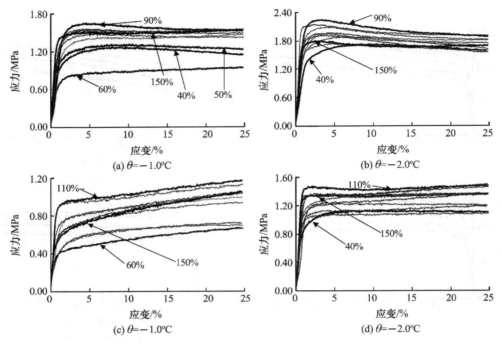

图 6-35　总质量含水量对应力-应变行为的影响

冰颗粒粒径≤2.0mm,剪切速率 5.0mm·min⁻¹

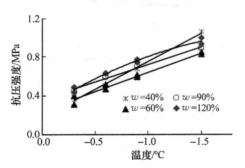

图 6-36　冻结黏土单轴抗压强度与温度的关系

冰颗粒粒径≤5.0mm,剪切速率 1.25mm·min⁻¹

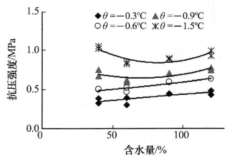

图 6-37　冻结黏土单轴抗压强度与含水量的关系

冰颗粒粒径≤5.0mm,剪切速率 1.25mm·min⁻¹

表 6-5　不同含水量下参数 a,b 的值

含水量/%	a/MPa	b/(MPa·℃⁻¹)	R^2
40	0.1758	−0.5780	0.9865
60	0.2418	−0.3988	0.9756
90	0.3579	−0.3633	0.9884

根据图 6-37,当冻土温度低于 $-0.6\,^{\circ}\mathrm{C}$ 时,存在一个最不利含水量,冻土在该含水量下单轴抗压强度最小;当冻土温度高于 $-0.6\,^{\circ}\mathrm{C}$ 时,其单轴抗压强度随总质量含水量的增加而增大。

图 6-37 所示的结果是在冰颗粒粒径 $\leqslant 5.0\mathrm{mm}$ 的情况下得到的。考虑到土颗粒粒径一般不超过 $2.0\mathrm{mm}$,我们又进行了冰颗粒粒径 $\leqslant 2.0\mathrm{mm}$ 情况下的一系列单轴抗压强度测试,结果如图 6-38 所示。该图表明无论是粉质砂土,还是粉质黏土,其强度基本上都是随总质量含水量的增大表现出先增大后减小,不同于早期研究结果(Shusherina et al.,1918),而且,图 6-38 的整体结果比较零散,主要原于不同批次产品间的差异性。所以确定高含冰冻土试样的合理制备技术将是我们今后工作的重点(Zhang et al.,2012)。

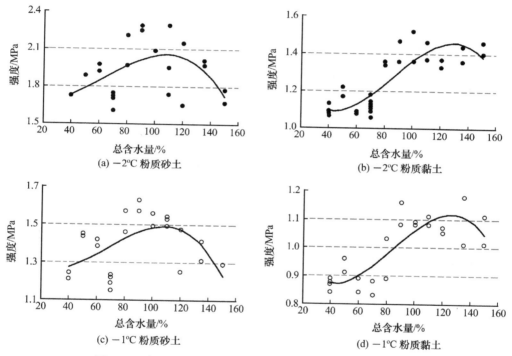

图 6-38　高温高含冰量冻土单轴抗压强度与总含水量的关系

冰颗粒粒径 $\leqslant 2.0\mathrm{mm}$,剪切速率:(a)和(b)为 $5.0\mathrm{mm}\cdot\mathrm{min}^{-1}$;(c)和(d)为 $1.25\mathrm{mm}\cdot\mathrm{min}^{-1}$

2. 高温高含冰量冻土的三轴抗压强度 $(\sigma_1-\sigma_3)_f$

从图 6-39 中可以看出,冻结砂土的强度受温度影响比较明显,随着冻土温度的降低其强度将逐渐增大,这主要取决于冻土中冰的强度,随温度的降低,冰的胶结强度增大,从而增强了冻土的内部黏结作用。通过对试验数据的拟合分析,得到如下方程:

$$(\sigma_1-\sigma_3)_f=\left[a\left(\frac{\theta}{\theta_0}\right)+b\right]P_a \tag{6-24}$$

式中,$(\sigma_1-\sigma_3)_f$ 是抗压强度;θ 为试验温度;$\theta_0=-1\,^{\circ}\mathrm{C}$ 是参考温度;$P_a=1.0\times10^5\ \mathrm{Pa}$ 为

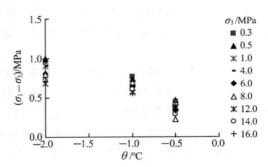

图 6-39　高含冰冻结砂土三轴抗压强度与温度的关系

总质量含水量 50％，冰颗粒粒径≤5.0mm，剪切速率 1.25mm·min^{-1}

标准大气压；a 和 $b(b>0)$ 是与含水量有关试验参数，见表 6-6。

表 6-6　不同含水量下 a，b 的值

参数	含水量		
	$w=30\%$	$w=50\%$	$w=80\%$
a	6.20	4.05	2.88
b	2.88	3.21	5.44

就含水量而言，高含冰量冻结砂土的强度随总质量含水量的变化规律与冻土温度有关。当温度为−1.0℃时，三轴抗压强度随含水量的增加表现出了先减小后增大的变化趋势[图 6-40(a)]；但在−2.0℃的情况下，其强度随含水量的增大而减小，并且减小的趋势随含水量的增大逐渐变缓[图 6-40(b)]。

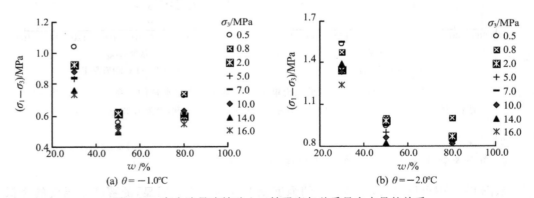

图 6-40　高含冰量冻结砂土三轴强度与总质量含水量的关系

冰颗粒粒径≤5.0mm，剪切速率 1.25mm·min^{-1}

3. 直接剪切强度

对表 6-7 所示温度为−2.0℃的重塑黏土在垂直荷载（σ）等级分别为 100kPa、

200kPa、300kPa、400kPa 作用下,进行快速剪切试验(剪切速率 0.8mm · min^{-1})。本次
试验中,当剪切位移(Δl)达到 6mm 或者剪应力持续 3 分钟不再发生变化时,我们认为土
样已经破坏,部分典型试验结果如图 6-41~图 6-43 所示。

表 6-7　土质、干密度和相应含水量

| 参数 | 含冰类型 | | | | | | | | |
| | 粉质黏土 | | | 粉砂 | | | 细砂 | | |
	饱冰	富冰	多冰	饱冰	富冰	多冰	饱冰	富冰	多冰
密度(相对密实)/(g · cm^{-3})	1.6	1.8	1.9	1.54	1.55	1.57	1.54	1.55	1.57
密度(相对松散)/(g · cm^{-3})	1.3	1.5	1.6	1.24	1.25	1.27	1.24	1.25	1.27
总质量含水量/%	42.0	28.0	22.0	45.0	28.0	18.0	45.0	28.0	18.0

注:冰颗粒粒径≤5.0mm。

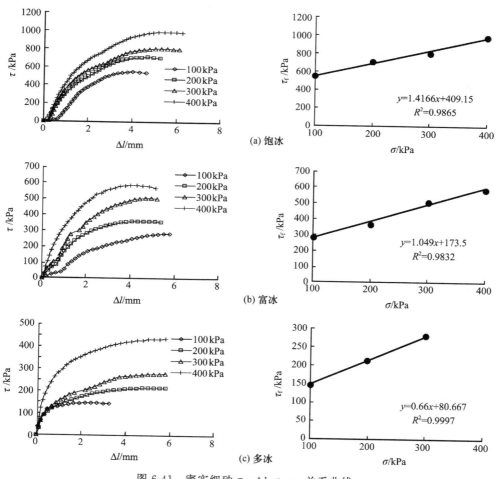

图 6-41　密实细砂 τ - Δl、σ - τ_f 关系曲线

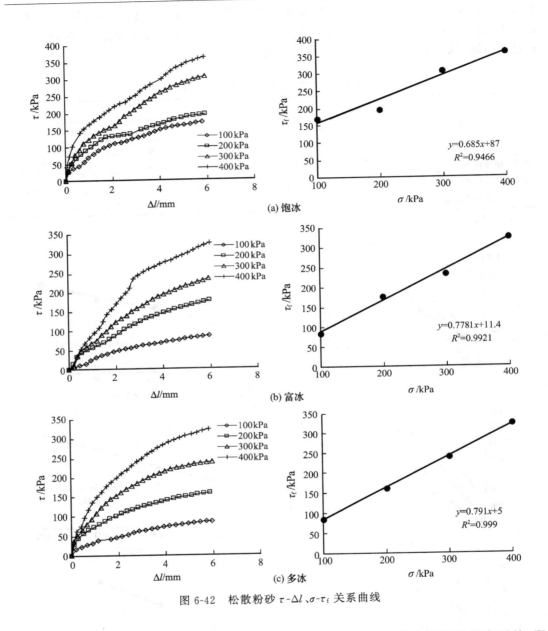

图 6-42　松散粉砂 τ-Δl、σ-τ_f 关系曲线

　　研究表明,高温高含冰量冻土在密实状态下的剪切强度(τ_f)均大于松散状态下的,即相同含水量下剪切强度受控于相对密实度;对于同一类土,密实状态的 c、φ 值常大于松散状态的 c、φ 值(表 6-8);当土的类型相同、试验条件相同时,抗剪强度(τ_f)随总质量含水量的增加而增大。

表 6-8　不同条件下重塑冻土的 c, φ 值

含冰类型	土质类型		c/kPa	φ/(°)
饱冰	粉质黏土	密实	299.5	35.6
		松散	85.0	28.1
	粉砂	密实	77.0	31.7
		松散	87.0	34.4
	细砂	密实	409.2	54.8
		松散	224.0	17.6
富冰	粉质黏土	密实	246.9	26.7
		松散	154.0	25.6
	粉砂	密实	142.0	13.3
		松散	11.4	37.9
	细砂	密实	173.5	46.4
		松散	16.0	21.6
多冰	粉质黏土	密实	206.0	50.2
		松散	40.4	41.4
	粉砂	密实	72.0	24.0
		松散	5.0	38.3
	细砂	密实	80.8	33.4
		松散	66.5	33.1

6.2.3　概率统计方法在高温高含冰量冻土研究中的应用

在对高温高含冰量冻土进行研究的过程中,由于受试样制备方法、控温技术、控温精度、相变区冻土性质不稳定等因素的影响,当我们进行平行试验研究时,会发现所得冻土应力-应变行为的离散性较大。为此,有人建议用概率统计的方法来研究高温高含冰量冻土的特性。

1. 高温高含冰量冻土的应力-应变曲线特征

与低温冻土应力-应变曲线明显不同,当冻土温度为 $-1.5\,℃$ 时,其应力-应变曲线具有明显的离散性和随机性,且应变越大,离散度越大(图 6-44)。

赖远明等(2009)、李清泽(2011)通过对试验数据的分析认为,Weibull 分布可以较好地描述高温高含冰量冻土的三轴应力-应变分布规律,并给出了 Weibull 分布的概率密度函数:

$$P(x)=\begin{cases} \dfrac{m}{F_0}(F/F_0)^{m-1}\exp[-(F/F_0)^m], & F>0 \\ 0, & F\leqslant 0 \end{cases} \tag{6-25}$$

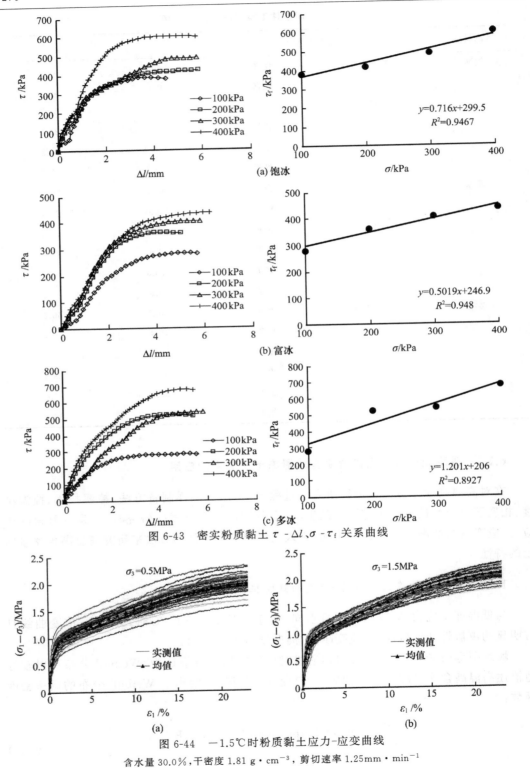

图 6-43　密实粉质黏土 τ-Δl、σ-τ_f 关系曲线

图 6-44　$-1.5℃$时粉质黏土应力-应变曲线

含水量 30.0%，干密度 1.81 g·cm^{-3}，剪切速率 1.25mm·min^{-1}

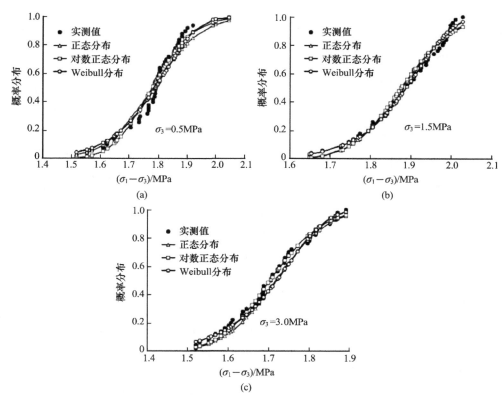

图 6-45　不同围压下高温高含冰量冻土强度实测与理论分布的对比

总含水量 30.0%，干密度 1.81g·cm^{-3}，剪切速率 1.25mm·min^{-1}

式中，F 为应力水平；F_0 和 m 为 Weibull 分布参数，可利用最大似然估计法求得。

2. 基于概率分布的强度研究

　　由于高温冻土内部初始缺陷分布的随机性，如每个试样内部含冰量和密度分布的不均匀性及微裂纹、微孔洞分布的随机性，以及在试样制作过程中造成的各试样之间含水量和干密度的离散性等，使得其强度具有很大的随机性。在对试验数据采用正态分布、对数正态分布和 Weibull 分布分析的基础上，赖远明等（2009）、李清泽（2011）认为 Weibull 分布在描述高温冻土的强度分布方面具有优势。当可靠度分别取 90%、95% 和 99% 时，所研究粉土在围压为 0.5MPa 下的三轴压缩强度不应超过 1.597MPa、1.529MPa 和 1.386MPa；围压为 1.5MPa 下的三轴压缩强度不应超过 1.735MPa、1.680MPa 和 1.561MPa；围压为 3.0MPa 下的三轴压缩强度不应超过 1.558MPa、1.500MPa 和 1.377MPa（图 6-45）。

3. 基于 Weibull 分布的高温冻土损伤统计本构模型

　　在以上分析的基础上，获得了高温冻土损伤统计本构模型（李清泽，2011）：

$$\sigma_1 = E\varepsilon_1 \exp[-(F/F_0)]^m + 2\mu\sigma_3 \qquad (6\text{-}26)$$

式中，μ 为泊松比；E 为无损弹性模量；F 为应力水平；F_0 和 m 为 Weibull 分布参数；σ_1、σ_3 分别代表轴向应力和径向应力；ε_1 代表轴向应变。

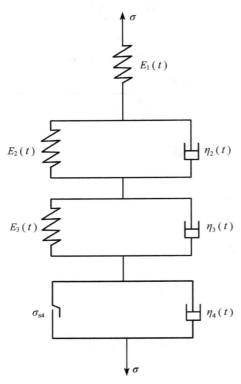

图 6-46　高温高含冰量冻结粉土蠕变模型

上述公式是在以下假设下得到的：① 整个冻土试样作为冻土单元，且冻土单元在宏观上是各向同性的，在细观上包含材料损伤的基本信息，即为非均质的细观材料；② 土单元在损伤前具有线弹性性质，其应力应变的非线性来自于材料的损伤，将初始切线模量作为无损材料的弹性模量；③ 损伤变量从细观上定义为单元中受损截面面积与总截面面积之比，从宏观角度可定义为已破坏单元数目与总单元数目之比。

4. 蠕变损伤统计本构模型

应用损伤理论和概率统计理论，从高温高含冰量冻结粉土内部存在裂隙、空洞等缺陷特征出发，假设冻结粉土内部损伤演化服从 Weibull 分布的特征，杨玉贵（2011）尝试通过引入非线性损伤，对线性模型进行改进，并利用元件串、并联的约定规则（图 6-46），根据高温高含冰量冻结粉土蠕变试验结果，认为当应力水平低于屈服应力时，冻结粉土发生黏弹性蠕变变形；当应力水平高于屈服应力时，冻结粉土发生黏弹塑性蠕变变形，并且材料出现损伤现象，在此基础上建立了高温高含冰量冻结粉土的蠕变损伤统计本构模型：

$$\varepsilon = \frac{\sigma}{E_1} + \frac{\sigma}{E_2}\left[1 - \exp\left(-\frac{E_2}{\eta_2}t\right)\right] + \frac{\sigma}{E_3}\left[1 - \exp\left(\frac{E_3}{\eta_3}t\right)\right] + \frac{\sigma - \sigma_{s4}}{\eta_4} \qquad (6\text{-}27)$$

式中，σ、ε 分别为应力和总应变。当 $0 < \sigma < \sigma_{s4}$ 时，方程（6-27）中的前三部分起作用；当 $\sigma \geqslant \sigma_{s4}$ 时，方程（6.27）中的四部分均起作用。该模型不仅能够描述高温高含冰量冻结粉土在低应力水平下呈现稳态蠕变的特征，而且可以描述高应力水平下产生加速蠕变的现象。

6.2.4　未来研究设想

高含冰量冻土强度受近相变区温度波动的影响，在不同的温度区域内表现出不同的变化规律，且随土体总含水量的增加，其力学性质的变化规律不符合常规冻土的力学性质。目前，人们虽然已经认识到高含冰冻土力学性质的特殊性，并在这方面做了不少工作，但这些工作都是零散的、不系统的，研究结论也不具有普遍性；受制样手段及控温技术发展的限制，有些认识也许还是错误的。所以，为了进一步更系统地进行这方面的研究，还需在以下方面进行更深入的思考。

1）试样制备问题

如何制备高含冰量冻土试样,这是研究高温高含冰量冻土力学性质的前提,也是核心问题。目前,为了保证试样的高含水量和结构的均匀性,常在低温实验室将土颗粒、冰颗粒和定量的液态水进行均匀混合,然后一次性压制成标样,整个过程在极短的时间内完成,并且冰颗粒占总含水量的 $80\% \sim 90\%$,也就是说含水量中的大部分以冰颗粒的状态提前居于试样中,那么在冻结过程中真正起胶结作用的是仅占总含水量 $10\% \sim 20\%$ 的少量液态水。

冰被压碎后在土体中的作用被极大地改变,由强胶结物变成了一种"特殊的土体成分",这对高含冰(水)量冻土本身特性将如何影响?另外,将冰颗粒和土颗粒通过少量液态水混合,并压制成研究试样,可能存在部分土颗粒外湿内干的现象,这一系列问题又是如何影响我们的试验结果?所有这些问题,值得我们进一步思考。

2）温度控制问题

对于三轴测试来说,加围压过程会引起油温的剧烈变化,从而影响到居于其中的样体温度,对于高温冻土来说,在影响冻土温度的同时,还会影响到土的相变过程,所以易变性更大。如何测试土体温度并提高试验过程中的控温精度是研究高温高含冰量冻土力学性质的关键。

3）孔隙水压的测定

研究未冻土力学性质时,我们必须要测定试样在加载过程中孔隙水压力的消散过程,以便进一步确定土的有效应力,为研究土的压缩变形和抗剪强度做准备。在冻土的力学性质研究时,由于大部分孔隙水冻结成冰,仅有极少量的弱结合以未冻水的形式存在,所以我们在研究冻土力学性质时,常认为冻土中不存在孔隙水压。但是,对于高温高含冰量冻土来说,孔隙水处于近相变区,当外界温度稍有波动或者外界压力稍有变化,土中的冰-水稳定状态将很容易被打破,从而影响土体的应力-应变状态,所以,孔隙水压的测定也是研究高温高含冰量冻土力学性质的关键。目前,虽然在这方面进行了一些大胆的尝试,但结果都不是很理想。

4）高温高含冰量冻土的界定问题

高温高含冰量冻土的概念是基于工程实际中富冰冻土的存在及工程中所遇到的较为特殊的力学问题提出的,但就室内研究来说,还没有一个较为明确的定义,如何从物理力学性质的变化特点上进行界定,是我们今后工作的重点。

5）研究方法问题

既然高温高含冰量冻土是对温度及外界条件变化非常敏感的土体,应用现有的力学测试手段来研究它的性质又面临诸多因素的制约,我们是否考虑采用一种新的分析方法,换一种角度来研究它。

参 考 文 献

赖远明,张耀,张淑娟,金龙,等. 2009. 超饱和含水率和温度对冻结砂土的影响. 岩土力学,30(12):3665~3670.

李清泽. 2011. 高温高含冰量冻土的损伤统计模型及随机模拟研究. 北京：中国科学院研究生院硕士研究生学位论文.

马巍，常小晓. 2001. 加载卸载对人工冻结土强度与变形的影响. 岩土工程学报，23(5)：563～566.

马巍，常小晓. 2002. 两种不同试验模式下人工冻结土强度与变形的对比分析. 冰川冻土，24(2)：149～154.

马巍，吴紫汪，常小晓. 2000. 固结过程对冻土应力-应变特性的影响. 岩土力学，21(3)：198～200.

马巍，王大雁，常小晓. 2004. 模拟 K～0 固结后冻土应力-应变特性试验研究. 自然科学进展，14(3)：344～348.

马小杰，张建明，常小晓，等. 2008. 高温-高含量冻结黏土强度试验研究. 岩土力学，29(9)：2498～2502.

王大雁，马巍，常小晓，等. 2005. 深部人工冻土抗变形特性研究. 岩土工程学报，27(4)：418～421.

王大雁. 2006. 深部人工冻土力学性质研究，北京：中国科学院研究生院博士研究生学位论文.

杨玉贵. 2011. 冻结粉土强度与本构模型研究. 北京：中国科学院研究生院博士研究生学位论文.

Arenson L U, Johansen M M, et al. 2004. Effects of volumetric ice content and strain rate on shear strength under triaxial conditions for frozen soil samples. Permafrost and Periglacial Processes Permafrost and Periglac. Process 15：261～271.

Ma W, et al. 2002. Analyses of strength and deformation of an artificially frozen soil wall in underground engineering. Cold Regions Science and Technology，(1)：11～17.

Shusherina E P, Bobkov Y P. 1918. Effect of moisture content on frozen ground strength. Technical Translation, National Research Council Canada, 19.

Wang D Y, Ma W, Chang X X, et al. 2005. Study on the resistance to deformation of artificially frozen soil in deep alluvium. Cold Regions Science and Technology，42(3)：194～200.

Wang D Y, Ma W, Chang X X. 2004. Analyses of behaviour of stress-strain of frozen Lanzhou loess subjected to K_0 consolidation. Cold Regions Science and Technology，40：19～29.

Wang D Y, Ma W, Wen Z, et al. 2008. Study on strength of artificially frozen soils in deep alluvium. Tunnelling and Underground Space Technology，23(4)：381～388.

Zhang S J, Sun Z Z, Du H M. 2012. A preliminary analysis of main factors affecting stress-strain behaviors of frozen soil with high-water content. Applied Mechanics and Materials，204-208(c)：128～134.

第7章 冻土力学在寒区工程中的应用

7.1 寒区工程建设的特殊性

所谓寒区,是指多年冻土及季节冻土所覆盖的地区。但对于季节冻土区来说,有些文献认为,只有当季节冻结深度超过 0.5m 时,工程建筑物才呈现出明显的冻、融灾害。所以,有些学者从工程建设的角度将寒区范围界定为所有多年冻土区和季节冻深超过0.5m 的季节冻土区。按照这一界定,中国的寒区主要分布在青藏高原以及渭河、黄河下游以北地区,面积约占国土总面积的 68.6%(童长江等,1985;陈肖柏等,2006)。

由于寒区地基土的反复冻、融作用,以及建筑物对地基土的荷载作用,冻土地基与建筑物基础之间将会发生一系列复杂的物理、力学过程,这种不同于常规地区所发生的物理、力学过程会对上部建筑物的稳定性造成极大影响,从而引发冻、融灾害。所以冻、融灾害是寒区工程建设所面临的主要问题,也是其特殊性所在。

这里的"冻",就是指冻胀,系指土冻结过程中,土中水分(包括外界向冰锋面迁移的水分及孔隙中原有的部分水分)冻结成冰,并形成冰层、冰透镜体、多晶体冰晶等形式的冰侵入体,引起土颗粒的相对移动,使土体体积产生不同程度的扩张现象。"融"即融沉,又称热融沉陷,是指土中过剩冰融化所产生水的排除以及土体在融化固结过程中局部地面的向下运动。通常,在季节冻土区,当地基土为冻胀敏感性土层,并且附近有地下水充分补给时,地基土在冻结过程中将发生强烈的聚冰和冻胀现象,使地基土产生垂直方向的不均匀隆起和水平方向的裂缝。同时,当这种强烈的冻胀作用受到建筑物基础的约束时,地基土会对基础产生不同方向的冻胀力,如垂直于基础底面的法向冻胀力和垂直于基础侧面的水平冻胀力,以及平行于基础侧面的切向冻胀力。随后,当这种富含冰层的地基土融化时,随着孔隙水的不断排出将会产生不均匀沉降。特别是当融化速度大于孔隙水排出的速度时,地基土将处于饱和或超饱和状态,导致其承载力大幅度降低,甚至完全丧失承载能力。在多年冻土区,除了其上部活动层内将发生与上述季节冻土区类似的冻、融过程以外,当以多年冻土作为建筑物地基时,还须进一步考虑多年冻土的力学特性,主要包括冻土力学性质随温度和时间的变化。冻土由于其中冰的胶结作用而具有较好的承载能力,但是冻土中冰的含量及其胶结能力是随外界温度而变化的,具有强烈的不稳定性。在气候变化以及工程活动的影响下,当多年冻土温度逐渐升高时,其承载力将显著降低。尤其是当多年冻土发生融化时,其力学性质将发生突变,通常导致灾难性的后果。此外,冻土中由于冰和未冻水的存在而具有强烈的流变性。即使在外界温度与荷载保持不变的条件下,随着荷载作用时间的延长,冻土将会发生显著的蠕变现象。与此同时,冻土的长期强度也明显降低。

所以,在冻土区修建建筑物,除了要满足非冻土区建筑物所要满足的强度与变形条件外,还要考虑以冻土作为建筑物地基时,其强度随温度和时间而变化的情况,即热学稳定性和力学稳定性要求。这就要求我们在认识冻土与结构相互作用的基础上，根据冻土区建筑物设计的基本原则，对不同类型建筑物的稳定性进行分析，从而提出行之有效的预防和治理冻害的措施，以保证冻土地基上工程建筑物的稳定性、耐久性及经济合理性。

7.2　寒区工程地基设计原则及冻害防治措施

冻土具有特殊的物理力学性质并与其生存的自然环境相适应。以冻土为地基的工程建筑通常都会造成冻土生存条件的改变，进而引起地基状态发生变化，形成对建筑物的不利影响。因此，在寒区进行工程建设，首先要根据建筑物的结构和技术特点、地基土性质的变化，确定冻土地基的设计状态，即明确冻土地基的设计原则，然后采取相应措施来使地基土保持这一状态，从而维护寒区工程的稳定性、持久性。

7.2.1　多年冻土区地基设计原则及冻害防治措施

在中国多年冻土地区，多年冻土的连续性不是很高，所以建筑物的平面布置具有一定的灵活性。通常情况下，应尽量选择各种融区和粗颗粒的不融沉性土作为地基，上述条件无法满足时，可利用多年冻土作地基，但一定要考虑到土在冻结与融化两种不同状态下，其力学性质、强度指标、变形特点、热稳定性等物理力学特征相差悬殊的特点。针对多年冻土地区的地基设计，国内外制定的原则基本相同。目前一般采用三种原则，即在建筑物施工及运营期间始终保持冻土地基处于冻结状态的设计原则、允许冻土地基逐渐融化的设计原则和预先将冻土地基融化的设计原则。

一般来说，在低温冻土和高震级地区，采用保持冻结状态进行设计是经济合理的；如果地基土融化时，其变形不超过建筑物的容许值，且采用保持冻结状态又不经济时，应采用逐渐融化状态进行设计；但是，当地基土的年平均地温较高（不低于$-0.5℃$），且处于塑性冻结状态，采用保持冻结和逐渐融化的设计方案都不经济时，宜采用预先融化状态进行设计；对一栋建筑面积较小、基础相连或距离很近的整体建筑物来说，是没有办法将地基土分成冻结与不冻两个不同部分的，所以此时应对整个建筑物地基采用同一种设计状态。就如何选用地基设计状态问题，1998年出版的《冻土地区建筑地基基础设计规范》有详细规定，如在下列情况之一时，可采用保持冻结状态原则进行设计：

（1）多年冻土的年平均地温低于$-1.0℃$的场地。

（2）持力层范围内的地基土处于坚硬冻结状态。

（3）最大融化深度范围内存在融沉、强融沉、融陷性土及其夹层的地基。

（4）非采暖建筑或采暖温度偏低、占地面积不大的建筑物地基。

在多年冻土地区进行建筑物设计时，是否采用保持冻结状态原则，关键取决于建筑物场地范围内冻土的稳定性条件。在下列情况下应采用逐渐融化状态原则进行设计：

（1）多年冻土的年平均地温为$-0.5\sim-1.0℃$的场地。

（2）持力层范围内的地基土处于塑性冻结状态。

（3）在最大融化深度范围内，地基为不融沉或弱融沉性土。

（4）室温较高、占地面积较大的建筑或热载体管道及给排水系统等对冻层产生热影响的地基。

但是,如果在建筑场地内分布有零星岛状多年冻土,并且需要将建筑物平面全部或部分布置在岛状多年冻土范围之内,这时采用保持冻结状态或逐渐融化状态都不经济,则可考虑采用预先融化状态进行地基设计。当然,此时对于地基土的地温、冻结状态、融化深度以及建筑物类型也有具体规定。譬如,在地基土年平均地温不低于−0.5℃的场地,以及在最大融化深度范围内存在融沉、强融沉和融陷土及其夹层的地基,都可考虑采用预先融化状态的设计原则。

为控制地基土的变形,可根据需要采用不同的地基处理措施和结构设计方法。以多年冻土区地基设计原则为出发点,表 7-1 对各种方法的加固原理及其使用范围进行了比较,并根据所遵循的设计原则进行了分类。为保持地基土冻结的状态,可根据地基土和建筑物的具体型式选择使用架空通风基础、填土通风管基础、用粗颗粒土垫高地基、热桩和热管基础、保温隔热地板以及把基础底板延伸至计算的最大融化深度之下等措施。当采用逐渐融化状态进行设计时,以加大基础埋深、采用隔热地板、设置地面排水系统、加大结构的整体性和空间结构或增加基础的柔性等基础设计措施来减少地基的变形。假如按预先融化状态设计,且融化深度范围内地基的变形量超过建筑物的允许值时,可采取下列措施之一来达到减小变形量的目的:用粗颗粒土置换细颗粒土或预压加密、保持基础底面之下多年冻土的人为上限不变、加大基础埋深或必要时采取适应变形要求的结构措施等。

表 7-1　冻土区地基处理方法分类及其适用范围

设计原则	措施	使用原理	适用范围
保持冻结状态的设计原则	架空通风基础	这种基础型式一般是在桩顶设置混凝土圈梁,保持与地面间有一定空间,以防土体冻胀时把圈梁抬起。还可以使房屋架空,让空气自由地沿地面与房屋底面板间的空间流通,将室内散发的热量带走,以保持地基土处于冻结状态	稳定的多年冻土区,且热源较大、地质条件差(如含冰量大的强融沉性土)的房屋建筑
	填土通风管基础	将通风管埋入非冻胀性填土中,利用通风管自然通风带走建筑物的附加热量,以保持建筑物地基的天然上限不变,保持地基的冻结状态	常用于多年冻土区不采暖的建筑物,如公路或铁路路堤、油罐基础等
	用粗颗粒土垫高地基	主要是利用卵石、砂砾石等粗颗粒材料的较大孔隙和较强的自由对流特性。不仅可以保证冻结过程中不产生水分迁移和聚冰现象,而且在冻结过程中水分从冻结锋面的高压端向非冻结面压出,同时还使得冬夏冷热空气因密度差异而不断发生冷量交换和热量屏蔽,其结果有利于保护多年冻土	多用于卵石、砂砾石较多的多年冻土区
	热桩、热管基础	利用热桩、热管内部的热虹吸作用将地基土中的热量传至上部散入大气中,达到冷却地基的效果	热桩适用于多年冻土边缘地带,在遇到高温冻土时,可用热桩将重要建筑结构与下面的基础隔开。而热管是作为已有建筑物在使用过程中遇到基础下冻土温度升高、变形加大等不利现象时的有效加固手段

设计原则	措　施	使用原理	适用范围
	块石路基结构	包括块石基底、块石护坡与 U 形结构。利用块石层内空气的强迫对流、自然对流及热屏蔽作用,降低其下部地基土的温度	常用于多年冻土区无热源的建筑物,如公路或铁路路堤,在青藏铁路建设及维护中广泛采用
	保温隔热地板	在建筑物基础底部或四周设置隔热层,增大热阻,延缓地基土的融化,减少融化深度	多用于多年冻土区的采暖建筑物
	基础底面延伸至最大设计融化深度之下	当基础底面延伸至设计的最大融化深度以下时,可以消除地基土在冻结过程中法向冻胀力对基础底部的作用,同时也可以消除融化下沉的影响	适用于多年冻土区的桩、柱和墩基等基础的埋置
	人工制冷降温措施	采用人工制冷方法保持地基土的冻结状态或进一步降低冻土温度,冻土温度越低,强度越大	只有保护冻土才能保持建筑物的稳定,当以上措施都无法使用时,可考虑用人工制冷法
逐渐融化状态的设计原则	加大基础埋深	加大基础埋深,使基础底面之下的融沉性土层变薄,以控制地基土逐渐融化后,其下沉量不超过容许变形值	当持力层范围内的地基土处在塑性冻结状态,或室温较高、宽度较大的建筑物以及供热管道和给排水系统穿过地基时,由于难以保持土的冻结状态,可考虑采用此法
	选择低压缩性土为持力层	选择压缩性低的土作为地基时,其变形量也小	
	设置地面排水系统	降低地下水位及活动层范围内土体的含水量,隔断外界水分补给来源和排除地表水以防止地基土过于潮湿	
	采用保温隔热板或架空供热管道及给排水系统	防止室温、供热管道及给排水系统向地基传热,达到人为控制地基土融化深度的目的	适用于工业与民用建筑,热水管道的铺设以及给排水系统的铺设工程
	加强结构的整体性与空间刚度	可抵御一部分不均匀变形,防止结构裂缝	适用于允许有较大不均匀变形的建筑物,但为防止不均匀变形而导致某一部分结构发生破坏,应采取措施增大基础或上部结构的刚度和整体性
	增加结构的柔性	适应地基土逐渐融化后的不均匀变形	适用于多年冻土区的公路、铁路和渠道衬砌工程,以及地下水位较高的强冻胀土地段的工程
预先融化状态的设计原则	用粗颗粒土置换细颗粒土或预压土层	利用粗颗粒土材料的非冻胀敏感性和较强的渗透性,降低地基的冻胀或融沉对基础的影响	
	保持基础底面之下多年冻土人为上限相同	保持相同的多年冻土上限值,可消除建筑物地基冻胀量和不均匀沉降量的相对变化	
	预先压密土层	预先加压增大地基土的密实度后可减小地基的变形量	适用于压缩性较大的土
	加大基础埋深	加大基础埋深,以控制冻融作用对基础的不良影响,使其下沉量不超过容许值	
	结构措施	加强建筑物的整体刚度或增加建筑物的柔韧性,适应地基变形要求	适用于工业与民用建筑等整体性较强的建筑物

对于保持冻结状态设计原则来说,可以有更细的划分。基于青藏铁路的建设,我们提出了主动冷却路基的设计思路,更进一步明确了被动保护冻土和主动冷却保护冻土的内涵和技术措施。有专家建议能否将主动冷却路基的思路扩展为一种新的设计原则。是否可行,有待进一步讨论确定。

7.2.2　季节冻土区地基设计原则及防冻害措施

季节冻土区的铁路、公路、工业与民用建筑等也同样存在着严重的冻害问题。譬如,铁路、公路的路基常由于不均匀的冻胀及融沉作用而失去平坦性,公路路面产生裂缝,冻结路基在春季融化时产生翻浆、冒泥等现象。所以,季节冻土区的建筑物也应根据其重要程度、使用年限、运行条件及结构特点等采用不同的设计原则,即允许建筑物产生冻胀变形的设计原则和不允许建筑物产生冻胀变形的设计原则。为此,也提出了相应的防冻害措施,以保证建筑物的安全。具体可归纳为以消除或消减冻结作用为目的的地基处理措施和以增强建筑物抵抗和适应冻融变形能力为主的结构措施。

1. 地基处理措施

通过对冻胀产生的基本条件及影响因素分析认为,易冻胀土质、水分(包括外界补给水)和土中负温值是产生冻胀的基本要素。因此,只要消除其中一个因素,就可有效地削弱土体的冻胀。为此提出了换填法、物理化学法、保温法和排水隔水法等防冻胀处理措施。

1)换填法

换填法是用粗砂、砾石等非(弱)冻胀性材料置换天然地基中的冻胀性土,以削弱或基本消除地基土的冻胀。其效果与换填深度、换填料粉黏粒含量、换填料的排水条件、地基土质、地下水位及建筑物适应不均匀冻胀变形能力等因素有关。在采用换填法时,应根据建筑物的运行条件、结构特点、地基土质及地下水位情况,确定合理的换填深度和控制粉黏粒的含量。在有条件的情况下,还应做好换填层的排水。

2)物理化学法

物理化学法是指利用交换阳离子及盐分对冻胀影响的规律采用人工材料处理地基土,以改变土颗粒与水之间的相互作用,使土体中的水分迁移强度及其冰点发生变化,从而达到削弱冻胀的目的。这种方法虽然简单易行,材料来源广泛,但由于其有效期短,特别是人工盐化法,经过 2~4 个冬季的脱盐后,其防冻胀效果就会显著降低,一般经过 5~6 个冬季便会完全失效。地基土盐化防冻胀的寿命取决于地基土的渗透性、排水条件和基础的防渗性能。

3)保温法

保温法是指在建筑物基础底部或四周设置隔热层,增大热阻,以推迟地基土的冻结,提高土中温度,减少冻结深度,进而起到防冻胀的一种方法。可以用来隔热的材料相当多,如草皮、树皮、炉渣、陶块、泡沫混凝土、玻璃纤维、聚苯乙烯泡沫等。在某些条件下,甚至像土、冰、雪、柴草等亦可作为隔热材料。近些年来,由于各种人造材料的发明,保温法的应用范围越来越广,涉及道路、工业与民用建筑及水利工程等领域。

4) 排水隔水法

此法主要是通过隔断外界水源补给和排除地表水、防止地基土致湿等措施来降低地下水位及季节冻层范围内土体的含水量,从而消减地基土的冻胀。但是,排水和隔水的方法应结合工程的运行条件、工程地点的地质及水文地质条件进行选择。否则,不但起不到防冻害的效果,反而会给工程造成危害。

2. 结构措施

除了采用上述地基处理措施来防治建筑物的冻害之外,还应根据其重要程度、运行年限、运行条件及结构特点等采用不同的设计原则和防冻害的结构措施来保证建筑物地基的安全。对于以墩、桩为基础的桥梁、渡槽及其他重要建筑物,应保证建筑物在土冻胀或融沉作用下不产生变形,所以常采用深基础或各种形式的锚固基础。深基础是指将建筑物的基础埋置于预定地层深度范围内,使地基土在冻结过程中不产生作用于基础底部的法向冻胀力,同时也不受融化下沉的影响。锚固基础是指采用深桩,利用其摩擦力或在冻层以下将基础扩大,通过自锚作用来防止建筑物产生冻拔上抬力。目前采用的主要锚固基础有:深桩基础、爆扩桩基础、其他形式的扩孔桩基础及排架下板形基础等。但是就工业与民用建筑中的平房、低层楼房和农田水利工程中的小型过路涵、小型水闸、引水渠道的衬砌及柔性公路路面等都具有一定适应不均匀冻胀变形能力的建筑物来说,为了节省投资,多采用浅埋基础,即基础底部将存在一定厚度的冻土层。同时也可采取一定的结构措施,增强其适应不均匀冻胀变形的能力。目前,在寒冷地区,主要采用柔性结构、增加结构的刚度和整体性及合理分割结构与设置变形缝三种措施来增强建筑物适应不均匀冻胀变形的能力。在允许冻胀变形或不允许冻胀变形的建筑物中,除前述的各种冻害防治措施外,还常采用回避性的结构措施。回避措施是指在建筑物的型式选择、总体布置及结构形式等方面采取措施,避开不利的冻胀条件,常采用的回避措施有架空法、埋入法和隔离法三种。

在实际工程中,需要结合建筑物的等级、运行要求、地基条件以及当地材料等具体情况确定采用防冻胀措施的种类。譬如,建在弱冻胀或中等冻胀地基土上允许冻胀变形的小型建筑物,可考虑采用单一的消除、消减冻因措施或结构措施,将冻胀引起的建筑物变形控制在允许范围之内;当在强冻胀地基土上修建不允许变形或允许冻胀变形量很小的建筑物时,只采用单一的消除、削弱冻因措施或单一结构措施难以达到防治冻害的目的,而且在经济上也往往是不合理的。在这种情况下,冻害的防治须采用综合措施,即以一种措施为主,同时配合其他一种或几种措施。

7.3　冻土与基础的相互作用

地基土冻结时,由于厚度不等的冰分凝集合体的生长,使土颗粒之间相互隔离,产生位移,引起地基土的不均匀膨胀。如果有建筑物存在,将使地基土的冻胀变形受到约束,使得地基土的冻结条件发生变化,进而改变基础周围土体的温度状态,且将外部荷载传递到地基土中,改变地基土冻结时的束缚力,从而改变了冻土地基与基础之间的相互作用力。通常,根据地基土的温度变化过程将地基土分为正冻土、正融土和已冻土(崔托维奇,1985)。所以,我们对冻土与基础之间相互作用的研究一般也从正冻土-基础、正融土-基础以及已冻土-基础等三个方面来进行。

7.3.1　正冻土地基与基础的相互作用

正冻土指正在冻结的土。一般来说,当地基中的负温梯度为正值时,说明地表有"冷"源,土温在降低,冻结作用向下发展,此为正冻土地基(刘鸿绪,1996)。地基土在冻结过程中主要发生体积膨胀并对基础产生冻胀力。根据冻胀力作用的方向及其与基础表面的相互关系,可将冻胀力分为切向冻胀力、法向冻胀力以及水平冻胀力(图 7-1)。

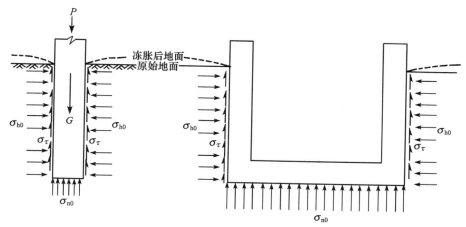

图 7-1　冻胀力分类示意图(童长江等,1985)

1. 切向冻胀力

垂直于冻结锋面,平行作用于基础侧表面,且通过基础与冻土之间的冻结强度,使基础随着土体的冻胀变形而产生向上位移的拔起力,称为切向冻胀力(σ_τ)。研究表明,切向冻胀力的大小主要取决于地基土的冻胀性,其最大值受限于冻土与基础间的极限抗剪强度。《水工建筑物抗冰冻设计规范》(DL/T 5082—1998)中对不同冻胀级别的切向冻胀力给出了取值范围(表 7-2)。

表 7-2　单位切向冻胀力标准值

冻胀级别	Ⅰ	Ⅱ	Ⅲ	Ⅳ	Ⅴ
地表冻胀量/mm	≤20	20~50	50~120	120~220	>220
切向冻胀力/kPa	0~20	20~40	40~80	80~110	111~150

2. 法向冻胀力

垂直作用于冻结锋面或者基础底面,把基础向上抬起的冻胀力,称为法向冻胀力

(σ_{n0})。大量的试验结果表明,法向冻胀力的大小不仅取决于地基土的冻胀性,而且与基础的约束程度有关。当允许基础产生抬升变形时,法向冻胀力则大幅度衰减。此外,法向冻胀力随载板面积的增大呈指数规律衰减并趋于常数(朱强等,1996)。表 7-3 为《水工建筑物抗冰冻设计规范》(DL/T 5082—1998)中对不同冻胀级别法向冻胀力取值的规定。

表 7-3 单位法向冻胀力标准值(单位:kPa)

单块基础板面积/m²	地表冻胀量				
	20mm	50mm	120mm	220mm	>220mm
5	100	150	210	280	281~360
10	60	100	150	210	211~280
50	50	80	120	170	171~230

3. 水平冻胀力

垂直作用于基础侧表面,使基础受到水平方向的挤压或推力而产生水平位移,我们把这种基础侧表面的法向冻胀力,称为水平冻胀力(σ_{h0})。同样,水平冻胀力的大小取决于地基土的冻胀性质和基础的约束程度。《水工建筑物抗冰冻设计规范》(DL/T 5082—1998)中对不同冻胀级别的水平冻胀力进行了规定,具体取值见表 7-4。水平冻胀力研究对于寒区挡土墙设计具有重要意义。

表 7-4 最大单位水平冻胀力标准值

冻胀级别	I	II	III	IV	V
墙后计算点土体冻胀量/mm	≤20	20~50	50~120	120~220	>220
水平冻胀力/kPa	0~30	30~50	50~90	90~120	121~170

7.3.2 正融土地基与基础的相互作用

正融土指正在融化的土。通常条件下冰在 0℃时融化,但镶嵌在土中的冰晶体,因受到土中矿物颗粒表面能、孔隙水含盐度以及外力作用等不同因素的影响,其融化温度可能相差很大,有的甚至在很低的负温下还以液态水的形式存在。因此,无论何种状态的冻土,只要其处在升温过程中,就会有一部分孔隙冰相变成孔隙水,我们把这种处于升温过程中的冻土称为正融土(刘鸿绪,1996)。然而,当冻土的温度较低(如−10℃以下)时,由于其在升温过程中冰晶融化的数量很少,对冻土的工程性质影响不大,此时,也可以近似地认为此温度范围内的冻土没有发生融化。一般来说,当地基中的负温梯度为负值时,说明地表有热源,地基土的温度在升高,融化作用向下发展,此为正融土地基。冻土地基在融化过程中主要发生承载力降低、压缩性增大等现象,同时还将伴随着沉降与固结过程。

1. 冻土的承载力

冻土由于冰的胶结作用而具有较好的承载能力,但是其中冰与未冻水含量的比例不是固定不变的。随着冻土温度的升高,其中未冻水含量将逐渐增大,冰的胶结能力逐渐减弱,导致冻土地基承载力逐渐降低(吴紫汪等,1983a)。《冻土地区建筑地基基础设计规范》(JGJ 118-98)中对不同地基土温度及土质类型的承载力设计值进行了规定(表7-5)。

表 7-5　冻土承载力设计值(单位:kPa)

土质类型	温度					
	−0.5℃	−1.0℃	−1.5℃	−2.0℃	−2.5℃	−3.0℃
碎、砾石类土	800	1000	1200	1400	1600	1800
砾砂、粗砂	650	800	950	1100	1250	1400
中砂、细砂、粉砂	500	650	800	950	1100	1250
黏土、粉质黏土、粉土	400	500	600	700	800	900

注:①冻土"极限承载力"按表中数值乘以2取值;②表中数值适用于少冰、多冰和富冰冻土类型;③对于饱冰冻土类型,黏性土取值应乘以0.8~0.6,碎石和砂应乘以0.6~0.4;④当土中含水量小于未冻水量时,应按融土取值;⑤表中温度是使用期间基础底面下的最高地温;⑥本表不适用于盐渍化冻土及泥炭化冻土。

2. 高温冻土的压缩性

冻土在温度较低时,由于其中未冻水含量较小,大部分孔隙被冰所胶结,基本上是不可压缩的,称为坚硬冻土。然而,随着冻土温度的升高,特别是当其温度接近0℃时,冻土中未冻水含量将显著增大,此时的冻土,在荷载作用下具有相当可观的压缩性(朱元林等,1982),我们把这种冻土称为塑性冻土。《冻土地区建筑地基基础设计规范》(JGJ 118-98)中划分坚硬冻土与塑性冻土的标准为体积压缩系数等于0.01MPa^{-1}。对于不同的土质类型,划分坚硬冻土与塑性冻土的近似温度界限为:粉砂−0.3℃、亚砂土−0.6℃、亚黏土−1.0℃、黏土−1.5℃(崔托维奇,1985)。高温、高含冰量冻土体积压缩系数随负温的变化关系见图7-2(郑波等,2009)。

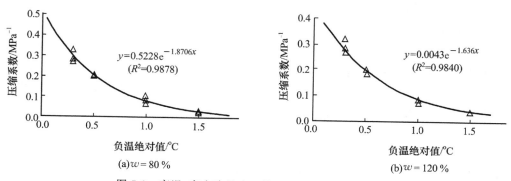

图 7-2　高温、高含冰量冻土体积压缩系数随温度变化关系

3. 冻土的融沉固结

冻土中通常含有大量的冰晶体、冰包裹体,有时甚至包含冰透镜体或冰夹层。在工程

或人为活动影响下,当冻土的温度升高到融化温度时,土颗粒间的冰晶体就逐渐融化成水,导致冻土结构与构造发生强烈的改变。在没有外荷载作用的情况下,土体将在自重下发生下沉,冻土的这种特性称为融沉变形。冻土完全融化以后,其力学性质又和普通土类似,当施加外荷载时,将产生固结压缩变形(陈肖柏,1981;吴紫汪等,1981;朱元林等,1983a;崔成汗等,1982;程恩远等,1989)。《冻土地区建筑地基基础设计规范》(JGJ 118—98)中规定,在建筑物施工及使用过程中逐渐融化的冻土地基,其地基变形量应按下式计算:

$$S = \sum_{i=1}^{n} \delta_{0i}(h_i - \Delta_i) + \sum_{i=1}^{n} m_v (h_i - \Delta_i) p_{\gamma i} + \sum_{i=1}^{n} m_v (h_i - \Delta_i) p_{0i} + \sum_{i=1}^{n} \Delta_i \qquad (7-1)$$

式中,δ_{0i} 为无外荷载作用时,第 i 层土的融化下沉系数;m_v 为第 i 层土融化后的体积压缩系数,kPa^{-1};Δ_i 为第 i 层土中冰夹层的平均厚度,mm,当 $\Delta_i \geqslant 10mm$ 时才需计取;$p_{\gamma i}$ 为第 i 层中部以上土的自重应力,kPa;h_i 为第 i 层土的厚度,mm;p_{0i} 为基础中心下,地基土冻融界面处第 i 层土的平均附加应力,kPa;n 为计算深度内土层划分的层数。

7.3.3　已冻土地基与基础的相互作用

已冻土指已经冻结且温度基本保持恒定的土。冻土在温度保持不变的情况下,虽然其中冰和未冻水含量的比例基本保持不变,但是由于冰和未冻水都是典型的流变体,因而冻土在外荷载的作用下通常表现出明显的流变特性。当地基土中含冰量较高且温度较高时,即使在温度与荷载保持不变的条件下,地基土也会发生蠕变变形,并伴随着长期强度降低等现象。

1. 地基土蠕变

蠕变是指冻土地基在温度及荷载保持不变的条件下,其沉降变形随时间不断增大的过程。大量试验结果表明,冻土地基的蠕变过程有衰减与非衰减两种类型。当地基土发生衰减蠕变时,随着时间的延续,沉降变形速率逐渐减小,变形量逐渐趋于稳定,冻土地基最终不会发生破坏。而当冻土地基发生非衰减蠕变时,随着荷载作用时间的增长,沉降变形持续增长或突然加速,地基土最终发生过量的沉降变形或剪切发生破坏。冻土地基发生以上两种蠕变类型的条件主要取决于冻土的温度、含水量以及荷载的大小(吴紫汪等,1982,1983b;朱元林等,1983b)。青藏高原高温、高含冰量冻土地基现场蠕变试验结果见图 7-3(朱元林等,1983b)。

2. 长期强度

冻土地基在发生蠕变的同时,其承载力也随时间的增长不断降低。试验结果表明,冻土在短期荷载作用下具有较高的抗剪强度,但是随着荷载作用时间的延长,其抗剪强度显著降低。冻土抗剪强度降低的主要原因是其黏聚力的损失如表 7-6 所示(马世敏,1983)。冻土强度随时间变化过程大致可分为 3 个阶段,即强烈松弛阶段、缓慢松弛阶段及相对稳定阶段。第 1 阶段一般在 3~5 天内完成,第 2 阶段一般在 6 个月至 1 年内完成,如表 7-7 所示(吴紫汪等,1982)。

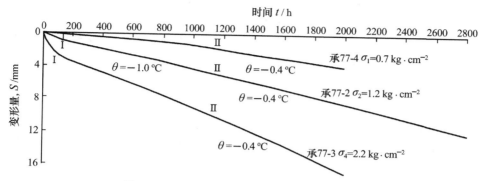

图 7-3　风火山厚层地下冰现场蠕变试验曲线

表 7-6　长期恒载作用下冻结亚黏土黏聚力减少值

含水量 /%	温度 /℃	不同时间黏聚力占瞬时值的百分数/%						
		1min	5min	30min	1h	2h	8h	极限值
w_p+2	-0.5	55	36	29	25	21	19	15
w_p+11		50	35	26	23	20	17	14
w_p+21		42	34	24	20	18	15	12
w_p+2	-1.0	68	48	40	36	33	30	24
w_p+11		60	46	39	35	32	29	23
w_p+21		52	46	36	30	26	24	19
w_p+2	-4.0	71	64	59	54	48	43	34
w_p+11		68	63	57	52	46	41	33
w_p+21		67	61	56	50	45	40	32

注:w_p 为塑限含水量。

表 7-7　冻土强度松弛试验结果

应力作用时间	1h	1d	10d	30d	1a	10a	50a	100a
相对强度值	1.0	0.84	0.75	0.70	0.60	0.54*	0.50*	0.48*

* 为计算值。

7.4　寒区工程稳定性分析

　　如前所述,地基土在冻、融过程中将与基础之间发生一系列相互作用,从而对寒区工程稳定性造成极大影响。大量的工程实践经验表明,在季节冻土区,影响建筑物基础稳定性的主要因素是地基土的冻胀作用,而在多年冻土区,建筑物地基则以融沉破坏为主。此外,对于不同的建筑类型以及基础类型,其与地基土的相互作用也具有不同的特点。长期以来,中国在寒区开展了大量的工程建设,积累了丰富的实践经验,同时也取得了大量的科研成果。工程范围涉及房建、公路、铁路、桩基、挡墙、隧道、涵洞、管道、渠道等众多领域,以下分别对寒区工程中常见建筑物的地基基础设计原则以及病害防治措施进行简要介绍。

7.4.1　房建工程

在寒区进行房屋工程建设时,除了对地基土承载力进行必要的设计外,通常还必须将基础埋置于地下一定深度,以消除或减少地基土冻、融作用对建筑物基础的不利影响。因此,在工程稳定性分析中,首先应计算基础的埋置深度,其次还应验算冻胀力作用下基础的稳定性。当冻胀力的设计值超过结构自重的标准值(包括地基中的锚固力)时,应重新调整基础的尺寸和埋置深度,或者采取适当措施,消除冻胀力的影响。

1. 季节冻土区基础埋深

《冻土地区建筑地基基础设计规范》(JGJ 118－98)中规定,对冻胀性地基土,基础底面可埋置在设计冻深范围之内。所谓设计冻深就是以标准季节冻结深度乘以各种修正系数之后的冻结深度设计值,这些系数包括土质系数、湿度系数、环境系数、气温波动修正系数以及地形系数等。也就是说,基础底面之下在冬季可以出现一定厚度的冻土层,但必须进行冻胀力作用下基础的稳定性验算,基础稳定性验算应包括施工期间、越冬工程以及竣工之后的使用阶段。施工时,挖好的基槽底部不宜留有冻土层(包括开槽前已形成的和开槽后新冻结的土层);当土质较均匀,且通过计算确认地基土融化、压缩的总下沉量在允许范围之内,或当地有成熟经验时,可在基底下存留一定厚度的冻土层。基础的最小埋深 d_{min} 应按下式计算:

$$d_{min} = z_d - h \tag{7-2}$$

式中, z_d 为设计冻深,m; h 为基础底面之下允许的冻土层厚度,m。

设计冻深 z_d 应按下式计算:

$$z_d = z_0 \Psi_{zs} \Psi_{zw} \Psi_{zc} \Psi_{zt0} \tag{7-3}$$

式中, z_0 为标准冻深,m,无当地实测资料时,除山区外,应按全国季节冻土标准冻深线图查取; Ψ_{zs} 为土质(岩性)对冻深的影响系数,按表 7-8 的规定采用; Ψ_{zw} 为湿度(冻胀性)对冻深的影响系数,按表 7-9 的规定采用; Ψ_{zc} 为周围环境对冻深的影响系数,按表 7-10 的规定采用; Ψ_{zt0} 为地形对冻深的影响系数,按表 7-11 的规定采用。

表 7-8　土质(岩性)对冻深的影响系数

土质(岩性)	黏性土	细砂、粉砂、粉土	中、粗、砾砂	碎(卵)石土
Ψ_{zs}	1.00	1.20	1.30	1.40

表 7-9　湿度(冻胀性)对冻深的影响系数

湿度(冻胀性)	不冻胀	弱冻胀	冻胀	强冻胀	特强冻胀
Ψ_{zw}	1.00	0.95	0.90	0.85	0.80

表 7-10　周围环境对冻深的影响系数

周围环境	村、镇、旷野	城市近郊	城市市区
Ψ_{zc}	1.00	0.95	0.90

表 7-11　地形对冻深的影响系数

地形	平坦	阳坡	阴坡
Ψ_{zt0}	1.00	0.90	1.10

　　基础底面之下允许存留的冻土层厚度 h 应根据基础尺寸 b、a 或 d（b 为条形基础的宽度，a 为方形基础的边长，d 为圆形基础的直径）与应力系数 α_d 在图 7-4、图 7-5 或图 7-6 中查取（图中二坐标交点所对应的 h 值即为基础底面之下允许存留的冻土层厚度）。

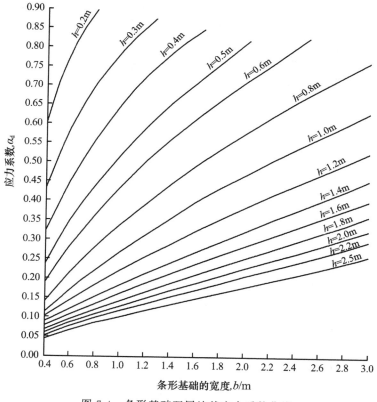

图 7-4　条形基础双层地基应力系数曲线

　　应力系数 α_d 应按下式计算：

$$\alpha_d = \frac{\sigma_{fh}}{p_0} \tag{7-4}$$

式中，α_d 为冻结界面与基础中心线交点处双层地基的应力系数；σ_{fh} 为土的冻胀应力，kPa，即在冻结界面处单位面积上产生的向上的冻胀力，通常以实测数据为准，当缺少试验资料

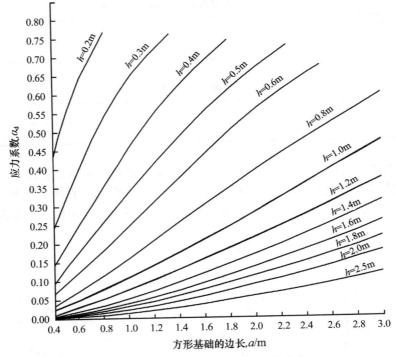

图 7-5　方形基础双层地基应力系数曲线

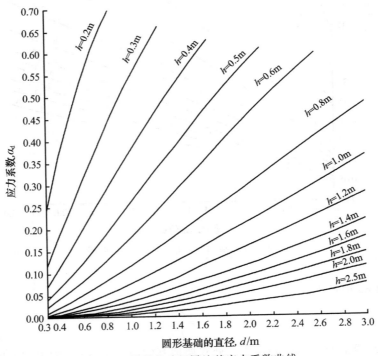

图 7-6　圆形基础双层地基应力系数曲线

时可按图 7-7 查取(图中土的平均冻胀率 η 为最大地面冻胀量与设计冻深之比,z^t 为获此曲线场地从自然地面算起至任一计算断面处的冻结深度);p_0 基础底面处的平均附加应力,kPa,计算时取 0.9 倍的附加荷载值。

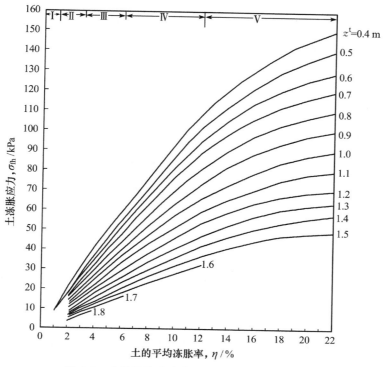

图 7-7　土的平均冻胀率与冻胀应力的关系曲线

2. 多年冻土区基础埋深

《冻土地区建筑地基基础设计规范》(JGJ 118－98)中规定,当按保持冻结状态利用多年冻土作为地基时,基础的最小埋置深度应根据土的设计融深 z_d^m 确定,并应符合表 7-12 的规定。融深设计值应按下式计算:

$$z_d^m = z_0^m \Psi_s^m \Psi_w^m \Psi_c^m \Psi_{t0}^m \tag{7-5}$$

式中,z_0^m 为标准融深,m;Ψ_s^m 为土质(岩性)对融深的影响系数,按表 7-13 的规定采用;Ψ_w^m 为湿度(融沉性)对融深的影响系数,按表 7-14 的规定采用;Ψ_c^m 为覆盖对融深的影响系数,按表 7-15 的规定采用;Ψ_{t0}^m 为地形对融深的影响系数,按表 7-16 的规定采用。

表 7-12　基础最小埋置深度

建筑物安全等级	基础	基础最小埋深/m
一、二级	建筑物基础(桩基除外)	$z_d^m + 1$
	建筑物的桩基	$z_d^m + 2$
三级	建筑物基础	z_d^m

表 7-13　土质(岩性)对融深的影响系数

土质(岩性)	黏性土	细砂、粉砂、粉土	中、粗、砾砂	碎(卵)石土
Ψ_s^m	1.00	1.20	1.30	1.40

表 7-14　湿度(融沉性)对融深的影响系数

湿度(融沉性)	不融沉	弱融沉	融沉	强融沉	融陷
Ψ_w^m	1.00	0.95	0.90	0.85	0.80

表 7-15　覆盖对融深的影响系数

覆盖	地表无覆盖	地表草炭覆盖
Ψ_c^m	1.00	0.70

表 7-16　地形对融深的影响系数

地形	平坦	阳坡	阴坡
Ψ_{t0}^m	1.00	1.10	0.90

标准融深 z_0^m(m)应根据当地实测资料确定,无实测资料时可按下列公式计算:

(1) 对青藏高原高海拔多年冻土区:$z_0^m = 0.195\sqrt{\sum T_m} + 0.882$。

(2) 对东北地区高纬度多年冻土区:$z_0^m = 0.134\sqrt{\sum T_m} + 0.882$。

式中,$\sum T_m$ 为融化指数的标准值,℃·d;当无实测资料时,除山区外,可按中国融化指数标准值等值线图查取。

3. 切向冻胀力验算

切向冻胀力作用下,桩、墩基础的稳定性验算应符合下列规定:

$$\sum_{i=1}^{n} \tau_{di} A_{\tau i} \leqslant 0.9 G_k + R_a \qquad (7\text{-}6)$$

式中,τ_{di} 为第 i 层土中单位切向冻胀力的设计值,kPa,应按实测资料取用,如缺少试验资料时,可按表 7-17 的规定,在同一冻胀级别内,含水量高者取大值;$A_{\tau i}$ 为与第 i 层土冻结在一起的桩侧表面积,m²;G_k 为作用于基础上的永久荷载的标准值,kN,包括基础自重的部分(砌体、素混凝土基础)或全部(配抗拉钢筋的桩基础),基础在水下时取浮重度;n 为

表 7-17　切向冻胀力的设计值(单位:kPa)

基础类型	冻胀级别			
	弱冻胀土	冻胀土	强冻胀土	特强冻胀土
桩、墩基础(平均单位值)	30~60	60~80	80~120	120~150
条形基础(平均单位值)	15~30	30~40	40~60	60~70

设计冻深内的土层数；R_a 为桩、墩基础伸入冻胀土层之下，由地基土所产生锚固力的设计值，kN，对素混凝土和砌体结构基础不考虑该值。

4. 切向、法向冻胀力联合验算

切向冻胀力、法向冻胀力同时作用下的基础，其稳定性验算应符合下列规定：

$$p_{h\sigma} \geqslant \sigma_{fh}^{\sigma} \tag{7-7}$$

式中，$p_{h\sigma}$ 为冻结界面上的剩余附加应力，kPa；σ_{fh}^{σ} 为冻结界面上的剩余法向冻胀应力，kPa。

冻结界面上的剩余附加应力 $p_{h\sigma}$ 应按下式计算：

$$p_{h\sigma} = \alpha_d p_{0\sigma} \tag{7-8}$$

式中，α_d 为应力系数，可根据相应的基础尺寸和基础底面之下冻土层的厚度，在图 7-4、图 7-5 或图 7-6 中查取；$p_{0\sigma}$ 为基础底面的剩余附加压力，kPa，应按下式计算：

$$p_{0\sigma} = p_0 - p_{0\tau} \frac{A_\sigma}{A} \tag{7-9}$$

式中，p_0 为基础底面处的平均附加应力，kPa；$p_{0\tau}$ 为切向冻胀力产生的向上的冻胀应力，kPa；A_σ 为切向冻胀力沿埋深合力作用点同一高度上基础的截面积，m²；A 为基础的底面积，m²。

切向冻胀力产生的向上的冻胀应力 $p_{0\tau}$ 应按下式计算：

$$p_{0\tau} = \frac{\sum_{i=1}^{n} \tau_{di} A_{\tau i}}{A_\sigma} \tag{7-10}$$

式中，τ_{di} 为第 i 层土中单位切向冻胀力的设计值，kPa；$A_{\tau i}$ 为基础与第 i 层土冻结在一起的侧表面积，m²；A_σ 为切向冻胀力沿埋深合力作用点处基础的截面积，m²。

冻结界面上的剩余法向冻胀应力 σ_{fh}^{σ} 应按下式计算：

$$\sigma_{fh}^{\sigma} = \sigma_{fh} - \sigma_{fh}^{\tau} \tag{7-11}$$

式中，σ_{fh} 为冻结界面上的法向冻胀应力，kPa，应根据土的平均冻胀率 η 和要求计算截面的深度 z^t 按图 7-7 查取；σ_{fh}^{τ} 为切向冻胀力对冻结界面上法向冻胀应力的削减值，kPa，应按下式计算：

$$\sigma_{fh}^{\tau} = \alpha_d p_{0\tau} \tag{7-12}$$

式中，α_d 为应力系数，应按断面 A_σ 到冻结界面的距离 h_τ 根据相应的基础尺寸和基础底面之下冻土层的厚度，在图 7-4、图 7-5 或图 7-6 中查取；$p_{0\tau}$ 为切向冻胀力产生的向上的冻胀应力，kPa，其计算方法如前所述。

5. 冻胀防治措施

冻土地区可以采取如下措施减小或消除地基土的冻胀力。

1）改变地基土的冻胀性

为了防止施工和使用期间的雨水、地表水、生产废水和生活污水浸入地基，应配置排

水设施。在山区应设置截水沟或在建筑物下设置暗沟,以排走地表水和潜水流,避免因基础堵水而造成冻害。对低洼场地,可采用非冻胀性土填方,填土高度不应小于 0.5m,其范围不应小于散水坡宽度加 1.5m。在基础外面,可用一定厚度的非冻胀性土层或隔热材料在一定宽度内进行保温,其厚度与宽度宜通过热工计算确定。

2)采取结构措施

首先,可增加建筑物的整体刚度,设置钢筋混凝土封闭式圈梁和基础梁,并控制建筑物的长高比。其次,平面图形应力求简单,体形复杂时宜采用沉降缝隔开,最好采用独立基础;当外墙的长度大于等于 7m,高度大于等于 4m 时,宜增加内横隔墙或扶壁柱。同时,可以加大上部荷重或缩小基础与冻胀土接触的表面积;外门斗、室外台阶和散水坡等附属结构应与主体承重结构断开。此外,按采暖设计的建筑物,当年不能竣工或入冬前不能交付正常使用,或使用中可能出现冬季不能正常采暖时,应对地基采取相应的越冬保温措施;对非采暖建筑物的跨年度工程,入冬前基坑应及时回填,并采取保温措施。

3)减小和消除切向冻胀力的措施

基础在地下水位之上时,基础侧表面可回填非冻胀性的中砂和粗砂,其厚度不应小于1m。对与冻胀土接触的基础侧表面应进行压平、抹光处理;可做成正梯形的斜面基础或采用底部带扩大部分的自锚式基础。

4)减小和消除法向冻胀力的措施

基础位于地下水位之上时,可采用换填法,用非冻胀性的粗颗粒土做垫层,但垫层的底面必须坐落在设计冻深线处;在独立基础的基础梁下或桩基础的承台下面,除不冻胀与弱冻胀土之外,对其余的土层应留有相当于地表冻胀量的空隙,空隙中可填充松软的保温材料。另外,在多年冻土地区,为防止房屋下冻土地基融化沉陷,在高含冰量冻土上的房屋可采用桩基础和架空、通风结构。

7.4.2 桩基工程

工程实践表明,桩基础可以利用桩基嵌入基岩或多年冻土层,从而得到较高的承载力并引起较小的地温场变化,因此冻土区的建筑物基础多采用桩基。但是,由于受地基土冻胀和融沉作用的影响,桩基础仍经常遭到破坏。在季节冻土区,桩基的稳定性主要由其冻拔稳定性所控制。在多年冻土区,除受冻胀作用外,桩基的稳定性还受其承载力所控制,主要包括桩侧的冻结力和桩端冻土层的承载力,以及桩侧融土的摩阻力。

1. 桩基的工作特性及破坏形式

冻土区桩基础冻拔破坏有三种基本形式:

(1)桩基础整体上拔。每年冬季来临地表开始冻结,产生切向冻胀力。随着冻深加大,切向冻胀力逐渐增加,当切向冻胀力大于恒载、桩自重以及融土层的摩阻力时,桩基失去稳定性,整体上拔。

(2)桩基础本身强度不够,局部拔断。对于埋入较深或扩大头较大的钢筋混凝土桩,由于其在融土层锚固力较大,在较大的切向冻胀力作用下,桩柱整体不能上拔,但由于桩体本身的抗拉强度不够而被拉断。

（3）桩基础下沉。一方面由于桩基础下多年冻土地基发生融化，使地基土产生压密下沉；另一方面当冻土地基含冰量大且温度高时，在荷载作用下冻土地基会产生流变，使桩基础发生长期下沉。

2. 切向冻胀力的分布规律

桩基础的破坏通常是由桩基础与地基土之间的切向冻胀力引起的。因此，研究切向冻胀力的发生、发展和分布规律对于桩基稳定性分析有着重要意义。图 7-8 是切向冻胀力随冻深的发展过程曲线（丁靖康，1983b），由图中可知，切向冻胀力随着冻深的增加而增大。细颗粒土在冻结前期，切向冻胀力随冻深增加而增大，并达到最大值；在冻结后期，随冻深增加切向冻胀力略有减小。而粗颗粒土在整个冻结过程中，切向冻胀力随冻深的增加而增大，并且主要在冻结后期发展较快，当冻深达最大值时，切向冻胀力达最大值。

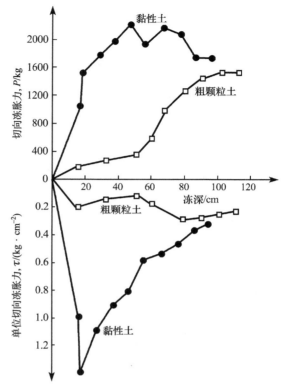

图 7-8　切向冻胀力发展过程曲线

粗颗粒土和细颗粒土中切向冻胀力的发展规律是由它们冻结过程中水分迁移特性决定的。细颗粒土在冻结过程中，水分向冻结锋面迁移和聚集，在冻结锋面形成冰透镜体和冰夹层，体积剧烈膨胀，从而切向冻胀力在冻结前期发展最快。而粗颗粒土在冻结过程中，水分离开冻结锋面向深处迁移和聚集，从而在深部聚集了较多水分，这些水分直至冻结末期才完全冻结。所以，粗颗粒土的切向冻胀力主要在冻结后期发展。

单位切向冻胀力的发展过程亦具有相似的特点。对于细颗粒土，在冻结初期，随冻深的增加，单位切向冻胀力迅速增大，至某一深度后达最大值。而后，随冻深的增加，单位切向冻胀力减小。粗颗粒土的单位切向冻胀力具有随冻深增加而增大的特点。

3. 切向冻胀力的设计取值

目前国内有关设计规范均已给出单位切向冻胀力的取值，较为方便使用的有如下 3 种规范：

《水工建筑物抗冰冻设计规范》（SL211－2006）中单位切向冻胀力是指表面平整的混凝土桩、墩等构筑物基础，在无竖向位移的条件下，相邻土冻胀时沿构筑物基础侧面单位面积产生的向上作用力，可按表 7-18 取值。

表 7-18　单位切向冻胀力

地表土冻胀量/cm	0～2	2～5	5～12	12～22	≥22
单位切向冻胀力/kPa	0～20	20～40	40～80	80～110	110～150

注①桩壁粗糙,但无凹突面时,表中数值应乘以 1.1～1.2 的系数;注②表中数值可内插。

《冻土地区建筑地基基础设计规范》(JGJ118－98)中单位切向冻胀力见表 7-19,以正常施工的混凝土预制桩为准,其表面粗糙程度系数取 1.0,当基础表面粗糙时其表面粗糙程度系数取 1.1～1.3。

表 7-19　切向冻胀力的设计值

冻胀类别	弱冻胀土	冻胀土	强冻胀土	特强冻胀土
单位切向冻胀力/kPa	30～60	60～80	80～120	120～150

《公路桥涵地基与基础设计规范》(JTG D63－2007)中规定季节冻土区的单位切向冻胀力见表 7-20,其中对表面光滑的预制桩,单位切向冻胀力要乘以 0.8 的系数。而水结冰后与墩身侧面的单位切向冻胀力,对混凝土可取 190 kPa。

表 7-20　冻土单位切向冻胀力值

冻胀类别	不冻胀	弱冻胀	冻胀	强冻胀	特强冻胀
单位切向冻胀力/kPa	0～15	15～50	50～80	80～160	160～240

4. 桩基抗冻拔稳定性验算

切向冻胀力作用下,桩基础稳定性验算应符合下列规定:

$$\sum_{i=1}^{n} \tau_{di} A_{\tau i} \leqslant 0.9 G_k + R_a \tag{7-13}$$

式中,τ_{di} 为第 i 层土中单位切向冻胀力的设计值,kPa,应按实测资料取用,如缺少试验资料时,可按表 7-18～表 7-20 的规定,在同一冻胀级别内,含水量高者取大值;$A_{\tau i}$ 为第 i 层土冻结在一起的桩侧表面积,m²;G_k 为作用于基础上的永久荷载的标准值,kN,包括桩基础自重,桩基础在水下时取浮重度;n 设计冻深内的土层数;R_a 为桩、墩基础伸入冻胀土层之下,由地基土所产生锚固力的设计值,kN。

季节冻土区,桩基础侧表面与融土之间的锚固力 R_a 为摩阻力,应按下式计算:

$$R_a = \sum_{i=1}^{n} (0.5 \cdot q_{si} A_{qi}) \tag{7-14}$$

式中,q_{si} 第 i 层内土与桩基础侧表面的单位摩阻力设计值,kPa,按桩基受压状态的情况取值,在缺少试验资料时,可按行业标准《建筑桩基技术规范》(JGJ94－2008)取值;A_{qi} 为第 i 层土内桩基础的侧表面积,m²;n 为桩基础穿过下卧融土层的数目。特别强调的是,还应进行桩基础最薄弱截面的抗拉强度验算。

多年冻土区,桩基础侧表面与冻土之间的锚固力 R_a 为冻结力,应按下式计算:

$$R_a = \sum_{i=1}^{n} (f_{ci} A_{fi}) \tag{7-15}$$

式中，f_{ci} 为第 i 层内土与桩基础侧表面冻结强度的设计值，kPa，在缺少试验资料时，可按《冻土地区建筑地基基础设计规范》(JGJ118—98)规定取值；A_{fi} 为第 i 层土内桩基础的侧表面积，m²；n 为桩基础伸入下卧多年冻土的层数。

5. 单桩承载力验算

按承载力计算桩基础稳定性时，应满足如下条件：

$$p \leqslant P/n \tag{7-16}$$

式中，p 为桩基础底面的平均压力设计值，kN；P 为桩基础承载力设计值，kN；n 为安全系数，按建筑物的重要性和等级确定。在承受轴向荷载时，单桩承载可由下式确定：

$$P = q_{fp} A_p + U_p \left(\sum_{i=1}^{n} f_{ci} l_i + \sum_{j=1}^{m} q_{sj} l_j \right) \tag{7-17}$$

式中，P 为单桩竖向承载力设计值，kN；q_{fp} 为桩端多年冻土层的承载力设计值，kPa，可按《冻土地区建筑地基基础设计规范》(JGJ118—98)规定取值；A_p 为桩身横截面积，m²；U_p 为桩身周边长度，m；f_{ci} 为第 i 层多年冻土桩周冻结强度的设计值，kPa，可按《冻土地区建筑地基基础设计规范》(JGJ118—98)规定取值；q_{sj} 为第 j 层融土桩周摩擦力设计值，kPa，可按行业标准《建筑桩基技术规范》(JGJ94—2008)取值；l_i、l_j 为各段桩长，m；n、m 分别为多年冻土层与季节融化土层的分层数。

6. 桩基础抗冻拔与防融沉措施

为了防止和消除由于切向冻胀力的作用对桩基础产生的冻拔破坏以及防止桩基础融化下沉，根据相关研究和工程实践，一般采取的工程措施归纳总结如下(刘丽红，2009)：

（1）桩侧换填非冻胀性材料。一般在桩侧活动层范围内以粗砂、卵石、炉渣等非冻胀粗颗粒材料换填效果较好，但要注意排水，使桩周土体含水量不要过高。

（2）桩周涂刷隔离剂。该方法一般是在桩周可能发生切向冻胀力的部位涂抹沥青、渣油等油脂涂料，起到对桩周土与桩体间的润滑作用，从而减小桩周切向冻胀力。

（3）桩外加套管。主要在活动层范围内实施，套管多由钢铁或混凝土制作，在其内壁与桩间填充润滑材料，同时为防止套管的上拔，套管底部应做成向外凸的扩大环。

（4）隔热保温或加热采暖。该方法可通过减少冻深来消减切向冻胀力，一般应用于房屋的桩基础中。

（5）采用扩底桩。这种桩基础在冻土层中的截面尺寸较小，可减少切向冻胀力的作用，而扩大头既有较高的支撑力，又有较大的锚固力，是冻胀土中较好的桩基础结构形式。

（6）采用打入预制桩。预制打入桩具有较高的承载力，由于其表面光滑可减少切向冻胀力，如预先在桩表面涂有润滑剂，基本可消除切向冻胀力。

总的说来，在季节冻土区桩基工程中，应采用哪种防冻拔措施，需要根据建筑物的等级要求、地质条件以及当地材料等综合加以确定。一般在弱冻胀或中等冻胀地基上修建允许变形的小建筑物时，可采用单一措施；但如果在强冻胀地区并且建筑物对变形要求很高,往往单一措施难以达到防冻害的目的,而且经济上也不合理时,就要采用综合措施,这样往往会取得较好的效果。此外,因冻土融化引起桩基础发生的病害也会经常出现。

　　防治桩基础融沉的主要措施包括(吴紫汪等,2005):尽量不让河水流经冻土地基,修固定式防水围堰和导流堤;采用空腔基础,此时要防止水分渗入腔体,确保基础内有稳定空气层,以降低基础周边土层温度;加大基础埋深。

7.4.3　挡土墙

　　寒区挡土墙在墙后土体的冻、融过程中要分别承受土压力以及水平冻胀力的作用。一般情况下,水平冻胀力较之主动土压力要大数倍至数十倍,因此水平冻胀力的反复作用是导致寒区挡土墙破坏的主要原因。在寒区挡土墙设计中,重点考虑水平冻胀力的作用,采用合适的挡土墙结构形式以及减少水平冻胀力的工程措施是保证挡土墙稳定的关键。

1.寒区挡土墙的工作特性

　　在寒区修建挡土墙必然会改变原天然地表与大气之间的热量交换条件,导致墙背形成新的季节活动层。每年夏季,墙背冻土融化,形成季节融化土层,这种融化土层将对墙体产生土压力。而在冬季,墙背土体发生冻结,冻胀作用将对墙体产生水平冻胀力和切向冻胀力。图7-9是多年冻土区悬臂式挡土墙在暖季末和寒季中墙顶的水平变位曲线(丁靖康,1983a)。从图中可以看出,暖季末期,随着墙背土体温度的降低,土体产生收缩,土压力减小,墙体产生向后的变位。在土压力减少到最小值,而冻胀力尚未出现之前,向后的变位达最大值,曲线达 a 点。当墙背土体进入稳定冻结阶段后,开始出现冻胀力,并且随着冻深的增大,冻胀力逐渐增加,墙体在水平冻胀力作用下产生向前的变位。当冻深达到季节活动层厚度时,曲线达 b 点。从 b 点到 c 点,曲线斜率增大,说明随着冻层温度的降低,土中的未冻水进一步发生冻结,冻胀力迅速增大。从 c 点到 d 点,曲线平缓,说明冻胀力的增长与松弛基本平衡,冻胀力达到最大值。暖季来临,冻土层逐渐增温融化,冻胀力逐渐减小消失。随着融化深度的加大,土压力逐渐增长,至暖季末期达最大值。根据现

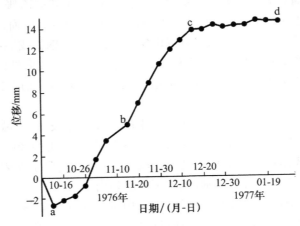

图 7-9　悬臂式挡土墙在冻结期墙顶的水平变位曲线

场实测资料,水平冻胀力较之土压力要大几倍甚至几十倍(图 7-10)。

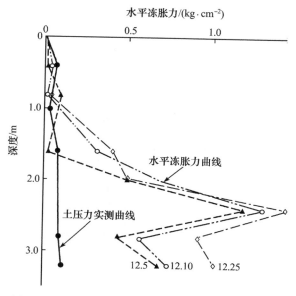

图 7-10 挡土墙背的土压力与水平冻胀力分布曲线

2. 水平冻胀力的分布规律

水平冻胀力沿墙背的分布是不均匀的,多年冻土区实测的水平冻胀力的分布如图 7-11所示(丁靖康,1983a,1983b)。从图中可以看出,水平冻胀力主要分布在挡墙的中部和下部,在挡墙的上部,水平冻胀力较小。而最大水平冻胀力出现的位置,对于不同的土质类型略有不同。细颗粒土的最大水平冻胀力出现在挡墙的中部和中下部,而粗颗粒土的最大水平冻胀力出现在挡墙的下部。水平冻胀力的这种分布规律是由冻结过程中两种土体的水分迁移特性不同所决定的。多年来,现场和室内试验测得的水平冻胀力沿墙背的分布情况基本相似。因此,可以根据墙背填土类型和挡墙的高度来假定水平冻胀力沿墙背分布的计算图式。对于粗颗粒土,不论墙高为何值,均假定水平冻胀力为直角三角形分布,如图 7-12(a)所示。对于细颗粒土,需做如下规定:当墙高小于 3 倍活动层厚度,且挡墙基础的埋深大于或等于活动层厚度时,水平冻胀力沿墙背的分布如图 7-12(b)所示,最大水平冻胀力出现在墙高的下三分之一处。当基础埋深小于或等于二分之一活动层厚度时,水平冻胀力的分布采用图 7-12(c),最大水平冻胀力出现在挡墙的底部。当墙高大于 3 倍活动层厚度,且基础埋深大于或等于活动层厚度时,水平冻胀力采用图 7-12(d)的梯形分布图式。当基础埋深小于或等于二分之一活动层厚度时,水平冻胀力采用图 7-12(e)的分布图式(丁靖康等,1996)。

3. 水平冻胀力的设计取值

水平冻胀力的大小受多种因素控制,但归结起来主要取决于墙背土体的冻胀性和墙

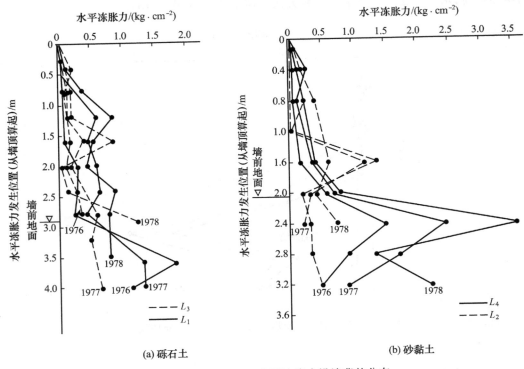

图 7-11   多年冻土区水平冻胀力沿墙背的分布

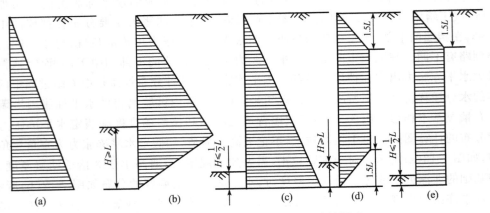

图 7-12   水平冻胀力沿墙背分布的计算图式

H.基础埋深;L.活动层厚度

体对冻胀的约束程度。因此,在水平冻胀力的设计取值时,应该主要考虑这两个方面的影响。根据青藏高原风火山地区现场实体工程试验和室内模型试验资料,表 7-21 给出了墙体对冻胀完全约束时,不同冻胀等级的水平冻胀力设计参考值(丁靖康等,1996)。而墙体约束程度对水平冻胀力的影响,则需通过墙体的允许变形率来进行修正。

表 7-21　水平冻胀力设计参考值

冻胀等级	不冻胀	弱冻胀	冻胀	强冻胀
冻胀率/%	<1.0	1.0~3.5	3.5~7.0	7.0~12.0
水平冻胀力/kPa	50	100	150	250

4. 挡土墙的冻胀稳定性检算

寒区挡土墙的稳定性检算,除了像一般地区一样须进行抗倾覆与抗滑稳定性检算以外,还应进行基础的抗冻胀稳定性检算。抗倾覆稳定性检算中稳定力矩与倾覆力矩的确定,以及抗滑动稳定性检算中抵抗力与推力的确定,均应根据作用于寒区挡土墙上各力系的特点进行分析。在力系和力矩确定后,其计算方法与常规相同。

挡土墙的抗冻胀稳定性检算,应按下式进行:

$$\tau \cdot F - N \leqslant Q/K \tag{7-18}$$

式中,τ 作用于挡墙基础上的单位切向冻胀力,kPa,由现场试验确定或从有关规范中查取;F 为挡土墙位于季节活动层深度范围内的表面积,m^2;N 为作用于挡墙基础上的固定荷载,kN;Q 为阻止基础产生冻胀的锚固力或冻结力,kN;K 为安全系数。

当挡土墙的抗冻胀稳定性检算不能满足要求时,应对挡土墙基础的侧面进行处理以减小切向冻胀力,或加大基础埋深以增大抵抗冻胀力的锚固力或冻结力。

此外,当可能产生的冻胀变形不会破坏挡土墙的正常使用,且基础的不均匀变形不改变挡土墙设计所规定的条件时,允许将基础设置在季节活动层深度范围内。

5. 减小水平冻胀力的措施

水平冻胀力的反复作用是导致寒区挡土墙失稳的主要原因。为此,在设计中合理地采用减小水平冻胀力的工程措施对保持挡土墙的稳定具有十分重要的意义。目前,减小水平冻胀力的措施归纳起来有以下 3 类:

(1) 结构措施。选用适应变形能力较大的结构,如悬臂式挡土墙、锚杆锚定板挡土墙、加筋土挡土墙等。这种结构的挡土墙具有很大的柔韧性,能够适应较大的变形,因而能够有效地减小水平冻胀力。

(2) 减小墙背填土的冻胀性。首先应加强墙背排水,减小填土的冻前含水量。其次应采取保温措施,减小有效冻胀带的厚度,从而减小填土的冻胀量。此外,可以在墙背采用粗颗粒土换填,并严格控制其中粉黏粒的含量,换填厚度不应小于墙背活动层的厚度。

(3) 综合措施。必要时综合采用以上措施,从各方面消除填土的水平冻胀力,以便取得更好的效果。

7.4.4　路基工程

在多年冻土地区修筑道路工程,不仅改变了路基下多年冻土的温度状况,而且也改变了地基土的受力状态。随着冻土路基温度与受力条件的改变,必然引起路基的力学稳定性发生变化,从而导致路基产生沉降变形。青藏公路大量的路基病害现场调查结果表明,多年冻土地区路基发生的破坏有 80% 以上是由路基下多年冻土的融化下沉造成的(吴紫汪等,1999)。因此,在冻土路基稳定性分析中,首先应该根据多年冻土的融沉特性对其进行分类,然后针对不同的多年冻土类型确定保持冻土路基稳定性的原则和方法,并通过路基温度场和变形场的计算,验证所采用工程措施的合理性、有效性。

1. 多年冻土工程分类

道路工程多年冻土分类应主要考虑冻土路基的融沉变形特性,而冻土的融沉变形主要取决于冻土中的含冰量及其温度状况。通过大量数值计算,张建明(2004)以多年冻土的年平均地温及含冰特征为主要影响因素,以控制冻土路基稳定性的最大容许沉降量为指标,提出以冻土路基稳定性为标准的公路工程多年冻土分类方案,如表 7-22 所示。其中,按照多年冻土的年平均地温可将其分为高温冻土及低温冻土,按照多年冻土的含冰特征可将其分为高含冰量冻土及低含冰量冻土。综合考虑二者对冻土路基稳定性的影响可分为三大类型:融沉稳定型、热稳定型及不稳定型多年冻土。

表 7-22　公路工程多年冻土分类方案

年平均地温		含冰类型				
		低含冰量冻土		高含冰量冻土		
		少冰冻土	多冰冻土	富冰冻土	饱冰冻土	含土冰层
高温冻土	≥−1.5℃	融沉稳定型		不稳定型		
低温冻土	<−1.5℃			热稳定型		

针对以上多年冻土分类方案,可以确定相应的冻土路基设计原则:

(1) 对融沉稳定型冻土,虽然在公路工程作用下其上限变化很大,但由于其融化后所产生的沉降量不大,可采取允许多年冻土自由融化的设计原则。

(2) 对热稳定型冻土,由于其热惰性较大,公路工程作用下其上限的变化不会太大,但考虑到其融化后的沉降量较大,应采取保护冻土的设计原则。

(3) 对不稳定型冻土,由于其热稳定性较差,并且融化后所产生的沉降量较大,须采取主动冷却多年冻土地基、控制多年冻土融化速率的设计原则。

2. 冻土路堤合理高度

在保护冻土的设计原则下,其核心问题就是计算冻土路堤的临界高度。大量的现场观测资料表明,在多年冻土地区进行道路工程建设时,由于改变了原天然地表与大气之间的热量平衡条件,使路基下天然季节融化层深度发生变化。对零断面和较低路堤,由于表面性状的改变,可使夏季的吸热量明显增大,致使人为上限的深度超过了路堤高度与原季节活动层厚度之和,于是路基下多年冻土上限下降。对于稍高的路堤,即使在夏季施工,由于多年冻土地区存在着冬季冻结深度大于夏季融化深度的潜在能力,从而有可能使冬令期的回冻深度大于路堤高度与原活动层厚度之和,于是形成衔接的冻土层;但来年夏令期的融化深度却小于路堤高度与活动层厚度之和,使路基下多年冻土的上限抬升,形成相对稳定的冻土核。然而,随着路堤高度的继续增大,当路堤内夏季吸收的热量超过了冬季潜在的冻结能力时,就会在路堤或基底土层内残留融化夹层,形成一定厚度的融化核,并导致路基下多年冻土上限持续下降(王绍令等,1993)。

在冻土路基设计中,为了较好地利用季节融化层作为路基基底,防止多年冻土上限附近高含冰量土层发生融化,要求路堤的最低高度不致引起原天然上限的下降,这个最低的路堤高度称为下临界高度。同时,最高的路堤高度又不会在路堤或其基底土层内形成融化夹层,这个最高的路堤高度称为上临界高度。因此,下临界高度和上临界高度就构成了评价路基热稳定性的两个指标(朱林楠,1982;黄小铭,1983;程国栋等,2003;张建明等,2006)。

3. 主动冷却冻土路基

保护冻土是中国多年冻土区路基工程建设的基本原则,但受到经济发展、工程要求和对冻土了解程度等因素的限制,传统保护冻土原则的实施手段主要是考虑路基高度或设置保温材料。青藏公路和青康公路的监测资料表明:采用增加路基高度和设置保温层的措施来增加热阻,减小地温较差,在一定条件下可以达到使冻土上限上升的目的,但其代价是减少了原上限以下多年冻土的冷储量,使地温升高。在全球转暖的背景下,这些措施可以延缓多年冻土的退化,但改变不了冻土退化的趋势,尤其在高温冻土区长期使用的效果不佳。因此单纯依靠增加热阻(增加路基高度、使用保温材料)保护冻土的方法是一种消极的方法。在气候转暖的背景下,此种方法难以保证多年冻土区路基的稳定性。特别是在高温冻土区,大量的工程实践已证明,这种消极方法的成功率不高。根据国内外在多年冻土区筑路的经验和教训,结合自然界影响多年冻土存在的局地因素,应该改变以往消极被动保护多年冻土的方法,而采用积极主动"冷却路基、降低多年冻土温度"的方法。通过调控传热的三种方式,即调控辐射、调控对流、调控传导,改变路基的结构和填料,以达到冷却路基的目的。青藏铁路、公路的实践表明:通过遮阳板、遮阳棚调控辐射,通过块石层、通风管、热管调控对流,通过"热半导体"材料调控传导,以及通过这些调控方式的组合均可有效地降低路基下多年冻土的地温,保证路基的稳定。其中块石路基和热管路基已在青藏铁路建设和维护中广泛使用,并取得了较好的工程效果。冷却路基方法是高温冻土区工程建筑应对全球转暖的有效措施。

4. 冻土路基变形计算

国内外大量的现场调查研究表明,冻土路基沉降变形,尤其是路基的不均匀沉降主要来自路基下多年冻土的融沉变形及高温冻土的压缩变形。因此,在冻土路基沉降变形计算中,应着重考虑以上两个方面的变形。至于路堤填土及季节融化层的压密变形,由于其变形量相对较小且与冻融状态关系不大,可按常规土力学方法处理。如此,冻土路基沉降变形可以采用如下模型进行计算(张建明等,2007):

$$S = S_1 + S_2 + S_3 = \sum_{i=1}^{n} A_i \cdot h_i + \sum_{i=1}^{n} \alpha_i \cdot P_i \cdot h_i + \sum_{j=1}^{n} \Delta\alpha_j^t \cdot P_j \cdot h_j \quad (7\text{-}19)$$

式中,S 为路基总沉降变形量;S_1 为冻土融化产生的变形量;S_2 为冻土融化后的压缩变形量;S_3 为高温冻土的压缩变形量;A 为冻土的融沉系数;h 为计算分层厚度;α 为冻土的融化压缩系数;P 为计算土层所受的压力;$\Delta\alpha^t$ 为冻土因温度升高而引起的压缩系数的变化。

7.4.5　隧道工程

在寒冷地区开挖隧道后,随着隧道的贯通,其所在地层原来相对稳定、封闭的热力系统遭到破坏,代之以开放、通风、没有太阳热辐射的新的热力系统。由于受气温季节性变化的影响,隧道衬砌及其围岩中将形成一定范围的冻融圈。当含水围岩冻结时,将会对衬砌产生冻胀力,从而引起衬砌结构的破坏。与此同时,这种反复的冻融作用将加剧围岩的风化进程,而围岩破碎程度的增加又为冻胀力的产生提供了更加有利的条件。因此,在寒区隧道设计中,重点考虑冻胀力对衬砌的作用,并采取有效的防护措施是保证隧道工程稳定性的关键。

1. 围岩冻胀力现场监测

为了直接获取隧道围岩冻结过程中作用于衬砌的冻胀力值,中国科学院寒区旱区环境与工程研究所曾于 1999~2000 年对青海省内 227 国道大坂山隧道进行了现场监测(吴紫汪等,2003)。结果表明,冻胀力的发生、发展过程严格受围岩冻结与融化过程所控制,围岩冻深达到最大的时刻也是出现冻胀力峰值的时刻。围岩冻胀力作用于衬砌的时间始于 11 月中旬,于来年 2 月中下旬至 3 月初达到峰值,于 3 月末至 4 月初迅速消失。冻胀力的峰值大于 1.0MPa,而且在一段时间内保持稳定,如图 7-13 及图 7-14 所示。当时对

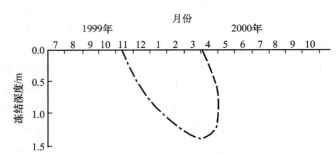

图 7-13　大坂山隧道 K105＋785 衬砌与围岩冻结过程曲线

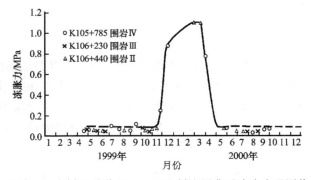

图 7-14　大坂山隧道 K105＋785 衬砌层背后冻胀力观测值

衬砌层表面状态进行观测,未发现破裂情况,即肉眼未见异常现象。然而,经过几个冻融循环以后,有两处衬砌发生严重开裂、漏水现象,估计冻胀力要大于 3.5～4.0MPa。

2. 围岩冻胀力数值计算

以大坂山隧道为例,赖远明等(1999)对寒区隧道温度场、渗流场和应力场的耦合问题进行了数值模拟分析,其计算模型如图 7-15 所示。

计算结果显示,隧道竣工时,仅考虑渗流力的作用,衬砌所受的最大应力及其位移见表 7-23。其中,最大拉应力出现在仰拱,为1.04MPa,最大压应力出现在边墙,为12.72MPa,拱顶向下的变形为 9.25mm,仰拱中点向上的变形为 17.69mm。而隧道竣工 5 年后,同时考虑渗流力和冻胀力的作用,衬砌所受的最大应力及其位移见表 7-24。其中,最大拉应力为 0.231MPa,最大压应力为 22.68MPa,拱顶向下的变形为 13.51mm,仰拱中点向上的变形为 24.61mm。由此可见,冻胀力对衬砌的作用是非常显著的。此时,仰拱Ⅲ-Ⅲ剖面及其附近已进入塑性状态,在这个剖面上的压应力已超过混凝土的抗压强度(21MPa),衬砌将遭到破坏,这与隧道使用 3～5 年后即开始出现裂缝、剥落和酥松的实际情况是相吻合的。

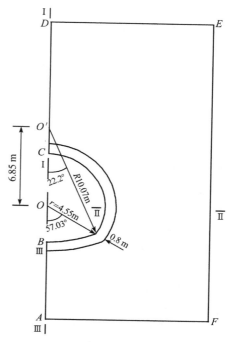

图 7-15　大坂山隧道数值计算模型

表 7-23　隧道竣工时(未经冻融)衬砌的最大应力和位移

位置	σ_{max}/MPa	σ_{min}/MPa	位移/mm
拱顶(Ⅰ-Ⅰ)	0.124	−3.44	−9.25
边墙(Ⅱ-Ⅱ)	−1.462	−12.72	−2.48
仰拱(Ⅲ-Ⅲ)	1.040	−8.26	17.69

表 7-24　隧道竣工 5 年后衬砌的最大应力和位移

位置	σ_{max}/MPa	σ_{min}/MPa	位移/mm
拱顶(Ⅰ-Ⅰ)	−1.195	−12.60	−13.51
边墙(Ⅱ-Ⅱ)	−2.498	−15.88	−4.38
仰拱(Ⅲ-Ⅲ)	0.231	−22.68	24.61

3. 隧道冻害防治措施

大量的工程实践经验表明,寒区隧道冻害产生的根源是地下水的渗漏和含水岩层的反复冻融。因此,其冻害防治原则是"防水、排水、防冻胀",在具体方法上应采用"多道防护、综合治理"的措施(吴紫汪等,2003)。可以从如下几个方面实施:

(1)围岩注浆。这种措施不但起着增大围岩强度、防止围岩渗漏的作用,而且还起着减轻围岩冻胀力的作用。因为在相同的冻结条件下,围岩的冻胀力随含水量的减小而降低。围岩注浆应针对隧道冻融圈内的含水岩层,尤其是富水的破碎带和裂隙围岩。围岩注浆范围一般应包括隧道底板以上全部围岩,注浆深度取决于围岩破碎和裂隙发育程度、富水性以及冻结深度,一般应不浅于围岩的冻结深度。

(2)防、排水技术。防、排水技术的成功应用是防止寒区隧道发生冻害的关键。寒区隧道防、排水技术成功的标志是不发生因含水围岩冻结产生冻胀力而使衬砌层遭受破坏,不发生隧道渗漏而产生洞内挂冰或路面结冰,不发生排水设施被冻而功能失效,洞外路堑不发生春融结冰和地表水反流。

(3)保温材料。寒区隧道工程中应用保温材料可以大幅度减少围岩的冻结与融化深度,若采用直接喷涂发泡材料(PU),则不但可以保温,而且可以起到隔水作用。若将保温材料置于一衬与二衬之间还可以起到应力缓冲层的作用,特别是一衬之后,衬砌层与围岩仍具有明显的流变作用,保温材料能在一定程度上保护二衬不受流变应力的作用,保证混凝土衬砌的质量。

(4)隧道选型与衬砌强度。寒区隧道的选型至关重要,应尽量采用近似圆形的结构,以减少应力过分集中于某一段落,特别要注意反拱与洞壁过渡带以及顶拱与洞壁过渡带因应力集中而普遍发生衬砌层破裂的问题。对于裂隙发育、破碎含水围岩遭受严重冻融作用地段,应尽量采用全断面衬砌结构。提高衬砌强度,使隧道衬砌层能够抵御地应力、冻胀力的作用而不致破裂,这是寒区隧道尤其是多年冻土区隧道所共同面临的问题。当前解决的途径是,衬砌层设计中不但要考虑山体压力,而且应把含水围岩强烈的冻胀应力考虑进去。封闭、半封闭围岩冻胀力的计算是一个很复杂的问题,其值具有相当可观的量级,因此衬砌层厚度应适当增加,并提高砼的标号。冻胀作用强烈段落应考虑采用钢筋混凝土或纤维加筋混凝土。有条件时,在提高衬砌层自身强度的同时,应尽可能配合使用保温材料应力缓冲层,这也是防止和减少衬砌层破裂的一项有效措施。

(5)加热措施。这是治理寒区隧道冻害的有效方法,且是一种急救措施。在含水围岩隧道设计时,作为一种备用设施,可以考虑安装暖气锅炉,并在隧洞两侧预留必要空间以安设暖气管道。当隧道严重结冰时,可以配合临时性打冰,在进出口洞门设置保温棉帘作应急处理。此外,在暖季应利用热空气加快人工通风,增加与洞外的对流换热,提高洞中的温度。特别是对排水盲沟、泄水洞等设施,在暖季要适当提高温度,这对防止寒季冻结是很有利的。在车流有限的情况下还可以考虑采用保温门、保温帘等,其最大优点是安装方便,在中国东北地区已使用多年。青海省大坂山隧道的保温门,在暖季一直打开,寒季间断打开(夜间和无来车时均关闭),隧道中间段气温可提高 3℃ 左右(吴紫汪等,2003)。

7.4.6　涵洞工程

在寒区修建涵洞工程通常会导致其下部地基土水热条件的改变。首先,涵洞的过水作用将导致地基土含水量增加与温度升高。其次,涵洞的通风作用以及洞身不受日照影响的特点一般会导致地基土年平均温度降低。此外,基坑的开挖作业将对地基土原有的水热状况造成强烈的扰动。以上这些因素均会加强地基土的冻融作用,对涵洞基础稳定性带来不利影响。因此,在涵洞工程设计中,除了按常规考虑地基土的承载力而外,通常还必须将基础埋置于一定深度,并采取必要的冻害防治措施,以避免季节冻融作用对基础稳定性的影响。

1. 季节冻土区基础埋深

《公路桥涵地基与基础设计规范》(JTG D63—2007)中规定,当桥涵墩台基础设置在季节性冻胀土层中时,基底的最小埋置深度可按下式计算:

$$d_{min} = z_d - h_{max} \tag{7-20}$$

$$z_d = \Psi_{zs} \Psi_{zw} \Psi_{ze} \Psi_{zg} \Psi_{zf} z_0 \tag{7-21}$$

式中,d_{min} 为基底最小埋置深度,m;z_d 为设计冻深,m;h_{max} 为基础底面下容许最大冻土层厚度,m,可按表 7-25 查取;Ψ_{zs} 为土的类别对冻深的影响系数,可按表 7-26 查取;Ψ_{zw} 为土的冻胀性对冻深的影响系数,可按表 7-27 查取;Ψ_{ze} 为周围环境对冻深的影响系数,可按表 7-28 查取;Ψ_{zg} 为地形坡向对冻深的影响系数,可按表 7-29 查取;Ψ_{zf} 为基础对冻深的影响系数,取 $\Psi_{zf} = 1.1$;z_0 为标准冻深,m,无当地实测资料时,除山区外,应按全国季节冻土标准冻深线图查取。

表 7-25　不同冻胀性土在基础底面下容许最大冻土层厚度(单位:m)

冻胀性	弱冻胀	冻胀	强冻胀	特强冻胀	极强冻胀
h_{max}	$0.38z_0$	$0.28z_0$	$0.15z_0$	$0.08z_0$	0

表 7-26　土的类别对冻深的影响系数

土的类别	黏性土	细砂、粉砂、粉土	中砂、粗砂、砾砂	碎石土
Ψ_{zs}	1.00	1.20	1.30	1.40

表 7-27　土的冻胀性对冻深的影响系数

冻胀性	不冻胀	弱冻胀	冻胀	强冻胀	特强冻胀	极强冻胀
Ψ_{zw}	1.00	0.95	0.90	0.85	0.80	0.75

表 7-28　周围环境对冻深的影响系数

周围环境	村、镇、旷野	城市近郊	城市市区
Ψ_{ze}	1.00	0.95	0.90

表 7-29 地形坡向对冻深的影响系数

周围环境	平坦	阳坡	阴坡
Ψ_{zg}	1.0	0.9	1.1

2. 多年冻土区基础埋深

根据青藏公路现场调查结果(章金钊等,1993),在多年冻土区修建涵洞后,涵身中段的冻土上限一般都要回升,其回升的幅度是中间大于两端,两端大于洞口。而洞口的上限一般都有不同程度的下降(表 7-30)。因此,涵洞基础最好分段设置,各段基础埋深随人为上限而异,即涵身中段最浅,两端次之,洞口最深。此外,基础埋深还应综合考虑涵洞过水径流期和径流量的影响,建议按如下原则确定(吴紫汪等,2005):

表 7-30 青藏公路涵洞人为上限与冻土天然上限对比

序号	里程	地点	冻土人为上限/m			冻土天然上限 /m
			左洞口	中段	右洞口	
1	K157+373	昆仑山口	1.68	0.65	0.83	1.75~2.10
2	K276+370	五道梁滩地	2.45	1.50	2.15	2.05~2.10
3	K287+166	可可西里分水岭	2.23	1.41	1.73	1.60
4	K337+170	风火山	1.75	1.35	2.05	1.80~2.45

(1) 间歇性径流涵洞。此类涵洞下冻土人为上限多呈上升状态,仅在向阳洞口段偶有下降。建议涵身中段基础埋深采用 $0.5 \sim 0.6 H_天$($H_天$ 为冻土的天然上限),过渡段为 $0.7 \sim 0.8 H_天$,进出口段为 $1.1 \sim 1.2 H_天$。

(2) 暖季小径流(或间断径流)涵洞。此类涵洞基底的冻土人为上限也大多处于上升状态,但进出口处则普遍下移。建议中间段基础埋深采用 $0.7 \sim 0.8 H_天$,过渡段为 $1.0 \sim 1.1 H_天$,进出口段为 $1.1 \sim 1.2 H_天$ 或冻土人为上限以下 0.25m。

(3) 长期径流、大径流量涵洞。此类涵洞基底多年冻土人为上限多数呈下移状态,其下移幅度仍是进出口段较大,中间段较小。建议基础埋深为:中间段 $1.1 \sim 1.2 H_天$,过渡段 $1.3 \sim 1.4 H_天$,进出口段 $1.6 \sim 1.8 H_天$ 或冻土人为上限以下 0.5m。

3. 季节冻土区抗冻拔稳定性验算

《公路桥涵地基与基础设计规范》(JTG D63—2007)附录 L 中规定,季节性冻土地基墩、台和基础(含条形基础)抗冻拔稳定性按下式验算:

$$F_k + G_k + Q_{sk} \geqslant kT_k \qquad (7-22)$$

$$T_k = z_d \tau_{sk} u \qquad (7-23)$$

$$z_d = \Psi_{zs} \Psi_{zw} \Psi_{ze} \Psi_{zg} \Psi_{zf} z_0 \qquad (7-24)$$

式中,F_k 为作用在基础上的结构自重,kN;G_k 为基础自重及襟边上的土自重,kN;Q_{sk} 为基础周边融化层的摩阻力标准值,kN,按式(7-26)计算;k 为冻胀力修正系数,砌筑或架设上部结构之前取 $k=1.1$,砌筑或架设上部结构之后,对外静定结构取 $k=1.2$,对外超静定结构取 $k=1.3$;T_k 为基础所受的切向冻胀力标准值,kN;z_d 为设计冻深,m,当基础埋深小于设计冻深时取实际埋深,m;τ_{sk} 为季节性冻土的切向冻胀力标准值,kPa,可按表 7-31 选用;u 为季节性冻土层中基础和墩身的平均周长,m;其余符号同前。

表 7-31　季节性冻土切向冻胀力标准值(单位:kPa)

基础形式	冻胀类别					
	不冻胀	弱冻胀	冻胀	强冻胀	特强冻胀	极强冻胀
墩、台、柱、桩基础	0~15	15~80	80~120	120~160	160~180	180~200
条形基础	0~10	10~40	40~60	60~80	80~90	90~100

注:①条形基础系指基础长宽比等于或大于 10 的基础;②对光滑表面的预制桩,表中数值乘以 0.8。

4. 多年冻土区抗冻拔稳定性验算

《公路桥涵地基与基础设计规范》(JTG D63—2007)附录 L 中规定,多年冻土地基墩、台和基础(含条形基础)抗冻拔稳定性按下式验算:

$$F_k + G_k + Q_{sk} + Q_{pk} \geqslant kT_k \tag{7-25}$$

$$Q_{sk} = q_{sk}A_s \tag{7-26}$$

$$Q_{pk} = q_{pk}A_p \tag{7-27}$$

式中,Q_{sk} 为基础周边融化土层的摩阻力标准值,kN,当季节性冻土层与多年冻土层衔接时取 $Q_{sk}=0$,当季节性冻土层与多年冻土层不衔接时按式(7-26)计算;q_{sk} 为基础侧面与融化土层的摩阻力标准值,kPa,无实测资料时,对黏性土可采用 20~30 kPa,对砂土及碎石土可采用 30~40 kPa;A_s 为融化土层中基础的侧面积,m²;Q_{pk} 为基础周边与多年冻土的冻结力标准值,kN,按式(7-27)计算;q_{pk} 为多年冻土与基础侧面的冻结力标准值,kPa,可按表 7-32 选用;A_p 为多年冻土内基础的侧面积,m²;其余符号同前(图 7-16)。

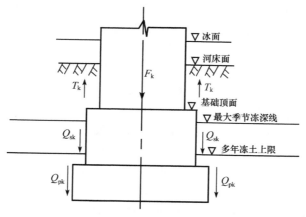

图 7-16　多年冻土地基抗冻拔稳定性验算图

表 7-32 多年冻土与基础间的冻结力标准值（单位：kPa）

土质类型	冻土类型	冻土温度						
		−0.2℃	−0.5℃	−1.0℃	−1.5℃	−2.0℃	−2.5℃	−3.0℃
粉土、黏性土	富冰冻土	35	50	85	115	145	170	200
	多冰冻土	30	40	60	80	100	120	140
	少冰、饱冰冻土	20	30	40	60	70	85	100
	含土冰层	15	20	30	40	50	55	65
砂土	富冰冻土	40	60	100	130	165	200	230
	多冰冻土	30	50	80	100	130	155	180
	少冰、饱冰冻土	25	35	50	70	85	100	115
	含土冰层	10	20	30	35	40	50	60
砾石土（粒径小于0.075mm的颗粒含量小于或等于10%）	富冰冻土	40	55	80	100	130	155	180
	多冰冻土	30	40	60	80	100	120	135
	少冰、饱冰冻土	25	35	50	60	70	85	95
	含土冰层	15	20	30	40	45	55	65
砾石土（粒径小于0.075mm的颗粒含量大于10%）	富冰冻土	35	55	85	115	150	170	200
	多冰冻土	30	40	70	90	115	140	160
	少冰、饱冰冻土	25	35	50	70	85	95	115
	含土冰层	15	20	30	35	45	55	60

5. 冻害防治措施

在寒区开展涵洞工程建设时，应从设计、施工等诸多方面采取必要的措施，防止或减轻地基土冻融作用对工程的危害，其基本方法有如下几种（武憼民等，2005）：

（1）减少施工对冻土的热扰动。在多年冻土区，涵洞的基坑开挖、基础砌筑、回填作用等会破坏地基土原有的水热状况，引起地温升高、冻土融化，对基础稳定性造成不利影响。而这些因素主要受施工季节、施工方法、工期长短所控制。因此，选择合理的施工季节、施工方法和缩短工期是减少对多年冻土热扰动的技术措施。

（2）消除或削弱季节活动层的冻胀和融沉。首先可以采用粗颗粒土换填的方法，换填的深度直接关系到涵洞的工程造价和防冻害效果，应根据涵洞的结构类型、允许变形程度以及地基土的含水条件等具体设计。其次可以控制涵洞的过水条件。应该做到涵洞施工时基坑不积水；涵洞在使用期内涵底和沉降缝等不漏水，涵洞过水流畅、洞口不积水；涵洞施工和使用过程中洞内不发生积水、冰塞、淤积等现象。

（3）增强涵洞抵抗和适应冻融变形的能力。可以选择刚性结构涵洞（箱涵、框架式盖板涵等）以抵抗冻融变形，或选用柔性结构涵洞（波纹管涵等）以适应冻融变形。对于工程地质条件极差地段还可以采用桩基结构以增强基础的稳定性。洞口建筑是涵洞的附属工程，其工程质量直接影响涵洞的泄水能力和使用寿命。青藏公路涵洞的冻害多发生在洞口部位,应采取有效措施增强其抵抗和适应冻融变形的能力。

（4）人工冷却涵洞地基。采用热管制冷技术可以降低地基土温度,增强冻土地基承载力,减少涵洞基础的冻融变形。

7.4.7　管道工程

在寒区埋设输油(气)管道必然会改变管道周围土壤的水热状况。当正温油流穿过多年冻土时,管道周围冻土将发生融化,导致管基土产生融沉变形;当负温油流穿过季节冻土时,管道周围土壤则发生冻结,使管基土产生冻胀变形。由于冻土工程地质条件以及地基土温度场的差异,这种变形沿管道的分布通常是不均匀的,如果这种不均匀变形超过一定限度将会对管道的正常运行构成严重威胁。因此,在寒区管道工程稳定性分析中,首先应针对不同的冻土条件,研究管道周围土体的冻、融范围及其变化规律,进而确定地基土的冻、融变形量。其次应开展管道与地基土之间的相互作用分析,研究地基土的冻、融变形对管道应力状态的影响。然后,根据管道的受力状态提出相应的冻害防治措施或合理的管道敷设方式。

1. 管道周围冻、融圈的形成与发展规律

大庆油田工程有限公司协同中国科学院寒区旱区环境与工程研究所(2009),曾以中俄输油管道工程(漠河—大庆段)为例,开展了不同年平均地温条件下管道周围冻土温度场的数值模拟研究。计算模型如图 7-17 所示,其中,管道直径为 914mm;管顶埋深为 1.5m;管内原油的温度为 −6～+10℃,并按正弦规律随季节变化;管内原油与管壁的对流换热系数为 400 W·m^{-2}·℃$^{-1}$;地基土含水量为 20%;下边界地热增温梯度为 0.04℃·m^{-1}。计算过程中考虑了全球升温的影响,其幅度为 0.48℃·a^{-1},大气与地表的对流换热系数为 18 W·m^{-2}·℃$^{-1}$。

计算结果表明,在低温冻土区(年平均地温为 −1.5℃)管道周围冻土的融化圈如

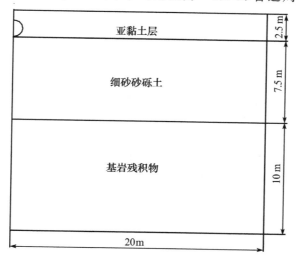

图 7-17　中俄输油管道地基土温度场计算模型

图 7-18 所示,50 年后管底冻土的最大融化深度为 3.35m;高温冻土区(年平均地温为
—0.5℃)管道周围冻土的融化圈如图 7-19 所示,50 年后管底冻土的最大融化深度为
4.69m;在季节冻土区(年平均地温为+0.8℃)管道周围土体的冻结圈如图 7-20 所示,随
着时间的推移,冻结圈越来越小,50 年间管底土冻结深度的变化范围为 1.69～1.08m。

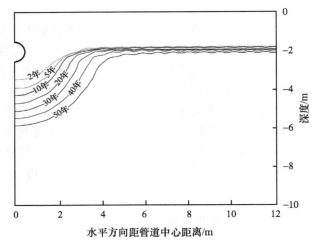

图 7-18　低温冻土区(年平均地温为—1.5℃)融化圈发展过程

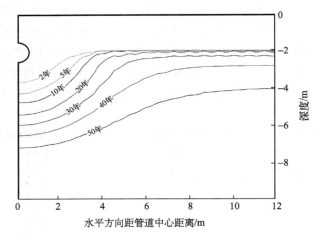

图 7-19　高温冻土区(年平均地温为—0.5℃)融化圈发展过程

2. 差异性冻融变形作用下管道的受力状态分析

在开展上述管道周围冻土温度场数值模拟的同时,还对不同管壁厚度及不同管内油压
条件下,管道遭受不同程度差异性冻融变形作用时的受力状态进行了数值模拟研究。计算
模型如图 7-21 所示,其中,冻融作用带沿管道的长度为 30m;两侧冻融过渡带的长度各为
40m,非冻融变形带的长度各为 15m;管道选用钢材的密度为 7 800 kg·m^{-3},弹性模量为
2.05×10^5 MPa,泊松比为 0.3,屈服应力为 324MPa;管道壁厚分别按 1.25cm、1.42cm、
1.60cm 三种情况计算,管内油压分别按 8MPa、9MPa、10MPa 三种状态计算;计算过程中主
要考虑管道底部地基土产生冻胀变形时对管道最大等效应力的影响,计算结果见表 7-33。

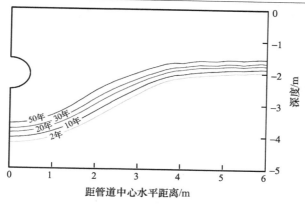

图 7-20　季节冻土区(年平均地温为 +0.8℃)冻结圈发展过程

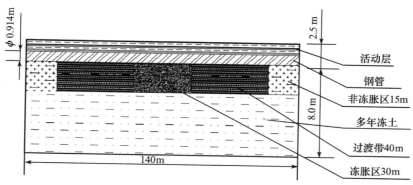

图 7-21　差异性冻融变形作用下管道受力状态计算模型

表 7-33　差异性冻胀变形作用下管道最大等效应力计算结果

管壁厚度/cm	管内油压/MPa	管底冻胀量/cm	管道最大等效应力/MPa	安全性
1.25	8	20.13	317.4	安全
1.42	8	26.25	298.0	安全
		32.55	313.5	安全
		38.50	329.9	不安全
		45.15	344.8	不安全
	9	18.20	307.0	安全
		25.20	321.5	安全
	10	14.35	328.0	安全
1.60	9	32.55	307.2	安全
		39.90	325.4	不安全
	10	25.20	313.5	安全
		31.15	327.0	不安全
		45.15	357.2	不安全

从表中可以看出，管道所受的最大等效应力随管壁厚度的增加而减小，随管内油压的增大而增大，随冻胀变形量的增大而增大。当取 324MPa 作为管道屈服应力时，不同管壁厚度及管内油压条件下管道的最大允许冻胀变形量见表 7-34。

表 7-34　不同壁厚及油压条件下管道最大允许冻胀变形量（单位：cm）

油压/MPa	壁厚		
	12.5mm	14.2mm	16.0mm
8	20.13	36.75	—
9	—	25.20	39.34
10	—	14.35	29.82

3. 管道差异性冻融变形的防治措施

地基土差异性冻融变形是导致寒区埋地管道变形破坏以及诱发管道病害的主要原因，尽量减小地基土冻融变形的绝对值或减缓差异性变形沿管道纵向变化的剧烈程度是防止管道发生破坏的有效途径。综合分析有关研究成果，建议采取以下措施消除或减小埋地管道的差异性冻融变形：

（1）管道保温。热学计算结果表明，在管道周围包裹保温材料可以延缓管道周围土体的冻结和融化速度，显著缩小冻融圈的范围，从而减小地基土冻胀或融沉的绝对值。

（2）增大管壁厚度。力学计算结果表明，适当增大管壁厚度，减小管的径厚比可以提高管道的结构强度，增强管道抵御变形破坏的能力。

（3）地基土换填。当管道穿越冻胀或融沉性比较强烈的地段时，可以考虑在管道底部及周围换填一定厚度的粗颗粒土，并辅以防水、保温措施。如此不仅可以显著减小地基土冻胀或融沉的绝对值，而且可以有效减缓差异性变形沿管道方向的剧烈程度，从而降低管道的应力水平。

（4）主动冷却措施。综合研究结果表明，当管道经过高温、高含冰量冻土地段时，仅采用保温措施并不能完全消除冻土长期退化作用对管道的不利影响。此时应辅以主动冷却措施，降低地基土温度，防止或延缓多年冻土的退化，保持地基土的承载能力。

7.4.8　渠道工程

根据中国北方地区大量的调查研究资料，受地基土冻胀作用而破坏的水利工程中最多的是渠系构筑物和渠道衬砌。其中，渠道衬砌因厚度小、自重轻而对冻胀作用十分敏感。渠道冻害一般发生在渠底以及边坡下部位置，其破坏形式主要表现为衬砌发生变形、出现裂缝、隆起、乃至剥离滑落，渠道地基土的反复冻融作用是造成渠道冻害的主要原因。在渠道工程抗冻稳定性分析中，首先应根据渠道沿线地基土的土质、地下水位以及渠道走向等基本资料将其划分为不同的渠段，并在各段选择 1～2 个具有代表性的横断面，通过计算确定断面上各关键部位（如渠底、坡脚、坡中、坡顶）的冻结深度、渠基土冻胀量和冻胀性级别；其次应根据各部位渠基土的冻胀量选择适宜的渠道断面形式、衬砌材料与结构；

最后应验算渠道各部位的冻胀位移量,当冻胀量不能满足设计要求时,需要采取必要的防冻胀措施。

1. 冻结深度计算

冻结深度计算包括天然设计冻深和基础设计冻深,按照《渠系工程抗冻胀设计规范》(SL 23—2006)中规定,渠系工程的天然设计冻深可按下式计算:

$$z_d = \Psi_d \Psi_w z_m \tag{7-28}$$

式中,z_d 为渠系工程的天然设计冻深,m;z_m 为历年最大冻深,m;Ψ_d 为考虑日照及遮阴程度的修正系数;Ψ_w 为地下水影响系数。相关数值可在上述规范中查取。

基础设计冻深是指计算点自基础底板底面算起的冻深,可按下式计算:

$$z_f = \left(1 - \frac{R_i}{R_0}\right) z_d - 1.6\delta_w \quad (z_f \geqslant 0) \tag{7-29}$$

$$R_i = \frac{\delta_c}{\lambda_c} \tag{7-30}$$

$$R_0 = 0.06 I_0^{0.5} \Psi_d \tag{7-31}$$

式中,z_f 为基础下的设计冻深,m;z_d 为工程地点的天然设计冻深,m;R_i 为底板热阻,$m^2 \cdot {}^\circ\!C \cdot W^{-1}$;$R_0$ 为设计热阻,$m^2 \cdot {}^\circ\!C \cdot W^{-1}$;$\delta_w$ 为底板之上冰层厚度,m;δ_c 为基础板厚度,m;λ_c 为底板的热导率,$W \cdot m^{-1} \cdot {}^\circ\!C^{-1}$;$I_0$ 工程地点的冻结指数,$^\circ\!C \cdot d$。

当 $\delta_c \leqslant 0.5m$ 时,可按下式计算:

$$z_f = z_d - 0.35\delta_c - 1.6\delta_w \quad (z_f \geqslant 0) \tag{7-32}$$

2. 冻胀量计算

基础结构下冻土层产生的冻胀量可按下式计算:

$$h_f = h \frac{z_f}{z_d} \tag{7-33}$$

式中,h_f 为基础结构下冻土层产生的冻胀量,cm;h 为工程地点天然冻土层产生的冻胀量,cm,其值可根据地基土的类别和冻结前地下水位埋深 z_w 情况由图 7-22～图 7-24 查取,当地下水位埋深 z_w 值大于 2.0 ,取 z_w 值等于 2.0m。

3. 地基土冻胀级别划分

基础下地基土的冻胀性级别可按表 7-35 划分。

表 7-35　地基土的冻胀性级别划分

冻胀性级别	I	II	III	IV	V
冻胀量/cm	0～2	2～5	5～12	12～22	>22

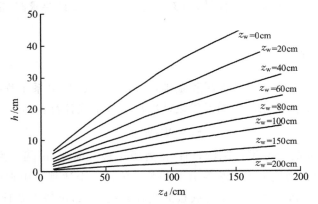

图 7-22　黏土冻深与冻胀量的关系曲线

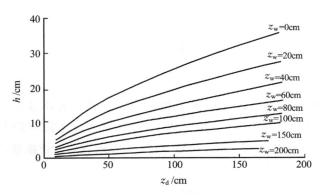

图 7-23　粉土冻深与冻胀量的关系曲线

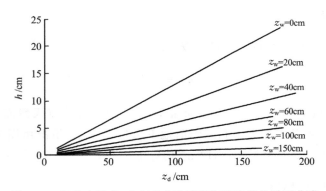

图 7-24　细粒土质砂、含细粒土砂冻深与冻胀量的关系曲线

4. 抗冻胀稳定性要求

　　渠道衬砌结构的抗冻胀稳定性可按表 7-36 所规定的衬砌结构允许法向位移值作为控制指标。衬砌结构的冻胀位移值可按前述渠道地基土的冻胀量确定。

表 7-36　渠道衬砌结构允许法向位移值（单位：cm）

断面形式	衬砌材料		
	混凝土	浆砌石	沥青混凝土
梯形断面	0.5～1.0	1.0～3.0	3.0～5.0
弧形断面	1.0～2.0	2.0～4.0	4.0～6.0
弧形底梯形	1.0～3.0	2.0～5.0	4.0～6.0
弧形坡脚梯形	1.0～3.0	2.0～5.0	4.0～6.0
整体式 U 形槽或矩形槽	2.0～5.0	3.0～6.0	—
分离挡墙式矩形断面（底板）	4.0～5.0	5.0～6.0	7.0～8.0

注：断面深度大于 3.0 的渠道，衬砌板单块长边尺寸大于 5.0 或边坡陡于 1∶1.5 时，取表中小值；断面深度小于 1.5m 的渠道，衬砌板单块长尺寸小于 2.5m 或边缓陡于 1∶1.5 时，取表中大值。

5. 渠道衬砌结构选择

冻胀性渠道的衬砌宜优先采用能适应冻胀变形的柔性结构。当渠基土的冻胀级别为Ⅰ、Ⅱ级时，可结合渠道防渗要求采用下列渠道断面和衬砌结构：

（1）整体式混凝土 U 形槽衬砌。

（2）弧形断面或弧形底梯形断面的板模复合衬砌结构。

（3）宽浅渠道宜采用弧形坡脚梯形断面的板模复合衬砌结构，并适当增设纵向伸缩缝，以适应冻胀变形。

（4）梯形混凝土衬砌渠道可采用架空板式（预制Ⅱ形板）或预制空心板式结构。

（5）浆砌石衬砌等其他结构形式。

当渠基土冻胀级别为Ⅲ、Ⅳ、Ⅴ级时，可采用下列渠道断面和衬砌结构：

（1）采用地表式整体混凝土 U 形槽或矩形槽，槽底可设置保温层或非冻胀性土置换层，槽侧回填土高度宜小于槽深的 1/3。

（2）渠深不超过 1.5m 的宽浅渠道宜采用矩形断面，渠岸采用挡土墙式结构，渠底采用平板结构，墙与板连结处设冻胀变形缝。

（3）可采用桩、墩等基础支撑输水槽体，使槽体与基土脱离，桩的允许冻拔量为零。

（4）可采用暗渠或暗管输水。刚性材料衬砌渠道的分缝应能适应冻胀变形，横向缝可采用矩形或梯形，缝宽 20～30mm；纵向缝可采用铰形、梯形或矩形，缝宽 20～40mm。变形缝内宜充填黏结力强、变形能力大、在当地最高气温下不流淌、最低气温下仍具柔性的止水材料。

6. 渠道防冻胀处理措施

中国北方地区大量的实测资料表明，当渠道的冻胀位移值与允许位移值相差不大时，其冻胀问题可通过适应冻胀位移的结构措施解决；而当渠道的冻胀位移值与允许位移值相差过大时，其冻胀问题须采用回避或削减渠基土冻胀量的措施解决。主要有以下几种方法。

　　（1）换填法。当渠基土冻胀级别为Ⅲ、Ⅳ、Ⅴ级时,可采用置换措施防止衬砌破坏。置换时应采用非冻胀性土置换渠床原状土。当置换层有被淤塞的危险时,应在置换体迎水面铺设土工膜料或土工织物保护;若置换体有可能饱水冻结时,应保证冻结期置换体有排水出路。

　　（2）排水法。设置排水系统、降低地下水位可以削减渠基土的冻胀量。当渠床的冻融层或置换层下不透水层较薄、深层地下水埋深大于工程设计冻深时,可在渠底每隔10～20设一眼盲井,使冻融层或置换层与地下水联通。当渠床的冻融层有排水出路时,可在工程设计冻深底部设置纵、横向排水暗管,将渠床冻融层中的重力水或渠道旁渗水排出渠外。对冬季输水的衬砌渠道,当渠侧有旁渗水补给渠床时,可在最低行水位以上设置反滤排水体,排水口设在最低行水位处,将旁渗水排入渠内,避免浸湿渠床。

　　（3）保温法。采用聚苯乙烯泡沫塑料板等隔热材料进行保温,削减或消除渠床土的冻胀,具有施工简易、效果明显、造价较低等特点。保温板在强度、压缩系数、吸水率、耐久性等方面应满足工程设计要求。对于大型渠道,保温板的厚度应通过热工计算确定;对于中、小型渠道,可按1cm厚的保温板可以减少10～15cm冻深估算,其精度可以满足工程实际要求。

　　（4）强夯法。在渠道施工过程中对黏性土进行压实或强夯来提高渠基土密实度,使冻胀土变成不冻胀土,从而达到防治冻胀的目的。采用此方法时,应按照土坝施工要求分层辗压,应同时满足压实度不低于0.98,干密度不低于1 600 kg·m^{-3}且不小于天然干密度1.05倍的要求。

参 考 文 献

陈肖柏. 1981. 祁连山木里地区冻土融化时的下沉与压缩特性. 中国科学院兰州冰川冻土研究所集刊
　　（第2号）. 北京：科学出版社：97～103.

陈肖柏,刘建坤,刘洪绪,等. 2006. 土的冻结作用与地基. 北京：科学出版社.

程国栋,张建明,盛煜,等. 2003. 保护冻土的保温原理. 上海师范大学学报（自然科学版）,32(4)：
　　1～6.

程恩远,姜洪举. 1989. 季节冻土地基的融沉. 第三届全国冻土学术会议论文选集. 北京：科学出版社：
　　242～246.

崔成汗,周开炯. 1982. 冻结砂黏土融沉及压缩系数的经验公式（摘要）. 中国地理学会冰川冻土学术会
　　议论文选集（冻土学）. 北京：科学出版社：151,152.

崔托维奇. 1985. 冻土力学. 张长庆,朱元林译. 北京：科学出版社.

大庆油田工程有限公司,中国科学院寒区旱区环境与工程研究所. 2009. 漠河至大庆输油管道冻土工程
　　关键技术研究,第2卷：多年冻土区埋设管道热、应力分析及数值模拟.

丁靖康. 1983a. 水平冻胀力研究. 第二届全国冻土学术会议论文选集. 兰州：甘肃人民出版社：
　　233～239.

丁靖康. 1983b. 切向冻胀力的野外试验研究. 第二届全国冻土学术会议论文选集. 兰州：甘肃人民出版
　　社：251～256.

丁靖康,娄安金. 1996. 多年冻土区挡土建筑物的设计和计算. 见第五届全国冰川冻土大会论文集. 兰
　　州：甘肃文化出版社：1127～1136.

黄小铭. 1983. 青藏高原多年冻土地区铁路路堤临界高度的确定. 见第二届全国冻土学术会议论文选集.

兰州：甘肃人民出版社：391~397.

赖远明,吴紫汪,朱元林,等.1999.寒区隧道温度场、渗流场和应力场耦合问题的非线性分析.岩土工程学报,21(5):529~533.

刘鸿绪.1996.对冻土学几个基本术语的商榷.第五届全国冰川冻土大会论文集.兰州：甘肃文化出版社,541~546.

刘丽红.2009.季节冻土区桩基础抗冻拔稳定性研究.建筑设计,38(3):107~110.

马世敏.1983.冻土抗剪强度的实验研究.青藏冻土研究论文集.北京：科学出版社:106~111.

童长江,管枫年.1985.土的冻胀与建筑物冻害防治.北京：水利电力出版社.

王绍令,米海珍.1993.青藏公路铺筑沥青路面后路基下多年冻土的变化.冰川冻土,15(4):566~573.

吴紫汪,张家懿,王雅卿,等.1981.冻土融化下沉的初步研究.见中国科学院兰州冰川冻土研究所集刊(第2号).北京：科学出版社:104~112.

吴紫汪,张家懿,朱元林.1982.冻土流变性试验研究.见中国地理学会冰川冻土学术会议论文选集(冻土学).北京：科学出版社:128~132.

吴紫汪,刘永智,谢先德.1983a.冻土承载力的现场原位试验研究.青藏冻土研究论文集.北京：科学出版社:112~119.

吴紫汪,张家懿.1983b.水分对冻土流变的作用.第二届全国冻土学术会议论文选集.兰州：甘肃人民出版社:309~313.

吴紫汪,程国栋,朱林楠,等.1999.冻土路基工程.兰州：兰州大学出版社.

吴紫汪,赖远明,臧恩穆,等.2003.寒区隧道工程.北京：海洋出版社.

吴紫汪,刘永智.2005.冻土地基与工程建筑.北京：海洋出版社.

武憼民,汪双杰,章金钊.2005.多年冻土地区公路工程.北京：人民交通出版社.

章金钊,姚翠琴.1993.青藏高原多年冻土地区的涵洞工程.冰川冻土,15(2):363~369.

张建明.2004.青藏高原冻土路基稳定性及公路工程冻土分类研究.北京：中国科学院研究生院博士研究生学位论文.

张建明,章金钊,刘永智.2006.青藏铁路冻土路基合理路堤高度研究.中国铁道科学,27(5):28~34.

张建明,刘端,齐吉琳.2007.青藏铁路冻土路基沉降变形预测.中国铁道科学,28(3):12~17.

郑波,张建明,马小杰,等.2009.高温-高含冰量冻土压缩变形特性研究.岩石力学与工程学报,28(增1):3063~3069.

中华人民共和国行业标准.1998.冻土地区建筑地基基础设计规范(JGJ 118—98).北京：中国建筑工业出版社.

中华人民共和国电力行业标准.1998.水工建筑物抗冰冻设计规范(DL/T 5082—1998).北京：中国电力出版社.

中华人民共和国行业标准.2007.公路桥涵地基与基础设计规范(JTG D63—2007).北京：人民交通出版社.

中华人民共和国水利行业标准.2006.渠系工程抗冻胀设计规范(SL 23—2006).北京：中国水利水电出版社.

中华人民共和国水利行业标准.2007.水工建筑物抗冰冻设计规范(SL211—2006).北京：中国水利水电出版社.

中华人民共和国行业标准.2008.建筑桩基技术规范(JGJ94—2008).北京：中国建筑工业出版社.

朱林楠.1982.多年冻土路堤的临界高度.中国地理学会冰川冻土学术会议论文选集(冻土学).北京：科学出版社:170~172.

朱强,谢荫琦.1996.我国寒区水利工程冻胀防治研究现状及展望.第五届全国冰川冻土大会论文集.兰州：甘肃文化出版社：852～862.

朱元林，张家懿. 1982. 冻土的弹性变形及压缩变形. 冰川冻土，4(3)：29～40.

朱元林，张家懿，吴紫汪. 1983a. 冻土地基的融化压缩沉降计算. 青藏冻土研究论文集. 北京：科学出版社：134～138.

朱元林，刘永智，谢先德. 1983b. 青藏高原地下冰现场蠕变试验研究. 青藏冻土研究论文集. 北京：科学出版社：124～130.

第8章 人工地层冻结工程

冻土力学理论除了在寒区工程中广泛应用外,在非冻土区也有很多应用。在非冻土区主要利用冻土强度远高于未冻土强度,人为地将土体冻结以提高土体的临时强度,保证下一步施工的顺利进行,所以,在非冻土区人为地冻结土体以提高土体强度的工程常被称为人工冻结工程。在人工冻结工程中,不仅要用到常规的冻土力学理论,还要考虑地层压力对冻土物理力学性质的作用,用到深土人工冻土的力学知识(第6章)。本章将简要介绍一下人工地层冻结技术及设计时应该考虑的几个主要方面。详细内容可参考其他相关书籍和文献。

8.1 人工地层冻结技术的概念及应用前提

人工地层冻结技术(artificial ground freezing, AGF),简称冻结法,自1862年英国人首次使用以来,已经历了150多年的发展,使其不论在理论上还是在施工技术上都逐渐走向成熟。近年来,随着社会经济的发展、人口的增长以及资源开采的需要,地下工程建设方兴未艾,人工地层冻结技术由于基本不受支护范围和支护深度的限制,能有效防止涌水以及城市挖掘、钻凿施工中相邻土体的变形而成为地下工程的主要技术手段之一,从而在许多国家的煤矿、隧道、地铁和建筑基础等领域得到广泛应用。甚至在多年冻土区建筑物的设计施工中,当其他保护冻土的措施无法实施或实施失败时,人工冻结技术也可作为一种特殊的临时补强措施。

人工地层冻结法是利用人工制冷技术,在含水土层或破碎的含水岩层中,在地下结构工程建设之前,将地下工程周围的含水岩层、土层冻结成封闭的冻土结构物——冻结壁,用以抵抗岩土压力,隔绝冻结壁内、外地下水的联系,然后在冻结壁的保护下进行工程建设的特殊施工方法,其实质是利用人工制冷临时改变岩土性质以加固地层,所以冻结壁的强度和稳定性是关系工程成败和经济效益的关键(马巍等,2012)。

由于冻土中关键成分冰的力学性质主要取决于温度和时间,相对其他工法来说,地层的地质情况不是主要的因素,而水却是关键。所以,在使用冻结法施工前,首先要勘查清地下水含量、流速流向、含盐量、水温以及和其他水资源的水力联系、开挖体及影响范围内地层中含水层和隔水层状况,这是冻结设计和施工时确定冻结深度(垂直冻结)或冻结长度(水平或倾斜冻结)的重要依据。然后根据拟冻土层含水量的多少,确定具体冻结措施的运用。一般情况下,当地下含水量大于10%,其流速不大($\leqslant 3\sim10\mathrm{m\cdot d^{-1}}$)、含盐量较小、水温变化幅度不太大时,可以直接使用冻结法。若这些条件不满足,经比较后仍然要用冻结法,就要通过缩小冻结孔间距,或增加冻结孔排数,降低冷媒温度或采用干冰或液氮做冷媒等措施来保证冻结施工时冻结壁的安全稳定性。

8.2 冻结壁的形成过程及结构形式

8.2.1 冻结壁的形成

在岩土工程建设中,要想使地层冻结并形成温度较低且稳定的冻土,就必须将地层土中水的温度降到冰点以下,让孔隙水冻结成冰。要做到这一点,通常的做法就是在拟建场地的周围,布置一定数量的冻结孔,孔内安装冻结管,使低温冷媒在冻结管中沿环形空间流动并与地层进行能量交换;将冷量传递给周围地层使岩土层冻结,并吸收周围岩土层的热量,并把它带出(图 8-1)。在这一能量交换过程中,冻结管周围地层以冻结管为中心由近向远不断降温,逐渐使地层中的水变成冰,把原来松散或有空隙的地层通过冰胶结在一起,形成不透水的冻土柱。若将许多这样的冻结管排列起来,通过冻结管内冷媒周而复始的循环,使这些冻土柱的半径不断扩展,并逐渐通过冰紧密结合在一起,形成密封的连续墙,即冻结壁。图 8-2 是随冻结时间的延长冻结管周围冻土发展和冻土柱相连接过程。

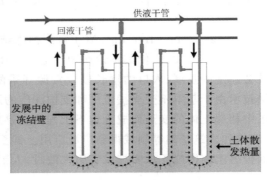

图 8-1 冻结法施工基本原理图

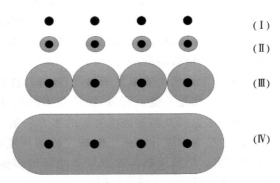

图 8-2 冻结壁形成过程图

8.2.2　冻结壁的结构形式

冻结壁的剖面形式多样。在实际工程中,可根据不同的地质条件和施工要求,采用不同的结构形式,最典型的几种冻结壁结构形式如图 8-3 所示。有适用于竖井或圆形基础施工的圆形冻结壁,有像重力式挡墙结构的冻结壁,有形如底端固定式挡土墙结构的冻结壁,还有锚拉式直挡土墙结构冻结壁(崔广心等,1998)。但不管采用哪一种结构形式的冻土墙,都会涉及以下几个关键问题,譬如,冻结壁厚度的确定、湿土冻结温度和掘进段高度的确定、冻结壁的变形及对外层井壁的变形压力、冻结管断裂问题等,而对这些问题的认识和解决无一不与冻土的物理力学性质的研究息息相关。

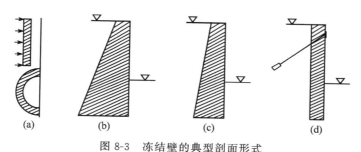

图 8-3　冻结壁的典型剖面形式
(a)圆形墙;(b)重力式挡土墙;(c)底端固定式挡土墙;(d)锚拉式直挡土墙

8.3　冻结温度场计算

在冻结壁的设计中,计算冻结温度场是非常重要的一个环节,其目的主要是:

(1)求冻结壁的平均温度,为确定冻土强度提供依据;

(2)确定冻结锋面的位置,用以计算冻结壁的厚度;

(3)计算冻结壁形成过程中冷量的消耗,为确定冷冻站的制冷能力提供依据;

(4)确定冻结壁扩展的速度,为估算所需的积极冻结时间提供参考。

但在实际工程中,冻结温度场是一个相变温度场,它有移动的内热源和比较复杂的边值条件,所以涉及冻结温度场的计算非常复杂。考虑到冻结壁在竖直方向的尺寸远远大于水平方向的尺寸,且冻结过程中岩土层在竖直方向的热传导相对较弱,通常对立井冻结温度场的计算一般简化为平面轴对称问题。并考虑岩土的容积比热率、导热系数、冻结时间、岩土冻结时放出的潜热量、盐水温度、冻结温度、冻结管外壁温度、地层初始温度、冻结管布置半径、冻结壁的半径、冻结管外直径以及冻结管间距等影响因素。

目前,研究冻结温度场常用的方法有解析法、数值计算、模拟试验和现场实测等手段。解析法仅能对非常简化的模型求解,所得结果一般只能是定性的;现场实测受工程条件与费用所限,难以得到温度场的全貌,所以只能作为试验和数值模拟成果的验证;所以,数值模拟和相似模拟方法是研究冻结温度场最有效的方法,许多有意义的研究成果都是通过这一研究方法取得的。

对温度场的计算,可参考《特殊凿井》一书。

8.4　冻结壁设计

冻结壁是以人工冻结技术形成的临时结构物,其功能是隔绝井内外地下水的联系和抵抗水土压力,所以冻结壁必须有足够的强度和稳定性。实际的冻结壁,从物理、力学性质方面看,是一个非均质、非各向同性、非线性体,随着地压的逐渐增大,冻结壁将由弹性体、黏弹性体向弹黏塑性体过渡;从几何特征看,它是一个非轴对称的不等厚筒体。当盐水温度和冻结管布置参数一定时,代表冻结壁强度和稳定性的综合指标是厚度,而反映冻结壁整体性能综合指标的是冻结壁的变形。冻结壁变形过大,会导致冻结管断裂、盐水漏失融化冻结壁,还会使外层井壁因受到过大的冻结壁变形压力而破裂。当掘砌工艺和参数、盐水温度和冻结管间距一定时,控制冻结壁的厚度就是控制冻结壁变形的最主要手段。下面简要介绍一下冻结壁的设计方法以及冻结壁与井壁之间的相互作用问题。

8.4.1　冻结壁厚度确定方法

关于如何确定冻结壁的厚度,国内外有许多公式。根据冻结深度的不同,可采用不同的公式。

1. 无限长弹性厚壁圆筒公式

一般当冻结深度小于 100m 时,把冻结壁看成弹性体,采用 Lame 和 Clapeyton 无限长厚壁圆筒设计公式计算:

$$R = r\sqrt{\frac{[\sigma_u]}{[\sigma_u] - 2P}} \qquad (8\text{-}1)$$

式中,R 为冻结壁外半径,m;r 为冻结壁内半径,m;$[\sigma_u]$ 为冻土无侧限抗压许用应力,MPa;P 为地层中水平地压值,MPa。

2. 无限长弹塑性厚壁圆筒公式

当冻结深度在 200m 左右时,将视冻结壁为在均布外压作用下的无限长理想弹塑性厚壁圆筒,即允许冻结壁内圈处于塑性状态,而外圈仍处于弹性状态而不丧失稳定性。按 Domke 公式计算:

$$R = r\left[0.29\left(\frac{P}{\sigma_{ut}}\right) + 2.3\left(\frac{P}{\sigma_{ut}}\right)^2 + 1\right] \qquad (8\text{-}2)$$

式中,σ_{ut} 为冻土无侧限抗压长时强度,MPa。

3. 有限长厚壁圆筒公式

随着冻结壁深度的进一步增加,出现了不少事故。人们对冻结壁进行了再认识,发现上述公式没能考虑冻土具有流变性质这一显著特征,也即与时间有关这一特征,是导致这些事故的根本原因之一。根据这一分析,前苏联土力学专家 Вялов 等学者提出了小段高冻结壁（有限长厚壁圆筒）设计公式：

$$R = r\left[\frac{(1-m)(1-\xi)P}{A_c}\left(\frac{h}{U_r}\right)^m \frac{h}{r} + 1\right]^{\frac{1}{1-m}}$$ 　　　　(8-3)

其中

$$\gamma_c = \left(\frac{\tau_c}{A_c}\right)^{\frac{1}{m}}$$ 　　　　(8-4)

式中，U_r 为冻结壁内侧最大径向位移，m；h 为掘进段高（图 8-4），m；m 为无量纲试验参数；A_c 为与温度（θ）和时间（t）有关的试验参数；ξ 为冻结壁上下端约束系数（图 8-4），$0 \sim 0.5$。

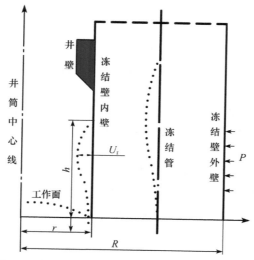

图 8-4　有限高圆形厚冻结壁示意图（陈湘生，2000）

在分析了有内支护的冻结壁变形后，德国 Klein 得出了无限长（高）冻结壁内侧蠕变位移计算式：

$$U_r = \left(\frac{\sqrt{3}}{2}\right)^{B+1} r\left[\frac{(P-P_i)\frac{2}{B}}{1-\left(\frac{r}{R}\right)^{\frac{2}{B}}}\right]^B A(T)t^C$$ 　　　　(8-5)

式中，U_r 为冻结壁内侧蠕变变形；P_i 为井壁支护对冻结壁的支反力；其他参数基于冻土无侧限压缩蠕变数学模型。

4. 深冻结壁时空设计理论及公式

从图 8-4 可见，冻结壁强度及稳定性不但与几何参数 R 和 r 有关，而且还与段高 h、工作面地层约束 ξ 和冻土力学性质有关。上述公式中，有的没有考虑冻土的流变性，有的没有考虑无内支护的冻结壁情况，所以，它们在深部冻结壁设计中的应用受到限制。为

此,陈湘生(1998)提出了有限段高深冻结壁设计时空理论及公式:

$$R = r\left[\frac{\left(1 - \dfrac{1}{B}\right)(1 - \xi)P}{(\theta + 1)^{\frac{K}{B}}}\left(\frac{h}{U_r}\right)^{\frac{1}{B}}\frac{h}{r}A_0^{\frac{1}{B}}t^{\frac{C}{B}} + 1\right]^{\frac{B}{B-1}} \tag{8-6}$$

式中,U_r 为冻结壁内侧最大允许变形,m;ξ 不工作面经束参数,$0\sim0.5$;P 为水平地压,$P = 0.013H$(H 为计算地层深度,单位为 m),MPa;h 为空帮高度,m;t 为掘节时间。式中其余参数基于冻土蠕变数学模型:

$$\gamma_c = \frac{A_0}{(\theta + 1)^k}\tau_c^B t^C \tag{8-7}$$

式中,γ_c 为冻土蠕变应变强度;θ 为冻结壁平均温度的绝对值,℃;τ_c 为冻土蠕变剪切应力强度;A_0、k、B、C 为试验参数。

深冻结壁时空设计理论参数具有以下优点:

首先是将时间 t 和温度 θ 分离开,使冻结壁的厚度计算与时间即蠕变特性结合起来,即与掘砌空帮(未支护)时间相关。

其次,冻结壁时空设计理论把冻结壁厚度直接同温度联系起来,并以冻结壁最大允许变形和冻结管最大允许变形为准则进行设计,克服了因只考虑冻土强度而引起冻结管断裂的问题。

最后,利用冻结壁时空设计理论,可以根据不同的地层特性,来改变冻土温度 θ、掘砌时间 t、段高 h、冻结管材料(含于 U_r)等或组合调整这些参数来满足冻结壁强度和稳定性的要求,从而进行优化设计,达到安全、省时、省投资的目标。

8.4.2　冻结孔布置

冻结孔就是放入冻结器的孔,它的间距和排数(单排、双排或多排冻结孔)决定冻结壁的发展速度和厚度。在冻结壁的温度和厚度确定的前提下,冻结孔的间距和排数主要取决于工期、地下水温度、流速、水中的盐分、冻结深度和打钻设备精度、土壤热物理参数、冻结壁的设计平均温度等因素。孔间距越小,冻结壁形成越快,相应的成本也要增大,反之亦然。通常,如果冻结壁厚度小于 $3\sim4\text{m}$,单排冻结孔间距一般在 $0.5\sim1.2\text{m}$ 范围内取值。当冻结壁厚度很厚(如大于 $3\sim4\text{m}$)或地下水流速较快时,单排冻结孔不能满足要求而必须采用双排或多排冻结孔时,孔间距和排距的选取,要根据冻结壁设计的平均温度、土层常规和负温下的热物理力学参数、冻结温度的要求进行计算。这时冻结孔一般成错位布置或梅花形布置。冻结孔间距一般在 $0.8\sim1.2\text{m}$ 范围内取值,而排距一般在 $0.5\sim1.0\text{m}$ 范围内取值。同上面单排孔一样,距离越小,冻土墙形成越快,相应的成本也增大,反之亦然。通常,单圈冻结孔的布置圈圈径 D_k 可按下式计算:

$$D_k = D_\omega + 2(\psi\delta + \beta L) \tag{8-8}$$

式中,D_ω 为开挖体的直径,m;L 为冻结深(长)度,m;δ 为冻结壁厚度,m;β 为钻孔可能的最大偏斜率,一般要求小于 0.3%;ψ 为冻结壁向内侧扩展系数,一般 $\psi = 0.55\sim0.60$;对于深井 $\psi = 0.50\sim0.55$。

冻结孔的数量 N（一般取整数）按照下式计算：

$$N = \frac{\pi D_k}{l} \tag{8-9}$$

式中，l 为冻结孔间距，m。

8.4.3　冻结时间确定

冻结壁冻结时间通常指积极冻结时间，是指从冷冻站开始向地层供冷到冻土墙形成并具备开挖条件所需要的冻结日期。由于冻结壁的发展与盐水温度、孔间距、冻结管直径、地温、地层的热学性质和地下水流速等因素有关，也与冻结壁的厚度有关，所以，积极冻结时间的精确计算是一个复杂的课题。在工程中多根据经验方法计算，其公式为

$$t_r = \frac{\psi\,\delta}{\nu} \tag{8-10}$$

式中：t_r 为积极冻结时间，h；δ 为冻结壁厚度，mm；ψ 为冻结壁向内侧扩展系数，一般 $\psi = 0.55 \sim 0.60$；对于深井 $\psi = 0.50 \sim 0.55$；ν 为冻结壁向内侧平均扩展速度，mm·d^{-1}。根据经验，砾石层 $\nu = 35 \sim 45$ mm·d^{-1}；砂层 $\nu = 20 \sim 25$ mm·d^{-1}；黏土层 $\nu = 10 \sim 15$ mm·d^{-1}。

8.4.4　冷冻站制冷能力计算

一项冻结工程所需制冷量与冻结范围、地层物理力学参数、水文情况和掘砌时间等多种因素有关。当冻结深度、冻结管径、冻结孔数等确定后，冷冻站的制冷能力就可按下式计算：

$$Q_c = K_0 \pi d L_0 q \tag{8-11}$$

式中，Q_c 为冷冻站制冷能力，kW；K_0 为冻结管路冷量耗散系数，一般取 1.1～1.25。盐水流量为

$$Q_s = \frac{Q_c}{\rho c \Delta\theta} \tag{8-12}$$

式中，Q_s 为盐水流量，m^3·s^{-1}；ρ 为盐水密度，一般取 1250～1270 kg·m^{-3}；c 为盐水比热，一般取 2.73 kJ·kg^{-1}·K^{-1}；$\Delta\theta$ 为去、回路盐水温差，℃。

利用以上参数，可以进行冷冻站设备的选型。

8.4.5　冻结管受力分析

冻结管的受力过程可分为三个阶段：安装阶段、积极冻结阶段和掘砌施工阶段。在安装阶段，由于冻结孔不可避免地会产生偏斜，冻结孔的轴线实际上是一个空间曲线。冻结管处于弯曲的孔中，内受盐水压力作用，外受泥浆压力作用，还有自重及安装应力作用。所以，有人建议，冻结管的内力可按无限长弹性厚壁圆筒公式计算。但考虑到实际的冻结管均为薄壁钢管，细长的钢管在自重作用下，轴心将会受压失稳，所以就规定冻结管在自重作用下竖向失稳的临界长度为 63.38m。也就是说，对于长百米以上的冻结管来说，即

使冻结孔是竖直的,冻结管在冻结孔中也不会是完全直立的,它的轴线是一条曲线。这样,在冻结管与冻结壁接触的地方及在孔底部,冻结管会受到向上的支撑力。中华人民共和国原煤炭工业部规定,冻结孔的偏斜率一般要求小于 0.3%,冻结孔的曲率小于 1°/100m。

在积极冻结阶段,冻结管主要受到温度应力和冻胀力的作用。其中温度应力是指在冻结过程中,由于冻结管的温度从地温降到设计的盐水温度时,产生了 50～60℃ 的温度变化而产生的应力。冻胀力是指竖向冻胀与冻土冷缩引起的冻结管应力和水平冻胀力在冻结管中引起的弯曲应力。下面分别将这几种应力做一介绍。

自生温度应力:当冻结管外、内面存在温差时,各部分产生不均匀收缩,这种收缩受到冻结管各个部分的约束而产生的应力,一般包括自生温度应力和竖向约束温度应力。自生温度应力的大小受冻结时间的影响较大,在冻结前,冻结管的温度等于地温,所以温度均匀,自生温度应力较小;在积极冻结过程中特别是冻结壁交圈前,冻结管的内外壁存在着较大的温差,最大可达 16～20℃,所以自生温度应力较大;而当到了积极冻结阶段后期至结束时,冻结管内外壁间的温度相差很小,此时,冻结管的自生温度应力也很小。

竖向约束温度应力:冻结管的平均温度从某一值下降到另一值时,冻结管各部分产生均匀收缩,但周围地层约束了它的收缩,由此产生的应力称为约束温度应力。通常,在冻结孔中的泥浆完全冻结之前,冻结管在轴向可以自由收缩,这时可以不考虑约束温度应力的影响,但当地层冻结以后,就必须要考虑约束温度应力的作用。

竖向冻胀与冷缩引起的拉压应力:在土层冻结初期,水结冰引起的体积膨胀大于未冻水、冰和矿物颗粒的冷缩体积,使得冻结管周围的冻土产生竖向膨胀,而此时,冻结管由于温度降低而产生竖向收缩,从而使得冻结管内产生较大的拉应力作用。随着盐水温度和冻土温度的降低,未冻水含量越来越少,水分迁移量也大大减少,冷缩作用将大于冻胀作用,此时冻结管和管周冻土均在竖向收缩,则冻结管内将产生压应力。

水平冻胀力在冻结管中引起的弯曲应力:在冻结壁交圈前,所有冻土柱均会受到其左右两侧冻土柱扩张引起的冻胀力作用,其合力使得该冻结管有向圈外侧移动的趋势,在冻结管内产生弯曲应力。在冻结壁交圈后,常会在井内形成封闭水体,随着冻结壁向井内的发展,水压迅速升高,使冻结壁受到较大的内压力作用,向外变形,使冻结管产生弯曲应力。

在掘砌施工阶段,由于盐水温度、管周围土层的冻胀和冷缩量的变化量很小,所以,冻结管受温度应力和冻胀力作用不大。但由于冻结管横截面积之和与冻结壁横截面积的差别较大,冻结管的抗弯刚度将远远小于冻结壁的抗弯刚度,冻结壁的变形将影响冻结管的受力与变形,导致冻结管在径向平面内向井心挠曲。

8.4.6　冻结壁承载能力分析

冻结壁的承载能力除了与冻土的物理力学性质密切相关外,更重要的是与冻结管材、冻结壁的平均温度 θ、未支护段高 h 和掘砌时间 t 直接相关。考察冻结壁的承载能力时,冻土本身的力学参数在施工中是很难改变的。冻结管的允许变形 U_r,在选定管材和接头后,只能通过冻结壁平均温度的降低和未支护高度的协调改变来改变。而在施工中可人为较容易控制的参数是冻结壁的平均温度 θ、未支护段高 h 和掘砌时间 t。因而考察这些可控变量对冻结壁承载能力的影响程度和方式,不但可了解这些变量的作用,更重要的是在施工中可根据当时当地的情况进行变量的调整。使冻结壁达到稳定安全的目的(陈湘生,2000)。

图 8-5 显示,随着冻结壁平均负温的降低,冻结壁承载能力不断增加。例如,冻结壁平均温度从−10℃降到−15℃时,其承载力比−10℃时增加约 26%。温度再下降,增加比例变小,因为温度影响系数(0.06209)小于 1。冻结壁平均温度降低(实际提高了强度和弹性模量,同时也增厚了冻结壁),成本也会增加。

图 8-6 中冻结壁承载能力 P 同段高 h 的关系表明,未支护段高 h 越短,冻结壁承载能力越大。未支护段高 h 在 2m 以内降低时,承载能力幅度极大。h 从 2m 降到 1m 时,冻结壁承载能力的提高是 h 从 3m 降到 2m 所提高的 1.8 倍。

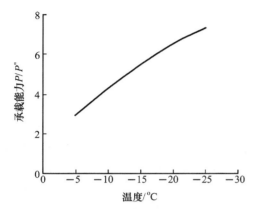

图 8-5　冻结壁承载能力 P 和温度 θ 的关系

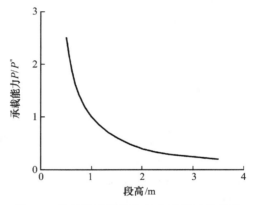

图 8-6　冻结壁承载能力 P 与段高 h 的关系

图 8-7 中冻结壁承载能力 P 同掘砌时间 t 的关系说明,掘砌时间越短,冻结壁承载能力越高,掘砌时间在 20h 以内缩短对承载能力 P 提高最快,尤其在 10h 以内效果更显著。综合以上分析,我们认为降低段高 h 是提高深部泥岩冻结壁承载能力 P 最有效途径,也是最容易实现的;缩短掘砌时间和降低冻结壁平均负温(提高了强度和弹性模量,同时也增厚了冻结壁)可作为辅助手段。有时也可组合采取上述手段来提高冻结壁的承载能力,这主要取决于冻土的蠕变参数和实际条件。

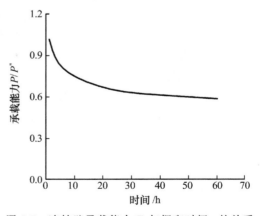

图 8-7　冻结壁承载能力 P 与掘砌时间 t 的关系

8.4.7　冻结壁与井壁之间的相互作用

冻结壁是一临时支护结构,当永久支护井壁建好之后,将做解冻处理。但在解冻前后冻结壁与井壁之间的相互作用的应力-应变性状,是一个十分复杂的课题,受岩土材料、工程状况、冻结前后温度状况等复杂因素的影响,许多问题仍未获得较为满意的解答。现通过井壁所受的冻结压力、温度应力和竖直附加力等与冻结壁的形成与消融有关的井壁受力来说明冻结壁与井壁之间的相互作用。

1. 温度应力

所谓温度应力,就是井壁施工期间,受现浇混凝土井壁与冻结壁之间温度差异的影响而产生的自生温度应力和约束温度应力的统称。在这里,自生温度应力是由井壁内外温差引起的。井壁施工时,井帮温度为 $0 \sim -12℃$,而混凝土入模温度一般为 $20℃$ 左右,且加入一定量的速凝剂,水化热大,浇灌后 $1 \sim 2$ 天,温升可高达 $40℃$,使井壁内部和外表面温差高达 $30℃$ 以上。在这样温度梯度下,井壁内各部位的热胀冷缩不一致,相互约束,因而产生自生温度应力。而约束温度应力是井壁降温引起的。在低温冻结壁的影响下,整个井壁温度要大幅度下降,产生收缩,但外壁受到冻结壁所约束,阻碍其收缩。这样,便在井壁内产生约束温度应力。

2. 冻结压力

冻结施工期间,冻结壁作用于井壁上的压力,通称冻结压力。冻结压力是冻结壁变形、壁后融土回冻时的冻胀变形、土层吸水膨胀变形和壁后冻土的温度变形这四者对井壁作用的结果,它是控制外壁厚度的关键荷载,与永久地压、冻结壁的整体强度、冻结壁的允许变形量、掘进段高和段高暴露时间、土质性质、浇灌混凝土时迁移到冻土中的水量和井帮温度等因素有关。研究表明,在其他条件相同时,随着深度的增大,永久地压增大,则冻结壁的变形可能从弹性变形到黏弹性变形、再到黏弹塑性变形,相应地,外层井壁受到的冻结壁的变形压力从零增长到最大值。冻结壁变形压力又同冻结壁的整体强度与温度、土性、几何尺寸、土层冰点等因素有关,整体强度越大,冻结壁的变形越小,对冻结壁的压力也越小。进行外层井壁支护时,冻结壁的允许变形越小,对冻结壁的压力就越大。一般来说,黏土冻结压力大,砂性土次之,砾石最小。同类土层,其他条件相同时,深度越大,冻结压力越大。浇灌混凝土时,受混凝土水化热的作用,壁后冻土会融化一定深度,从混凝土中迁移至融土中的水量越大,则融土回冻时产生的冻胀压力越大,冻结压力就越大。冻结压力随时间变化,沿掘进段高分布不均匀,并且在井壁的环向也分布不均匀。

由于影响冻结压力的因素很多,目前确定冻结压力还依赖于实测结果,并根据地质条件和工程条件取经验值。

3. 竖直附加力

当地层向下的位移大于井壁位移时,井壁外表面会受到向下的竖直附加力的作用;反之,则受到向上的竖直附加力的作用。竖直附加力共有五类,即冻结壁融沉引起的竖直附加力、表土含水层疏排水引发的竖直附加力、井壁的竖向热胀冷缩受到土层约束时产生的竖直附加力、地表水向下渗透时产生的竖直附加力和开采工业场地和井筒保护煤柱引起岩石和土层下沉时产生的竖直附加力,其中前三种类型与冻结壁的形成与发展有关,现着重介绍。

（1）冻结壁融沉引起的竖直附加力。当冻结壁解冻时，由于冰解冻成水体积减小9%，融土在自重作用下固结下沉，在下沉过程中对井壁产生向下的竖直附加力。该力由王明恕等（1982）在红阳一号井井壁座受力状态测试时首次实测到。他们实测到的冻结壁融沉时作用于井壁上的竖直附加力的值为 11.1 kPa；并提出在冻土融化下沉时，周围土体不但不能支撑井筒，反而给井筒向下的负摩擦力的观点。

（2）表土含水层疏排水引发的竖直附加力。特殊地层含水层疏水，造成水位下降，含水层的有效应力增大，产生固结压缩，引起上覆土体下沉，土体在沉降过程中施加于井壁外表面一个不断增加的竖直附加力。当竖直附加力增长到一定值时，混凝土井壁因不能承受巨大的竖向应力而破裂，这是造成 20 世纪八九十年代井壁破裂的主要因素之一。

（3）井壁的竖向热胀冷缩受到土层约束时产生的竖直附加力。实际上是土层对井壁温度变形产生的约束力。在夏季，井筒内风流温度一般高于地温，井筒受温度变化影响，会纵向伸长，但由于周围土体的约束作用，井壁会产生压应力；在冬季，情况则相反。这时井壁破裂灾害多发于 6～9 月的原因之一。

人工冻结技术是一项既古老而又对技术和管理要求非常严格的施工技术。和其他施工方法相比，冻结法的应用不仅对地质条件的认识要求较高，而且对冻土物理力学参数选取尤为重要。地层含水量的大小、土壤的颗粒组成、含盐量等因素直接影响或决定着冻土的强度与变形特性，地下水的流速和流向、水位变化情况、开挖区和周围的水力联系影响冻结壁的形成速度甚至安全；隔水层的位置和特性决定着冻结深度和开挖过程的安全；冻土物理力学参数的选择决定着冻结壁的设计和施工成本。因此，我们必须要以严谨的科学态度应用人工冻结法。

参 考 文 献

陈湘生，1998. 深冻结壁时空设计理论. 岩土工程学报，（5）：13～16.

陈湘生，2000. 冻结壁承载能力分析. 中国煤炭学会第六届青年科技学术研讨会论文集. 北京：煤炭工业出版社：6～9.

崔广心，杨维好，吕恒林. 1998. 深厚表土层中的冻结壁和井壁. 北京：中国矿业大学出版社.

马巍，王大雁. 2012. 深土冻土力学研究的现状与思考. 岩土工程学报，34（6）：1123～1130.

王明恕，姚鑫林. 1982. 深井冻结壁壁座设计的新问题——负摩阻力. 煤炭学报，（2）：21～24.

余力，崔广心，翁家杰. 1981. 特殊凿井. 北京：煤炭工业出版社.

第 9 章　冻土力学试验方法

冻土力学是一门试验学科,只有仅仅 60 多年的历史,它的理论发展与实际应用离不开室内试验。自 20 世纪 50 年代以来,试验仪器日新月异,特别是从相邻学科引进的设备,使冻土力学研究得到快速发展,但是冻土力学试验方法仍然不是十分成熟。本章以现有仪器设备为基础,以通用的方法介绍冻土力学的室内测试手段,希望大家在此基础上进一步改进和发展冻土力学试验方法。

9.1　冻结过程试验

本试验方法适用于原状和扰动黏性土以及砂性土。

9.1.1　样品制备

参考 1999 年国家质量技术监督局和中华人民共和国建设部联合发布中华人民共和国国家标准《土工试验方法标准》(GB/T 50123－1999)中的"试样制备和饱和"、"含水量试验"、"密度试验",样品的制备方法如下。

1. 原状土应按下列步骤进行

(1)土样按自然沉积方向放置,剥去蜡封和胶带,开启土样筒取出土样。

(2)用土样切削器将原状土样削成一定形状的试样,称重确定密度,并取余土测定初始含水量。试样的形状根据需要而定。冻结过程试验一般采用直径和高度均为 100mm 的圆柱形试样。

2. 扰动土应按下列步骤进行

(1)击实法。将野外取回的土样风干、碾散、过筛,取 2mm 或 5mm 筛下的土样加蒸馏水至所需初始含水量并搅拌均匀,放入密闭容器中密封保持 24h 以上,待土样含水量均匀后,根据所需要的试样高度和干密度,采用分层击实法或整体压实法将湿土装入试样筒。

(2)三维固结排水法。将野外取回的土样风干、碾散、过筛,取 2mm 或 5mm 筛下的土样加蒸馏水拌和至泥浆状,装入内径为 100mm 的有机玻璃筒内,在标准制样机上对土样施加静荷载,使其排水固结至所需初始含水量后,将土样从有机玻璃筒中推出,并将土柱高度修正到所需高度。

9.1.2　主要试验仪器设备

冻结过程试验所用的主要仪器为冻融循环试验机或压力冻融循环试验机[图 9-1(a)、

（b）］。冻融循环试验机由试样筒、试验箱、控温系统、补水/排水系统、温度测试系统、位移测试系统、压力测试系统组成。

(a) 实物

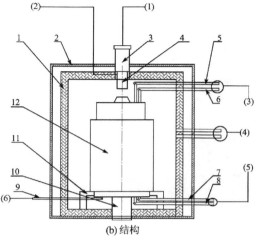
(b) 结构

图 9-1　冻融循环试验机

1.试验箱；2.加载系统框架；3.上压头；4.压力传感器；5.顶板循环液入口；6.顶板循环液出口；
7.底板循环液入口；8.底板循环液出口；9.排水/补水管；10.下压头；11.试样筒支座；12.试样
筒；（1）加压装置；（2）压力测试系统；（3）顶板制冷控温系统；（4）试验箱
制冷控温系统；（5）底板制冷控温系统；（6）补水/排水系统

　　压力冻融循环试验机除上述组件外，增加一个压力控制系统，由加压系统框架、上压头、下压头、加压装置组成，仅在需要模拟原状土天然受压状况时使用，加载量级根据天然受压状况确定。

　　试样筒主要由筒壁、顶板、底板组成［图 9-2（a）、（b）］。筒壁由导热不良的非金属材料（如有机玻璃）制成，内径为 100mm，高度为 200mm。筒壁上每隔 10mm 设有温度传感器插入孔。顶板和底板由导热良好的金属材料（如合金铝）制成，为圆形平板，内部设有循环液流通槽，循环液流通槽的设计必须达到使板面温度均匀的要求。顶底板的外径均为 100mm，高度根据循环液流通槽尺寸确定，与筒壁配套使用，分别放置在试样顶部和底部。底板提供外界水源补给或排水通道，顶板提供排气通道。顶、底板分别与制冷控温系统相连。制冷控温系统由循环液储蓄槽、小型压缩机、加热丝、温控器组成，小型压缩机对循环液进行冷却、加热丝对循环液进行加热，循环液在储蓄槽和顶、底板循环液流通槽中流动，顶、底板和试样之间发生热交换，顶底板表面和储蓄槽内部都布设温度传感器，温控器与温度传感器、压缩机、加热丝相连，温控器根据温度传感器反馈回来的温度信息进行内部运算后决定压缩机或加热丝的启停，从而进行温度控制。

　　试验箱由保温材料制成，其内部结构如图 9-3 所示，容积不小于 0.8m³，箱内设置散热器、风扇、加热器、温度传感器，箱外设置制冷控温系统和二级温控器。散热器内设有循环液流通管，并与制冷控温系统相连，其控温原理与上述试样筒顶、底板的控温原理相同，只不过这里是散热器与箱内空气之间进行热交换。由于试验箱内的空间较大，要使其内

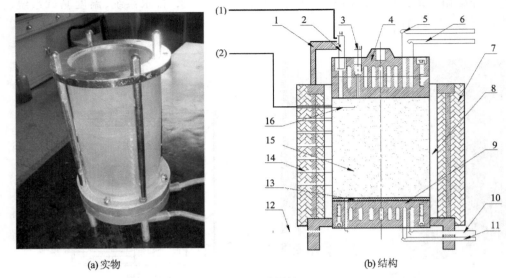

(a) 实物   (b) 结构

图 9-2　试样筒

1.支架；2.位移传感器；3.排气阀；4.顶板；5.顶板循环液入口；6 顶板循环液出口；7.保温材料；
8.筒壁；9.底板；10.底板循环液入口；11.底板循环液出口；12.补水/排水管；13.滤板；14.传感
器插孔；15.试样；16.针式温度传感器；（1）位移测试系统；（2）温度测试系统

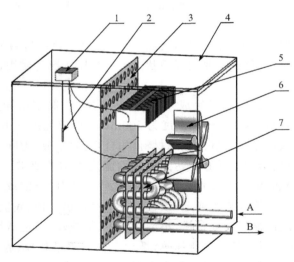

图 9-3　试验箱内部结构示意图

1.二级温控器；2.温度传感器；3.隔板；4.试验箱；5.加热器；6.风扇；
7.散热器；A.循环液入口；B.循环液出口

部形成均匀稳定的温度场，需要进行二级控温。二级温控器与加热器以及箱内的温度传
感器相连，进行温度微调，当箱内温度低于要求的目标温度时，加热器工作，当箱内温度等
于或高于目标温度时，加热器停止工作。风扇设置在散热器和加热器的后面，吹动箱内空

气,加速散热器以及加热器与箱内空气的热交换。补水/排水系统主要包括马廖特瓶和导水管,马廖特瓶通过导水管与底板相连。试验过程中定时记录水位,以确定补水量。

温度测试系统由温度传感器(量程－30～30℃,分辨率0.01℃)、数据采集仪、计算机以及相关的软件组成。温度传感器布设在试样筒侧面的插孔内,通过其测试土样内部的温度变化。

位移测试系统由位移传感器(量程30mm,分辨率0.01mm)、数据采集仪、计算机以及相关的软件组成。位移传感器布设在顶板上方,可测试试验过程中土样的轴向变形量。

压力测试系统由压力传感器(量程5MPa,分辨率0.01MPa)、数据采集仪、计算机以及相关的软件组成。压力传感器布设在顶板上方,可测试冻结过程中土体的冻胀力。

9.1.3　试验步骤

参考《冻土物理学》的内容,提出如下的试验步骤:

(1)装样。在试样筒筒壁内涂一薄层凡士林,放在底板上,筒内放一张滤纸,然后将土样从筒顶装入筒内,让其自由滑落在底板上;在土样顶面加一张滤纸,然后放上顶板,并稍稍加力,以使土柱与顶、底板接触紧密。

(2)将装好土样的试样筒放入试验箱内,在试样筒侧面插孔内插入温度传感器,并在顶、底板上布设温度传感器,试样筒周侧包裹50mm厚的泡沫塑料保温。将顶板、底板、试验箱分别与制冷控温系统相连。底板与补水系统相连。

(3)如果进行冻胀量试验,试样顶部是自由的,在顶板上部安装位移传感器;如果进行冻胀力试验,试样顶部有约束,在约束和顶板之间安装压力传感器。

(4)开启与顶、底板连接的2套制冷控温系统,设定顶、底板温度。

(5)开启与试验箱连接的制冷控温系统和二级温控器,设定试验箱温度,一般设为1℃。

(6)开启数据采集仪和计算机,进行温度、位移或压力测试。试样恒温6h,即试样初始温度均匀达到1℃后,开始试验。

(7)记录初始水位。每隔1h记录水位一次。试验持续时间根据需要而定。

(8)试验结束后,迅速从试样筒中取出土样,测量土样高度并判定冻结深度。

(9)如果需要分析土体冻结过程中的水分迁移、盐分迁移或密度变化情况,则将土样取出后进行分层取样,分别测试各层的含水量、含盐量、密度。

9.1.4　试验结果表示

(1)冻胀量。土体冻结过程中实测的变形量,即为冻胀量。

(2)冻胀率。冻胀率按下式计算:

$$\eta = h_v / h_f \times 100$$

式中,η为冻胀率,%;h_v为试验期间总冻胀量,mm;h_f为冻结深度(不包括冻胀量),mm。

(3)冻结深度。从表层开始冻结到平衡的冻结锋面的深度(不包括冻胀量)。

(4)冻胀力。土体冻结过程中实测的冻胀反力,即为冻胀力。

9.2　融化过程试验

9.2.1　概述

本试验是对原状冻土试样或进行了冻结过程试验的试样进行的。冻土在融化过程中的变形是非常重要的参数之一,也是多年冻土地区建筑设计必不可少的依据。在融化过程中,一方面冻土中的孔隙冰会发生融化,另一方面,在自重作用或上部压力作用下,水分有可能排出,即发生排水固结,这两者很难分开。所以,我们进行融化固结试验时,一般分两步进行:首先是不加上部荷载,使土体在自由条件下发生融化,此时的变形统称为融沉变形,用融沉系数来表示;融化完成后,在土样上施加荷载,此时的变形称为压缩变形,用压缩系数来表示。

9.2.2　样品制备

1. 原状土应按下列步骤进行(参考土工试验方法标准 GB/T 50123—1999 中的"试样制备和饱和"、"含水量试验"、"密度试验")

(1) 原状冻土试样的制备宜在负温环境下进行,且严禁在切样和装样过程中使试样表面发生融化。

(2) 原状冻土试样的制备过程与上述 9.1.1 节的相同。

2. 重塑土应按下列步骤进行

(1) 先制备普通重塑土试样,其制作步骤与 9.1.1 节相同,然后进行冻结。

(2) 如果先进行了冻结过程试验,则不需要从试样筒中取出试样,直接进行融化过程试验。

9.2.3　主要试验仪器设备

致力于冻土研究的学者们制定了冻土单向融化试验方法,用以研究冻土的融化固结特性,并研制了相应的仪器,包括由常规固结仪改装而成的简易融化固结仪(图 9-4)和能够实时测量冻土融化固结全过程压力的冻融循环试验机(图 9-1)。

1. 简易融化固结仪

(1) 冻土融化固结试验的试样尺寸。国外研究者取试样高度与直径之比 $h/d \geqslant 1/2$,通常最小直径取 5cm。对于不均匀的层状和网状构造黏土,则根据其构造情况加大直径,使 $h/d = 1/3 \sim 1/5$。而国内研究者曾以试样环面积 45cm²、78cm² 为标准,此时试样高度分别为 2.5cm、4cm。但由于现有融化固结仪是由常规固结仪改装而来,所以,试样环直径与固结仪直径(7.98cm)一致,高度则考虑冻土构造的不均匀性,取 4cm,这样高度与直径之比为 1:2。

(2) 为了模拟天然地基土的融化过程,必须使试样满足单向融化条件。为此,除采用

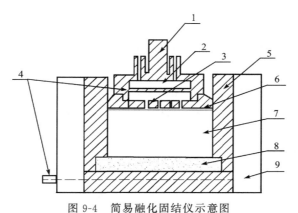

图 9-4　简易融化固结仪示意图
1.加热传压板；2.循环液进出口；3.透水板；4.上下排水孔；
5.试样环；6.滤纸；7 土样；8.透水石；9.保温外套

循环热水单向加热外，试样环应采用导热不良的非金属材料（如胶木、有机玻璃等）制作，并在容器周围加保温套，整个融化固结仪放置在负温环境或较低室温下，以保证试样不发生侧向融化。

2.压力冻融循环试验机

压力冻融循环试验机应符合的要求与上述 9.1.3 节的要求一致。试样尺寸应满足高度与直径之比 $h/d \geqslant 1/2$，根据需要选择试样筒的规格。

9.2.4　试验步骤

1.采用简易融化固结仪时的试验步骤

试验步骤与常规固结试验的相同，可参考《土工试验方法标准》GB/T 50123－1999 中 74～84 页"14 固结试验"的内容。

当融化速度超过天然条件下的排水速度时，融化土层不能及时排水，融化下沉会发生滞后现象。当遇到试样含冰（水）量较大时，若融化速度过快，土体常发生崩解现象，同时，土颗粒和水分一起被挤出，导致试验失败或融沉系数偏大，因此，循环热水的温度应加以控制。根据已有试验结果，循环热水温度控制在 40～50℃ 较合适。加热循环水应畅通，水温要逐渐升高。当试样含冰（水）量大或试验环境温度较高时，可适当降低水温，以控制 4cm 高度的试样在 2h 内融化完为宜。

测定融沉系数时，常常施加 1 kPa 的荷载，其目的是克服试样与试样环侧壁之间的摩擦力。而且，冻土在融化过程中单靠自重下沉的过程往往很长，施加这一小量荷载既可以加快下沉速度，又不致使融化土骨架产生过大的压缩，对融沉系数的影响甚微。

对于压缩系数的测量应在土体融沉系数测量试验完成后对土体施加相应荷载，其相关操作规程与非融冻土的固结压缩试验相同。

2. 采用压力冻融循环试验机时的试验步骤

（1）将盛有土样的试样筒放入试验箱内，在试样筒侧壁的插孔内插入温度传感器，顶底板上布设温度传感器，试样筒周侧包裹50mm厚的泡沫塑料保温。顶、底板分别与温度控制系统相连。底板与补水/排水系统相连。

（2）在顶板上方安装位移传感器，并通过数据线与数据采集仪相连。

（3）开启与顶底板连接的2套温度控制系统，设定顶、底板温度（正温）或升温速率。

（4）开启与试验箱连接的制冷控温系统和二级温控器，设定试验箱温度，一般设定为1℃。

（5）开启数据采集仪和计算机，进行温度、位移或压力测试。

（6）记录初始水位，并每隔1h记录水位一次。

（7）直至变形量在2h内小于0.05mm时作为融沉稳定指标。

（8）融沉稳定后，停止循环液循环，并开始加载、进行固结试验。加荷等级视实际工程需要确定，宜取50kPa、100kPa、200kPa、400kPa、800kPa，最后一级荷载应比土层的计算压力大100～200 kPa。

（9）施加每一级荷载后24h为稳定标准，并测记相应的压缩量。直至施加最后一级荷载压缩稳定，终止试验，取出土样。

（10）如果需要分析土体融化过程中的水分迁移、盐分迁移或密度变化情况，则将土样取出后进行分层取样，分别测试各层的含水量、含盐量、密度。

9.2.5 试验结果表示

1. 融沉量

融沉稳定之前测得的变形量即为融沉量。通过记录融沉量随时间的变化过程，可以得到融沉变形曲线。

2. 融沉系数

融沉系数按下式计算：

$$\delta_0 = \frac{\Delta h_0}{h_0}$$

式中，δ_0 为融沉系数，Δh_0 为融化下沉量，mm；h_0 为试样的初始高度，mm。

3. 某一级荷载稳定后的单位压缩变形量

$$S_i = \frac{\Delta h_i}{h_i}$$

式中，S_i 为某一级荷载下的单位变形量；Δh_i 为某一级荷载下的变形量，mm；h_i 为某一级荷载下的试样高度，mm。

4. 某一级荷载下的压缩系数

$$\alpha_{tc} = \frac{S_{i+1} - S_i}{P_{i+1} - P_i}$$

式中，α_{tc} 为融化压缩系数，MPa^{-1}；P_i 为某一级荷载，MPa。

9.3　冻融循环试验

9.3.1　概述

冻融循环试验的目的有两种：一种是在冻融循环过程中测试土体变形、温度、应力以及盐分迁移、水分迁移等变化情况，此时，应采用上述 9.1 节和 9.2 节中的方法，冻结—融化—冻结—融化，反复多次进行；另一种是研究冻融循环作用对冻土或融土的基本物理参数、力学性质的影响，也就是说，研究的不是冻结或融化过程中土体所发生的变化，而是冻融循环前后土体性质的变化，本节介绍的冻融循环试验方法是针对后者的。另外，本试验一般不是单独进行的，而是根据研究内容，将冻融循环试验和相应的基本物理参数测试或力学试验结合起来进行。

9.3.2　样品制备

样品制备方法如下：
（1）根据冻融循环试验以后将要进行的试验内容确定试样尺寸。
（2）原状土或扰动土试样的制备过程与上述 9.1.1 节的相同。

9.3.3　主要试验仪器设备

冻融循环试验所用的主要仪器为高低温试验箱[图 9-5(a)]。高低温试验箱由保温材料制成，容积不小于 $1m^3$，能控制的温度范围为 $-30\sim30℃$，温度均匀度 $\leqslant\pm0.2℃$，温度波动度 $\leqslant\pm0.1℃$。高低温试验箱的控温原理与上述图 9-5 试验箱相同，只不过这里对温控器的要求更高，散热器和加热器由同一个温控器来控制[图 9-5(b)]，且能够根据需要编制程序设定温度变化范围和恒温时间。

9.3.4　试验步骤

首先利用高低温试验箱进行冻融循环试验，然后利用材料试验机进行物理力学参数试验或力学试验，具体步骤如下：
（1）根据研究内容的需要制备样品。对于要研究冻融循环作用对土体基本物理力学参数影响的情况，样品尺寸没有固定要求，只要是统一的规则形状即可。

如果要研究冻融循环作用对土体力学性质的影响，试样的尺寸要求如下：如果要进行直剪试验，试样直径 61.8mm、高 20mm；如果要进行固结试验，试样直径 61.8mm 或 72mm、高 20mm；如果要进行三轴试验，试样直径 61.8mm、高 125mm。

(a)实物

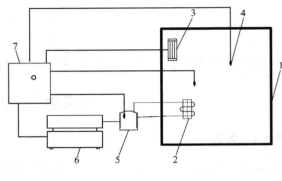
(b)结构

图 9-5　高低温试验箱

1.试验箱；2.散热器；3.加热器；4.温度传感器；5.储液槽；6.制冷系统；7.温控器

（2）试样制备完成后，取余样测试含水量，然后测定试样干密度。

（3）将试样放置在模具中。目前用得较多的有三种模具（图 9-6）：一是在试样上套橡皮膜或包裹塑料保鲜膜［图 9-6(a)］，此时，试样侧面和上下端都不受约束，而且是多向冻结或融化；二是将试样放置在有机玻璃筒内或金属环刀内［图 9-6(b)］，然后在试样周围包裹保温材料，此时，试样侧面受约束而上下端自由，而且是单向冻结或融化；三是将试样放置在四周密闭的容器内［图 9-6(c)］，此时，试样侧面和上下端都受约束，而且是多向冻结或融化。对于不同模具中的试样，经历冻融循环以后，发生的结构变化也不相同，我们推荐第三种方式，此时，试样内部的水分迁移和结构变化最小，试样仍然保持较好的均匀性和整体性。

(a) 乳胶套

(b) 有机玻璃模具

(c) 铜质模具

图 9-6　不同模具中的试样

（4）在进行正式的冻融循环试验之前，需要先进行基础性试验。在试样内部埋设温度传感器，观察试样在设定的温度下多长时间能够达到完全冻结和完全融化，并将此温度和时间记录下来,作为正式试验时的依据。

（5）将制备好的试样连模具一起放入高低温试验箱。可在不同位置放置多个试样,但要注意将所有试样放在温度均匀度能达到要求的有效范围内。

（6）设定降温速率和升温速率、冻结过程和融化过程所需的温度和时间,以及冻融循环次数。为了减少试样冻结或融化过程中的水分迁移,建议采用快速冻结和快速融化法,即将降温速率或升温速率设置得较大（如 $20℃ \cdot h^{-1}$）。

（7）开启机器,进行冻融循环试验。

（8）在冻融循环试验过程中,根据需要,在某些次冻融循环结束后取出试样,测试含水量和干密度。

（9）冻融循环试验结束后,将试样取出,测试试样尺寸,并将试样表面修平。

（10）如果是研究冻融循环对融土力学性质的影响,则直接进行力学试验;如果是研究冻融循环对冻土力学性质的影响,则将试样放置在恒温箱内恒温 24h 后,再将试样放入材料试验机上的试验箱或试验罐内,进行力学试验。

9.3.5　试验结果表示

记录冻融循环试验的温度、冻融循环次数,以及冻融循环前后冻土或融土的基本物理参数测试和力学试验结果。基本物理参数包括土的颗粒级配、含水量、干密度、孔隙比等;力学试验结果包括固结系数、压缩系数、压缩模量、应力应变关系、变形模量、强度、黏聚力和内摩擦角等;其相关操作规程与普通未冻土的物理力学参数试验以及力学试验相同,可参考《土工试验方法标准》GB/T 50123—1999 的相关章节。

9.4　三轴压缩试验

9.4.1　概述

本试验方法主要用于冻土三轴压缩试验。所用的仪器也能够用于常规未冻土或经受冻融循环以后的融土的三轴压缩试验,此时的样品制备、主要试验仪器设备、试验步骤、试验结果表示等都采用《土工试验方法标准》（GB/T 50123—1999）中 90～106 页“16 三轴压缩试验”的要求。

本试验方法适用于细颗粒土。本试验必须制备 3 个以上性质相同的试样,在不同的围压下进行试验。围压宜根据工程实际荷重确定。对于填土,最大一级围压应与最大的实际荷重大致相等。

9.4.2　样品制备

冻土的三轴压缩试验采用的试样直径为 61.8mm,高度为 125mm,符合高径比大于 2 的要求。原状土和扰动土试样的制备应符合 9.1.1 节的要求。

9.4.3　主要试验仪器设备

本试验所用的主要仪器设备,首先应符合《土工试验方法标准》（GB/T 50123—1999）

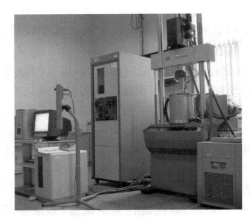

图 9-7　冻土三轴仪照片

中 90 页"16.2 三轴压缩试验仪器设备"的要求;另外,冻土处于负温条件下,对温度变化十分敏感,而且冻土的强度介于常规土和岩石之间。因此,用于冻土三轴压缩试验的仪器有两个特殊要求:一是压力室必须是可控温的,二是该仪器提供的轴压和围压比用于常规土的三轴仪的要大(譬如,最大轴向力 5 t、10 t、25 t;最大围压:5MPa、10MPa、20MPa)。具体要求如下:

用于冻土三轴试验的仪器一般是用材料试验机改装而成,包括压力室、轴向加压设备、围压系统、反压力系统、孔隙水压力测量系统、轴向变形和体积变化量测系统(图 9-7)。

三轴压力室包括底座、筒壁、顶板、上盖(图 9-8)。底座由导热不良、强度高的材料(如环氧树脂)制成,试样放置在底座上。筒壁是圆柱形的,分三层,内层由导热性能好的金属材料制成,中层由导热不良的非金属材料制成,内层和中层之间盘有耐低温管道,并与外部的制冷控温系统相连,外层由金属材料制成,中层和外层之间充填聚氨酯保温材料。顶板由金属材料制成,内部设有循环液流通槽道,并与外部的制冷控温系统相连。上盖外侧由金属材料制成,内侧由非金属材料制成,中间填充保温材料。常规三轴仪的压力室内充满水或空气,但由于水在负温下会冻结成冰,而空气和试样之间的热交换速度又比较慢,因此冻土三轴仪的压力室内充满航空液压油,液压油既作为施加围压的媒介,也作

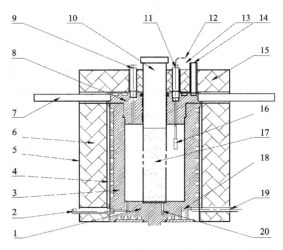

图 9-8　用于冻土试验的三轴压力室结构示意图

1.底座;2.注油入口;3.筒壁内层;4.筒壁中层;5.筒壁外层;6.保温材料;7.扳杠;8.顶板;9.排气阀;
10.加载杆;11.温度传感器插孔;12.传感器接线(接数采仪);13.顶板循环液入口;14.顶板
冷却循环液出口;15.上盖;16.温度传感器;17.试样;18.压力室循环液入口;
19.压力室循环液出口;20.排水管

为热传导的媒介。

　　三轴压力室的筒壁、顶板分别与外部制冷控温系统相连,制冷控温系统由循环液储蓄槽、小型压缩机、加热丝、温控器组成,小型压缩机冷却循环液,加热丝加热循环液,循环液在储蓄槽和压力室的筒壁及顶板之间流动循环,和压力室内的液压油进行热交换,使液压油降温,试样放置在航空液压油中,航空液压油与试样之间进行热交换,使试样温度降低并保持。

　　轴向加压设备由高压油源、控制器、框架、可升降横梁、作动器、加载杆组成。压力室放置在框架底座上,加载杆伸进压力室内。常规三轴仪上带的加载杆是由金属材料制成的,对于冻土三轴仪,为了减少压力室内外的热交换,必须在原来的加载杆下部增加一个上压头,上压头直径与试样一致,高度根据需要而定,且应由导热不良、强度高的材料(如环氧树脂)制成。

9.4.4　试验步骤

1. 准备试样

　　(1) 制备原状或扰动土试样。

　　(2) 将试样从模具中取出,在上、下端垫上试样帽,将橡皮膜用承膜筒套在试样外,并用橡皮圈将橡皮膜两端与试样帽分别扎紧。应特别注意,这里所用的试样帽必须由导热不良的非金属材料(如环氧树脂)制成,橡皮膜必须是专用耐油橡皮膜。

　　(3) 将试样连橡皮膜一起,放入可控温的恒温箱内,设定较低的温度(如−25℃),使试样快速冻结24h以上,然后调节恒温箱温度至所需的试验温度,使试样在设定温度下恒温24h以上。

2. 安装试样

　　(1) 向压力室内注入航空液压油(不需要注满,留出的体积与试样体积相等),打开温度控制系统,使液压油的温度降至负温。

　　(2) 打开三轴压力室的上盖,将试样从恒温箱内取出并放入压力室内的试样底座上。

　　(3) 盖上压力室上盖,向压力室内注满航空液压油,待压力室顶部排气孔有油溢出时,拧紧排气孔螺帽。

　　(4) 开启轴向加压设备,采用位移控制方式使加载杆下降并接触试样。

　　(5) 保持位移为零,使加载杆停留在与试样接触的位置。

　　(6) 调节温度控制系统,将温度设定到所需要的试验温度,使试样恒温2h以上。

　　(7) 施加围压。

　　(8) 保持围压不变,维持2h,使试样内部结构更均匀。

3. 施加轴向荷载

　　(1) 根据试验需求,设置试验方案和应力路径。

　　(2) 根据应力路径的要求,编写控制程序。

（3）发送控制程序，施加轴向荷载。

4. 根据不同的试验需求，使用不同的加载控制方式，最常用的是恒应变速率加载方式（强度试验）和恒荷载方式（蠕变试验）

（1）强度试验。设置一定的围压，并保持围压不变，逐渐增加轴向压力，直至试样破坏或者变形达到一定标准，结束试验。然后，换另一个试样，并施加另一个围压，进行另一个强度试验。每一组试验都应包含 3 个以上不同围压条件下的试验。

（2）蠕变试验。首先用一个试样进行三轴强度试验，得到三轴强度值。根据这个强度值来确定蠕变试验时所应施加的恒定荷载（蠕变应力）的大小，一般在三轴强度的 20％、30％、40％、50％、60％、70％、80％、90％中选取几个。试验时，首先在很短的时间内使荷载达到所需的恒定荷载值（此时产生的应变称为初始应变或瞬时应变），然后尽可能保持荷载不变，其波动度不应超过 ± 10 kPa。当试样变形稳定（$\frac{d\varepsilon}{dt} \leqslant 0.0005h^{-1}$），或 $\frac{d^2\varepsilon}{dt^2} \leqslant 0.0005h^{-2}$）超过 24h 或试样已破坏时，结束试验。

9.4.5　试验结果表示

1. 轴向应变

（1）强度试验的轴向应变按下式计算：

$$\varepsilon_1 = \frac{\Delta h_0}{h_0} \times 100$$

式中，ε_1 为轴向总应变，％；Δh_0 为试样的高度变化，mm；h_0 为试样的初始高度，mm。

（2）蠕变试验的蠕变应变按下式计算：

$$\varepsilon_1 = \frac{\Delta h_0}{h_0} \times 100$$

$$\varepsilon_a = \varepsilon_1 - \varepsilon_0$$

式中，ε_1 为轴向总应变（从蠕变变形开始的阶段计算）；Δh_0 为试样的高度变化，mm；h_0 为试样的初始高度，mm；ε_a 为试样轴向蠕变应变；ε_0 为初始应变。

2. 试样横截面积的修正

由于试验过程中，试样横截面积会发生变化，而试样不同位置处的横截面积变化不均匀，因此，采用平均化的方法来近似考虑试样横截面的变化。不同的学者提出了不同的修正公式。

《土工试验方法标准》（GB/T 50123—1999）中，所用的修正公式如下：

$$A_a = \frac{A_0}{1 - \varepsilon_1}$$

式中，A_a 为修正后的试样横截面面积，cm^2；A_0 为初始的试样横截面面积，cm^2；ε_1 为轴向总应变。

另外,张淑娟、赖远明等提出如下的修正公式:

$$A_a = \frac{A_0}{1 - d'\varepsilon_1}$$

式中,d' 为与温度、土质、围压有关的参数。

3. 轴向总应力

如果不考虑试样横截面积的修正,则轴向总应力的计算公式如下:

$$\sigma_1 = \frac{P}{A_0}$$

如果考虑试样横截面积的修正,则轴向总应力的计算公式如下:

$$\sigma_1 = \frac{P}{A_a}$$

式中,P 为轴向荷载,kN。

4. 轴向偏应力

轴向偏应力为　　　　　　　　　　$\sigma_p = \sigma_1 - \sigma_3$

剪应力为　　　　　　　　　　　　$\tau = \frac{\sigma_1 - \sigma_3}{2}$

法向应力为　　　　　　　　　　　$\sigma_n = \frac{\sigma_1 + \sigma_3}{2}$

式中,σ_3 为围压,kPa。

5. 强度试验

对于强度试验(恒应变速率加载),按如下方式求取三轴强度、强度参数、弹性参数。

(1) 对于每一个围压条件下的试验,以轴向偏应力($\sigma_1 - \sigma_3$)为纵坐标,轴向总应变 ε_1 为横坐标,绘制($\sigma_1 - \sigma_3$)-ε_1 关系曲线。取曲线上的应力峰值为破坏点,无峰值时,取某种破坏应变标准(如 $\varepsilon_1 = 15\%$)所对应的轴向偏应力为三轴强度 σ_f。

(2) 以剪应力为纵坐标,法向应力为横坐标,以 $\frac{\sigma_1 + \sigma_3}{2}$ 为圆心,以 $\frac{\sigma_1 - \sigma_3}{2}$ 为半径,在 τ-σ 应力平面上绘制破损应力圆,由于进行了 3 个以上不同围压条件下的试验,因此可以得到一组破损应力圆,绘制这组破损应力圆的包络线,根据包络线求出强度参数,即黏聚力 c 和内摩擦角 φ。如果采用摩尔-库仑准则,则包络线的截距代表 c,斜率代表 $\tan\varphi$。

(3) 弹性参数。弹性模量(初始弹性模量、切线模量、割线模量,对于加卸载试验,还有回弹模量)和泊松比,它们可以依据应力-应变曲线得到,但变形标准可以根据实际工况确定。

6. 蠕变试验

对于蠕变试验(恒荷载方式),按如下方式求取冻土的蠕变破坏三要素、长期强度曲线以及长期强度极限：

（1）以蠕变应变为纵坐标，加载时间为横坐标，绘制蠕变应变与时间关系曲线，即蠕变曲线。蠕变曲线分为衰减型蠕变曲线和非衰减型蠕变曲线。当应变速率曲线趋向于零时，为衰减型蠕变曲线；当应变速率为大于零的某一常数时，为非衰减型曲线。

（2）以蠕变曲线上的拐点作为破坏点，对应的时间、应变、应变速率称为蠕变破坏三要素，即破坏时间、破坏应变和最小蠕变速率。

（3）以破坏时间为横坐标，对应的蠕变应力为纵坐标，可以得到长期强度曲线，此曲线上的每一个点代表对应时间的长期强度，冻土的长期强度是随时间而衰减的，最终趋于一稳定值，称为长期强度极限。

9.5　单轴压缩试验

9.5.1　概述

本试验方法主要用于冻土单轴压缩试验（也称为无侧限抗压强度试验）。所用的仪器也能够用于普通未冻土或经受冻融循环以后的融土的无侧限抗压强度试验，此时的样品制备、主要试验仪器设备、试验步骤、试验结果表示等都采用《土工试验方法标准》GB/T 50123－1999 中 107～109 页"17 无侧限抗压强度试验"的要求。

9.5.2　样品制备

冻土的单轴压缩试验采用的试样直径为 61.8mm，高度为 125mm，符合高径比大于 2 的要求。原状土和扰动土试样的制备应符合 9.1.1 节的要求。

9.5.3　主要试验仪器设备

本试验所用的主要仪器设备，首先应符合《土工试验方法标准》GB/T 50123－1999 中 107 页"17.0.2 无侧限抗压强度试验仪器设备"的要求；另外，用于冻土单轴试验的仪器有两个特殊要求：一是必须增加一个可控温的试验箱，二是轴向加压设备能提供的最大试验力比一般用于未冻土的无侧限压缩仪的要大（如 5t、10t、25t）。具体要求如下：

用于冻土单轴试验的仪器一般是用材料试验机改装而成，包括可控温试验箱、轴向加压设备、轴向应力和变形量测系统（图 9-9）。

可控温试验箱的要求与 9.1.2 节中（图 9-3）试验箱的要求相同，由保温材料制成，容积不小于 0.8m³，箱内设置散热器和循环液流通管、风扇、加热器、温度传感器，箱外有制冷控温系统和二级温控器，箱内结构示意图见图 9-9(b)。

轴向加压设备由高压油源、控制器、框架、可升降横梁、作动器、加载杆等部件组成。可控温试验箱放置在框架底座上，加载杆伸进试验箱内，加载杆和试样之间必须增加一个上压头，上压头直径与试样一致，高度根据需要而定，且应由导热不良、强度高的材料（如环氧树脂）制成。下压头也由导热不良、强度高的材料（如环氧树脂）制成，下压头通过螺丝固定在试验机框架底座上，试样放置在下压头上。

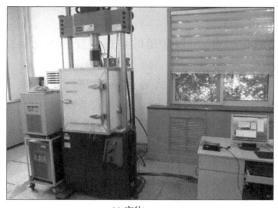
(a)实物

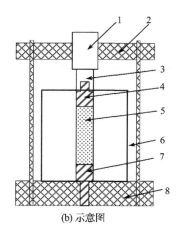
(b)示意图

图 9-9 冻土单轴仪
1.作动器；2.可升降横梁；3.加载杆；4.上压头；5.试样；6.试验箱；7.下压头；8.框架底座

9.5.4 试验步骤

1. 准备试样

（1）制备原状或扰动土试样。

（2）将试样从模具中取出,在上、下端垫上试样帽,将橡皮膜用承膜筒套在试样外,并用橡皮圈将橡皮膜两端与试样帽分别扎紧。这里所用的试样帽必须是由导热不良的非金属材料（如环氧树脂）制成。

（3）将试样连橡皮膜一起,放入可控温的恒温箱内,设定较低的温度（如−25℃）,使试样快速冻结 24h 以上,然后调节恒温箱温度至所需的试验温度,使试样在设定温度下恒温 24h 以上。

2. 安装试样

（1）打开与试验箱连接的制冷控温系统,设定所需要的试验温度。

（2）待试验箱内的温度达到要求后,打开试验箱门,将试样从恒温箱内取出,快速地放到试验箱内的试样下压头上。

（3）开启轴向加压设备,采用位移控制方式使加载杆下降并接触试样。

（4）保持位移为零,使加载杆停留在与试样接触的位置。

（5）保持 2h 以上,使试样恒温。

3. 施加轴向荷载

（1）根据试验需求,设置试验方案和应力路径。

（2）根据应力路径的要求,编写控制程序。

（3）发送控制程序,施加轴向荷载。

4. 加载方式

根据不同的试验需求,使用不同的加载控制方式,最常用的是恒应变速率加载(强度试验)和恒荷载试验(蠕变试验)。

(1) 强度试验。逐渐增加轴向荷载,直至试样破坏或者变形达到一定标准,结束试验。

(2) 蠕变试验。首先用一个试样进行单轴强度试验,得到单轴强度值。根据这个强度值来确定蠕变试验时所应施加的恒定荷载(蠕变应力)的大小,一般在单轴强度的20%～90%时取值。试验过程中,应尽可能保持荷载恒定,其波动度不应超过±10kPa。当试样变形稳定 $\frac{d\varepsilon}{dt} \leqslant 0.0005h^{-1}$,或 $\frac{d^2\varepsilon}{dt^2} \leqslant 0.0005h^{-2}$ 超过 24h,或试样已破坏时,结束试验。

9.5.5 试验结果表示

(1) 轴向应变的计算、试样横截面积的修正、轴向总应力的计算,均与 9.4.5 节中的一样。

(2) 对于强度试验(恒应变速率加载),按如下方式求取单轴强度。

以轴向总应力 σ_1 为纵坐标,轴向总应变 ε_1 为横坐标,绘制 σ_1-ε_1 关系曲线。取曲线上的峰值作为破坏点,无峰值时,取某种破坏应变标准(如 $\varepsilon_1 = 15\%$)对应的轴向应力为单轴压缩强度(无侧限抗压强度)。

(3) 蠕变破坏三要素、长期强度曲线以及长期强度极限的求取方法与 9.4.5 节中的一样

9.6 深土冻土三轴压缩试验

9.6.1 概述

深土冻土力学是关于人工冻结壁的理论,主要研究受压作用下形成冻土的力学参数、强度理论、破坏准则和本构关系。受压作用下形成冻土试样的制备是研究深土冻土力学性质的关键所在。另外,随着目前人工冻结技术在较深地下工程中的应用,在室内如何将土体恢复至几百米,甚至上千米深部土层的原始条件,是进一步研究深土冻土的桎梏。

本试验方法主要适用于模拟深土冻土分别在加荷或者卸荷应力路径状态下的强度试验。

本试验方法主要适用于重塑土。

9.6.2 仪器设备

1. 本试验所用的主要仪器设备,应符合相关规定

(1) 压力室。该部分用于承装试样,装置各种传感器,并将荷载施加至试样上。压力

室要求刚度大,密封性能好。传压活塞杆近似无阻运行。压力腔内传力介质一般需采用航空压力油,此航空压力油具有双重功效,即可给试样施加围压,又可在试样完成固结过程后,通过控制冷浴循环降低油温,同时降低试样温度。另外,此压力室还需配备固结排水系统和孔隙水压力量测系统。

(2)制冷系统。通过冷浴循环降低压力舱内的油温来降低试样温度。使其达到我们所需要的温度。

(3)加荷系统。加荷系统主要完成对试样径向荷载和轴向荷载的施加。

(4)温度量测系统。在压力舱内安置温度传感器,并通过传感器电信号的变化反映试样的温度大小。

(5)控制和量测系统。这一系统主要通过微机控制围压和轴压的加载速率、大小等完成对试样轴向位移及径向变形的测量,并通过计算机自动采集传感器所输出的数据。

(6)输出系统。输出系统主要是相关试验数据的显示。

(7)附属设备。包括天平、橡皮膜、透水板、击样器、压样器、饱和器、细筛、制样模具、碎土工具、烘箱和喷水设备等。

2. 试验细节规定

(1)周围压力和轴向压力的测量准确度应不低于全量程的 1%。

(2)透水板直径与试样直径相等,且能承受较高压力,其渗透系数宜大于试样的渗透系数,使用前在水中煮沸并泡于水中。

(3)孔隙水压力量测系统内的气泡应完全排除。系统内的气泡可用纯水冲出或施加压力使气泡溶解于水,并从试样底座溢出。整个系统的体积变化因数应小于 1.5。

(4)管路应畅通,各处连接无漏水,压力室活塞杆在轴套内应能滑动。

(5)橡皮膜应在高温与低温下都保持弹性且具有抵抗油的腐蚀的性能,对直径为 61.8mm 的试样,厚度不超过 0.2mm。橡皮膜在使用前应做仔细检查,其方法是扎紧两段,向膜内充气,在水中检查,应无气泡溢出,方可使用。

9.6.3　样品制备

本试验采用的试样直径为 61.8mm,高度为 125mm。试样制备分三个步骤完成。

(1)无压未冻土样制备。制备方法同"未冻土三轴压缩试验"时土样的制备方法,可根据中华人民共和国国家标准《土工试验方法标准》(GB/T 50123－1999)中章节 16.3.3~16.3.5 节进行。

(2)深土土样制备。首先要通过前期试验确定所研究土的静止侧压力系数,然后确定轴向加载速率和径向加载速率,加载速率要以土样在加载过程中孔隙水压力消散为零为原则。将已制备好的无压未冻结的圆柱体试样套在橡皮膜内,并将其置于压力室中,利用橡皮膜可保证试样与压力室内的油完全隔开,孔隙水通过试样下端的透水石与孔隙水压力量测系统连通。当我们以已设计好的轴向加载速率和径向加载速率同时向试样施加压力时,试样不发生径向变形,只有轴向变形,此过程完全模拟了深部土层的形成过程,待围压达到预设的固结压力值后,关闭排水阀,保持荷载不变。以上过程就是室内深土试样的制备过程。

（3）深土冻土试样制备。在完成深土试样制备后，迅速降温至所需温度并恒温 20h，保证试样温度完全达到研究所需的负温状态。

按照以上顺序，就在室内将土体恢复至深部地层以下并在有压条件下完成了冻结。

9.6.4 试验步骤

（1）增加轴压的三轴压缩试验。制样完成后，在保持围压 σ_3 不变的条件下，轴压 σ_1 以加载时的速率逐级增加，使试样破坏。

（2）卸除围压的三轴压缩试验。制样完成后，在保持轴压 σ_1 不变的条件下，围压 σ_3 以加载时的速率逐级减小，使试样破坏。

9.6.5 试验结果表示

本试验的结果表示与 9.4.5 节相同。

9.7　高温高含冰量冻土力学试验

9.7.1　概述

高温高含冰量冻土力学试验是冻土力学试验中的一种特殊情况，表现在试验温度较高（0～-1℃）、试样含水量较大（超过饱和含水量）。高含冰冻土试样制备是室内高温高含冰量冻土力学试验成功与否的关键，试样的均匀与否直接影响到试验结果的可靠性。目前关于高温高含冰量冻土力学试验方法，国际上也没有统一的标准，本节阐述了目前用得较多的一种方法。学者们仍然在做进一步的工作，研究、探讨能够作为标准的高温高含冰量试验方法。

9.7.2　样品制备

高含冰冻土试样的制备包括原状土试样和扰动土试样的制备。由于高含冰冻土试样对温度的特殊要求，已有的制样标准已不完全适用。根据经验和已有研究结果，将较常用的高含冰冻土试样制备方法描述如下。

1. 高含冰原状冻土试样的制备

高含冰原状土样取自冻土区钻孔、探井或深槽中的岩芯。岩芯在封装、储存、运输过程中除了严格执行普通原状土的相应规定外，还必须保证一定的负温环境（-7.0℃ 以下）。一般都是将封装好的岩芯置于-20℃冰柜中，在运输过程中，利用发电机供电，以确保高含冰岩芯的冻结状态。

高含冰原状冻土试样的制备是在冷库中进行的，根据试验要求的试样尺寸，利用车床车制岩芯而成。

2. 高含冰扰动冻土试样的制备

该方法适用于土颗粒尺寸 2.0mm 的整体状高含冰冻土。

（1）开启低温实验室（控温精度±1.0℃），建议设置温度为−6.0～−8.0℃，因为如果温度太低，冰、土、水三者的混合物易发生快速冻结，而如果温度过高，冰会很快融化。

（2）待低温实验室温度达到设定值，并稳定 2h 后，将干土以及制样时所涉及的所有工具放入实验室，恒温 12h，备用；同时，将蒸馏水冻结成整块冰，备用。

（3）根据给定的试样含水量和干密度，在已知试样尺寸的条件下，计算出制备一个试样所需的干土、冰及水的质量。

（4）用木制榔头将冻结好的整块冰手工破碎为颗粒冰，再利用粉碎机将颗粒冰粉碎为粒径≤2.0mm 的粉末冰。

（5）称取所需的粉末冰及干土，放置在不锈钢圆柱形铁桶中混合；先快速地手工搅拌，再使用电动搅拌器（图 9-10）自动搅拌至均匀，此时使用叶片式浆叶。

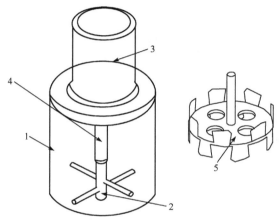

图 9-10　搅拌装置立体示意图

1.不锈钢圆柱形铁桶；2.棒式桨叶；3.电机；4.铁柱；5.叶片式桨叶

电动搅拌器主要由铁柱、电机、桨叶三部分组成。电机功率80 W左右为宜，固定在铁柱上端。桨叶固定在铁柱下端。桨叶的形式、大小根据搅拌容器的大小、土量的多少来选取，桨叶表面必须光滑以减少因黏着造成混合物损失。桨叶的形式有叶片式和棒式。桨叶的直径与铁桶内直径的差值应≤3.0mm，以防遗留不均匀混合物。

（6）将蒸馏水放入容器中并置于低温试验室冷却至 0℃，然后加入步骤（4）所述的颗粒冰，迅速搅拌至冰、水混合物温度均一。

（7）称取（6）所述的冰、水混合物，加到步骤（5）所述的冰土混合物中；先快速地手工搅拌，再使用电动搅拌器进行自动搅拌至均匀，此时使用棒式叶片。

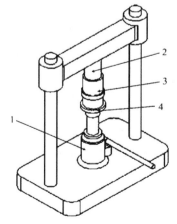

图 9-11　试样压制装置立体示意图

1.油压千斤顶；2.活塞杆；3.制样筒；4.底盘

（8）将步骤（7）所述冰、土、水均匀混合物一次性装入制样筒，利用机械式油压千斤顶（图 9-11），采用两端压实法压制至要求的高度。

至此，高含冰试样制备完成。

9.7.3　主要试验仪器设备

对于高温高含冰量冻土试样的力学试验，与 9.4 节和 9.5 节中的相同。另外，冻土工程国家重点实验室研制了一台专门用于高温高含冰量冻土试样的单轴高温冻土蠕变仪（图 9-12）。

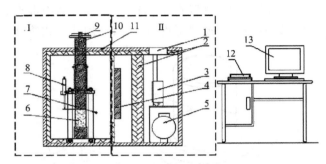

图 9-12　单轴高温冻土蠕变仪示意图

1.温控器；2.保温板；3.风扇；4.加热器；5.制冷系统；6.试样；7.温度传感器；8.位移传感器；
9.标准砝码或实物；10.加压活塞杆；11.冰柜；12.数采仪；13.计算机

单轴高温冻土蠕变仪主要由恒温箱和加载装置两部分组成。恒温箱是用常规大容量冰柜改装而成，分为恒温区 Ⅰ 和调温区 Ⅱ 两部分，加载装置放在恒温区 Ⅰ 中。恒温箱利用了冰柜自带的制冷系统及保温柜体，另外增加了一个控温系统，包括风扇、加热器、温度传感器和温控器。加载装置包括由顶底板以及四个立柱构成的反力架、标准砝码或实物、加压活塞杆。

恒温箱的控温原理如下：冰柜自带的制冷系统一直处于工作状态，温控器与加热器、温度传感器相连，温度传感器置于恒温区内的试样旁，当检测到的温度低于设定温度时，信号反馈给温控器，温控器给加热器发送开启的指令，当检测到的温度超过目标温度时，温控器给加热器发送停止工作的指令，从而实现实时的温度控制。为实现恒温区空间上温度分布均匀，用风扇加速空气对流。

加载装置的顶板旁边焊接一个可伸缩圆环，用来固定位移传感器，加压活塞杆底部粘接一个金属片，并延伸出来，位移传感器顶在金属片上。位移传感器与外部数采仪、计算机相连，构成数据采集系统。试验过程中，通过采集活塞杆的行程，确定试样的轴向变形。

9.7.4　操作步骤

1. 采用冻土三轴仪和冻土单轴仪进行试验

如果采用冻土三轴仪和冻土单轴仪进行试验，其操作步骤与 9.4.4 节、9.5.4 节相同。

2. 采用单轴高温冻土蠕变仪进行试验

如果采用单轴高温冻土蠕变仪进行试验,其操作步骤如下:

（1）将冰柜置于冷藏档,开启冰柜和数采装置,根据试验要求的温度通过温控器设定温度。

（2）待冰柜恒温区Ⅰ中的温度达设定值并恒定 1h 后,打开恒温区Ⅰ的顶盖,稍稍上提加压活塞杆,并用其上的螺帽固定,然后快速地将试样放好,松动活塞杆上的螺帽,待其下端与试样顶部轻轻接触,最后盖上恒温区Ⅰ的顶盖。

（3）待温度恢复到设定值并稳定后,进行各个数采通道的清零,并启动数采系统,主要是进行轴向变形采集,需要时可在试样端部配置压力传感器,在试样周围增设温度传感器。

（4）根据需要的荷载值,一次性完成砝码加载,采集数据。

（5）停止数据采集,卸除荷载,拆除试样,完成试验。

9.7.5　高温高含冰量冻土力学试验注意事项

1. 制样方面

原状高含冰冻土样品制备过程中,低温实验室温度一般控制在 -7.0℃以下,制样方法适宜于粉土、黏土和粉质砂土等类型的原状土,对于土体中含有大颗粒的情况不适合。

扰动高含冰冻土样品制备过程中,低温实验室温度设定为 $-6.0 \sim -8.0$℃（控温精度 1.0℃）,因为在试样制备期间,温度过高会引起冰的融化,温度过低会使冰土混合物易发生冻结,不利于试样的均一性;该制样方法适宜于土颗粒尺寸 2.0mm 的整体状高含冰冻土试样的制备。另外,在试样的总含水量一定的情况下,冰水比例问题还值得进一步探讨,两者不同的比例会导致冻土力学特性的差异性。

2. 控温方面

目前实验室制作的温度传感器的精度可达到 0.05℃,因此在考虑温度对冻土力学特性的影响时,试验温度间隔不得小于 0.1℃;对于温度精度要求比较高的试验,须通过标定试样内部的真实温度来确定试验箱的设定温度。

对于三轴条件下的高温试验,由于装样及加围压期间油温波动较大,对试样温度的影响程度及改进方法还需要大量的工作来做进一步的讨论。

9.8　冻土的动三轴和动单轴试验

9.8.1　概述

本试验方法主要是对冻土进行动三轴和动单轴压缩试验。本试验所用的仪器也能够用于普通未冻土或经受冻融循环以后的融土的动三轴或动单轴试验。此时的样品制备、主要试验仪器设备、试验步骤、试验结果表示等参照《土工试验规程》（SL237—1999）中动三轴试验(SL237－032－1999)的相关规定。

9.8.2　样品制备

冻土的动三轴和动单轴试验采用的试样直径为 61.8mm,高度为 125mm,符合高径比大于 2 的要求。原状土和扰动土试样的制备应符合 9.1.1 节的要求。

9.8.3　主要试验仪器设备

本试验所用的主要仪器设备,首先应符合上述 9.4.3 节和 9.5.3 节中的要求,另外,轴向加载系统和围压系统应能够施加动力荷载,轴向加载系统应能够施加多种规则波形(如正弦波、锯齿波、矩形波、三角波)的周期荷载,以及不规则波形(随机波、用户自定义波)的动荷载。

9.8.4　试验步骤

冻土动三轴和动单轴试验步骤与冻土的三轴压缩和单轴压缩试验的步骤相同,只是在施加轴向荷载时,根据要求施加各种波形的动荷载。

9.8.5　试验结果表示

(1) 轴向应变计算、试样面积修正、轴向应力计算、轴向偏应力、剪应力、法向应力的计算与 9.4.5 节、9.5.5 节中的相同。不过,此时得到的是轴向动应变、轴向动应力、动偏应力、动剪切应力、动法向应力,也就是说这些量都是随时间而变化的。

(2) 对于动三轴试验,通过不同围压条件下的 3 组以上的试验,取破坏点的动法向应力和动剪切应力,绘制包络线,得到动黏聚力和动内摩擦角。

参 考 文 献

徐学祖,王家澄,张立新. 2010. 冻土物理学. 北京:科学出版社.

张淑娟. 静动荷载及冻融作用下冻土力学性质研究. 2007. 兰州:中国科学院寒区旱区环境与工程研究所博士学位论文.

中华人民共和国国家标准. 1999. 土工试验方法标准(GB/T 50123－1999),国家质量技术监督局和中华人民共和国建设部联合发布,1999-06-10 发布,1999－10－01 实施.

中华人民共和国行业标准. 1999. 土工试验规程(SL 237－1999),中华人民共和国水利部发布,1999-03-25 发布,1999-04-15 实施.

附录　常用专业词汇汉英对照

B

饱冰冻土 ice-saturated frozen soil
饱和度 degree of saturation
饱和密度 density of saturated soil,
　　saturation density
饱和容重 saturated unit weight
饱和土 saturated soil
本构方程 constitutive equation
本构关系 constitutive relationship
本构模型 constitutive model
比表面积 specific surface area
比热 specific heat capacity
比水容量 specific water capacity
比重 specific gravity, specific weight
边界条件 boundary condition
变形 deformation
变形模量 modulus of deformation
变形速度 deformation velocity
变形性 deformability
标准贯入试验 standard penetration test
表面活性 surface activity
表面积 surface area
表面能 surface energy
冰 ice
冰层 ice layer
冰的密度 density of ice
冰的自净 self-purification of ice
冰分凝 ice segregation
冰核温度 ice-nucleation temperature
冰夹层 ice layers
冰胶结 ice cement
冰晶 ice crystal
冰颗粒粒径 ice particle size
冰透镜体 ice lens
泊松比 Poisson's ratio

不饱和土 unsaturated soil
不均匀沉降 differential settlement
不均匀融化下沉 uneven thaw settlement
不均匀系数 non-uniformity coefficient
不可压缩性 incompressibility
不连续多年冻土 discontinuous permafrost

C

参考应变幅 reference strain amplitude
参照面 reference plane
残余变形 residual deformation
残余应变 residual strain
残余应力 residual stress
侧限压缩模量 oedometric modulus
侧限压缩试验 confined compression test
侧向变形 lateral deformation
侧向应力,围压 confining stress
层状冷生构造 layered cryostructure
长期变形 long-term deformation
长期强度 long-term strength
长期强度曲线 long-term strength curve
长期稳定性 long-term stability
常应力 constant stress
超固结比 overconsolidation ratio
超固结土 overconsolidation soil
沉降 settlement
沉降变形 settlement deformation
沉降速率 settlement rate, settlementation rate
沉陷性土 subsidence soil
承载力 bearing capacity
承载力系数 bearing capacity factor
持力层 load bearing layer/stratum
持水性 water holding capacity
初始刚度 initial stiffness
初始条件 initial condition
初始围压 initial confining pressure

垂直剖面 vertical profile, vertical section

粗粒土 coarse-grained soil

脆性破坏 brittle failure

D

大变形 large deformation

大主应变 major principal strain

大主应力 major principal stress

单向冻结 one-dimensional freezing

单轴拉伸试验 uniaxial tension test

单轴压缩强度 uniaxial compression strength

单轴压缩试验 uniaxial compression test

导热率,导热系数 thermal conductivity

导水系数 transmissibility coefficient, water transmissibility coefficient

导温系数 thermal diffusivity

等时曲线 isochronous curve

等效比热 equivalent specific heat

等效阻尼比 equivalent damping ratio

低温冻土 cryogenic frozen soil, cryogenic permafrost

低温结构 cryogenic fabric

低温温度 cryogenic temperature

低温学 cryogenics

地基承载力 bearing capacity of foundation

地基处理 ground treatment

地基加固 ground stabilization, soil improvement

地温 ground temperature

地下冰 ground ice

地下工程 underground engineering

地震荷载 seismic load, earthquake load

定量评价 quantitative evaluation, quantitative assessment

动本构关系 dynamic constitutive relationship

动变形 dynamic deformation

动泊松比 dynamic Poisson's ratio

动长期强度 dynamic long-term strength

动弹性模量 dynamic elastic modulus, dynamic modulus of elasticity

动荷载 dynamic load

动剪切模量 dynamic shear modulus

动抗剪强度 dynamic shear strength

动强度 dynamic strength

动态平衡 dynamic equilibrium

动应变 dynamic strain

动应变幅值 dynamic strain amplitude

动应力 dynamic stress

动黏聚力 dynamic cohesion

冻结 freezing

冻结锋面 freezing front

冻结力 adfreezing force

冻结强度 adfreeze strength

冻结深度 depth of frost penetration

冻结速率 freezing rate

冻结温度 freezing temperature/point

冻结温度降低 freezing-point depression

冻结压力 freezing pressure

冻结缘 frozen fringe

冻结指数 freezing index

冻结状态 frozen state

冻结作用 frost action

冻融过程 freeze-thaw process

冻融历史 freeze-thaw history

冻融试验装置 freeze-thaw test apparatus

冻融循环 freeze-thaw cycle, freezing-thawing cycle, cycle of freezing and thawing

冻土 frozen ground/frozen soil

冻土动力学 frozen soil dynamics

冻土力学 mechanics of frozen ground/soil, frozen soil mechanics

冻土流变性 rheological property of frozen soil

冻土热物理学 thermophysics of frozen soil

冻土物理学 physics of frozen soil, frozen soil physics

冻土学 geocryology

冻胀 frost heave, frost heaving

冻胀力 frost-heave force

冻胀率 frozen heave factor, frost heaving ratio

冻胀敏感性 frost susceptibility

冻胀预报 prediction of frost-heaving

短期强度 short-term strength

短期蠕变变形 short-term creep deformation

断裂韧度 fracture toughness

多冰冻土 icy-rich permafrost

多晶冰 polycrystal
多年冻土 permafrost

F

法向冻胀力 normal frost-heave force
法向应力 normal stress
非饱和土 unsaturated soil
非冻胀性土 non-frost heaving soil
非均质土 heterogeneous soil，nonhomogeneous soil
非均质性 inhomogeneity
非连续多年冻土（区）discontinuous permafrost （zone）
非衰减蠕变 non-attenuation creep
分级施加荷载 multi stage loading
分凝冰 segregated ice
分凝冰层 segregated ice layer
分凝势 segregation potential
分凝势模型 segregation potential model
粉土 silt
封闭系统冻结 closed-system freezing
峰值强度 peak strength
负温 subzero temperature
附加变形 additional deformation
附加荷载 additional load
附加应力 additional stress
富冰冻土 ice-rich frozen soil，ice-rich permafrost

G

干密度 dry density
干容重 unit dry weight
刚性冰模型 rigid ice model
刚性指数 rigidity index
高含冰量冻土 ice-rich permafrost
高温冻土 high temperature frozen soil
高温高含冰量冻土 warm ice-rich frozen soil
高液限土 high liquid limit soil
割线模量 secant modulus
各向异性 anisotropic
工程力学 engineering mechanics
工程性质 engineering properties
共振柱 resonant column
构造冰 constitutional ice

骨干曲线 backbone curve
固结 consolidation
固结变形 consolidation deformation
固结不排水三轴压缩试验 consolidated undrained triaxial compression test
固结沉降 consolidation settlement
固结度 degree of consolidation
固结排水三轴压缩试验 consolidated drained triaxial compression test
固结试验 consolidation test，oedometric test
固结速率 consolidation rate
固结系数 coefficient of consolidation
固结压力 consolidation pressure
固结仪 consolidation apparatus，oedometer
固结应力 consolidation stress
广义强度 generalized strength
归一化 normalization
归一化曲线 normalization curve
规范 standard，code，procedure
过冷温度 supercooling temperature

H

含冰量 ice content
含气量 gas content
含水量 water/moisture content
含盐量 salt content
寒区工程 cold regions engineering
寒土 dry frozen ground
荷载因素 load factor
恒定荷载 constant load
横剖面 transverse profile
滑动摩擦系数 coefficient of sliding friction
黄土 loess
混合物 mixture
混凝土 concrete
活动层 active layer

J

基础埋深 embedded depth of foundation
基质势 matric potential
级配不良土 poorly graded soil
级配良好土 well graded soil

极限承载力 ultimate bearing capacity
极限荷载 ultimate load
极限抗拉强度 ultimate tensile strength
极限强度 ultimate strength
极限应力状态 ultimate stress state
几何方程 geometric equation
几何非线性 geometric nonlinearity
季节冻结层 seasonal frozen layer
季节冻土 seasonal frozen ground
季节融化层 seasonal thawing layer
加荷速率 rate of loading, loading rate
坚硬冻土 hard frozen ground
剪切变形 shear deformation
剪切面 shear plane
剪切模量 modulus in shear, shear modulus
剪切破坏 shear failure
剪应变 shear strain, shearing strain
剪应变幅值 shearing strain amplitude
剪应力 shear stress, shearing stress
剪胀性 dilatancy
渐进流（加速蠕变）阶段 accelerated creep stage
交通荷载 traffic load
胶结力 cementing force
胶结作用 cementation
接触应力 contact stress
结合水 held/bound water
结晶潜热 crystallization latent heat
近相变区 near phase transition zone
径向变形 radial deformation
静荷载 static load
静应力 static stress
静荷载试验 static load test
剧烈相变区 acute phase change zone
聚冰现象 ice gathering
绝对温度 degree Kelvin, absolute temperature

K

K_0 试验 zero lateral strain test
开放系统冻结 open-system freezing
抗剪强度 shear strength
抗拉强度 tensile strength
抗压强度 compressive strength

颗粒级配 particle size distribution
颗粒形状 particle shape
可溶性盐 soluble salt
可塑性 plasticity
孔隙比 void ratio
孔隙冰 pore ice
孔隙冰压力 pore ice pressure
孔隙度 porosity
孔隙水 pore water
孔隙水消散 pore water dissipation
孔隙水压力 pore water pressure
矿物成分 mineralogical composition

L

拉伸破坏 tensile failure
冷生锋面 cryofront
冷生构造 cryostructure
冷生结构 cryotexture
冷生作用 cryogenesis
力学特性 mechanical properties
砾石 gravel
粒间作用力 inter-particle force
粒径 grain diameter, particle size
连续多年冻土（区）continuous permafrost (zone)
连续方程 continuity equation
连续介质力学 continuum mechanics
裂隙 fissure
临界荷载 critical load
零度等温线 cryofront/zero isotherm
脉冰 vein ice
毛管力 capillary force
毛管性能 capillary performance
毛细管弯液面 capillary meniscus
毛细水 capillary water
毛细水位 capillary water level
密度 density
摩尔包络线 Mohr's envelope
摩尔-库仑理论 Mohr-Coulomb theory
内聚力/黏聚力 cohesion
内摩擦角 angle of internal friction, internal friction angle
内摩擦系数 internal friction coefficient

内应力 internal stress

泥炭化程度 degree of peatification

黏弹塑性材料 viscoelastoplastic material

黏弹性 viscoelasticity

黏聚力 cohesion

黏塑性流动 viscoplasticity flow

黏塑性流动阶段 viscoplasticity flow stage

黏土 clay

黏土矿物 clay mineral

黏性变形 viscous yielding

黏滞系数 coefficient of viscosity

黏滞性 viscidity

P

排水固结 drainage consolidation

旁压仪 pressuremeter

膨润土 bentonite

膨胀裂隙 dilatation fissure

膨胀土 swelling soil

膨胀性 expandability

膨胀压力 heaving pressure，expansion pressure

疲劳荷载 fatigue loading

偏应力 deviatonic stress

破坏比 fracture ratio

破坏机理 failure mechanism

破坏面 failure plane

破坏强度 failure strength

破坏时间 failure time

破坏应变 failure strain

破坏准则 failure criterion

普通冻土学 general geocryology

Q

潜热 latent heat（of fusion）

强度包线 strength envelop

强度变形特性 strength-deformation characteristic

强度分析 strength analysis

强度理论 strength theory

强度衰减 strength deterioration

强度准则 strength criterion

切线模量 tangent modulu

切向冻胀力 tangential frost-heave forces

侵入冰 intrusive ice

青藏高原 Qinghai-Tibet Plateau

青藏公路/铁路 Qinghai-Tibet highway/railway

倾斜荷载 inclined load

屈服点 yield point

屈服函数 yield function

屈服模量 yield modulus

屈服强度 yield strength

屈服应变 yield strain

屈服准则 yield criterion

R

热传导 heat conduction

热传导方程 heat conduction equation

热对流 heat convection，thermoconvection

热交换量 heat exchange quantity

热交换系数 heat exchange coefficient

热扩散性，热扩散系数，热扩散率 thermal diffusivity

热力学模型 thermodynamic model

热量 quantity of heat

热流密度 heat flux

热膨胀系数 thermal expansion（or contraction）coefficient

热容 heat capacity

热容量 thermal capacity

热融沉陷 thaw settlement

热收缩裂隙 thermal contraction crack/fissure

热收缩系数 thermal contraction coefficient

热特性 thermal properties

热通量 heat/thermal flux

热质交换 heat and mass exchange

人工冻结 artificial ground freezing

人工冻结壁 artificial frozen wall

人工冻结技术 artificial ground freezing technology

容积热容量 heat capacity by volume，volumetric heat capacity

容许沉降量 allowable settlement

容许承载力 allowable bearing capacity

容许荷载 allowable load

容重 unit weight

溶质势 solute potential

融化潜热 latent heat of fusion
融沉 thaw settlement
融化 thawing
融化不均匀性 thaw nonuniformity
融化锋面 thawing front
融化固结 thaw consolidation
融化固结率 thaw consolidation rate
融化界面 thawing interface
融化深度 depth of thaw, thaw depth
融化速率 thawing rate
融化温度 melting temperature, melting point
融化下沉 thaw settlement
融化下沉系数 thaw settlement coefficient
融化应变 thaw strain
融化指数 thawing index
蠕变 creep, creep deformation
蠕变模型 creep model
蠕变强度 creep strength
蠕变曲线 creep curve
蠕变试验 creep test
蠕变速率 creep rate, creep velocity
蠕变指数 creep index
弱结合水 loosely bound water

S

三维固结理论 three-dimensional consolidation
　　theory
三轴剪切试验 triaxial shear test
三轴压缩试验 triaxial compression test
砂土 sand, sandy soil
筛分法 sieving method
上覆土压力 overburden pressure
少冰冻土 ice-poor frozen soil
设计冻深 design depth of frost penetration
设计荷载 design load
深部冻结壁 deep frozen wall
深度系数 depth factor
深土冻土力学 frozen soil mechanics for deep
　　alluvium
渗流作用 seepage effect
渗透系数(导湿系数) hydraulic conductivity, per-
　　meability coefficient

势能 potential energy
室内试验 laboratory test
室内土工试验 laboratory soil test
收缩性 contractility
竖向荷载 vertical load
数值模拟 numerical modeling/simulation
衰减蠕变 attenuation creep, decaying creep
双向冻结 bidirectional freezing
水分扩散率 water diffusivity
水分迁移 water migration
水分迁移机理 water migration mechanism
水分迁移驱动力 driving force for water migration
水分迁移通量 water migration flux
水分重分布 water redistribution
水化能 hydration energy
水力传导率,水力传导性 hydraulic conductivity
水膜 water film
水平冻胀力 horizontal frost-heave forces
水热力耦合模型 moisture-heat-stress
　　coupling model
水头损失 head lost
水文地质条件 hydrogeological condition
瞬时变形曲线 instantaneous deformation curve
瞬时沉降 immediate settlement
瞬时弹性变形 instantaneous elastic deformation
瞬时荷载 instantaneous load
瞬时抗拉强度 instantaneous tensile strength
瞬时抗压强度 instantaneous compressive strength
瞬时强度 instantaneous strength
瞬时应变 instantaneous strain
松弛度 degree of relaxation
松弛率 relaxation rate
松弛时间 relaxation time
塑限 plastic limit, limit of plasticity
塑性变形 plastic deformation
塑性冻土 plastic frozen ground soil
塑性流动 plastic flow
塑性破坏 plastic failure
塑性指数 plasticity index
随机荷载 random load
损伤变量 damaging variable
损伤应力 damaging stress

T

弹塑性理论 elastic-plastic theory，elastoplasticity theory

弹塑性模型 elastic-plastic model，elastoplasticity model

弹性变形 elastic deformation

弹性模量 elastic modulus，elastic rate

体积 volume

体积含冰量 volumetric ice content

体积含水量 volumetric water content

体积热容量 volumetric heat capacity

体积压缩系数 volume compressibility

体应变 volumetric strain

透水性 water permeability

土 soil

土动力学 soil dynamics

土骨架 soil skeleton

土结构相互作用 soil-structure interaction

土颗粒 soil particles

土力学 soil mechanics

土壤水分特征曲线 soil water characteristic curve

土壤水吸力 soil water suction

土水势 soil-water potential

土体动力稳定性 soil dynamic stability

土压力 earth pressure

土柱底端（暖端）温度 bottom temperature of soil sample

土柱顶板（冷端）温度 top temperature of soil sample

脱水现象 dehydration phenomenon

W

外荷载 external load

外应力 external stress

网状冷生构造 reticulate cryostructure

微观结构 microstructure

围压 confining pressure

未冻水 unfrozen water

未冻水含量 unfrozen water content

未冻土 unfrozen ground/soil

位移 displacement

温度场 temperature field，temperaterral distribution，thermel regime

温度传感器 temperature sensor

温度剖面 temperature profile

温度势 temperature potential

温度梯度 temperature gradient

稳定变形曲线 stable deformation curve

稳定性分析 stability analysis

无侧限抗压强度 unconfined compression strength

无侧限压缩试验 unconfined compression test

物理力学性质 physical and mechanical property

X

析冰 ice segregation

细粒土 fine-grained soil

相变 phase change，phase transformation

相变潜热 latent heat of phase change

相变区 phase change zone，phase transformation zone

卸荷 unloading

循环荷载 cyclic loading

Y

压力传感器 pressure sensor

压力势 pressure potential

压融 pressure-melting

压缩变形 compressive deformation

压缩模量 modulus of compressibility

压缩系数 coefficient of compression

压缩性 compressibility

压缩指数 compression index

亚弹性理论 hypoelasticity

亚塑性理论 hypoplasticity

岩土工程学 geotechnical engineering，geotechnology

盐渍度 salinity of soil

杨氏模量 Young's modulus

液化 liquefaction

液态水 liquid water

液限 liquid limit，limit of liquidity

一维固结理论 one-dimensional consolidation theory

已冻结区 frozen zone

已融土 thawed ground/soil

应变 strain

应变幅 strain amplitude

应变软化 strain softening

应变速率 strain rate

应变硬化 strain hardening

应力 stress

应力不变量 stress invariant

应力集中 stress concentration

应力历史 stress history

应力路径 stress path

应力松弛 stress relaxation

应力松弛曲线 stress relaxation curve

应力-应变关系 stress-strain relationship

应力-应变曲线 stress-strain curve

应力-应变行为 stress-strain behaviour

有效应力 effective stress

有效应力原理 principle of effective stress

预应变 prestrain

预应力 prestress

原位试验 in-situ test

原状土 undisturbed soil

允许变形 allowable deformation

振动频率 vibration frequency

振动三轴试验 dynamic triaxial test

振动三轴仪 vibration triaxial apparatus

整体状冷生构造 massive cryostructure

正冻土 freezing ground/soil

正应变 normal strain

正应力 normal stress

Z

质交换系数 mass exchange coefficient

滞回曲线 hysteretic curve

滞回圈 hysteresis loop

中主应力 intermediate principal stress

重力加速度 gravitational potential

重力势 gravitaty potential

重力水(自由水)gravitational free/water

重量含水量 gravimetric water content

重塑土 remoulded soil，remolding soil

重塑土样 remoulded sample，remolding soil

轴向压缩 axial compression

轴向应变 axial strain

轴向应力 axial stress

主应力 principal stress

主应力空间 principal stress space

自由冻胀区 free frost heave zone

自由水 free water

自重应力 self-weight stress

总沉降量 total settlement

总应力 total stress

阻尼比 damping ratio

最大干容重 maximum dry unit weight

最大剪应力 maximum shear stress

最优含水量 optimum moisture content